Richard Friebe

Hormesis

Richard Friebe

HORMESIS

Das Prinzip der Widerstandskraft
Wie Stress und Gift uns stärker machen

HANSER

Bibliografische Information der Deutschen Nationalbibliothek
Die Deutsche Nationalbibliothek verzeichnet diese Publikation in der
Deutschen Nationalbibliografie; detaillierte bibliografische Daten
sind im Internet über http://dnb.d-nb.de abrufbar.

Dieses Werk ist urheberrechtlich geschützt.
Alle Rechte, auch die der Übersetzung, des Nachdruckes und der Vervielfältigung des Buches oder von Teilen daraus, vorbehalten. Kein Teil des Werkes darf ohne schriftliche Genehmigung des Verlages in irgendeiner Form (Fotokopie, Mikrofilm oder ein anderes Verfahren), auch nicht für Zwecke der Unterrichtsgestaltung – mit Ausnahme der in den §§ 53, 54 URG genannten Sonderfälle –, reproduziert oder unter Verwendung elektronischer Systeme verarbeitet, vervielfältigt oder verbreitet werden.

1 2 3 4 5   20 19 18 17 16

© 2016 Carl Hanser Verlag München
www.hanser-literaturverlage.de
Umschlaggestaltung und Motiv: Hauptmann & Kompanie Werbeagentur, Zürich
Satz: Kösel Media GmbH, Krugzell
Druck und Bindung: Friedrich Pustet, Regensburg
Printed in Germany
ISBN 978-3-446-44311-2
E-Book-ISBN 978-3-446-44325-9

*»Alle Dinge sind Gift, und nichts ohne Gift;
allein die Dosis machts, daß ein Ding kein Gift sei.«*

Paracelsus, Septem Defensiones, 1538

INHALTSVERZEICHNIS

VORWORT	11
EINLEITUNG	13

TEIL I
DOSIS UND GNOSIS — 21

1 WAS IST GESUND?
Das Leben ist hart – und warum bist Du noch nicht tot? — 23

2 WAS IST GESUNDHEIT?
Party-Smalltalk, Schnappschüsse –
und Trugschlüsse vom kompletten Wohlbefinden — 30

3 DIE GUTE MÄR VOM GUTEN MEHR
Ten Apples a Day und sieben Fässer Spätburgunder — 34

4 DOSIS-TANGO
Schwarze Schachteln sind nicht linientreu — 41

5 DER DARWIN-TEST
Sinnsuche in 3,5 Milliarden Jahren — 48

6 DIE GUTE ALTE ZEIT
Essen, Fasten, Hasten, Rasten, Stressen, Entlasten
und das Plumpsklo — 68

7 ANPASSEN ODER ABHÄNGEN
Von selbstreparierenden Autos und selbstzerstörerischen
Kartoffeln   77

8 *BIS HIERHER: WAS HORMESIS IST*   87

TEIL II
VERSUCHE UND IRRTÜMER   95

9 ALSO SPRACH PARACELSUS
Herr von Hohenheim, Herr Schulz und ein
halbes Jahrtausend Hormesisforschung   97

TEIL III
STRESSOREN UND REAKTIONEN   119

10 STRAHLEN UND ZAHLEN
Gar kein Gamma ist auch keine Lösung   121

11 HEISS UND KALT
Per Mertesacker, Pfarrer Kneipp und das gefaltete Eiweiß   144

12 KEINE FREIHEIT FÜR DIE RADIKALE
Ox, Anti-Ox und die Elektronik der Partnersuche   152

13 ESSEN ODER NICHT ESSEN
Fasten für die Volksgesundheit und die Magie
des Intervalls   161

14 ES LEBE DER SPORT
Trainieren, trainieren, superkompensieren.
Und reparieren   167

15 STRESS BAUT SEELE AUF
Zuckerbrot, Peitsche und die Stadionrunde
mit dem Therapeuten   175

16 LEISTUNG AUS LEIDEN
Von Lernstress, Schrumpfhirnen und der Kalabarbohne   187

TEIL IV
MOLEKÜLE UND VERMITTLER   197

17 WEHREN, PUTZEN, REPARIEREN
Mechanismen der Hormesis   199

TEIL V
KRANKHEITEN UND GESUNDHEITEN   221

18 STRESS OHNE ANTWORT
Diabetes, das Gift der Geißraute und das Problem
mit der Schwerelosigkeit   223

19 VON HERZEN
Zigaretten, Infarkte und die Vorsorge danach   230

20 THE WAR ON CANCER
Krebszellen mögen keinen Stress   242

21 GIFT UND STRESS FÜR VIELE FÄLLE
Von Brennnesseln, harten Knochen, Sonnenbrand
und Müßiggang   249

TEIL VI
STRESS UND STRATEGIE   255

22 DIE REIZE DES LANGEN LEBENS
Wer noch nicht abtreten will, muss treten   257

23 STRESS DEN VOLKSKRANKHEITEN
Das Triple ist möglich   267

24 SCHÖNE FERIEN
   Verstrahlt am Strand, vergiftet im Restaurant und gut erholt 272

25 WAS EUCH NÜTZT …
   Manchmal hilft Hormesis nur den anderen 276

TEIL VII
GEOMETRIE UND PHILOSOPHIE 283

26 YIN UND YANG
   Im Dualen System Leben hat alles gute wie schlechte Seiten.
   Das ist gut so 285

27 DIE INNERE KRAFT
   Hürden, Sprinter, Schmetterlinge und magiefreie
   Selbstheilungen 294

28 KURVENDISKUSSIONEN
   J, U, X, Y – und begehrte Plätze im Nadir 300

TEIL VIII
ESSENZ UND KONSEQUENZ 307

29 DIE PARACELSISCHE WENDE
   Das neue Bild der Wirklichkeit und ein Geschenk
   in schwierigen Zeiten 309

QUELLEN UND ERLÄUTERUNGEN 320

REGISTER 354

VORWORT

Dieses Buch ist ein Risiko. Nicht nur für den Verlag, der auf den Umschlag in großen Buchstaben einen Begriff schreibt, den die allermeisten noch nie gehört haben. Es ist auch ein Risiko für den Autor, einen Wissenschaftsjournalisten, der auf den folgenden Seiten etwas beschreibt, das vielen unerhört und vielen wohl auch gefährlich vorkommen wird.

In diesem Buch steht, dass vieles, was als gesund gilt, im Grunde giftig ist. In diesem Buch steht auch, dass Gifte oft letztlich gar nicht giftig sind und sogar Strahlung letztlich oft gar nicht schädlich wirkt, sondern sogar das Gegenteil der Fall sein kann. Folgende Behauptung allerdings steht nicht in diesem Buch: dass Strahlung generell nicht gefährlich und Gift generell nicht giftig ist. Das ist ein wichtiger Unterschied. Der entscheidende überhaupt für das Thema dieses Buches.

Wer informiert darüber diskutieren will, sollte dieses Buch *lesen*. Nicht nur Auszüge oder Zwischenüberschriften oder Kommentare, die andere darüber abgeben.

Wir haben versucht, es nicht länger und nicht komplizierter zu machen, als es sein muss. Wir glauben, es ist ausgewogen und differenziert. Wir sind sicher, dass es auf dem Stand der Wissenschaft ist. Es stellt keine Behauptungen auf, sondern präsentiert Forschungsergebnisse sowie offene Fragen und benennt die dazugehörigen Quellen.

Was uns wahrscheinlich nicht gelungen ist: bei all den Beispielen und Analogien aus der Welt des Fußballs eine für alle Leserinnen und Leser gesunde Dosis zu finden. Dafür bitten wir schon jetzt um Nachsicht.

Doch zurück zur Ernsthaftigkeit. Das, worum es in diesem Buch geht, ist elementar wichtig. Für ein Verständnis, was Gesundheit ist und wie man sie fördern kann ebenso wie für eine realistische Einschätzung der Risiken, denen Menschen in Alltag und Umwelt ausgesetzt sind.

Hormesis: Nur wenn man sie versteht, erkennt man ihre Relevanz für das tägliche Leben. Allein das, was man heute schon über sie weiß, kann das Leben eines Menschen, kann sogar Staaten und Gesellschaften verändern. Vor allem aber ist sie der Schlüssel zu so manchem biologischen Rätsel, das sich bislang noch hartnäckig einer Lösung widersetzt.

Hormesis ist ein Wort, das aus dem Griechischen stammt. Es bedeutet »Anregung« oder auch »Anstoß«. Anregung und Anstoß soll auch dieses Buch sein – zur Diskussion, zum fairen Streit, zum Nachdenken, zum Handeln. Zu mehr Forschung natürlich. Zum tieferen Verständnis dessen, was man Leben nennt. Und idealerweise zu einem besseren Leben.

Berlin und München, im Januar 2016

EINLEITUNG

Am Anfang dieses Buches steht etwas, das zugleich Philosophie und Binsenweisheit ist:
Was uns nicht umbringt, macht uns stärker.[1]
Das stammt von Nietzsche. Es ist ein hübscher Spruch. Und im täglichen Leben ist er sehr hilfreich hie und da – etwa wenn es darum geht, jemanden aufzumuntern.

Tatsächlich gibt es auffallend vieles, was Menschen zunächst sehr unter Druck setzt, stresst, ihnen wehtut, sie manchmal buchstäblich fast umbringt – sie aber letztlich besser dastehen lässt als zuvor. Und damit ist ein großer Teil dessen, worum es in diesem Buch geht, bereits umrissen.

Doch wie, warum, wo, wann, unter welchen Umständen und Voraussetzungen passiert das? Warum führt ein gewisses Maß an Stress, Gift, Krankheit, an physischer Gewalt sogar, dazu, dass man danach besser gegen Stress, Gift, Krankheit und dergleichen geschützt ist? Und was läuft dabei eigentlich im Körper ab?

All das liegt bereits weit jenseits der Binsenzone. Es ist hochaktuelle Wissenschaft. Es ist kontroverse Wissenschaft. Es ist Wissenschaft, die unser Bild des Lebens – und das eines gesundheitsförderlichen Lebens – grundsätzlich umwälzen wird.

Weitgehend unbemerkt, und nur in verstreuten Meldungen etwa aus der Sport- und Trainingsforschung unter anderem Namen aufscheinend, vollzieht sich derzeit eine Revolution in Medizin und Biowissenschaften. Sie beginnt in der Toxikologie und erstreckt sich bis hin zur Krebsforschung. Die Befunde lauten nicht selten so: Es ist alles ganz anders, als man bisher glaubte. Da wirkt Vitamin C plötzlich nicht als Antioxidans, sondern als Pro-Oxidans – also genau als das, was es

EINLEITUNG

eigentlich bekämpfen soll. Und das ist dann sogar gut so. Da profitieren Patienten von Maßnahmen, die jede Menge eigentlich ungünstiger, giftiger Stoffe im Körper freisetzen. Da wirkt radioaktive Strahlung plötzlich nicht krebserregend, sondern offensichtlich krebsverhindernd. Da stellt sich überraschend heraus, dass viele als gesund geltende Stoffe in Wirklichkeit Gifte sind, letztendlich aber meist tatsächlich gesundheitsförderlich wirken. Da zeigen Untersuchungen, dass bei sportlichen Aktivitäten der Körper mit Giften geflutet wird und deshalb nicht der Sport selbst, sondern nur die körperliche Reaktion auf all jene Gifte »gesund« ist. Da gibt es plötzlich Gründe, sich entspannt zurückzulehnen, wenn man die Meldung liest, dass im lokalen Trinkwasser winzige Spuren von Arsen gefunden wurden, oder Uran im Sprudel. Denn diese Spuren sind vielleicht nicht nur unbedenklich, sondern könnten sogar sehr willkommen sein.

Die Umwälzung hat also längst begonnen. Das Bild des Lebens – des gesunden Lebens vor allem – wird bereits neu gezeichnet. Der Widerwille bei vielen im Establishment ist groß – so wie jede Revolution denen Angst macht, die es sich im bestehenden System kommod eingerichtet haben. Doch die Entwicklung ist unaufhaltsam. Die Geschichte unseres Austausches mit der Umwelt und all den Stressfaktoren, die aus dieser Umwelt auf uns einwirken können, wird neu geschrieben.

Unzählige Gesundheitstipps, Medikamente, Nahrungsergänzungsstoffe, Therapien, Trainingsmethoden, landwirtschaftliche Praktiken und vieles mehr beruhen schon heute auf dem Prinzip, um das es in diesem Buch geht. Doch selbst die, die jene Ratschläge geben, jene Substanzen vermarkten, mit jenen Trainingsmethoden arbeiten, jene Agrar-Praktiken anwenden, haben meist noch nie davon gehört.

Es heißt Hormesis. Es ist eines der wichtigsten, der bestimmenden Prinzipien allen Lebens

Es bedeutet schlicht, dass Dosis und Wirkung eines Giftes, eines Stressfaktors, einer Strahlung und dergleichen fast nie strikt im Sinne »Höhere Dosis – größere, aber gleichartige Wirkung« zusammenhängen. Es bedeutet, dass niedrige Dosen von etwas, das in hohen Dosen schädlich ist, oft sehr, sehr nützlich sind.

Eine gewisse Menge eines Giftes kann nicht nur unschädlich, sondern gesundheitsfördernd sein. Oder leistungssteigernd. Oder stimmungsverbessernd. Eine gewisse Menge Strahlung kann nicht nur unbedenklich sein hinsichtlich der Wahrscheinlichkeit, einen Tumor zu bekommen, sondern höchstwahrscheinlich sogar eine Krebsentstehung deutlich unwahrscheinlicher machen. Eine gewisse Menge psychischen Stresses macht uns zu besseren Denkern, zu sozialeren Wesen, ja zu glücklicheren Menschen.

Die Dosis macht das Gift. Das hat schon Paracelsus vor einem halben Jahrtausend gelehrt.

Auch das ist eine sehr hübsche, kurze und griffige Weisheit. Gemeint hat schon er damit aber etwas anderes als den schlichten Unterschied zwischen *Nichtwirkung* und Giftwirkung, sondern jenen zwischen *Heilwirkung* und Giftwirkung. Und das ist keine Binsenweisheit, sondern eine fundamentale Einsicht in die Mechanismen der lebenden Natur, in die Physiologie, in das Leben selbst.

Paracelsus, Nietzsche. Jahrhundertealte Einsichten, die sich in der Gegenwart bestätigen. Aber richten wir uns nach ihnen? Sind sie ein Grundprinzip der Medizin, der Arzneimittellehre, der Toxikologie? Fußen populäre Gesundheitsratschläge ganz bewusst auf ihnen? Richtet sich die öffentliche Gesundheitsvorsorge und -versorgung daran aus? Wird der Umgang mit Umweltgiften durch diese Einsichten geleitet? Sind sie Grundlage von Forschungsstrategien? Nein.

Werden schädliche Substanzen routinemäßig im Labor verdünnt, um zu untersuchen, ob sie dann vielleicht sogar biologisch günstige, therapeutische, vorbeugende Wirkungen haben könnten? Werden Grenzwerte aufgrund solcher Untersuchungen festgelegt? Nein.

Dass dies so ist, hat vielfältige Gründe. Einer liegt vielleicht tief in der Psychologie und Kulturgeschichte des modernen westlichen Menschen. Für ihn – für uns also – ist es nicht leicht zu akzeptieren, dass nicht alles in der Natur geradeaus und nach dem kleinen Einmaleins funktioniert. Die Unfähigkeit, Gut und Böse in ein und derselben Sache zu sehen, kommt wohl dazu, denn das verbieten im Grunde sowohl die abendländische religiöse Tradition als auch die Aufklärung. Es ist auch eine Angst vor dem Mephistophelischen, obgleich wir wissen, dass es oft zwar das Böse will, aber doch das Gute schafft. Davon, dass jene Janusköpfigkeit ein und derselben Sache natürlich erst einmal ein Mysterium ist, ganz zu schweigen.

EINLEITUNG

Tatsache ist: Überall dort, wo Substanzen, Strahlen, Kräfte, Stressfaktoren auf Lebendes einwirken, liegt der Unterschied zwischen Gut und Böse fast nie in den Substanzen, Strahlen, Kräften selbst, sondern in der Dosis. Tatsache ist aber auch, dass sowohl in der Wissenschaft als auch in der Praxis – von der biomedizinischen Forschung über die Toxikologe und Pharmakologie bis hin zur Ökologie und Landwirtschaft – nach wie vor von sehr vielen so getan wird, als gebe es das alles nicht.

Es ist schon ein paar Jahrzehnte her, da saß ein Student namens Edward Calabrese in einem Botanik-Kurs am State College at Bridgewater in Massachusetts. Es war keine Forschung, die er da betrieb, sondern Lehre, die er über sich ergehen ließ. Ed und seine Kommilitonen versuchten sich an einem zuvor schon tausendfach wiederholten Praktikumsexperiment, das normalerweise folgendermaßen abläuft: Man verabreicht Pflanzen eine wachstumshemmende Substanz, und siehe da, ihr Wachstum wird gehemmt. Pflanzenphysiologie für Anfänger. In Edwards Gruppe allerdings passierte etwas Unerwartetes: Der Wachstumshemmer Phosphon regte Minze zum Wachstum an. Logische Erklärung normalerweise: Da ist etwas schiefgegangen, ein Reagens zum Beispiel war schlecht. Man wiederholt das Experiment, arbeitet so sauber wie möglich, passt besser auf bei jedem Schritt, und dann kommt schon das Erwartete heraus. Man kann es abheften und ein Bier trinken gehen. Und das schiefgegangene Experiment vergisst man und wirft das, was davon übrig ist, in den Müll. Das hätte auch Alexander Fleming tun können, als ihm eine Petrischale mit Bakterienkulturen verschimmelt war. Doch er sah genauer hin und sah in der Umgebung des Schimmels eine komplett bakterienfreie Zone. Es war der Grundstein für die Antibiotikatherapie.

Auch Ed Calabreses Professor ließ damals das Experiment zwar wiederholen. Er fragte allerdings auch in die Runde, ob jemand Lust hätte, diesem vielleicht doch ganz interessanten Phänomen weiter auf den Grund zu gehen. Es gingen nicht viele Hände in die Höhe, tatsächlich war es nur eine. Die von Ed. Er zog also das Praktikumsexperiment noch einmal durch. Dabei versuchte er aber nicht primär, jetzt alles richtig zu machen. Er wollte vielmehr herausfinden, was genau er und seine Jahrgangsgenossen zuvor falsch gemacht hatten. Es stellte

EINLEITUNG

sich heraus, dass der Wachstumshemmer zehnmal stärker verdünnt worden war als in der Experimentieranleitung vorgegeben. In dieser Konzentration wirkte er komplett gegensätzlich, nämlich als Wachstumsverstärker.

Gut vier Jahrzehnte später ist der Student von damals Professor. Seine Publikationsliste zählt ein paar hundert Fachartikel. Viele davon behandeln Varianten des Phänomens aus jenem Botanik-Praktikum: Etwas, das eine bekannte Wirkung hat, hat eine vollkommen andere, gegenteilige Wirkung, wenn man die Dosis herabsetzt. So werden Wachstumshemmer zu Wachstumsbeschleunigern, Gifte zu Therapeutika, sogar schädliche Strahlen zu nützlichen Strahlen.

Hormesis, so zeigte sich über die Jahrzehnte, ist ein Grundprinzip der belebten Natur.

Ed Calabrese allerdings hat bislang keinen Nobelpreis bekommen. Lange Zeit bekam er auch deutlich mehr scharfe Kritik als Anerkennung. Er galt als Außenseiter, als gefährlicher Häretiker. Er hatte Vorwürfe aus allen Richtungen auszuhalten. Mittlerweile geht er auf die 70 zu. Und viele der einst sehr kritischen Kollegen gehen auf Ed Calabrese zu. Sie geben ihm recht, greifen seine Experimente auf und führen sie fort. Und sie tun oft auch so, als wären sie nie vom Gegenteil überzeugt gewesen. Calabrese bekommt nun auch hochrenommierte Auszeichnungen, 2009 etwa den *Marie Curie Preis*.

Doch in der Öffentlichkeit ist all das bislang praktisch überhaupt nicht angekommen. Auch in der Politik, die die Regeln für den Umgang mit Giften und die Erforschung von Medikamenten vorgibt, ist Hormesis noch immer ein Fremdwort. Für viele Wissenschaftler gilt das Gleiche. Das kann der Autor dieses Buches, der viele Wissenschaftler zum Thema befragt hat, persönlich bezeugen.

Dabei gibt es inzwischen sogar sehr gute Erklärungen. Ein Mysterium ist Hormesis längst nicht mehr:

In vielen Fällen werden Stoffe, die in hohen Konzentrationen giftig wirken, in gewissen Mengen einfach gebraucht. Sie sind zum Beispiel als Bauteile lebenswichtiger Moleküle wichtig, für Enzyme etwa.

Sehr häufig aber ist der Grund, dass Giftiges und Schädliches in kleinen Dosen ganz anders, nämlich gut und gesund wirkt, ein ganz anderer: Menschliche, tierische, pflanzliche, auch Bakterien- und Pilz-Zellen werden immer versuchen, sich gegen ein Gift oder auch einen anderen Stressor mit Abwehrprozessen zu verteidigen. Sie werden auch alles daransetzen, entstehende Schäden zu reparieren. Diese Fähigkeiten hat ihnen die Evolution mitgegeben, ohne sie hätten ihre Vorfahren nicht überlebt. Aber auch niedrige Dosen aktivieren derartige Mechanismen. Diese sind dann oft so stark, dass sie dem Organismus sogar zusätzlichen Schutz und Nutzen bringen können. Bei dem wachstumshemmenden Pflanzengift aus Ed Calabreses Botanik-Praktikum lagen die Dinge ähnlich: Es war nicht konzentriert genug, um das Wachstum zu hemmen. Es triggerte im Gegenteil Mechanismen, mit denen die Minze sich gegen solche Wachstumshemmung wehrte. Ergebnis: Die Minz-Pflanze wuchs sogar besser.

Beispiele für Stoffe, die in niedrigen Dosen letztlich gesundheitsfördernd, in höheren aber durchaus giftig wirken, sind etwa Naturstoffe wie Allicin aus Knoblauch, Sulforaphan aus Kohl, Curcumin aus Currygewürz oder Polyphenole und Flavonole aus Heidelbeeren, Kakaopflanzen und anderen Früchten. Dazu kommen Arzneimittel wie etwa das Diabetes-Medikament Metformin, das als wirksamstes gegen diese Krankheit überhaupt gilt. Auch eines der wenigen effektiven Haarwuchsmittel, Minoxidil, scheint in diese Klasse zu gehören – weshalb man als Mann auch aufpassen sollte, sich nicht zu viel davon aufs schüttere Haupt zu massieren. Auch Alkohol, die bekannteste Droge überhaupt, muss hier genannt werden. In niedrigen Dosen stimuliert er Nervenzellen, fördert deren Überleben und Wachstum und schützt auch Blutgefäße. In hohen Dosen aber ist er ein echtes Nervengift und trägt unter anderem dazu bei, dass die Arterien verkalken. Selbst Nikotin, ein Gift ganz ohne Zweifel, regt in niedrigen Dosen eher Schutzmechanismen an, als Schäden zu hinterlassen. Und auch Stoffe, die so in der Natur nicht oder kaum vorkommen, können auf genau dieselbe Weise wirken – sogar solche, die so angsteinflößende Namen wie DDT oder Dioxin tragen.

Hormesis ist überall.

Sie findet sich nicht nur in den Reaktionen von Lebewesen auf mehr oder weniger natürliche Chemikalien.

Sie ist auch der Grund, warum Bewegung und körperliche Anstrengung gesund ist.

Ohne sie könnte kein Sportler seine Leistung verbessern.

An ihr liegt es, dass bestimme Ernährungsformen sich positiv auswirken.

Nur durch sie lässt sich erklären, warum die auch Menschen eingebauten Abwehr- und Schutzmechanismen gegen schädliche Strahlen aus schädlichen Strahlen letztlich nützliche Strahlen machen können.

In ihr liegt die Lösung des Rätsels, warum jahrelang gestresste Herzen bei einem Infarkt vergleichsweise wenig Schaden nehmen.

Sie ist die Basis für eine erfolgreiche Bewältigung psychischer Belastungen.

In ihr steckt der Schlüssel zu erfolgreichem Lernen und mentaler Produktivität.

Sie birgt das Geheimnis des gesunden Altwerdens ebenso wie die besten Strategien gegen fast alle Zivilisationskrankheiten.

Kenntnisse über sie können helfen, pathogene Keime und Schädlinge effektiv zu bekämpfen.

Sie stellt die Möglichkeiten bereit, effizient und umweltverträglich Landwirtschaft zu betreiben und auch besonders gesunde Produkte zu ernten.

Und so weiter.

Hormesis ist überall. Man muss sie verstehen. Man muss sie finden. Dann kann man sie nutzen.

TEIL I

DOSIS UND GNOSIS

1 WAS IST GESUND?

DAS LEBEN IST HART – UND WARUM BIST DU NOCH NICHT TOT?

Täglich bekommen wir medial gepredigt, was gesund ist und was ungesund. Das meiste davon ist allerdings falsch. Oder zumindest fehlt die entscheidende Zusatzinformation. Denn von Arsen über Ozon bis Zwiebel ist fast gar nichts per se gut oder schlecht für die Gesundheit. Ob etwas letztlich gesund oder ungesund ist, hängt von einem ganz anderen Faktor ab.

Menschen sind eigentlich keine Memmen. Ihre Ur-Ur-Ur-Vorfahren im Ur-Ozean waren es auch nicht. Das Leben war schon immer hart. Die Umwelt ist zu kalt oder zu heiß. Oder es gibt nicht genug zu essen. Von der Sonne, aus dem kosmischen Hintergrund, aus dem Gestein, aus dem Trinkwasser hämmert Strahlung auf jede lebende Zelle auf Erden und damit auch auf jeden Menschen ein. Im Essen sind außer *Nähr*stoffen noch viel *mehr* Stoffe. Viele davon wirken als Gifte. Es wimmelt von Feinden, die einem das Essen, den Lebensraum oder das Leben selbst wegnehmen wollen, egal ob man als Amöbe, Grünkohlpflanze, Bachneunauge oder Mensch geboren worden ist.

Obwohl ... bei Menschen ist es inzwischen doch ein bisschen anders. Der Mensch ist intelligent. Er hat sich den Planeten untertan gemacht. Er hat gelernt, nicht mehr seinen häufig als primitiv betrachteten und verachteten Instinkten zu folgen, sondern chemischen Analysen, UV-Messgeräten, dem Fernsehdoktor aus dem Morgenmagazin, Ratgeber-Büchern, der Deutschen Gesellschaft für Ernährung etc. Der Mensch des späten 20. und frühen 21. Jahrhunderts schafft es

1 WAS IST GESUND?

zum ersten Mal, sich im ganz großen Stil all jene Unbill, die seine Vorfahren zu ertragen hatten, vom Leibe zu halten. Zumindest wer in einer Industrienation lebt und dort nicht zu den Allerärmsten gehört, kann sich heute sehr effektiv mit Sonnencreme vor Strahlung schützen, mit Supermarkteinkäufen vor Hunger, mit Heizung und Klimaanlage vor Hitze und Kälte und mit Hilfe von Behörden vor Gift und bösen Menschen.

Schonen, Schützen, Schäden vermeiden. »Gesundes« essen und trinken, Vitamine zum Beispiel. Sich mit schützenden Schichten und Mauern überziehen und umgeben. Stress und Schmerz aus dem Wege gehen.

Der intelligente Mensch von heute hält die Welt, so gut es geht, auf Abstand. Und wer nicht verhungert, nicht erfriert, wem nicht der Schädel eingeschlagen wird, der oder die überlebt. Und lebt länger. Unser moderner, umfassend vor solchen Stressfaktoren geschützter Lebensstil ist also gesund.

Das stimmt. Und stimmt doch auch nicht.

Eines ist nicht von der Hand zu weisen: Die durchschnittliche Lebenserwartung in den Industrieländern ist heute so hoch wie nie zuvor, sie stieg im 20. Jahrhundert jährlich fast um ein Vierteljahr.[2] Ursachen dafür sind unter anderem verbesserte Hygiene, verlässlichere Lebensmittelproduktion, biomedizinischer Fortschritt.[3] Wer schon bei der Geburt stirbt, zieht die Statistik machtvoll nach unten. Wer mit sechs wegen schlechten Trinkwassers Cholera bekommt und sie nicht überlebt, fast ebenso. Wer mit 20 verhungert oder als junge Mutter wegen fehlender Hygiene tödliches Kindbettfieber bekommt, kann nicht 75 werden. Wer mit 25 als Soldat von Kugeln durchlöchert wird, wird sich kaum je als Großvater überlegen müssen, wie er seinen Enkeln vom Krieg erzählen soll. Wer mit 30 an einer Infektion stirbt, kann nicht 31 werden, und schon gar nicht 85. Wer mit 50 einen schweren Herzinfarkt hat und auf moderne Intensivmedizin und Medikamente verzichten muss, der stirbt auch meist mit 50. Von all den anderen Krankheiten und Verletzungen, Infektionen und Vergiftungen, die einen einst hätten umbringen können, ganz zu schweigen.

Sport ist gesund und Sport ist Mord

Das Magazin *Slate* nannte dementsprechend die Frage »Warum bist Du noch nicht tot?« einen »fun conversation starter«[4], also eine witzige Art, ein Gespräch zu beginnen. Doch diese Beispiele zeigen auch: Mit dem modernen, aus dem Überfluss schöpfenden, alle Härten und Schmerzen des Alltags vermeidenden Zivilisationsleben haben die wichtigsten Faktoren, die die allgemeine Lebenserwartung nach oben geschraubt haben, rein gar nichts zu tun.

Die Generation, die heute in Europa in der Statistik vor allem dafür sorgt, dass die durchschnittliche Lebenserwartung so hoch ist wie nie zuvor, es sind die heute zwischen 75- und 100-Jährigen. Es ist keine Generation von Memmen, sondern eine, die in ihrer Jugend Krieg, Hunger, Armut, harte Arbeit, oft auch Krankheit und anderes körperliches und seelisches Leid erlebt hat. Nicht eine, die ihr Leben lang rundum gepampert war.

Diese Generation gibt es auch. Es ist die der jüngeren heute Lebenden. Es sind die, für die Demoskopen, Mediziner und Gesundheitsforscher längst befürchten, dass ihre Lebenserwartung schon wieder geringer sein könnte.[5]

Und dafür, auch das sagen die Demoskopen, Mediziner, und Gesundheitsforscher, ist der Lebensstil dieser Generation verantwortlich. Zu wenig Bewegung und zu viel Essen sollen die Hauptfaktoren sein, die *un*gesund machen.

Aber hier darf man sich doch schon einmal ein wenig wundern: Warum soll ein Leben ohne Hunger, mit ganzjährig verfügbarem frischen Obst und auch sonst einer Riesenauswahl an Nahrungsmitteln, mit 27 Urlaubstagen, mit Wohlstand, mit durchschnittlich deutlich weniger als zwei Kindern pro Familie, mit neuer Couchgarnitur alle paar Jahre und mit ärztlicher Versorgung für alle ungesünder sein als eines, in dem Krieg, Hunger, Angst, Armut, turbulente Großfamilie und eine deutlich einfachere Gesundheitsversorgung die Regel waren?

Was ist gesund? Und was ist dann ein gesund gelebtes Leben? Und warum?

Die Fragen sind kurz, knapp und klar. Sie zu beantworten allerdings

1 WAS IST GESUND?

ist längst nicht so simpel, wie manche echte und viele selbsternannte Experten es gerne behaupten.

Brokkoli ist gesund. Sport ist gesund. Entspannung ist gesund. Vitamin C ist gesund. Das Leben in den Bergen ist gesund.

Würde da jemand widersprechen? Gerechtfertigt wäre es. Aber nicht, weil Brokkoli und Sport und Entspannung und Vitamin C und eine Bergtour das Gegenteil von gesund, also ungesund wären.

Es kommt auf die Dosis an

Denn die Antwort auf die Frage, was gesund ist, lautet selten »Dies« oder »Dies nicht«. Und die Antwort auf die Frage, ob etwas gesund ist oder nicht, sie lautet selten »Ja« oder »Nein«.

Die Antwort lautet: »Es kommt darauf an.«

Es kommt auf die Dosis an. Eigentlich immer.

Und hier erst nähert man sich der Antwort auf die dritte oben aufgezählte Frage an. Dem »Warum?«. Warum ist etwas gesund, warum ist etwas ungesund? Weil die Dosis dieses »Etwas« – seien es die Inhaltsstoffe von Brokkoli oder die gejoggten Kilometer – entscheidend ist, und viel weniger jenes »Etwas« selbst. Bei Sport mag einem das noch logisch vorkommen, denn dass etwa ein Marathon ohne ausreichendes Training und bei praller Sonne sogar tödlich enden kann, ist ja schon aus altgriechischer Legende bekannt und bestätigt sich auch in der Gegenwart immer wieder. Es gilt jedoch eben auch praktisch für alles andere, für Brokkoli-Portionen, Vitamine, Gammastrahlen und so weiter.

Geht es um Einflüsse auf die Gesundheit, dann geht es immer um Dosis und Wirkung dieser Einflüsse. Und beide sind auf eine Weise miteinander verknüpft, die nicht unbedingt dem entspricht, was man erwarten würde. Auf eine Weise auch, die nicht dem entspricht, wonach Menschen heute sehr vieles in ihrem täglichen Leben ausrichten.

Der Erste-Welt-Mensch des Jahres 2016 lebt nicht nur satt und bequem, ebenso bequem richtet er auch sein Denken nach einem zentralen Prinzip aus. Er denkt geradlinig. Sein Prinzip ist Geradlinigkeit. Man kann auch – etwas wissenschaftlicher – sagen: Linearität. Nach diesem Prinzip bedeutet ein Mehr von etwas ein Mehr derselben Wirkung. Weniger bedeutet weniger Wirkung, und ganz wenig bedeutet meist gar keine Wirkung mehr.

Mehr Anstrengung – mehr Erfolg. Weniger Kalorien – weniger Bauch. Doppelt so viel Gift – doppelt so giftig. Ganz wenig Gift – gar keine messbare oder statistisch nachweisbare Wirkung. Doppelt so viel gesundes Essen, doppelt so gesund. Dreimal mehr Einkommen, dreimal so glücklich ...

Schon beim letzten dieser Beispiele mag man sich ungern von der Liebe zur Linearität losreißen, selbst wenn nun auch die x-te Studie nachgewiesen hat, dass dreimal mehr Euro auf dem Konto kaum jemals auch mit dreimal mehr Glück oder auch nur Zufriedenheit einhergehen.

Denn wir Menschen hassen Nichtlinearitäten.

Fabien Barthez, die kahlrasierte französische Torhüterlegende, hat den Freistoß von Roberto Carlos 1997 gehasst, der sich nicht gleichmäßig in Richtung Tor drehte, sondern im letzten Moment den entscheidenden Haken schlug, was Physiker durch nichtlineare turbulente Prozesse rund um das rasant rotierende fliegende Leder erklären.[6]

Klimaskeptiker hassen es, wenn Meteorologen ihnen von nichtlinearen Phänomenen erzählen. Beispielsweise davon, dass auch nur ein weiterer kontinuierlicher, linearer Anstieg des Kohlendioxids in der Atmosphäre einen viel steileren Temperaturanstieg als bisher nach sich ziehen könnte. Oder dass schon ein klein wenig mehr oberflächliches Schmelzwasser im arktischen Sommer zu insgesamt deutlich mehr Schmelze führen kann.

Lineale auf den Müll

Wir verzweifeln am unvorhersagbaren Verhalten eines Doppelpendels. Und Chaos, das physikalische Musterbeispiel für Nichtlinearität, hassen wir sowieso – es sei denn, man zeigt uns die hübschen und tatsächlich sehr geordnet und gleichmäßig daherkommenden Apfelmännchen und sonstigen Fraktale, ohne die die Chaostheorie niemals so populär geworden wäre.

Wahrscheinlich auch um mit dem Abweichen vom linear Vorhersag- und Vorhersehbaren irgendwie umgehen zu können, haben Men-

1 WAS IST GESUND?

schen, bald nachdem sie so recht zu denken angefangen hatten, die Religion und die Götter erfunden. Für das Seltsame waren diese dann zuständig. Das brachte auch den Vorteil mit sich, dass der Mensch – weil Seltsames, Unvorhersehbares, Nichtlineares, Unwahrscheinliches doch jeden Tag passierte – auch auf Seltsames, Unvorhersehbares, Nichtlineares, Unwahrscheinliches hoffen durfte. Dass er auf Wunder und Wunderbares hoffen durfte.

Es kommt für den intelligenten, eins und eins zusammenzählenden, das Lineare liebenden Gegenwartsmenschen aber noch schlimmer. Nicht nur Chaos ist real, nicht nur Freistöße, die ins Tor gehen, obgleich sie eigentlich zwei Meter vorbeifliegen müssten. Nicht nur Arabische Frühlinge, die zuerst niemand überhaupt vorhersieht und deren Ausgang dann auch niemand vorhersehen kann. Nicht nur Leute, die so viel essen können, wie sie wollen, ohne dick zu werden.

Tatsächlich ist es so, dass, wenn es um die Wirkung von allerlei nicht besonders beliebten Einflüssen auf den menschlichen Körper geht – Gift, Kälte, Strahlung, Stress –, der Ball von Roberto Carlos nicht nur an einem bestimmten Punkt scharf um die Ecke fliegt. Sondern er fliegt dann sogar gleichsam rückwärts: Wenn eine Dosis sich ändert, kann der Effekt sich ins Gegenteil verkehren. Ein Gift kann dann letztlich gesundheitsfördernd sein, Röntgenstrahlen können als End-Effekt nicht mehr, sondern weniger Schädigungen im Erbgut haben. Ein Kälteschock kann jemandem statt Erfrierungen oder einer Erkältung Schutz vor Erkältungen verschaffen.

Wer beim letzten Beispiel jetzt sagt: Alter Hut, Sauna, kalte Dusche, Eisbaden, das härtet halt ab, hat vollkommen recht. Auch wenn manche Mediziner bis heute behaupten, ein Effekt dessen, was man gemeinhin Abhärtung nennt, etwa auf das Immunsystem, sei in keiner einzigen Studie nachgewiesen[7] – was, nebenbei bemerkt, ziemlicher Unsinn ist.[8]

Man muss jedoch noch den entscheidenden nächsten Schritt weitergehen und sich nun fragen, *warum* Sauna, kalte Dusche und Eisbaden eigentlich abhärten? Wenn man das tut und dann nebenbei erfährt, was tatsächlich noch so alles auf die verschiedensten Weisen abhärtet und schützt, was anpassungsfähiger und weniger anfällig macht – oder schlicht: gesünder – und warum, dann kommt man aus dem Staunen nicht mehr heraus.

Warum also ist Brokkoli, oder dessen Inhaltsstoff Sulforaphan, bei einer bestimmten Dosis für einen bestimmten Menschen gesund, bei einer anderen ungesund? Warum ist eine bestimmte Dosis Sport für einen bestimmten Menschen gut, eine andere schon fast Selbstmord? Warum wirkt der gleiche Stoff, der gleiche Umweltreiz bei der einen Dosis so, bei der anderen ganz anders?

Antworten darauf finden kann man, wenn man sich dem Leben und den Lebensprozessen sehr intim nähert. Dort, tief in der Physiologie, im Stoffwechsel, in Biochemie und Biophysik, klären sich all diese Seltsamkeiten auf.

Man kennt diese Antworten noch längst nicht alle. Doch mit denen, die schon bekannt sind, kann man durchaus schon einiges anfangen.

Vieles von dem, was wir gesund nennen, ist nicht gesund, weil es gut ist, sondern weil es giftig ist, dadurch aber sehr »gesunde« Reaktionen anregt. Der Name für all das lautet: Hormesis.

2 WAS IST GESUNDHEIT?

PARTY-SMALLTALK, SCHNAPPSCHÜSSE – UND TRUGSCHLÜSSE VOM KOMPLETTEN WOHLBEFINDEN

Selbst die Weltgesundheitsorganisation definiert ihr Thema als einen Zustand. Dabei ist Gesundheit etwas ganz anderes. Sie ist ein Prozess. Sie ist ein Potenzial. Sie ist ein permanentes dynamisches Werden. Und kein Sein. Sich dessen bewusst zu werden hat nichts mit Begriffs-Haarspalterei zu tun, sondern ist in der täglichen Lebenspraxis ziemlich wichtig – zumindest wenn man sich für die eigene und die Gesundheit seiner Mitmenschen ernsthaft interessiert.

Es ist immer gut zu wissen, worüber man eigentlich spricht. In diesem Buch geht es nicht nur, aber doch häufig um »Gesundheit«. Auch um über sie überhaupt diskutieren zu können, sollte man sich zunächst klar sein, was das eigentlich ist, Gesundheit.

Man kann sich einmal den Spaß machen und auf einer Party oder am Mittagstisch in der Kantine diese Frage stellen: Wie würdet ihr eigentlich Gesundheit definieren? Oft wird die Antwort lauten: das Gegenteil oder die Abwesenheit von Krankheit. Das stimmt dann irgendwie auch. Aber die Frage lautet ja eigentlich nicht, was Gesundheit nicht ist, sondern was sie tatsächlich ausmacht. »Wenn's einem gut geht« wird dann wahrscheinlich jemand sagen, worauf dann jemand anderes einwenden wird, man könne sich ja durchaus sehr wohlfühlen, obwohl innendrin im Körper schon längst ziemlich Schlimmes vor sich geht. Dann wird jemand sich wissenschaftsbeflissen geben und von Laborwerten sprechen. Und so weiter.

Die *Was-ist-Gesundheit*-Frage ist jedenfalls auch ein guter »conversation starter«[9], eine sichere Methode also, im Smalltalk-Notstand endlich eine Unterhaltung loszutreten. Und umso besser, wenn man dann selbst eine interessante Antwort parat hat.

Das ist kein Zustand

Die beste Adresse, eine Definition zu finden, könnte jene Behörde sein, die sich rund um den Globus im Auftrag der Vereinten Nationen für Gesundheit einsetzen soll: die Weltgesundheitsorganisation WHO. Denn zumindest dort sollte man ja eigentlich wissen, was genau es ist, um das man sich kümmern soll. In ihrem Gründungsdokument von 1946 wird Gesundheit als »Zustand kompletten körperlichen, mentalen und sozialen Wohlbefindens«[10] definiert. Schon diese Formulierung war Ergebnis langer Diskussionen und galt als großer Fortschritt gegenüber zuvor verwendeten Definitionen, die Gesundheit schlicht als Abwesenheit von Krankheits-Symptomen beschrieben.

Man wird also fündig bei der WHO. Aber wenn man nur einmal zuvor obige Partydiskussion geführt hat, kann man selbst mit dieser hochautoritativen Definition nicht so recht zufrieden sein. Ein Grund für die Unzufriedenheit, die man bei dieser Definition verspürt, ist die seinerzeit beim Smalltalk geäußerte Meinung, dass tief drin in der menschlichen Physis – oder auch der Psyche – ja durchaus selbst im Zustand kompletten Wohlbefindens längst Prozesse ablaufen könnten, die diesen Zustand vielleicht bald schon beenden.

Im vorhergehenden Satz stehen die beiden Substantive, mit deren Hilfe vielleicht klar wird, wo das Problem liegt. Sie lauten »Zustand« und »Prozesse«. Genauso wie das Leben selbst kein Zustand ist, sondern ein Prozess, der lediglich irgendwann in einem Zustand namens Tod endet, so ist auch Gesundheit ein Prozess. Oder besser: die Summe vieler Prozesse. Und ein »Gesundheitszustand« ist nichts als eine Momentaufnahme.

Wenn es jemandem heute physisch, mental und sozial komplett gut geht, ist das wunderbar. Es ist so schön wie ein Hintertor-Foto, kurz nachdem an einem Tag im Juli 2014 Mario Götze eine Flanke von An-

2 WAS IST GESUNDHEIT?

dré Schürrle mit der Brust angenommen und dann mit dem linken Fuß unhaltbar an Sergio Romero vorbeigezirkelt hatte.

Aber es ist ein Schnappschuss.

Genauso wie das Foto aus der 12. Minute eines anderen Fußballspiels, 1966, als Helmut Haller zum 1:0 gegen England getroffen hatte. Nach 120 Minuten sah es dort aber anders aus als nach dem Finale von Rio, Wembley-Tor inklusive. Die Momentaufnahmen mögen schön sein, sie sagen aber über den viel längeren Prozess namens Fußballspiel nur wenig aus.

Vergleiche hinken immer. Aber dieser hilft vielleicht zumindest ein wenig. Menschen, die sich für ihre Gesundheit interessieren, haben sicher nichts gegen viele schöne Momentaufnahmen in ihrem Leben, »Zustände« kompletten Wohlbefindens, Jubelszenen. Sie wollen dann aber auch, dass ihre Mannschaft aus Organen, Körperzellen, Nervenbahnen, Darmbakterien und Co. die Führung hält. Sie wollen, dass, wenn der Gegner einen Sturmlauf startet, diese Mannschaft effektiv gegenhalten und aktiv reagieren kann.

Werden statt Sein

Man kann als Mensch wie auch als Fußballmannschaft einfach Dusel haben. Sicherer ist es aber, gut vorbereitet zu sein.

Gut vorbereitet ist, wer die Fähigkeit besitzt, auf Angriffe zu reagieren, sich neuen, auch widrigen Gegebenheiten anzupassen, Attacken abzuwehren.

»Gesundheit ist die Fähigkeit, sich anzupassen.« So stand es dann 2009 auch in einem vielbeachteten Editorial des führenden Mediziner-Magazins *The Lancet*[11], das die Gültigkeit der WHO-Definition infrage stellte. Es war keine neue Erkenntnis. Die Autoren bezogen sich auf den französischen Arzt, Philosophen und Résistance-Kämpfer Georges Canguilhem, der dies schon 1943 in seiner Dissertation »Das Normale und das Pathologische«[12] so formuliert hatte.

Man könnte auch, wenn man die Worte der WHO aufgreift, sagen: Gesundheit ist die Fähigkeit, auf physische, psychologische und soziale Herausforderungen und Störeinflüsse ausgleichend zu reagieren, sich ihnen anzupassen.

Ein gesundes, Gesundheit förderndes Leben ist damit eines, das diese Fähigkeit erhält, trainiert, optimiert. Eines, das so gut als möglich darauf vorbereitet, auf derartige Herausforderungen und Störungen reagieren zu können.

Gesundheit ist kein Zustand, sondern eine Bereitschaft zur richtigen Reaktion auf Störfaktoren. Sie ist nichts Statisches, sondern etwas sehr Dynamisches. Sie ist kein Sein, sondern ein ständiges Werden. Sie ist kein Haben, sondern ein ständiges Erwerben.

Es ist nicht anders als bei eigentlich allen anderen Lebensprozessen. Nicht umsonst wenden sich inzwischen mehr und mehr Wissenschaftler vom Begriff der *Homöostase* ab, wenn es darum geht, einigermaßen stabil gehaltene physiologische Gleichgewichte zu beschreiben. Der neuere, tatsächlich treffendere Begriff hierfür heißt nun *Homöodynamik*.

Gesundheit ist die Fähigkeit, stets und stetig mit körpereigenen Antwort-Prozessen derart dynamisch auf Störungen von innen wie von außen reagieren zu können. Sie ist die Fähigkeit, das dynamische Gleichgewicht, das Leben heißt, nach der Störung wieder herzustellen und zu erhalten.

Wie in den folgenden Kapiteln beschrieben werden wird, können viele – und sehr viele besonders wirksame – dieser Prozesse nur dann effektiv ablaufen, ist solch eine Anpassung nur dann optimal möglich, wenn der Körper und seine Zellen an Prozessen geschult werden, die eigentlich schädlich sind. Dafür ist es meist notwendig, sich genau den Einflüssen, die einen kaputtmachen können, immer wieder auszusetzen. Entscheidend ist dabei, dass die Dosis stimmt.

3 DIE GUTE MÄR VOM GUTEN MEHR

TEN APPLES A DAY UND SIEBEN FÄSSER SPÄTBURGUNDER

Bei all den guten Sachen, die angeblich die Gesundheit fördern, gilt allgemein, dass mehr davon noch besser ist. Deshalb sollen wir, wenn die lange empfohlenen drei Portionen Obst und Gemüse am Tag in Studien die Bevölkerung nicht gesünder machen, dann eben fünf Portionen essen. Wenn das auch nichts bringt, werden dann vielleicht irgendwann zehn Portionen empfohlen. Absurd? Stimmt.

Im März 2011 brachte die *New York Times* einen langen freundlichen Artikel[13] über einen älteren Herrn: David H. Murdock ist einer der erfolgreichsten Unternehmer der USA. Er ist sehr, sehr reich.[14] Aber sein halbes Leben lang war er unglücklich. Nicht wegen des alten Klischees, dass Geld eben nicht glücklich macht, sondern weil er das, was ihm am liebsten war, früh verlor und er mit keinem Geld der Welt etwas dagegen tun konnte. Seine Frau starb mit 43 Jahren an Krebs. Seither hat Murdock eine Mission: Krebs verhindern, Krebs heilen. Er hat mit seinem Geld Krebsforschung unterstützt, doch die Fortschritte hier waren ihm nicht genug, ganz zu schweigen von den immer neuen Rückschlägen. Irgendwann war er sich sicher, dass der Schlüssel ohnehin ganz woanders zu finden ist: Wer sich richtig ernährt, vor allem pflanzlich, sich all die Stoffe reichlich einverleibt, die die Natur bereitstellt und die in Laborexperimenten längst ihre Wirkung gegen Krebszellen unter Beweis gestellt haben, der kann die Krankheit vermeiden und sogar effektiv bekämpfen.

Was macht man als einer der reichsten Männer der Welt, wenn man an die Segnungen von Obst und Gemüse für die Menschheit glaubt? Man kauft sich den größten Obst-und-Gemüse-Konzern, der zu haben ist. Und man gründet ein Institut, das die Forschungen zu den heilsamen Substanzen in Obst und Gemüse gezielt und schnell voranbringen soll. Das jedenfalls machte Murdock. Er übernahm 2003 die Dole Food Company und stecke eine Multi-Millionen-Dollar-Summe in das Dole Nutrition Institute.

Der alte Mann und das Mehr

Als der *New-York-Times*-Reporter ihn besuchte, war David H. Murdock 87 Jahre alt, aber sicher, mit der richtigen Ernährung locker die 125 erreichen zu können. Entscheidend dabei sei, erzählte er, möglichst reichlich von all den guten Substanzen, sekundären Pflanzenstoffen und Vitaminen mit dem Essen zu sich zu nehmen. Für ihn bedeutete das ganz praktisch, nicht einfach den Anteil von Obst und Gemüse im Speiseplan ein bisschen zu erhöhen, sondern wirklich *viel* Obst und Gemüse zu essen und in Smoothie-Form zu trinken. Und die von ihm bezahlten Forscher, die sollten nun endlich auch Wege finden, die Pflanzen schlicht mehr davon produzieren zu lassen.

Viel hilft viel. Nach diesem Leitsatz richtet sich nicht nur der alte Herr Murdock, dem es übrigens auch zu der Zeit, da dieses Buch entsteht, weiterhin gut zu gehen scheint. Sondern so ziemlich alle Ernährungsempfehlungen basieren ebenfalls darauf, wenn es um die »guten« Stoffe in Nahrungsmitteln geht.

Darauf, dass vielleicht aber auch ein ganz anderer Spruch hier passen könnte, kommt offenbar niemand. Er lautet: *Allzu viel ist ungesund* und ist, wenn man der Einschätzung Georg Christoph Lichtenbergs folgt, wohl das »älteste Sprichwort der Welt«[15].

So gut wie jedes Medikament wird gefährlich, wenn man es zu hoch dosiert.

Was sind Medikamente? Es sind Moleküle, die biologisch wirken. Was sind dagegen die als gesundheitsförderlich geltenden »sekundären« und sonstigen Pflanzenstoffe? Auch sie sind Moleküle, die biologisch wirken. Doch von ihnen können wir nicht genug bekommen.

Zwar wird immer mal wieder, etwa bei den Vitaminen A und D, vor Überdosierungen gewarnt. Das gilt dann allerdings nur, wenn sie per Pille oder Kapsel eingenommen werden. In normalen Nahrungsmitteln jedoch kann angeblich gar nicht zu viel drin sein. Schließlich ist das alles ja gesund und natürlich, und je mehr, desto gesünder. Logisch.

Vergiftung aus der Nusstüte

Es ist nicht logisch. Paranüsse etwa gelten als die so ziemlich gesündesten Nüsse überhaupt. Sie werden unter anderem jenen empfohlen, die sich das wichtige Spurenelement Selen auf natürliche Weise zuführen wollen. Schließlich gelten etwa die meisten Regionen in Deutschland, Österreich und der Schweiz als Selen-Mangelgebiete, anders als die südamerikanische Heimat dieser Nuss. Und Selen – meist molekular in Form von Selenit- und Selenat-Verbindungen – soll allen möglichen Leiden vorbeugen, auch für die Schilddrüsenfunktion ist es nachgewiesenermaßen wichtig. Doch wer nun täglich tütenweise Paranüsse isst, kann sich mit Selen vergiften. Wissenschaftlich dokumentiert sind solche Überdosierungen aus der Nusstüte beim Menschen bisher zwar nur sehr lückenhaft. Das liegt unter anderem aber schlicht daran, dass man solche Versuche mit Menschen kaum genehmigt bekommen würde. Doch dass Selen in täglichen Dosen, die schon in einer halben Tüte Nüsse enthalten sein können, Symptome wie Haarausfall, Verdauungsprobleme und Hautgeschwüre auslösen kann, ist längst nachgewiesen.[16] Und in Internet-Foren, die es zum Thema Ernährung zahlreicher gibt als Früchte auf der Dole-Palette, finden sich durchaus Berichte über derartige Erfahrungen.

Natürlich sind Internet-Foren keine allzu verlässliche Quelle. Und natürlich kommt es sowohl bei Paranüssen als auch bei anderen Nahrungsmitteln tatsächlich selten vor, dass sich jemand dadurch akut vergiftet, schon allein, weil die natürlichen Essinstinkte meist vorher die weitere Nahrungsaufnahme verwehren.

Doch das Ziel von »gesunder Ernährung« ist ja auch nicht, die Anbieter von Nahrungsmitteln wie etwa Mr. Murdock noch reicher zu machen, indem man möglichst viel davon kauft und isst. Sondern das

Ziel von »gesunder Ernährung« ist eine möglichst optimale, gesundheitsfördernde Wirkung der Lebensmittel und ihrer Inhaltsstoffe. Das Ziel ist also eine optimale Dosis.

Eine optimale Dosis ist aber – egal ob bei Pharma-Produkten, Blaubeer-Molekülen oder Selen-Verbindungen aus einer Nuss – nie die maximal mögliche Dosis.

Ein Problem kommt noch hinzu: Bei Inhaltsstoffen von Naturprodukten, Pflanzen vor allem, ist für kaum einen eine optimale Dosis bekannt. So mancher Versuch mit Zellkulturen oder sogar mit Versuchstieren zeigt, dass Dosierungen, wie man sie mit normalem Essen erreichen kann, zwar durchaus eine Wirkung haben. Die ist dann messbar, positiv, aber im Vergleich mit unbehandelten Zellen und Tieren nicht gerade umwerfend. Logische Schlussfolgerung, nachzulesen in unzähligen populärwissenschaftlichen Artikeln, aber auch in Fachpublikationen: Damit die Blaubeere oder der Brokkoli oder die Kornelkirsche oder – besonders beliebt – das Resveratrol aus Rotwein, damit all das so richtig gut wirkt, braucht man sicher deutlich höhere Dosen.

Das hören nicht nur Agrarkonzerne gerne, die Argumente brauchen, um Pflanzen gentechnisch »verbessern« zu dürfen. Sondern es spült auch der Nahrungsergänzungsmittelindustrie jährlich Milliarden in die Kassen. Sie stellt ja genau das bereit, was in der Natur und in den Kulturpflanzen zu fehlen scheint: die Extraportion Mineralien, Vitamine, und neuerdings natürlich auch sekundäre Pflanzenstoffe, Algen-Substanzen, »gute« Fettsäuren etc.

Gesünder macht das nicht. Studien[17] weisen darauf hin, dass Nahrungsergänzungsmittel vielleicht sogar eher kränker machen können.[18] In solchen Fällen gilt natürlich schnell als ausgemacht, was hinter der unerwünschten Wirkung steht: ein Zuviel von »unnatürlichen«, weil meist synthetisch hergestellten oder zumindest industriell angereicherten Molekülen.[19] Belegen kann das dann allerdings auch keiner. Es muss aber auch keiner, denn es ist ja so logisch, dass niemand nach Belegen fragt. Oder zumindest die eine entscheidende Frage stellt.

3 DIE GUTE MÄR VOM GUTEN MEHR

Gesundes Essen gibt es nicht

Die würde natürlich lauten: Welche ist die optimale Dosis? Wenn eine kleine Dosis einen positiven Effekt hat, aber noch keinen umwerfenden, wenn eine hohe Dosis dann aber gar keinen oder sogar einen negativen hat, kann es dann sein, dass die optimale Dosis schon die ist, die jenen kleinen Effekt zeigt? Kann es sein, dass die Extraportion Polyphenole, egal ob aus der Kapsel oder aus Blaubeeren oder Rotwein, nicht nur vielleicht nichts bringt, sondern dass die fünf möglichst nicht zu kleinen Obst- und Gemüsemahlzeiten, wie sie allseits empfohlen werden, vielleicht nicht nur unsinnig, sondern bereits widersinnig sind? Ist es denkbar, dass sie nicht nur nicht gesünder sind als die althergebrachten Beilagen, die sich an Saison und regionaler Verfügbarkeit orientieren, sondern sogar ungesund? Kann es sein, dass die gesundheitsfördernde Wirkung der einen Portion Blumenkohl alle paar Tage durch fünf Kapseln aus der Apotheke oder sogar fünf Portionen Grünzeug wieder aufgehoben oder vielleicht auch in ihr Gegenteil verkehrt wird? Kann es sein, dass jene Moleküle, die als absolut essenziell gelten – Aminosäuren –, schon in nicht allzu hohen Konzentrationen eher kontraproduktiv sind?[20]

An apple a day keeps the doctor away.

Von »ten apples a day« oder »So viel Obst, wie nur reingeht« ist in diesem Spruch jedenfalls nicht die Rede.

Und die wissenschaftlichen Studien, die das belegen, beginnen auch langsam einzutrudeln. Zum Beispiel zu jenem Rotwein-Wirkstoff namens Resveratrol, über den immer gesagt wird, man müsste sich schon mit Spätburgunder totsaufen, damit davon eine wirksame Dosis zustande kommen könnte. Das stimmt aber nicht: In Experimenten gaben Forscher Mäusen sehr unterschiedliche Dosen Resveratrol. Ergebnis: Die Laborwerte, die für eine gesundheitsfördernde Wirkung sprechen, waren bei Dosen, die bei Menschen an einem gesitteten geselligen Abend wohl durchaus möglich sind, sogar deutlich besser als bei hohen Dosen Resveratrol. Tumoren entwickelten sich in besonders darmkrebsanfälligen Mäusen dann auch deutlich langsamer. Auch menschliche Krebszellen reagierten eher auf niedrige Dosen mit den erwünschten Effekten. Das galt sogar bei Patienten vor der Entfernung des Tumors. Und im Molekularen wurden bei jenen niedrigen Dosen erhöhte Konzentrationen von typischen Stressenzymen gemessen. Die hohen Gaben dagegen schienen dies eher zu unterbinden. Sie waren offenbar *zu hoch*, die Wirkung schlug von gesund auf ungesund um.[21]

Und erinnert sich niemand daran, was passiert, wenn man so richtig viel Blumenkohl gegessen hat? Daran, dass einem schlecht wird, man Kopfschmerzen bekommt, man sich übergeben muss, Durchfall bekommt, manchmal sogar Fieber? Dass man sich mit einer Überdosis gesunden Essens also vergiften kann? Denn das sind typische Vergiftungserscheinungen und nichts anderes. Auch der tägliche Apfel ist nicht voller Wohltaten, weil Apfelbäumchen so nett zum Menschen sind. Seine Schale enthält vielmehr nicht wenige Stoffe, die man mit Recht Gifte oder zumindest Abwehrstoffe nennen kann, Tannine zum Beispiel, oder Quercetin. Die produziert der Apfelbaum, um seine Früchte vor Insekten und Mikroorgansimen zu schützen. Denn es hat sich in der Evolution seiner Apfel-Ahnen bewährt, Insekten, Pilzen und Bakterien nichts für sie »Gesundes« vorzusetzen, sondern etwas, das für sie giftig ist.

Kann es also sein, dass es gesundes und ungesundes Essen an sich gar nicht gibt? Sondern nur die jeweils gesunde oder bereits ungesunde Dosis eines Nahrungsmittels oder seiner Inhaltsstoffe?

Wenn man sich die alte, durch Paracelsus bekannte Weisheit von der Dosis, die das Gift macht, in Erinnerung ruft, könnte man jetzt schon wieder sagen: Alter Hut. Und tatsächlich hat Paracelsus mit dieser Aussage im Grunde schon den entscheidenden Grundsatz formuliert: Der Unterschied zwischen Gut und Schlecht bei der gesundheitlichen Wirkung von Drogen, Substanzen, Reizen jeglicher Art[22] liegt nicht hauptsächlich in der Qualität[23], sondern in der Quantität. Danach richtet sich aber kein Mensch konsequent.

Im Gegenteil. Neben dem Viel-hilft-viel für die »guten« Sachen gilt als hochoffizielle Universalregel für die »schlechten« Sachen Folgendes: Praktisch alles, was in hoher Dosis giftig wirkt, wirkt in niedriger Dosis auch giftig. Nur nicht ganz so schlimm. Oder es wirkt dann vielleicht auch gar nicht mehr. Von möglicherweise positiven Wirkungen von DDT, Arsen, Dioxin oder Gammastrahlen hört und liest man jedenfalls eher selten etwas. Sie existieren aber, und für

3 DIE GUTE MÄR VOM GUTEN MEHR

unzählige andere Substanzen, Stressreize, Strahlungsarten etc. gilt das Gleiche.

Absurderweise ist die Lehre von der linearen Zu- und Abnahme der immer gleichen biologischen Wirkung nicht etwa ein uralter Irrtum der Menschheit. Sie wurde ihr von wissenschaftlich höchster Stelle vielmehr erst vor ein paar Jahrzehnten vorgezeichnet. Sie trägt Namen wie »Lineares Schwellenmodell« *(Linear Threshold, LT)* oder »Lineares schwellenfreies Modell« *(Linear No Threshold, LNT)*.

Diese Lehre erinnert fast ein wenig an Religion. Sie »steht geschrieben« und wird deshalb auch von kaum einem Jünger hinterfragt. Das war zumindest bis vor Kurzem so. Doch langsam ändert sich etwas.

4 DOSIS-TANGO

SCHWARZE SCHACHTELN SIND NICHT LINIENTREU

Biologie und Biomedizin sind moderne Naturwissenschaften. Leider werden sie jedoch allzu häufig wie Varianten der Physik praktiziert. Doch das Leben ist kein Messzylinder, seine Vorgänge sind mit dem kleinen Einmaleins allein nicht recht zu fassen. Und die beliebte Praxis, Ergebnisse von Experimenten, die einfach zu seltsam scheinen, schlicht dem Papierkorb zu überantworten, hat dazu beigetragen, dass eines der wichtigsten Prinzipien des Lebens bis heute nicht die Beachtung bekommt, die ihm zusteht.

Es geht im Leben eigentlich – von der Politik über die Wirtschaft und das Soziale bis hin zu Sport und persönlicher Erfüllung – immer nur um eine Frage. Sie lautet: Mehr oder weniger? Manchmal gilt weniger als erstrebenswert, etwa beim CO_2-Ausstoß oder hierzulande sehr oft beim Körpergewicht. Meist soll es aber mehr sein: mehr Wachstum, Reichtum, Kitaplätze, Liebe, Sex, Schönheit, Lebensjahre, Quadratmeter, Megapixel, Gigabytes, Likes ... Und natürlich mehr gesundes Essen, siehe voriges Kapitel. Und je mehr von diesem Mehr erreicht werden kann, desto besser.

Wir glauben also nicht nur an die Macht des Lineals. Wir glauben auch, und noch inbrünstiger, an die Macht der Dosis. Höhere Dosis, mehr von der gleichen Wirkung, geringere Dosis, geringere Wirkung.

Unsere Welt dreht sich um die Dosis-Frage, die Mehr-oder-weniger-Frage. Und wir verlassen uns auf den gleichmäßigen Zusammenhang von Dosis und Wirkung. Genau darin aber liegt einer der wichtigsten Gründe, warum eben jene unsere Welt und das, was in ihr passiert,

4 DOSIS-TANGO

oft recht kompliziert ist: Denn die Wirklichkeit folgt zwar häufig genug genau diesem Prinzip, so häufig, dass wir kaum einen Grund sehen aufzuhören, uns darauf zu verlassen. Aber sie folgt sehr oft eben auch nicht diesem Prinzip. Und dann sind wir überrascht, verstört, gekränkt sogar. Schon als Kleinkinder spüren wir das Paradox, dass wir, obwohl wir Kevin oder Nancy in der Kita heimlich, als die Erzieherin nicht guckte, den Teddy weggenommen haben, danach nicht unbedingt froher sind. In der Schule merken wir, dass doppelt so viel Lernen nicht zwingend zur Halbierung des Notenschnitts führt. Als Teenager helfen uns weder doppelte noch tausendfache Liebesbekundungen, das Herz von Sabine oder Andreas auch nur ein bisschen schneller für uns schlagen zu lassen. Als Erwachsene sind wir frustriert, wenn doppeltes Engagement im Job uns nicht doppelt so schnell voranbringt und weder doppelt so viele Joggingkilometer noch halb so viel Schokolade sich in der erhofften Weise an den Hüften bemerkbar machen.

Und auch keine Zentralbank kann sich darauf verlassen, dass sie nur die Dosis der Finanzspritzen genügend erhöhen muss, um die Wirtschaft endlich gesunden zu sehen.[24]

Auch doppelt so viele Kitaplätze bedeuten noch lange keine doppelt so gute Qualität der Kinderbetreuung.

Auch der Besuch eines dreimal so teuren Restaurants bringt nur selten die erhoffte Vervielfachung der Gaumenfreuden.

Am absurdesten wird das alles, wenn der Schuss buchstäblich nach hinten losgeht, wenn also mit einer Dosiserhöhung ein Verlust der Wirkung einhergeht oder diese sich gar ins Gegenteil umkehrt. Als Nicolas Sarkozy sich beim Trauermarsch für die Opfer der Anschläge auf *Charlie Hebdo* und einen Supermarkt für koschere Waren im Januar 2015 in die erste Reihe vorgedrängelt hatte, landete er in der Wahrnehmung der Welt trotzdem ganz hinten auf der Eselsbank. Nachdem Warner Bros. 1996 einen Rekord-Plattenvertrag mit der Band R.E.M. abgeschlossen hatte, war das Ergebnis dieser Mega-Investition von 80 Millionen Dollar eine kommerziell erfolglosere Platte nach der anderen, und eine zunehmend lustlose Band. Wer extra viel Dünger auf seine Beete schmeißt, wird sogar eine mickrigere Ernte einbringen als ganz ohne. Und wer während eines Langstreckenlaufes den Tipp, reichlich zu trinken, besonders gewissenhaft beherzigt, erhöht nicht die Wahrscheinlichkeit, schneller ins Ziel zu kommen, sondern die einer lebensgefährlichen Wasser-Intoxikation[25].

Was Sie schon immer über *komplex* wissen wollten

All diesen Fällen, bei denen das reale Ergebnis dem, was man bei einer linearen Abhängigkeit von Dosis und Wirkung eigentlich erwarten sollte, deutlich widerspricht, ist eines gemein: Sie tragen sich zu in komplexen Systemen, also solchen, wo A nicht direkt und ohne andere Einflüsse zu B führt, sondern ein paar Stationen dazwischengeschaltet sind. Man kann sich auf lineare Dosis-Wirkungszusammenhänge eigentlich nur dann verlassen, wenn alles ganz, ganz simpel ist und wenn alle Faktoren mathematisch eindeutig bestimmbar sind: Ein Messzylinder, in dem sich ein halber Liter Wasser befindet, wird, wenn man einen weiteren halben Liter hinzugibt, danach eine doppelt so hohe Wassersäule anzeigen. Doch schon das trifft nur dann zu, wenn Idealbedingungen herrschen, wenn also zum Beispiel nichts verdunsten kann. Eine Oma, die am Samstag zwei statt nur einen Lottoschein ausfüllt, hat die doppelte Chance auf einen Sechser, so gering diese insgesamt auch sein mag.

Aber mit solchen und ähnlich einfachen Beispielen erschöpft es sich dann auch schon. Man kann ja noch nicht einmal sagen, dass man zum Lesen von zwei Seiten dieses Buches genau doppelt so lang brauchen wird wie zum Lesen von einer. Denn auf einer der Seiten stehen wahrscheinlich ein paar mehr Wörter, oder auf der anderen stehen ein paar etwas kompliziertere, oder die Absätze sind im Durchschnitt etwas kürzer etc.

Zusatzfaktoren, so zeigt dieses Beispiel, spielen also schon bei ganz simplen Alltagsvorgängen eine Rolle. Sie sind zahlreich und in ihren Auswirkungen schwer bis gar nicht zu quantifizieren. Denn weder die zusätzliche Zahl von Buchstaben, Wörtern, Konsonanten, Silben oder Kommata noch eine Kombination von alldem wird jemanden in die Lage versetzen, genau vorherzusagen, wie viel länger ein Leser brauchen wird. Schon hier wird es also komplex und nichtlinear. Und niemanden wird überraschen, dass die Sache natürlich noch komplexer wird, sobald Faktoren eine Rolle spielen, die das System selbst hervorbringt. Die Vorerfahrung von jemandem, der während des Versuches die Seite bereits einmal gelesen hat, wäre ein solcher. Um hier einen Effekt bestimmen zu können, müsste man entweder sehr tief in jenen Leser hineinschauen können, sich unter anderem in seinen Neurotransmittern und im Sprachzentrum seines individuellen Gehirns sehr gut auskennen. Oder man müsste zumindest vorab schon viele sehr ähnliche Versuche mit ihm gemacht haben, um seine Reaktion einigermaßen vorhersagen zu können.

Black Box Leben

Zwei Dinge sind also von extremer Bedeutung bei der Prognose der Auswirkungen einer Dosisveränderung: Zum einen sollte man sich mit den Mechanismen rund um das System, aber auch im Inneren des Systems gut auskennen. Zum anderen sollte man mit diesem oder sehr ähnlichen Systemen schon sehr viel Erfahrung haben.

Beides ist nicht trivial.

Denn in ein komplexes System hineinzuschauen und all seine relevanten Teile und dort ablaufenden Mechanismen zu verstehen und zu beziffern ist immer kompliziert. Es ist sogar bislang trotz aller Computer-Power dieser Welt nie zu hundert Prozent möglich.

Und auch per Experiment und Beobachtung ein solches System so gut kennenzulernen, dass man dessen Output unter den verschiedensten Input-Bedingungen vorhersagen kann, ist nicht ohne. Aber zumindest muss man dafür nicht jedes Schräubchen und jede Zusammensetzung einer Legierung kennen.

Wenn man sich nun nicht mehr Messzylindern oder Buchseiten zuwendet, sondern dem Inneren biologischer Systeme, wird es nicht einfacher. Denn das Leben ist noch immer eine »Black Box«. Wenn man jedoch den Zusammenhang der Dosis eines Reizes oder einer Substanz mit der Wirkung auf den Organismus, zumal einen individuellen Organismus, ergründen will, muss man genau das versuchen.

Und genau das ist in der biomedizinischen Forschung der letzten gut hundert Jahre viel zu wenig passiert.

Was dagegen passiert ist, war Folgendes:

1. Bei der Aufklärung von Mechanismen im komplexen System namens »Leben« oder »Menschlicher Organismus« hat man sich vor allem winzige Teile und Teilvorgänge herausgegriffen. Die sagen darüber, was letztlich der Output des Systems, die Wirkung eines Stoffes, eines Reizes auf jenes große Ganze sein wird, oft gar nichts aus. Sie weisen manchmal in die richtige Richtung, manchmal aber auch in die falsche. Es ist hier oft so, als würde sich ein Physiker den Flug des schon erwähnten von Roberto Carlos geschossenen Balls auf den ersten 50 Zentimetern ansehen, ein anderer zwischen Meter drei und vier, und wieder ein anderer bei Meter sieben. Der nächste Physiker nimmt sich den Ball vor, ein weiterer Fuß und Schuh des berühmten Linksverteidigers. Aber an der Stelle, wo die entscheidende Richtungsänderung stattfindet, schaut niemand genau hin. Würden sich diese fünf Physiker zusammentun und einen Artikel in einem Fachjournal publizieren, sie würden die Frage, wo der Ball letztlich hingeflogen ist, vollkommen falsch beantworten.
2. Bei der Beobachtung dessen, was ein bestimmter Reiz in welcher Dosis im System Leben letztlich bewirkt, hat man genauso wenig die ganze Breite im Blick gehabt. Man hat schlicht und einfach weitestgehend versäumt, Experimente zu machen, die die Wirkung bestimmter Dosen all dieser Reize und Substanzen untersuchen. Und wenn man diese Experimente doch gemacht hat, hat man die Ergebnisse, die sehr häufig unerwartet – weil nichtlinear – waren, oft nicht ernst genommen. Um bei Roberto Carlos zu bleiben: Es ist, als hätte man ihn ein paar Mal Probe schießen lassen, aber nur mit 40, 50 und 60 Prozent seiner verfügbaren Schusskraft. Unter diesen Voraussetzungen wäre der Ball in diesen Versuchen nie um die Ecke geflogen. Und wenn er doch einmal voll hätte zutreten dürfen, dann wäre den Experimentatoren die Flugkurve so seltsam vorgekommen, dass sie ihren Augen oder dem Ball oder dem Wind nicht getraut und das seltsame Ergebnis aus ihrem Protokoll gestrichen hätten.

4 DOSIS-TANGO

Lohn der Reaktion

Wie schon erwähnt funktioniert unser lineares Denksystem häufig gut genug. Es funktioniert allerdings an ganz entscheidenden Stellen überhaupt nicht. Es ist ein bisschen so wie mit der ebenfalls auf Linearität ausgelegten newtonschen Physik. Sie ist vollkommen alltagstauglich und reicht aus, um auf dem Wochenmarkt Tomaten zu wiegen und sogar dafür, Verkehrssünder mit überhöhter Geschwindigkeit zu überführen. Aber schon wenn es um die Steuerung von Wettersatelliten geht, geschweige denn die Beantwortung der fundamentalen Fragen des Kosmos und der Atome, versagt sie.

Wir müssen nicht nur einsehen, dass der Raum gekrümmt ist und dass in einem Satelliten oder an Bord eines Raumschiffes die Uhren tatsächlich anders gehen als auf der Erde. Sondern wir sollten auch endlich begreifen und akzeptieren, dass manche Dosis-Wirkungslinien in der belebten Welt auf seltsamen Kurvenbahnen unterwegs sind. Das wird zwar nicht helfen, die großen Fragen des Kosmos zu beantworten, ein paar große Fragen des Lebens aber schon. Zum Beispiel die, wie man es am ehesten schafft, gesund zu bleiben.

Die Antworten, sie verbergen sich im System Leben: Wenn eine veränderte Dosis plötzlich zur Umkehr der Wirkung führt, wenn was eigentlich ungesund sein müsste, plötzlich gesund ist, dann ist der Grund dafür nicht, dass die Substanz oder vielleicht auch die Strahlungsart, um die es geht, plötzlich anders wirken. Die Ursache liegt vielmehr in der Reaktion des Systems Leben. Was zu jenem unerwarteten Output führt, ist nicht ein veränderter Input. Sondern es sind Änderungen der biochemischen Vorgänge. Stressor bleibt Stressor, Gift bleibt Gift, Strahlung behält ihre erbgutschädigende Wirkung. Aber es wird mehr »Gegengift«, es werden mehr Abwehr- und Reparaturmoleküle, Antistress-Substanzen produziert, das Erbgut wird besser geschützt und Schädigungen dort behoben. Selbst Schäden, die sich zuvor schon angehäuft hatten, werden mit beseitigt. Und das System wird auch auf zukünftige Stress-, Gift- oder Strahlenattacken besonders vorbereitet.

Es ist ein Triple an positiven Folgen im Grunde negativer, aber aufgrund der nicht zu hohen Dosis der Stressoren noch gut aushaltbarer

Einflüsse: Schutz vor der akuten Attacke, Schutz vor zukünftigen Attacken, Reparatur schon zuvor bestehender Schäden.

Genau das ist Hormesis.

5 DER DARWIN-TEST

SINNSUCHE IN 3,5 MILLIARDEN JAHREN

Wenn von Evolution die Rede ist, wird gern das »Survival of the Fittest« zitiert. Doch welches Tier, welche Pflanze, welcher Mensch ist besonders fit? Wer das größte Geweih oder die leuchtendste Blüte hat jedenfalls nicht primär. Es sind die, die am ehesten in der Lage sind, in der veränderlichen und harschen Umwelt dieses Planeten, mit all den allgegenwärtigen Giften, Strahlen, Stressoren und Mangelsituationen zurechtzukommen. Wer fit ist und am ehesten überlebt, ist ein Meister der Hormesis. Allein deshalb ist sie allgegenwärtig.

Es gibt regalkilometerweise biologische Fachliteratur. Es gibt stapelweise Biologielehrbücher. Es gibt eine Handvoll biologischer Grunderkenntnisse, die nun wirklich jeder kennt – etwa, dass Leben in Zellen organisiert ist, dass Erbinformation über DNA und RNA weitergegeben wird, dass ein Baum wegen des Chlorophylls grün ist und Blut wegen des Hämoglobins rot. Aber gibt es den einen Lehrsatz, auf dem alles gründet? Die Essenz der Biologie? Schließlich ist Biologie komplex, sie gehorcht zwar den Naturgesetzen aus der Physik, aber eigentliche biologische Naturgesetze gibt es nicht.

Es gibt tatsächlich so einen Satz, der all das, was sich in der Natur beobachten lässt, so seltsam es einem auch vorkommen mag, erklärt. Er ist völlig unkompliziert, enthält keine Fremdwörter oder Formeln. Es ist ein Satz, der gerade einmal aus elf Wörtern besteht. Er stammt nicht von Aristoteles, auch nicht von Linnaeus oder Darwin oder Mendel oder Craig Venter oder Ranga Yogeshwar. Er stammt von einem sympathischen Mann, der im Jahre 1900 in Nemyriw in der Ukraine geboren wurde. Der Mann hieß Theodosius Dobzhansky, und sein berühmtester Satz lautet:

»Nichts in der Biologie ergibt Sinn, außer im Lichte der Evolution.«

Dobzhansky war ein sehr, sehr intelligenter, gebildeter, schlauer Mensch. Das wird schon deutlich, wenn man sich nur ansatzweise mit seinen wissenschaftlichen Arbeiten beschäftigt. Und diejenigen, die ihn noch selbst kannten, wurden ebenfalls nicht müde, von diesem bescheidenen, humorvollen Mann und dessen außergewöhnlichen geistigen Gaben zu schwärmen.

Zu diesen gehörte etwa Ernst Mayr, der 2005 im dreistelligen Alter verstorbene und nach Meinung vieler Fachleute wichtigste Evolutionsbiologe seit Charles Darwin und Alfred Russel Wallace. Mayr erzählte dem Autor dieses Buches einmal ausführlich davon, wie Dobzhansky ihn immer wieder mit seinen Gedanken überraschte, und auch, wie aus dem sehr von der Mathematik geprägten Genetiker regelmäßig der Universalgelehrte hervorblitzte. Was den Praktiker Mayr, gelernter Ornithologe, vor allem überzeugte, war, dass der Theoretiker Dobzhansky sich bei gemeinsamen Morgenspaziergängen auch als ausgewiesener Kenner der Vogelwelt entpuppte.

Proviant im Rucksack der Evolution

Weil dieser Dobzhansky ein solch begnadeter Geist war, sollte man sich von seinem so einfach klingenden Satz nicht täuschen lassen. Und ihn stattdessen einmal sehr genau betrachten. Dobzhansky sagte nicht etwa, dass alles in der Biologie im Lichte der Evolution Sinn ergibt. Das stimmt natürlich auch. Aber er wählte die negative Formulierung mit »nichts« und »außer«. Das kann man für Zufall halten, sehr wahrscheinlich war es aber keiner. Denn tatsächlich beruht die Faszination der lebenden Natur zu großen Teilen darauf, dass dort eigentlich *nichts* Sinn zu ergeben scheint. Deswegen finden wir die Natur so *wunder*bar. Und Kreationisten müssen sich winden und verrenken, um die Details der Schöpfung sinnvoll als intelligente Schöpfungsakte eines intelligenten Schöpfers zu erklären. Denn welchen Sinn hat es, einem Wal eine Lunge zu geben, derentwegen er immer wieder an die

5 DER DARWIN-TEST

Oberfläche kommen muss, wenn man als Wassertier doch mit Kiemen viel besser atmen könnte? Wenn die Antwort lautet, dass der Wal damit die Gelegenheit hat, regelmäßig den Herrgott am Firmament zu begrüßen, fragt man sich, warum der Thunfisch, das Seepferdchen und vor allem all die seltsamen und wunderbaren Wesen der Tiefsee von dieser Aufgabe befreit sein sollen. Und man muss wieder feststellen: Es ergibt keinen Sinn.

Oder warum schleppen manche Bienengattungen einen verkümmerten Stachelapparat mit sich herum, der für nichts gut ist? Oder warum ist beim Menschen das Kniegelenk derart kompliziert aufgebaut und trotzdem so anfällig für Überlastung und Verletzungen, wenn jeder Hobbybastler ein für denselben Zweck deutlich besser geeignetes Bauteil designen kann? Warum zeigen menschliche Neugeborene den gleichen Greifreflex wie Affenbabys, obgleich ihre Mütter gar kein Fell haben, in dem sie sich festkrallen müssten?

Die lebende Welt, die Biologie, ist voller Seltsamkeiten, die keinen Sinn ergeben, wenn man nicht bereit ist, zu ergründen, wie und woraus und warum und aus welchen Zwängen diese Seltsamkeiten entstanden sind.

Welchen Sinn ergeben all diese Seltsamkeiten des Lebens

- angesichts der darwinschen Kämpfe ums Dasein, die Lebewesen, seit es sie auf Erden gibt, austragen,
- angesichts der Frage, wie und woraus sich optimale evolutionäre Fitness ergibt – also die Chance, Nachkommen zu haben, die sich auch selbst wieder fortpflanzen können,
- angesichts der Frage, wer warum am ehesten überlebte und seine Erbanalagen weitergeben konnte und wer eher nicht?

Erstaunlicherweise haben, seit Dobzhansky seinen Satz 1964[26] formulierte, eher wenige Biologen, Biochemiker, Genetiker und Mediziner ihn sich so umfassend, wie es angebracht gewesen wäre, zu eigen gemacht.

Denn viel von dem, was sich in jüngster Zeit als Irrwege in Genetik, Medizin, Ernährungslehre und auf vielen anderen Teilgebieten der Erforschung des Lebenden und seiner Interaktionen mit der Umwelt herausstellt, ergibt im Lichte der Evolution keinen Sinn. Darauf hätte man vielleicht auch früher kommen können.

Nur ein paar Beispiele:

- Vor 60 Jahren glaubte man, mit Antibiotika ein allzeit bereites und zuverlässiges Mittel gegen bakterielle Infektionen gefunden zu haben. Doch Bakterien hatten seit Anbeginn der Tage Erfahrung darin, mit evolutionären Mitteln auf solche Substanzen zu reagieren. Man nennt das Ergebnis Antibiotika-Resistenzen.
- Vor knapp 40 Jahren war man überzeugt, den Krebs bald mittels einzelner spezieller Tumor- und Tumor-Unterdrücker-Gene besiegen zu können. Doch es stellte sich heraus, dass Krebszellen besser als jede andere Zellsorte solchen Angriffen auf ihre vermeintlichen Achillesfersen widerstehen können, indem sie den Evolutions-Turbo einschalten und Wege finden, diesen Attacken auszuweichen.
- In der Ernährungslehre wurden lange die angeblich gesunden, weil fettfreien, Kohlenhydrate angepriesen. Fett dagegen war verpönt, weil es angeblich fett und krank machte. Dass dem Menschen erst seit – in evolutionären Maßstäben betrachtet – sehr kurzer Zeit schnellverdauliche Kohlenhydrate in großen Mengen zur Verfügung stehen, das interessierte dagegen niemanden. Heute bekommen die Verfechter von fettreichen Steinzeit- und Low-Carb-Diäten immer mehr Zulauf. Leute, die sich so ernähren und sich zusätzlich auch noch regelmäßig bewegen – was in der Steinzeit auch verbreiteter war als heute –, kommen vom Arzt dann oft mit optimalen Blutwerten zurück. Sie berichten zudem, wie gut es ihnen geht und haben kein Gramm Fett zu viel. Der Grund dafür dürfte in der evolutionären Vergangenheit dieser Menschen und ihrer Biologie, ihrer Physiologie, ihres Stoffwechsels zu suchen sein. Denn Fett und Protein – ob aus Nüssen oder Samen, von Fischen, Vögeln oder Vierbeinern – sind die Nährstoffe, an die Menschen evolutionär gewöhnt sind.

Hätte man sich vorher gefragt, ob diese Schlussfolgerungen evolutionär gesehen Sinn ergeben, dann wäre man vielleicht schneller skeptisch geworden. Man hätte sogar den angerichteten Schaden deutlich eindämmen können. Der reicht heute von Antibiotika-Resistenzen bis zu durch falsche Ernährungsberatung nicht verhinderten, sondern geförderten Krankheiten.

5 DER DARWIN-TEST

Warum, warum?

Man kann Dobzhanskys Satz aber durchaus auch positivieren und sagen: Alles, was sich in der lebenden Welt beobachten lässt, hat seinen Ursprung in der Evolution dieser Lebewesen. Es hat – oder hatte in mitunter nicht mehr erkennbarer anderer Form irgendwann früher einmal – einen Sinn. So absurd es dem menschlichen Beobachter auch vorkommen mag.

Wer also behauptet, dass Hormesis ein grundsätzliches biologisches, physiologisches Prinzip ist, muss seine Behauptung an Darwins Lehre von den sich in der Evolution durchsetzenden sinnvollen Anpassungen und an Dobzhanskys Leitsatz messen lassen:

- Warum ergibt es Sinn, auf unterschiedliche Dosen einer Substanz oder eines Reizes vollkommen gegensätzlich zu reagieren?
- Warum ergibt es Sinn, dass ein Gift in gewissen Konzentrationen tödlich, in anderen aber heilsam wirkt?
- Warum reagiert der Organismus, ob tierisch, pflanzlich oder mikrobiell, nicht schon bei kleinen Konzentrationen von Stoffen, die in hohen Konzentrationen lebensgefährlich sind, mit krankheitstypischen – und damit warnenden – Symptomen? Warum sollte er positiv reagieren, anstatt die noch nicht giftigen Dosen schlicht zu ignorieren?
- Was ist (oder war einmal) der Sinn der Fähigkeit, selbst auf deutlich höhere Strahlendosen, als sie gegenwärtig in der Natur vorkommen, mit hocheffizienter, ja übereffizienter Reparatur der entstehenden Strahlenschäden reagieren zu können?
- Warum ergibt es Sinn, dass Hunger, solange er nicht tödlich ist, bei vielen Organismen lebensverlängernd wirkt? Warum ergibt es sogar Sinn, dass Lebewesen sich, wenn sie hungern müssen und unklar ist, ob sie es überhaupt durch die Hungerperiode schaffen, nicht schnell noch fortpflanzen, um ihre Gene weiterzugeben? Warum ergibt es Sinn, dass sie vielmehr ihre geschlechtliche Aktivität sogar weitgehend einstellen?
- Warum haben sich Mechanismen entwickelt, die extreme Anstrengung bis zur absoluten Erschöpfung mit Gesundheitsvorteilen be-

lohnen? Warum bevorzugt die Evolution nicht im Gegenteil jene, die möglichst stressfrei und energiesparend durchs Leben zu gehen verstehen?

Warum also sollte Hormesis im Lichte der Evolution Sinn ergeben?

Zu den oben genannten Teilgebieten der Biologie, denen ein bisschen Licht der Evolution sicher geholfen hätte, den richtigen Weg zu finden, gehört auch die Erforschung der biologischen Wirkung der sogenannten Kalorien-Restriktion *(Calorie Restriction)*. Es stellte sich heraus, dass, wenn weniger Nahrung zur Verfügung steht, so ziemlich alle Versuchstiere länger leben als normal ernährte Artgenossen. Doch bis jemand sich ernsthaft daran machte, nach dem evolutionären Sinn dieses Phänomens zu suchen und eine mögliche Antwort vorzuschlagen, dauerte es mehr als ein halbes Jahrhundert.

Vor gut 80 Jahren, 1935, veröffentlichten Clive McCay von der Cornell University und seine Kollegen ihre Ergebnisse aus Versuchen mit Ratten. Die hatten wenig zu fressen bekommen und deutlich länger gelebt als Ratten, die so viel fressen durften, wie sie wollten.[27] Inzwischen konnten Forscher bei vielen Tierarten, bei denen es möglich war, sie eingehend zu untersuchen, Vergleichbares feststellen: Würmer, Fruchtfliegen, Mäuse, Hunde und so weiter. McCay selbst war es auch, der zusätzlich nachwies, dass Tiere dann nicht nur länger leben, sondern auch seltener (und wenn, dann milder verlaufende) chronische Krankheiten bekommen. Die Ergebnisse, die es aus Untersuchungen mit Affen[28] gibt, weisen in dieselbe Richtung, auch wenn hier noch vehemente Diskussionen unter Fachleuten im Gange sind. Schlussfolgerungen sind hier schon allein aufgrund der im Vergleich etwa zu Würmern und Fliegen sehr kleinen Anzahl von Versuchstieren schwierig. Hinzu kommen die extrem langen Versuchszeiträume und die immer möglichen Fehler bei Planung und Durchführung der Studien.[29] Auch bei Menschen sind solche Untersuchungen natürlich nicht nur wegen der langen notwendigen Zeiträume schwer zu realisieren. Aber die Versuchsergebnisse, die hier bislang vorliegen, sprechen zumindest überwiegend dafür, dass sich wichtige physiologische Werte deutlich verbessern.[30]

5 DER DARWIN-TEST

Wer hungern kann, ist besser dran

In den Tierversuchen kam noch ein wichtiger Zusatzbefund heraus: In Zeiten von niedriger Kalorienzufuhr waren die Tiere deutlich weniger bereit und in der Lage, sich fortzupflanzen.

Über die Mechanismen, die dieser Lebensverlängerung, Krankheitsvorbeugung und Sex-Abneigung zugrunde liegen, rätseln Biologen, Tierzüchter und Mediziner seit McCays Zeiten. Jener Begründer dieses Forschungsfeldes selbst war überzeugt, dass sich bei geringerer Energiezufuhr schlicht die Lebensvorgänge verlangsamen, der Stoffwechsel träger arbeitet, Energie gespart und deshalb länger gelebt wird. Die Lebensuhr geht demnach dann schlicht langsamer. Es ist eine typische mechanistische Erklärung, geborgt aus der unbelebten Welt. Denn Reifen nutzen sich ja auch weniger ab, wenn man weniger Auto fährt. Hier wird nicht einmal der Versuch unternommen, die evolutionäre Perspektive einzunehmen.

Es dauerte tatsächlich bis 1989, bis zwei Wissenschaftler[31] sich ernsthaft Darwins und Dobzhanskys zu erinnern schienen. Sie präsentierten Daten und Überlegungen, die nahelegten, dass die darwinsche »Natürliche Selektion« nicht nur die Fähigkeit bevorzugt, Hungerperioden auszuhalten, sondern auch die mit geringerer Nahrungsaufnahme verbundene verlängerte Lebensspanne. David Harrison und Jonathan Archer vom Jackson Laboratory in Bar Harbor[32] wussten ebenso wenig wie alle anderen, auf welchen Mechanismen die allenthalben beobachtete Lebensverlängerung beruhte. Und dass sie seinerzeit schon etwas von Hormesis gehört hatten, ist zumindest unwahrscheinlich. Aber sie fanden eine Erklärung, warum die Lebensverlängerung im Lichte der Evolution Sinn ergibt.

Solche Erklärungen erscheinen, wenn sie erst einmal auf dem Papier stehen, meist sehr, sehr logisch. So auch in diesem Fall: Die Lebensverlängerung war, so schlossen jene beiden Forscher, aus einer Anpassung an Hungerzeiten und die Folgen von Naturkatastrophen entstanden. Ganz so einfach, wie diese Erklärung klingt, ist sie freilich nicht, denn es geht ja nicht nur darum, dass manche Tiere die Hungerzeit besser überstehen als andere, sondern warum der Hunger ihr Leben dann sogar oft deutlich verlängert.

Harrison und Archer argumentierten, dass sich gleichzeitig Mechanismen durchsetzten, die die Fortpflanzung bremsten, aber die Möglichkeit verbesserten, das später nachzuholen. Sinnvoll sollte das jedenfalls sein. Denn während einer Hungerperiode gibt es ja auch für den Nachwuchs weniger zu fressen. Die Chancen, Nachkommen zu zeugen, welche selbst das fortpflanzungsfähige Alter erreichen, wären dann also geringer. Im Tierreich kann man das unmittelbar beobachten: Wird die Nahrung knapp, wenn schon Nachwuchs da ist, nehmen Tiereltern viel eher den Tod von Jungen in Kauf, manchmal sogar den des gesamten Wurfes. Denn wenn die Eltern nicht überleben würden, hätte das auch den Tod der Jungen zur Folge. Bleiben zumindest die Eltern am Leben, können sie erneut versuchen, Junge großzuziehen. Das ergibt im Lichte von Liebe und Mitgefühl keinen Sinn, im Lichte der Evolution aber durchaus.

Und: Wer es durch eine Mangelperiode schafft, kann danach häufig besonders aus dem Vollen schöpfen, da womöglich viele Konkurrenten verhungert sind. Das kann dann – im Lichte der Evolution – bedeuten: mehr gut genährter Nachwuchs als unter normalen Umständen. Und da viele Artgenossen es nicht geschafft haben, ergibt sich zusätzlich ein größerer prozentualer Anteil des eigenen Nachwuchses an der nächsten Generation.

Das Leben ist kurz (für einen Wurm)

Warum aber die Lebensverlängerung insgesamt? Würde es nicht reichen, wenn man es bis in die nächste Periode der Fülle schafft, um sich dort dann wieder familiär zu betätigen? Warum also hat die Evolution nicht nur Mechanismen hervorgebracht, die helfen Hunger zu überstehen, sondern auch eine sich erhöhende Lebenserwartung?

Man stolpert hier über einen typischen Fallstrick der menschlichen Perspektive. Denn anders als bei Menschen ist die zur Verfügung stehende Lebensspanne bei vielen Tieren deutlich begrenzt.[33] Ein Fadenwurm der in Labors weltweit besonders gut auf Lebensverlängerung durch Hunger untersuchten Art *Caenorhabditis elegans* etwa hat eine normale Lebenserwartung von nur gut zwei Wochen. Wenn er davon zwölf Tage hungern muss und sein Leben trotzdem an Tag 15 vorbei ist, hat er kaum noch Chancen, sich fortzupflanzen. Wenn Mäuse ein paar Monate lang hungern und Sex und Jungenaufzucht einstellen müssten, ihre Gesamtlebenserwartung aber gleich bliebe, hätten sie einen deutlichen Nachteil bezüglich der Zahl der Würfe und damit Nachkommen, die sie in die Welt setzen können.

Die Diskussionen, die auf die Hypothese von Harrison und Archer folgten[34], gerieten aus einem Grunde etwas zäh: Selbst wenn Lebensverlängerung durch (Hunger-)Leid »adaptiv«, also eine in der Evolution entstandene sinnvolle Anpassung wäre, war man sich völlig im Unklaren darüber, welcher biologische, physiologische Mechanismus sie ermöglichte. McCays These von einer Bremswirkung auf die normalen Lebensprozesse, also von einem schlichten langsameren Köcheln auf dem biochemischen Herd des Lebens, hätte dafür sogar gepasst. Sie wurde aber mehr und mehr von Versuchsergebnissen infrage gestellt.

Wer heute etwa bei Wikipedia »calorie restriction« nachschlägt, findet dort nach wie vor den Hinweis, dass die Mechanismen nicht ansatzweise endgültig aufgeklärt sind, dass aber einer als sehr wahrscheinlich gilt. Es ist einer der wenigen Orte im populären Internet, wohin es das Thema dieses Buches bereits geschafft hat. Als wahrscheinlicher zugrunde liegender Mechanismus, so steht dort, gilt Hormesis.

Um Phänomene der lebenden Welt im Lichte der Evolution zu verstehen, muss man mehr als nur einmal die Lampe anknipsen. Denn auch hier ist nicht alles linear oder funkelt dem Beobachter in einfachen Ursache-Wirkungs-Zusammenhängen entgegen.

Der lebensverlängernde, die physiologischen Werte verbessernde und damit mit Recht als »gesund« geltende Effekt der Kalorienrestriktion bei Tieren und vielleicht auch Menschen ist vermutlich das Ergebnis ganz verschiedener, und auch zeitlich weit auseinanderliegender Prozesse.

Manche dieser Prozesse laufen wahrscheinlich[35] nach wie vor ab, vielleicht sogar bei Menschen. Es ist zum Beispiel nicht auszuschließen, dass die durchschnittlich sehr hohe Lebenserwartung der heutigen Senioren nicht nur mit besserer medizinischer Versorgung und mehr

Wohlstand zu tun hat, sondern im Gegenteil auch mit den harten Zeiten, die viele aus dieser Generation während des Krieges und danach durchmachen mussten. Denn logischerweise haben die, die jene harten Zeiten überstanden haben, die also die dafür nötigen evolutionären Anpassungen mitbrachten, danach Nachkommen bekommen können. Zudem haben sie auch umso mehr Nachkommen bekommen können, je länger sie biologisch in der Lage waren, Kinder zu zeugen oder zu empfangen. Und tatsächlich folgte auf die harten Zeiten, sobald es wieder mehr zu essen und mehr soziale Absicherung gab, ein Baby-Boom, die sogenannten geburtenstarken Jahrgänge.[36] Und ihre Gegenwart als Omas und Opas ergibt evolutionär ebenso Sinn, denn sie können helfen, auch die übernächste Generation großzuziehen. Sie können zum Beispiel aufpassen, spielen, von der Kita abholen, beim Lernen helfen, Sparbücher anlegen, Kuchen backen, Geschichten erzählen etc.[37]

Gift und Strahlen im Ur-Ozean

Andere dieser Prozesse sind dagegen uralt und allem Leben im Erbmaterial seit den frühesten Anfängen eingraviert. Das gilt für die Effekte der Kalorienrestriktion genauso wie für andere Phänomene, bei denen Stressfaktoren, Gifte, Strahlen letztlich positiv wirken. Tatsächlich beruht allein die Möglichkeit, als Säugetier oder Mensch letztlich noch das Beste aus harten Zeiten zu machen, auf Mechanismen, die sich sehr früh in der Evolution abgespielt haben. Auf Mechanismen, die Bakterien, Einzellern, Würmern, Fruchtfliegen, Menschen seit Milliarden Jahren eingeprägt sind.

Gehen wir im Archiv der Evolution in einen der allerersten Räume und schalten das Licht an. Zu beobachten sind dort die frühesten Lebensformen, etwa bakterienartige Einzeller. Im Ur-Ozean. Zu beobachten ist dort aber auch, dass diese Einzeller in einer im Vergleich mit der Gegenwart noch sehr viel unfreundlicheren Umwelt zurechtkommen mussten. Die natürliche Strahlung zum Beispiel war mehr als dreimal so stark wie heute. Der Ur-Ozean war voll mit giftigen anorganischen Stoffen, und nahrhafte organische Stoffe waren äußerst knapp. Diese Verhältnisse änderten sich über hunderte von Millionen

5 DER DARWIN-TEST

Jahren kaum. In diesen Ewigkeiten waren die Vorfahren des heutigen Lebens also gezwungen, mit Hilfe evolutionärer Mechanismen mit den harschen Bedingungen umgehen zu lernen. Was heute eine Ausnahmesituation ist und Biologen fragen lässt, ob es sich evolutionär dann überhaupt noch auswirken kann, war über eine sehr, sehr lange Phase der Evolution schlicht die Normalität: knappe Nahrung, viel Gift, hohe Strahlung. Die Mechanismen, die damals Organismen halfen zu überleben, »gesund« zu bleiben (also zum Beispiel Strahlenschäden reparieren zu können), sich fortzupflanzen, sind Teil des Erbes, das alles Lebende mit sich herumträgt. Sie funktionieren also auch heute noch.

Sie sind einerseits so omnipräsent wie viele andere Grundprinzipien des Lebens: Dass Zellmembranen aus kleinen Fettmolekülen und sogar aus Cholesterin bestehen, lässt sich zum Beispiel nicht mehr ändern, so verpönt Fett und Cholesterin auch bei manchen Ökotrophologen sein mögen. Zwar muss heute kein Mensch mehr in einer giftigen Ursuppe sein Dasein fristen. Das Erbe dieser milliardenjahrelangen Badesaison trägt er aber unweigerlich in sich.

Andererseits leisten diese Mechanismen, diese Anpassungen, noch immer treue Dienste, etwa, wenn doch einmal Hunger Einzug hält oder ein Atomkraftwerk explodiert. Lebewesen sind nach wie vor immer wieder solchen und anderen Herausforderungen der Umwelt ausgesetzt.

Wer nicht nur Hungerphasen übersteht, sondern sich dann auch die Ressourcen – einschließlich der eigenen Lebenszeit und Fortpflanzungskapazität – so einteilen kann, dass er oder sie nach der Krise besonders gut in der Lage ist, Nachwuchs großzuziehen, hat einen evolutionären Vorteil.

Wer Kälte und Hitze zu widerstehen vermag, kommt in einer Umwelt, in der solche Temperaturänderungen schon mal vorkommen, besser zurecht als ein Lebewesen, das zwar auf einen ganz engen Temperaturbereich hervorragend eingestellt ist, alles, was davon abweicht, aber kaum verträgt.

Wer nicht nur die natürliche durchschnittliche Hintergrundstrahlung aushält, sondern auch deutlich höhere Strahlendosen, wie sie an manchen Orten oder unter bestimmten Umständen vorherrschen, etwa bei einem Vulkanausbruch oder eben einem Atomunfall, hat einen evolutionären Vorteil. Einen Überlebensvorteil. Einen Fitnessvorteil. Wer von Pflanzen zur Abwehr gegen Fressfeinde gebildete Giftstoffe gut abkann, hat einen Vorteil – zum Beispiel der Mensch, der neben dem Kohlweißling der wichtigste Fressfeind des Brokkoli ist.

Darben und vererben

Und wer Stress, Anstrengung, Gift, Strahlen nicht nur aushält, sondern danach sogar noch mehr davon aushalten kann, hat natürlich noch größere Vorteile. Denn in der Natur, ob sie nun vom Menschen beeinflusst ist oder nicht, ist es eher die Regel als die Ausnahme, dass auf eine niedrige Dosis erst einmal eine höhere folgt: Wenn es kalt wird, wird es im Zeitverlauf zunächst meist noch kälter. Wenn Nahrung oder Wasser knapp werden, werden diese Ressourcen sich in den allermeisten Fällen über die nächsten Tage und Wochen weiter verknappen. Wenn ein Fisch einen Fluss hinaufschwimmt und es mit Giften aus Abwasser zu tun bekommt, wird die Konzentration des Giftes weiter zunehmen, bis er es hoffentlich schafft, an der Einleitungsstelle vorbeizukommen.[38]

Und wer, egal ob als Urzelle oder Fisch oder Mensch, in der evolutionären Lotterie aus Mutation und Gen-Vermischung Erbanlagen mitbekommen hat, die solche Fähigkeiten am ehesten ermöglichen, hat bessere Überlebens- und Fortpflanzungschancen. Diese Eigenschaften werden sich also in der Evolution durchsetzen. So einfach ist das.

Man kann sich fragen, warum es so lange gedauert hat, bis dieses evolutionäre Verständnis begann sich durchzusetzen? Ein Grund dürfte schlicht folgender sein: Seit sich Menschen um die Erscheinungsformen des Lebens in der Natur Gedanken machen, geht es um Merkmale, um Eigenschaften also, die man sehen, beobachten kann. Lange Giraffenhälse, prunkvolle Pfauenfedern, Blüten mit ein, zwei oder hunderten Staubblättern.

Das änderte sich auch mit Mendel, Darwin und Wallace nicht sonderlich, obwohl zumindest »Variation« zu einem zentralen Begriff der Evolutionstheorie wurde. Gemeint war aber eher die Variation zwi-

5 DER DARWIN-TEST

schen Individuen, nicht die Variationsmöglichkeiten innerhalb eines Individuums. Und mit dem Siegeszug der Genetik verfestigte sich dieser an eindeutig messbaren Merkmalen orientierte Blick sogar wieder: Lebewesen waren Ansammlungen von beschreibbaren Eigenschaften, Farben, Ausprägungen von Organen, Anordnungen von Knochen, Verhaltensweisen und Abfolgen von Basenpaaren in der DNA. Und unter Evolution verstand man dann eine Veränderung solcher Eigenschaften als Anpassung an Umweltverhältnisse. Eine solche Anpassung war möglich, weil per Mutation Genvarianten entstanden, die diese Eigenschaften hervorbringen und sich über natürliche Selektion durchsetzen konnten.

Zwar setzte sich zumindest in der Ökologieforschung bald auch die Einsicht durch, dass Lebewesen immer flexibel sind, also unter einer gewissen Spannbreite von Umweltverhältnissen existieren können. Aber einzusehen, dass solche Flexibilität, Anpassungsfähigkeit ebenfalls ein »Merkmal« sein kann, entstanden durch Evolution, festgeschrieben in den Erbanlagen, war eine Hürde. Es ist aber, das ist wichtig, keine konzeptionelle oder logische Hürde. Denn es passt wunderbar in das theoretische Gerüst der Evolutionsbiologie. Die Hürde ist eher praktischer und mentaler Natur. Die Fähigkeit von Mäusen etwa, über verschiedene Mechanismen auf Hunger reagieren zu können, ist einerseits nicht so einfach und schnell zu vermessen wie die Länge eines Finkenschnabels. Vielmehr sind dafür komplizierte Experimente notwendig, inklusive aufwendiger Messverfahren. Denn man will hier ja erfahren, ob die Tiere etwa weniger Erbgutschäden davontragen als normal ernährte Tiere – und wenn ja, in welchem Ausmaß. Oder man will wissen, ob und, wenn ja, um wie viel länger sie leben. Und man will natürlich andererseits auch wissen, wie sie das dann machen, also mit Hilfe welcher Moleküle und Mechanismen.

Die kürzeste und prägnanteste Definition von Hormesis lautet: »Hormesis ist eine adaptive Stressreaktion.« Der Begriff »adaptiv« bedeutet hier »sich anpassend« im akuten, unmittelbaren Sinne: Es wirkt ein Stressreiz, und auf diesen Stressreiz reagiert der Organismus mit einer Anpassung, namentlich mit direkter Abwehr und zukünftig gesteigerter Abwehrbereitschaft.

Die Anpassung, sich anpassen zu können

Das Wort »adaptiv« ist das Evolutions-Adjektiv schlechthin. Merkmale, Verhaltensweisen, und ja, auch nicht direkt beobachtbare Fähigkeiten, in konkreten Situationen sich ändernder Umweltbedingungen unmittelbar zu reagieren, sind im Sinne der Evolutionstheorie »adaptiv«, wenn sie die Chancen auf Überleben und Fortpflanzung verbessern. Ein weißes Fell ist adaptiv für einen Eisbären. Die Verhaltensweisen, die sich für die Robbenjagd herausgebildet haben, sind adaptiv für Eisbären. Und in Zukunft wird sich für Eisbären wohl Folgendes als besonders adaptiv erweisen: die Fähigkeit auf die Stressfaktoren, die der Klimawandel mit sich bringt, zu reagieren, sie auszuhalten und das Bestmögliche daraus zu machen. Also die Fähigkeit, sich mit Hilfe von Hormesis-Mechanismen anzupassen.

Ein Grundphänomen der Evolution ist Variabilität. Das gilt für Populationen, aber eben auch für Individuen. Wenn sich die Individuen in einer Population nicht zumindest ein wenig unterscheiden würden, dann könnte es das Grundprinzip der Evolution, die »natürliche Selektion« auf bestimmte Merkmale und Fähigkeiten, gar nicht geben. Als Bärenvorfahren sich immer weiter in kalte Klimazonen wagten, überlebten diejenigen mit höherer Wahrscheinlichkeit, die aufgrund einer Mutation weißes Fell hatten. Ohne Anpassungsfähigkeit, also ohne die Möglichkeit, auf geänderte Verhältnisse zu reagieren, wäre aber auch ein Individuum aufgeschmissen, es sei denn, es lebte in einer vollkommen konstanten Umwelt. Nicht nur eine konkrete Anpassung, sondern auch Anpassungs*fähigkeit* ist also adaptiv. Solche Flexibilität findet sich überall bei Lebewesen. So ist es beispielsweise möglich, dass bei sich ändernden Umweltbedingungen Gene an- oder auch abgeschaltet werden. Das passiert etwa, wenn Tiere saisonabhängig oder in der Paarungszeit ihre Fell- oder Federfarbe ändern. Man könnte hier von »hormetischen Merkmalen« sprechen. Sie entstehen, wenn die natürliche Selektion auf Dynamik, Reaktionsvermögen, Anpassungsfähigkeit hinwirkt.

Anpassungsfähigkeit ist also eine im Lichte der Evolution Sinn ergebende Anpassung. Oder: Wer Hormesis kann, dem bringt diese Fähigkeit in einer vollkommen stabilen, reizarmen, stressfreien Umwelt voller gefüllter Kühlschränke, bequemer Sofas und wohltemperierter Heizkörper zwar nichts. In der echten Natur, wo all das selten garantiert ist, ist die Fähigkeit, hormetisch zu reagieren, dagegen essenziell, überlebenswichtig. Man kann solche Fähigkeiten allerdings nicht so einfach *sehen* wie einen Finkenschnabel oder *vergleichen* wie zwei verschiedene Finkenschnäbel. Deshalb waren diese Fähigkeiten für Evolutionsbiologen lange unsichtbar.

Aus alldem ergibt sich eine der zentralen Thesen dieses Buches: *Hormesis ist einer der wichtigsten Mechanismen der Evolution überhaupt.*

Dieser Mechanismus ist sehr früh in der Evolution entstanden, und er hat die Evolution in der Folge massiv mitbestimmt. Hormesis ergibt also nicht nur Sinn im Lichte der Evolution, sondern hatte und hat selbst Einfluss darauf, wie sich Lebewesen entwickelten und entwickeln.

Uralt unter Megastress

Wenn dem so ist, drängt sich natürlich eine weitere Frage auf: Warum sind dann nicht einfach alle Lebewesen mit maximaler hormetischer Anpassungsfähigkeit ausgestattet? Doch was würde das, konsequent zu Ende gedacht, bedeuten? Zum Beispiel müssten dann einem Pottwal, der sich plötzlich an einem Berghang der Dolomiten wiederfindet, schnell schlanke Beine wachsen und er müsste in der Lage sein, auf Bergkräuter oder Bergziegen als Nahrung umzusatteln. Das ist ein absichtlich absurdes Beispiel, aber es macht eines deutlich: Die Variabilität muss sinnvoll sein, also sich im Bereich von für eine Tier- oder eine Pflanzenart tatsächlich realistischen Umweltveränderungen bewegen. Und sie darf nicht zu aufwendig sein. Im evolutionsbiologischen Jargon gesprochen: Sie darf nicht zu hohe Kosten verursachen. Denn eine Anpassung, die im Verhältnis zum Sinn zu aufwendig und kostspielig ist, ist nicht mehr *adaptiv,* sondern Unsinn im Lichte der Evolution.

Tatsächlich ist viel von dem, was Evolutionsbiologen als Anpassung etwa an harsche Umweltverhältnisse beschreiben, keine direkte Anpassung. Es ist vielmehr die besonders ausgeprägte hormetische Fähigkeit, unter solchen Bedingungen mit Anpassung zu reagieren und dadurch zu überleben. Ein Beispiel: Viele Pflanzenarten, die in extreme Lebensräume vorgestoßen sind – von giftmetallbelasteten Böden bis in die höchsten Höhen der Gebirge –, sind gar nicht speziell für das Leben dort angepasst. Sie halten es nur besser aus als andere.[39] Das heißt, ihr Existenzoptimum liegt eigentlich in ganz anderen Klimazonen oder bei ganz anderen bodenchemischen Verhältnissen. Dort würden sie viel besser wachsen und sich fortpflanzen können. Eigentlich. Diese Pflanzen haben es aus ganz anderen Gründen in den gemäßigteren Klimaten und besseren Böden schwer: Andere Arten sind dort schlicht konkurrenzfähiger und verdrängen sie unter natürlichen Bedingungen. Eine Methusalem-Kiefer[40] (auch »Langlebige Grannenkiefer« genannt) etwa, beheimatet an der oberen Vegetationsgrenze der Gebirge des westlichen Nordamerika, gedeiht in einem Botanischen Garten auf Meereshöhe, der kaum je ein Grad Frost abbekommt, hervorragend. Sie wächst dort auch viel schneller als auf fast 4000 Metern in der Sierra Nevada und bekommt mehr und kräftigere Zapfen. In einem normalen Wald derselben Gegend aber würde sie trotzdem schnell von anderen überwachsen und verdrängt werden.

Dass es Methusalem-Kiefern als Art überhaupt noch gibt, dass sie nicht ausgestorben sind wie 99,9 Prozent aller anderen Arten, die jemals auf diesem Planeten gelebt haben, liegt also genau genommen nicht daran, dass sie dort oben besonders gut gedeihen können, dass sie daran also per se optimal angepasst sind. Sondern es gibt diese Art deshalb heute noch immer, weil unter den Gehölzen Nordamerikas nur sie die hormetisch bedingte *Anpassungsfähigkeit* mitbringt, in diesen Höhen zu existieren. Sie lebt dort am extremen Rand dessen, was sie aushalten kann. Bei ihr hat sich also in der Evolution die Fähigkeit, hormetisch zu reagieren, sich anzupassen, als optimale Anpassung erwiesen. Sie kann Stress besser aushalten als alle anderen Baumarten. Sie kann sogar von ihm profitieren, denn die Stressbedingungen helfen ihr schlicht, Konkurrenten aus dem Feld zu schlagen.

Und auch ein Murmeltier käme am Fuße des Bayerischen Waldes wahrscheinlich prima zurecht, wenn die Konkurrenz und die Fressfeinde dort nicht so murmeltierunfreundlich wären. Allein, weil Murmeltiere die Bedingungen im Hochgebirge besser aushalten können, und nicht, weil die Evolution sie so gebastelt hätte, dass es ihnen dort optimal gehen würde, leben sie im Hochgebirge inmitten von flechtenbewachsenen Steinhalden. Sie sind dort geschützt vor Luchsen und Füchsen und verschont von Konkurrenz durch Rehe, Wühlmäuse, Schafe und Kühe.

Doch zurück zur Methusalem-Kiefer. Sie trägt ihren Namen nicht ohne Grund, denn sie ist, je nach Sichtweise und Definition, eine der oder sogar *die* Art mit den ältesten, langlebigsten Individuen auf der Welt überhaupt. Das könnte durchaus mit ihren besonderen hormetischen Fähigkeiten und dem ständigen Zwang, diese auch einzusetzen, zu tun haben.

Die Methusalem-Kiefer ist nicht nur ein extremes und extrem gutes Beispiel für Stress-Anpassungsfähigkeit und die Vorteile, die diese mit sich bringen kann. Sie ist auch eine Pflanze. Und Pflanzen scheinen oft besonders gute Hormetiker zu sein.

Das liegt wahrscheinlich schlicht daran, dass sie nicht weglaufen können.

Denn anders als Tiere, die, wenn es brennt oder jemand den Boden vergiftet hat oder es sehr kalt wird oder ein Raubtier kommt, meist abhauen können, sind Pflanzen in all ihrer Bodenständigkeit sehr, sehr ortsgebunden.

Ihnen fehlt also eine wichtige Dimension der Flexibilität. Die räumliche. Diesen Nachteil müssen sie durch mehr Flexibilität auf anderen Gebieten ausgleichen.

Wer der Unbill nicht entfliehen kann ...

Pflanzen können Stress also nicht aus dem Wege gehen. Man sollte dementsprechend erwarten, dass es besonders bei Pflanzen sehr, sehr viele Anpassungen und Anpassungsfähigkeiten speziell für Stress gibt. Von Hitze und Kälte über Trockenheit und Überschwemmung bis hin zu Fressfeinden, Schädlingen und Umweltgiften: Pflanzen sollten dagegen besonders gut gewappnet sein. Das würde im Lichte der Evolution Sinn ergeben.

Gibt es auch nur eine Tierart, die, ohne abzuhauen, ein mehrere hundert Grad heißes Feuer aushalten könnte? Soweit bekannt, nicht. Unzählige Pflanzen dagegen können dies, entweder selbst oder in Form ihrer Samen. Auch tief eingefroren zu werden überleben nur sehr wenige Tierarten.[41] Viele Pflanzen (und besonders deren Embryonen, also Samen) dagegen überstehen scharfen und langfristigen Frost. Eine davon ist die Methusalem-Kiefer, die mehr als die Hälfte des Jahres tiefgekühlt wird.

Die These von der besonderen Hormesis-Fähigkeit von Pflanzen bestätigt sich mittlerweile auch auf molekularer Ebene, und das ziemlich überwältigend.

Genomforscher etwa haben sich von Anfang an gefragt, warum Pflanzen oft so viele Gene haben. Sie haben sogar oft mehr als Menschen – die Krone der Schöpfung oder der Evolution, je nach Weltsicht. Tatsächlich stellt sich derzeit heraus, dass ein Großteil dieser Gene dafür da ist, auf Umweltstress reagieren zu können. Nachgewiesen ist dies beispielsweise für die wegen ihrer wirtschaftlichen Bedeutung besonders gut untersuchten Reispflanzen.[42] Fast alles, was bei Pflanzeninhaltsstoffen als gesund gilt, sind Produkte genau solcher Gene. Und diese Produkte finden sich in höheren Konzentrationen natürlich in Pflanzen, die mehr Stress aushalten mussten.

Wenn man das weiß, wundert man sich nicht mehr, dass Hochgebirgskräuter als besonders gesund gelten, und wilde Kräuter als gesünder als solche, die im Garten gehegt, gedüngt und gegossen wurden. Man versteht dann auch, warum Resveratrol – jener Stoff im Rotwein, der noch immer als zukünftige Methusalem-Medizin gehandelt wird – vor allem in solchen Weinen besonders konzentriert ist, die in eher rauen Klimata und an Hängen, wo oft das Wasser für die Wurzeln knapp wird, angebaut werden.[43] Denn Resveratrol schützt die Reben und Beeren vor Schädlingen und vor Schäden durch Sonnenstrahlen, die Pflanzen vor allem dann drohen, wenn Wasser knapp ist oder die Temperaturen sehr niedrig sind. Der Stoff aktiviert in der Weinpflanze und bei richtiger Dosis auch im Weintrinker ein paar der wichtigsten und bestuntersuchten Molekülsorten, die veranlassen, dass Stressantwort-Gene eingeschaltet werden. Die heißen etwa Sirtuine, NRF-2 oder FOXOs.

Mit ganz ähnlichen Mitteln behelfen sich auch Laubbäume im Herbst: Der Grund, dass Herbstwälder in manchen Jahren nur langweilig gelb werden, in anderen aber in allen Nuancen von Orange und Rot erstrahlen, ist folgender: Laubbäume recyceln die wertvollen Materialen aus ihren Blättern, bevor sie diese abwerfen. Haben sie dazu genügend Zeit, weil es noch warm und feucht genug ist, dann werden die Blätter einfach nur gelb. Denn die Stoffe, die nicht recycelt werden müssen und als Abfall in den abfallenden Blättern bleiben können, haben schlicht diese Farbe. Kommt es aber etwa in klaren Nächten schon zu Frösten und trifft die Morgensonne danach die noch grünen Blätter, gerät der biochemische Apparat in ihnen unter extremen Stress. Die roten Farbstoffe, die sich daraufhin bilden, schützen vor den Sonnenstrahlen und treiben auch noch andere zelluläre Hilfsprogramme an. Sie sind Teile der Antwort auf diesen Stress. Diese Stressantwort ermöglicht es den Bäumen meist, trotzdem noch einigermaßen effektiv die für das nächste Jahr wieder wichtigen Stoffe abzuziehen.[44]

Wenn hellhäutige Menschen unter Sonneneinwirkung dunkle Moleküle in ihrer Haut bilden, also braun werden, läuft ein ganz ähnlicher, *adaptiver*, hormetischer Prozess ab. Er schützt letztlich vor mehr Sonnenstrahlen, also vor mehr Stress.

Darwin beschrieb die lebende Natur auf der letzten Seite der *Entstehung der Arten* als »entangled bank«, was auf Deutsch nur unzulänglich übersetzt ist mit »von Leben wimmelnde Uferböschung«[45]. Er meinte damit, dass in einem natürlichen Lebensraum alles mit allem verbunden ist, interagiert, aufeinander reagiert. In Gemeinsamkeit, Austausch, Gegenseitigkeit und Konkurrenz. Und all das ist entstanden aus nur einer oder wenigen Urformen und nach den gleichen Prinzipien. Zwischen den Organismen, Individuen, Lebensformen bestehen die Verbindungen, die Darwin meint, vor allem in der Ernährung, im Fressen und Gefressenwerden, im Konkurrieren um Nahrung.[46]

Doch es gibt Verbindungen auch im Molekularen. Diese bestehen nicht nur darin, dass alles auf gemeinsame – evolutionäre – Ursprünge zurückgeht. Sie bestehen auch nicht nur darin, dass Lebewesen auf der zellulären, molekularen Ebene, in ihren fundamentalen Strukturen viel mehr gemeinsam haben, als man vielleicht auf den ersten Blick denken würde.

Die Verbindungen bestehen auch in den Prinzipien und Mechanismen des Lebens und Überlebens.

Eines davon – vielleicht das wichtigste – ist Hormesis. Als Menschen etwa sitzen wir an einem Herbstnachmittag an unserer von Leben nur so wimmelnden Uferböschung und pflücken eine Brombeere, die dort gewachsen ist. In ihr findet sich ein ganzes Regal voller Chemikalien, die die Pflanze in ungezählten hormetischen Reaktionen als Stressschutz gegen Sonnenstrahlen, Fressfeinde, Kälte und Ähnliches aufgebaut hat. Flavonoide gehören dazu, aber auch Ellagsäure, Anthocyane und vieles mehr. Es sind durchweg Gifte. Die Beere ist bedeckt von Bakterien und Pilzen, die ihrerseits ihr Stressmanagementprogramm auf Hochtouren abspulen, um trotz all der Abwehrbereitschaft der Beere aus ihr ein bisschen Nahrung herauszubekommen. Wir stecken die Beere in den Mund, wir kauen, schlucken. In uns lösen die Gifte in kleiner Dosis hormetische Reaktionen aus, die uns unter anderem dabei helfen, uns gegen ein paar der Bakterien auf der Beere erfolgreich zur Wehr zu setzen, um nicht gleich darauf Durchfall zu bekommen. Zusätzlich erhöht sich dadurch auch noch die Abwehrbereitschaft des Körpers gegen andere Gifte und gegen Krebszellen. Andere Stoffe in der Beere, etwa Vitamin C, sind bereits echte Anti-Zellstress-Substanzen. Aber auch sie sind über hormetische Prozesse produziert worden. All das ergibt im Lichte dieses warmen Herbstnachmittages Sinn. Und im Lichte der Evolution ohnehin.

6 DIE GUTE ALTE ZEIT

ESSEN, FASTEN, HASTEN, RASTEN, STRESSEN, ENTLASTEN UND DAS PLUMPSKLO

Wir sind nicht nur die Erben verstrahlter und giftumspülter Urzellen aus dem Ur-Ozean. Sondern auch die von Opa und Oma und deren Vorfahren. Deren Leben war ein wenig stressiger als das eines Mitteleuropäers Anfang des 21. Jahrhunderts.

Im vorherigen Kapitel ging es darum, wie in Abermilliarden Jahren Evolution, beginnend mit den ersten Lebewesen überhaupt, Prozesse bestimmend waren, die Anpassung an widrige Umweltverhältnisse ermöglichten. Es ging um Überlebensvorteile unter eigentlich sehr nachteiligen Bedingungen, Umwidmung von Gift in Gutes.

All das mag manchen aber noch nicht ganz überzeugt haben. Man könnte etwa sagen: Was für simple Urzellen in der lebensfeindlichen Umwelt der Ur-Erde gegolten hat, muss noch lange nicht für mich komplexes Lebewesen namens Mensch an meinem Schreibtisch gelten. Und was auf wilde Pflanzen und Tiere bei Kälte und Nahrungsmangel zutrifft, muss mit mir und meinem Bier vor dem Kamin nicht unbedingt etwas zu tun haben.

Das sind sehr gerechtfertigte Einwände. Wilde Tiere und Pflanzen und Zivilisationsmenschen, wie auch immer verwandt sie biologisch sein mögen, sind nicht gleich. Was heute für eine Gruppe Lebewesen gilt – die Menschen etwa, oder sogar eine bestimmte ethnische Gruppe von Menschen –, ist nicht allein bestimmt von den Milliarden Jahren seit Anbeginn des Lebens, nicht allein von den frühen, umweltbedingten Weichenstellungen. Sondern natürlich spielen auch die paar Millionen oder auch nur Tausende von Jahren ihrer jüngsten Evolutionsgeschichte hier eine wichtige Rolle. Eine Asiatin etwa kann aufgrund einer in Asien sehr verbreiteten Genvariante schon auf kleine Mengen Alkohol mit hochrotem Gesicht reagieren – und auf ein bisschen mehr bereits mit Vergiftungserscheinungen. Sie wird mit dem Argument, dass doch selbst Hefezellen den von ihnen produzierten Alkohol ganz gut vertragen – und ihre Freundin aus Wuppertal auch –, nicht viel anfangen können. Auch die Tatsache, dass Gorillas, also recht nahe Verwandte des Menschen, fast ausschließlich von nicht besonders variantenreichem rohen Grünzeug leben, bedeutet nicht, dass Menschen es ihnen gefahrlos gleichtun könnten.[47]

Und selbst die allerjüngste Evolutionsgeschichte hat noch einen Einfluss darauf, wie Menschen verschiedener ethnischer Herkunft mit bestimmten Umweltfaktoren zurechtkommen. Wer stark pigmentierte Haut hat, verträgt mehr UV-Strahlen als ein Wikinger-Ur-Ur-Ur-etc.-Enkel. Er oder sie braucht aber auch mehr Sonne, um ausreichend Vitamin D produzieren zu können. Und der Stoffwechsel von Leuten mit südeuropäischen oder kleinasiatischen Vorfahren kommt im Durchschnitt besser mit hohen Kohlenhydratanteilen in der Nahrung zurecht als beispielsweise der jenes Wikinger-Nachkommen.[48] Weitere Beispiele gäbe es zuhauf.

Das hormetische Plumpsklo

Man sollte also zusätzlich zum Blick in den Ur-Ozean oder auf die Uralt-Kiefern auch einen Blick auf noch etwas unmittelbarere Verwandte und deren Leben werfen. Die Urgroßeltern des kleinen anderthalbjährigen Mannes etwa, der beim Schreiben dieses Buches dem Autor öfters mal auf dem Schoß sitzt und dabei mit Vorliebe die »Escape«-Taste drückt, waren Bauern in Thüringen. Sein Papa kannte sie selbst noch gut und auch ihre Lebensweise, die sich auch nach der Zwangskollektivierung zur LPG nicht sehr änderte. Das Leben bestand aus harter körperlicher Arbeit und etwas Ausruhen am Sonntag. Frische Luft war ebenso allgegenwärtig wie der Ruß in der Räucherkammer oder nicht ganz giftfreie Arbeiten wie etwa das Verziehen der Mohnpflanzen auf dem Feld. Es gab meist genug zu essen, Gemüse,

Kartoffeln, Brot, Eier, Geflügel, ab und zu Fleisch von Rind oder Schwein. Getrunken wurde Wasser, manchmal auch Apfelsaft, und – wenn es in Meiers Laden am Dorfeingang grad welchen gab und das Geld reichte – Kaffee. Aber im Winter wurde das Essen oft knapp und die Fastenzeit ergab sich deshalb von selbst, von Kriegs- und Nachkriegszeiten ganz zu schweigen. In diesen Monaten wurde genau ein Zimmer geheizt, es gab einen Wasserhahn im ganzen Haus, kalt selbstverständlich. Das Plumps-Klosett war »über den Hof« und wurde auch bei Schnee und Eis nirgends anderswohin versetzt. In der elf Kilometer entfernten Stadt gab es einen – *einen* – Arzt. Der war neben dem Pastor auch der Einzige weit und breit, der ein Personen-Kraftfahrzeug besaß. Rolltreppen und Aufzüge hatte nie jemand mit eigenen Augen gesehen. Die Kinder gingen sommers wie winters zu Fuß zur Schule, die älteren von ihnen in jene elf Kilometer entfernte Stadt.

Bei zumindest dem ein oder anderen der Urgroß- oder Großelternpaare von jemandem, der gerade dieses Buch liest, war es wahrscheinlich ähnlich. Diese sehr nahen Ahnen lebten also häufig noch in Verhältnissen, die aus heutiger Sicht denen im Mittelalter ähnlicher erscheinen können als den gegenwärtigen in einer deutschen Stadt, einem Schweizer Dorf oder selbst auf einem österreichischen Bauernhof. Über Jahr und Tag stetig satt zu werden war keinesfalls gesichert. Die Natur mit ihren Extremen war nah und oft sehr unmittelbar zu spüren (bei minus 15 Grad auf der Toilette etwa, diese persönliche Erfahrung kann der Autor auch noch selbst beisteuern). Und den Lebensunterhalt auf einem gepolsterten Büromöbel sitzend mit Hilfe von Papier und eines Schreib- und Rechengerätes zu verdienen anstatt mit Händen, Füßen und Schultern war noch die absolute Ausnahme.

Geht man noch ein paar Generationen zurück, oder wirft auch nur einen Blick in andere Gegenden der gegenwärtigen Welt, findet man ähnliche Lebensverhältnisse, nur dass auch noch der Wasserhahn fehlt, und der Einkaufsladen. Dafür sind dort aber noch mehr körperliche Anstrengung zum Leben und Überleben nötig, und die Unsicherheiten, was Naturgewalten, Menschgewalten, Krankheiten und Nahrungsverfügbarkeit angeht, sind noch größer.

Wie sah also das Leben von Menschen jener Generationen aus, die recht unmittelbar vor der heutigen kamen?

Es war zwar sicher nicht auf romantisch-verklärte Weise »naturnah«. Aber die Natur und ihre oft auch unangenehmen Kräfte waren durchaus näher dran am Menschen. Es gab immer wieder Phasen zwangsweiser Kalorienrestriktion (siehe Kapitel 5). Wenn es zu essen gab, dann waren es Lebensmittel, die nicht über die Fließbänder industrieller Verarbeitung und »Verfeinerung« auf den Tisch gekommen waren. Sie stammten auch nicht von hochgezüchteten Sorten oder waren in klimatisierten Gewächshäusern gezogen. Im Labor kreierte Zusatzstoffe waren unbekannt. Gemüse gab es saisonal und regional. Die noch nicht intensive Landwirtschaft verschonte selbiges nicht nur weitestgehend mit Agrargiften, sondern zwang auch jeden Kohlkopf dazu, sich selbst, so gut es ging, gegen Schädlinge zur Wehr zu setzen.

Das Geheimnis der weiblichen Langlebigkeit?

Bei Obst sah es ähnlich aus: saisonal und regional, weshalb Mitteleuropäer eben zum Beispiel keine geborenen Bananenesser sind. Es enthielt weniger Zucker als heute. Wenn man nicht zu den ganz Armen gehörte, gab es regelmäßig auch tierisches Protein und Fett. (Allerdings waren zur Zeit der Industrialisierung in den urbanen Regionen sehr viele Menschen sehr arm, was sich auch in deren Ernährung niederschlug, die sich dann vor allem aus billigen, wenig abwechslungsreichen pflanzlichen Waren zusammensetzte. Dies dürfte ein Mit-Grund für die geringe Lebenserwartung dieser Bevölkerungsgruppen gewesen sein.) Der Lebensunterhalt wurde im Schweiße des eigenen Angesichts verdient, und wer bereits einen Schreibtischjob hatte, musste diesen Schreibtisch meist zumindest noch mit eigener Muskelkraft erreichen.

Geht man abermals ein paar Generationen zurück, verschiebt sich das Spektrum zu noch mehr körperlicher Arbeit und zu weniger konzentrierten Kohlenhydraten, denn aus der Lebensgleichung muss man dann zum Beispiel auch Kristallzucker und Kartoffeln herausnehmen. Jeder gegessene Apfel war nicht nur saurer als heute, sondern hatte sich auf dem Weg zur Reife auch gegen allerlei Ungeziefer, Schäden durch Hagelkörner und dergleichen zur Wehr setzen müssen. Vergleichbares galt für praktisch jede Frucht, jedes Blatt, jede Wurzel, die auf dem Teller landete. Und das Erbe dieses phytopathologischen Abwehrkampfes wurde in Form von allerlei Molekülen, die heute sekundäre Pflanzenstoffe heißen, die man aber auch pflanzliche Abwehrgifte nennen kann, mit verspeist.

Noch ein paar Generationen weiter in der Vergangenheit standen viele Menschengruppen – man mag es kaum glauben – ohne Getreide da. Und auch ohne Milchprodukte. Denn die Landwirtschaft war noch nicht erfunden oder beschränkte sich zumindest auf weit entfernte Gegenden. Der Weizen noch nicht gezüchtet. Wie viele Körner Menschen damals aßen, kann man sich in etwa vorstellen, wenn man im Sommer selbst einmal versucht, Samen wilder Gräser zu sammeln. Die Ähren und Rispen sind nicht gerade reich bestückt, und sobald ein Korn erntereif ist, ist es auch schon zu Boden gefallen. Unsere Vorfahren waren den Elementen ausgesetzt. Sie aßen, wenn sie etwas fanden oder gerade gejagt hatten oder das wenige, was man bevorraten konnte. Wenn nichts da war, dann aßen sie nicht.

Nahrung zu erjagen war anstrengend und stressig. Sie zu konservieren war schwierig bis unmöglich. Am besten funktionierte das noch in Form von Fettpolstern, jenen Partien des Menschen, die heute als Nachweis des bequemen, ungesunden Lebens schlechthin gelten, die aber früher so überlebenswichtig waren wie ein Herz ohne Löcher an der falschen Stelle. Die Einzigen, die Nahrung von Fleisch bis Gemüse so zu konservieren in der Lage waren, dass sie auch später noch »verspeist« werden und sattmachen konnte, waren Frauen. Diese verspeisten ihre Vorräte aber nicht selbst, sondern gaben sie an ihre Babys weiter. Denn jene Konservierungsmethode hieß ebenfalls »Fettpolster anlegen«, und die daraus hergestellte Vollwertnahrung hieß Muttermilch. Die Mütter – menschliche, aber auch die anderer Säugetierspezies – hielten und halten damit die negativen Folgen ernsthafter Kalorienrestriktion, so gut sie physiologisch können, von denen ab, die dies am schlechtesten aushalten können, weil sie eben als Miniausgaben ihrer Spezies noch sehr wenige Reserven haben. Die Frauen selbst bekommen etwaigen Nahrungsmangel während der Stillzeit dann aber umso rigider zu spüren – mehr jedenfalls als Männer und Männchen. Sie erleben also in Zeiten der Knappheit den höchsten Nahrungsmittelstress. Sie sind also gezwungen, mehr Hormesis zu betreiben. Man kann sich fragen, ob hier ein Grund dafür liegt, dass Frauen, die ihre Geburten überstehen, noch heute in praktisch allen Gesellschaften eine höhere Lebenserwartung haben als Männer. Diese Vermutung könnte berechtigt sein. Denn jener Unterschied zwischen Mann und Frau schwindet gegenwärtig gerade in den Ländern dahin, in denen die Bevölkerung optimal mit Nährstoffen versorgt ist.

Essen, Fasten, Hasten, Rasten, Stressen, Entlasten

Wie sah es also in einer sehr langen Zeitspanne der Menschheitsgeschichte aus? Es kommt nicht von ungefähr, dass derzeit, wenn von gesundem Leben und gesundem Essen die Rede ist, immer auch die Steinzeit und deren Lifestyle zur Sprache kommt. Sie dauerte ziemlich lange. Die Lebensverhältnisse und das Nahrungsangebot waren zwar je nach Zeitabschnitt und Region unterschiedlich, aber oft galt insgesamt Folgendes: Gegessen wurden Eiweiß und Fett von Tieren und aus Pflanzensamen. Kohlenhydrate gab es meist weniger, und wenn, dann waren es eher komplexe Moleküle, die nur langsam verdaut wurden. Stärke- und zuckerreiche Pflanzenprodukte waren die Ausnahme.

Wahrscheinlich war Nahrung nicht selten knapp. Und die Suche danach und nach saisongemäßer Unterkunft erforderte viel Bewegung und körperliche Anstrengung. Hitze, Kälte, Verletzungen, Infektionen setzten Steinzeitmenschen immer wieder zu. Stress in Form von Gefahren durch wilde Tiere, Naturgewalten, feindliche Menschengruppen gab es regelmäßig. Aber es gab auch immer wieder Phasen des Überflusses. Und es gab Zeiten, in denen man ruhte, weil es nichts zu tun gab, oder der Bauch zu voll war, oder weil es dunkel war. Essen, Fasten, Hasten, Rasten, Stressen, Entlasten, all das wechselte sich ab.

Die Menschen, die in der Steinzeit überlebten und Nachkommen großzogen, sie passten sich über Jahrtausende an diese Gegebenheiten an.

Die Steinzeit war nicht »gesund«, sie war auch kein romantisches Keulenschwing- und Lagerfeuer-Happening. Aber wer in ihr überlebte war – genetisch – meist besser an ihre Gegebenheiten adaptiert als jemand, der auf der Strecke blieb. Wer in ihr überlebte, konnte diese Gene auch weitergeben.

Die Steinzeit steckt den heute Lebenden deshalb tatsächlich noch in den Genen, oder etwas umgangssprachlicher formuliert, »in den Knochen«[49].

Die Steinzeit – oder der tiefe Abdruck der Evolution insgesamt – ist also ein wichtiges Erbe des Gegenwarts-Menschen. Das gilt jedoch nicht nur für die Nahrungsmittel, an die man gewöhnt ist, oder Verhaltensweisen, die sich bewährt haben, oder für immer wiederkehrende besondere Umstände wie etwa Hungerzeiten. Das Erbe besteht auch nicht nur in der Fähigkeit zur Anpassung an Gifte, Stressfaktoren und andere Widerwärtigkeiten. Sondern es besteht auch darin, dass Menschen all diese Faktoren, wenn sie nicht in tödlich hoher Dosis oder über tödlich lange Zeiträume wirken, nicht nur aushalten, sich nicht nur ihnen anpassen können, sondern dass sie sogar Überlebensvorteile mit sich bringen. Menschen brauchen all diese Gifte, Stressfaktoren, Widerwärtigkeiten für ein gesundes Leben buchstäblich. Zu diesem Erbe gehört also auch, dass das, was uns nicht umbringt, uns stärker macht und dass diese Stärkungen unerlässlich sind für ein gesundes Leben.

Das evolutionäre Erbe, die Mitgift aus der Steinzeit und den Zeiten davor und danach, bedeutet aber nicht, dass wir alle stark sind. Denn nicht die Stärke, die »Fitness« selbst wird primär vererbt, sondern vor allem die Fähigkeit, aus Stress solche Stärke erwachsen zu lassen. Wir können also nur stärker, widerstandsfähiger, kompetenter im Umgang mit den Angriffen aus der Umwelt und unserem eigenen Stoffwechsel werden, wenn wir uns diesen Giften, Stressfaktoren und Widerwärtigkeiten auch tatsächlich aussetzen.

Diese evolutionäre Mitgift bedeutet aber auch, dass wir, wenn wir dies nicht tun, uns nicht wundern müssen, wenn wir die typischen Sofakartoffelkrankheiten bekommen.

Stressglück und Glückshormone

Auch das ist evolutionstheoretisch leicht erklärt: Wer es schafft, sich einem Stressreiz gerade in dem Maße anzupassen, dass die negative Wirkung dieses Stressreizes ausgeglichen wird, steht zwar erst einmal gar nicht so schlecht da. Denn er oder sie hat den Stress ja überstanden. Wessen Physiologie aber auf jenen Stressreiz so reagiert, dass zusätzlich zur akuten Anpassung und Schadensreparatur auch noch andere Schäden, die sich über die Zeit angehäuft haben, mitrepariert werden und dazu auch noch die Anpassungsbereitschaft für einen erneuten, vielleicht dann noch stärkeren Stressreiz erhöht wird, der oder die hat einen Extra-Vorteil. Und genau das ist es, was bei hormetischen Reaktionen passiert: nach starker körperlicher Anstrengung, in Hungerphasen, nach Konsum von Giften, welche Pflanzen ihrerseits unter Stressbedingungen herstellen. Und wer diesen Herausforderungen, Anpassungszwängen, Anstrengungen, mild dosierten Giften konsequent aus dem Wege geht, ist einerseits, wenn es einmal nicht möglich ist, ihnen aus dem Wege zu gehen, schlecht vorbereitet. Er oder sie häuft aber höchstwahrscheinlich auch langfristig Schäden an, die sonst immer wieder bei einem hormetischen Ereignis als Bonus weitgehend mit beseitigt worden wären.

Oder, kurz und knapp formuliert: Er oder sie ist krankheitsanfälliger.

Zum evolutionären Erbe der Menschheit gehört mehr als die Verwandtschaft mit den Affen, die zu Darwins Zeiten als so unerhört angesehen wurde. Zum evolutionären Erbe der Menschheit gehören auch all die Kämpfe, die Organismen mit giftigen Substanzen, Strahlenwirkungen, Sauerstoffradikalen, Pathogenen, widrigen Umweltbedingungen, Nahrungsmittel-Knappheit und dergleichen stetig ausgefochten haben. Der Naturzustand, das, woran Menschen und ihre Vorfahren evolutionär seit Jahrtausenden, Jahrmillionen, Jahrmilliarden gewöhnt sind, ist ein Leben mit immer wiederkehrenden Stresssituationen. Ein Leben zwischen Stress und Erholung, zwischen Knappheit und Überfluss, zwischen Limit und ad libitum.

Das Gute ist, dass wir evolutionär so sehr daran gewöhnt sind, dass uns viel von diesem Stress gar nicht stressig vorkommt, sondern angenehm: Sport zum Beispiel empfinden wir als freudebringend und Alkohol – eines der schlimmsten Gifte überhaupt – als angenehm. Die Abwehrbatterie des Pflanzenreiches schmeckt uns meist sogar gut, und wenn wir zu viel davon zu uns nehmen, sagt der Körper uns schon Bescheid. Und die stetig in uns und durch uns selbst entstehenden Schadmoleküle nehmen wir gar nicht wahr und wir können sie, wenn wir uns nicht zu sehr vom Naturzustand weg und zum Sofa hin bewegen, hervorragend in Schach halten.

All das heißt nicht, dass die Segnungen der Zivilisation durchweg Flüche sind. All das heißt auch nicht, dass wir zurück in die Steinzeit oder zumindest auf Opas Bauernhof müssen. All das heißt auch nicht, dass wir uns schulterzuckend einer »Survival-of-the-Fittest«-Nihilisten-Philosophie ergeben müssen. Denn die Fittesten haben ja in all den Generationen vor uns längst überlebt. Sie haben seit Anbeginn der Zeit den harten Job bereits gemacht. Wir müssten ihr Erbe nur nutzen. Das ist oft nicht einmal anstrengend, es sei denn man empfindet eine Portion Brokkoli, eine Handvoll wilder Himbeeren oder ein Sonnenbad als stressig. Manchmal tut es zwar schon ein bisschen weh, wenn man etwa an eine Gebirgs-Radtour in der Julihitze denkt oder an den Sprung ins Eiswasser. Doch selbst das mündet zumindest hinterher meist in Wohlgefühle, führt zur Ausschüttung von Glückshormonen. Denn der Körper will ja, dass wir ab und an den Schalter umlegen. Er kennt sein evolutionäres Erbe. Erst der denkende Wohlstandsmensch hat es vergessen.

7 ANPASSEN ODER ABHÄNGEN

VON SELBSTREPARIERENDEN AUTOS UND SELBSTZERSTÖRERISCHEN KARTOFFELN

Menschen sind nicht aus Knetgummi, sang Udo Lindenberg einmal. Ziemlich flexibel sind sie, wie alle anderen Lebewesen, aber schon. Und wenn nicht zu doll geknetet wird, dann wachsen sie wirklich an und mit ihren Aufgaben, passen sich an, werden stärker. Der stressfreie und pappsatte Lifestyle allerdings, der heute vielfach gepflegt wird, macht krank. Denn er ist die Antithese von Hormesis.

Hormesis ist auf den ersten Blick ein komplexes, vielleicht auch verwirrendes Phänomen. Es gibt eine Unzahl von Auslösern – von Medikamenten und Umweltgiften über Pflanzeninhaltsstoffe bis hin zu körperlichem und psychischem Stress und radioaktiver Strahlung. Eine ganze Reihe von biochemischen Molekülen, physiologischen Signalwegen und möglichen Ergebnissen in den verschiedensten Organen und Geweben spielen jeweils eine Rolle. Und viele Details sind noch nicht genug erforscht.

Aber eines ist allem, was den Namen Hormesis verdient, gemein. Und das ist sehr einfach:

Hormesis ist Anpassung. Hormesis ist die Antwort der biologischen Moleküle und Strukturen eines Organismus auf eine nicht zu hohe oder nicht zu lange anhaltende Dosis zellulären Stresses.

Die Grundlage von Hormesis ist, wissenschaftlich ausgedrückt, eine *adaptive Stressantwort*. Der Organismus, das Organ, das Gewebe, die Zelle, sie alle reagieren im Rahmen ihrer Möglichkeiten auf Stressreize. Und zwar so, dass sie über einen gewissen Zeitraum die gleichen oder sogar ganz andere Stressreize besser aushalten können als zuvor. Der Rahmen der Möglichkeiten ist nicht unbegrenzt, er kann individuell sehr verschieden sein, situations- und kontextabhängig. Aber er ist eigentlich immer deutlich größer, als es unsere traditionelle Sicht von Lebewesen im Austausch mit ihrer Umwelt suggeriert. Denn Lebewesen sind keine biologischen Mittelklassewagen mit so-und-soviel PS und dem-und-dem Hubraum und einem Getriebe von der-und-der Lebensdauer.

Extra Machina

Lebewesen sind Kybernetiker. Sie reagieren. Sie regulieren sich selbst. Sie passen sich an Anforderungen an. Sie sind im Grunde das Gegenteil einer Maschine, das Gegenteil eines Autos etwa. Sie können, um bei diesem Bild zu bleiben, im Rahmen ihrer Möglichkeiten PS und Hubraum zulegen, wenn ihnen Rennwagen-Performance abverlangt wird. Und ihr Getriebe ist, wenn man es nicht allzu schlimm treibt mit Kupplung und Schaltknüppel, sogar langlebiger und trägt weniger dauerhafte Schäden davon, wenn es nicht zu schonend gehandhabt wird. Lebewesen sind wie Autos, die adaptieren. Sie passen sich dem Fahrer und seinen Ansprüchen ebenso an wie dem Wetter und den Straßenverhältnissen. Je widriger die Verhältnisse, desto robuster das Blech, je bleierner der Fahrerfuß, desto griffiger die Reifen, desto geschmierter die Schaltung, desto schneller der Bolide.

Und oft ist diese Reaktion nicht nur adaptiv, also eine adäquate Anpassung an erfahrene und zu erwartende Reize, sondern *über-adaptiv*. In dem erwähnten adaptiven Mittelklassewagen würde etwa nicht nur der Tacho etwas zulegen, sondern vielleicht würde ihm auch ein Ledersitz an Stelle des Synthetik-Bezugs der Grundausstattung wachsen. Es sind Zusatzleistungen nach dem Motto »Lieber ein bisschen mehr machen als zu wenig«. Ein derart anpassungsfähiger Organismus räumt zum Beispiel mit Schadmolekülen auf, die schon vor dem Stressreiz in den Zellen herumschwammen, er repariert Fehler am Erbgut, die sich schon vorher angehäuft haben, er wappnet sich gegen zukünftige Stressreize, die noch einmal deutlich stärker sein können als das, was ihm schon angetan wurde.

Das ist im Grunde gar kein so seltsames oder überraschendes Phänomen, denn man kennt Ähnliches auch aus dem Alltag: Wenn etwa die Dame des Hauses dem Gatten am Samstagmorgen eine gehörige Standpauke hält, in der es hauptsächlich um das noch immer ungeputzte Badezimmer geht, und sich dann die Kinder schnappt und mit ihnen ein paar Stunden in den Zoo flüchtet, dann wird sie nicht selten am Abend heimkommen und Folgendes vorfinden: Nicht nur das Bad blitzt und duftet, sondern auch jede Ecke im Wohnzimmer ist gesaugt und entstaubt, der Zeitungsstapel entsorgt, die Wäsche gebügelt, das Schaukelpferd repariert und ein Strauß Rosen steht auf dem Tisch.

Hormesis im organischen, zellulären Haushalt funktioniert sehr häufig genauso. Sie ist eine reinigende Über-Reaktion.

Dazu kommt oft jener Trainingseffekt, der nicht nur die Reaktion selbst verbessert, sondern auch die Reaktionsfähigkeit. So wird der Ehemann an jenem Samstag vielleicht wiedererlernt haben, das Bügeleisen zu bedienen, und beim nächsten Mal wahrscheinlich auch noch einmal schneller und besser darin sein. Im physiologischen Bereich ist solches der Menschheit im Grunde sogar schon seit Jahrtausenden bekannt, überliefert etwa durch die Geschichte von Mithridates VI., König von Pontos in Kleinasien. Der hatte Angst, vergiftet zu werden, und versuchte sich dadurch zu schützen, eigenhändig Gifte in stetig steigender Dosis einzunehmen. Das funktionierte der Legende nach so gut, dass er, als er nach der Niederlage gegen den Römer Pompeius sich selbst zu vergiften versuchte, auch von allem im Königshause verfügbaren Gifte nicht totzukriegen war. Er musste schließlich einem Diener befehlen, ihn zu erdolchen.

Aber egal ob nur angepasst oder über-angepasst, die Anpassung hält normalerweise nicht ewig. Und auch hier liegt die Sache nicht anders als beim geputzten WC, dem gewischten Staub im Regal oder den Rosen in der Vase – und leider auch nicht anders als bei den meisten Lebenspartnern. Denn dass der Göttergatte ab jetzt jeden Samstag, ohne getreten zu werden, diese Putzaktion wiederholt, ist unwahrscheinlich. Es muss schon eine *Re-Aktion* sein. Irgendwann wird also nur ein neuer vergleichbarer Stressreiz das nächste vergleichbare Ergebnis bringen. Genau deshalb genügt es eben langfristig auch nicht, einmal Brokkoli zu essen oder einmal durch den Wald zu laufen oder einmal kalt zu duschen.

Für das Gegenteil der adaptiven Stressantwort gibt es zwar noch keinen wissenschaftlichen Begriff, man könnte es aber die *maladaptive Schonungsantwort* nennen. Gemeint ist damit natürlich die Anpassung an die Herausforderungslosigkeit. Hier hört der Körper auf, in die Vorbereitung auf stressige Eventualitäten zu investieren. Es ist die Anpassung an das Leben auf dem Sofa. Und das ist ein durch und durch trügerischer Zustand. Denn das Fehlen der Stressreize bedeutet nicht, dass sich im Körper nicht trotzdem langsam Schäden anhäufen. Es bedeutet aber, dass der Mechanismus abgestellt ist, der dafür sorgen kann, dass sie behoben werden.

Es ist das Leben der Sofakartoffel. Man kann Glück haben damit. Aber wahrscheinlicher ist, dass es, in aller Ruhe und ganz gemächlich und immer pappsatt, ins Desaster führt.

Rundum sorglos, stressfrei, satt

Es gibt nur wenige aus dem Englischen wortwörtlich ins Deutsche übersetzte Begriffe, die den Alltagstest bestehen und in den normalen Sprachgebrauch übergehen. Sie haben es einerseits so schon schwer genug gegen all die Anglizismen, und oft hören sie sich dann auch recht seltsam an. Eine Ausnahme ist die Sofakartoffel, »couch potato« im Original.

Natürlich ist die Kartoffel ein wunderbares Symbol für die Sattheit der Erstweltbewohner, und das Sofa für ihre Unbeweglichkeit und Bequemlichkeit. Die Sofakartoffel steht für den bequemen, nicht hungern müssenden, vor dem Fernseher Chips mampfenden, sich fläzenden, passiven und passiv konsumierenden Bewohner der Industrienationen. Sie steht für dessen ungesunden Lebensstil.

Dass der Sofakartoffel-Lifestyle krank macht und lebensverkürzend ist, müsste eigentlich überraschen. Denn es ist ja schlicht eine große Ironie: Man hat genug zu essen, ein Dach über dem Kopf, einen sicheren Schlafplatz, es ist warm, der Stress und die körperlichen Anstrengungen des Lebens in der Wildnis oder in Armut bleiben einem erspart. Es ist für alles gesorgt, man ist voll versorgt. Warum sollte das ungesund sein? Und dagegen körperlicher Stress, Essensverzicht und dergleichen gesund?

Sport etwa, besonders in seinen richtig anstrengenden Varianten, ist per se gar nicht gesund (siehe Kapitel 14). Sondern im Körper werden dabei lauter Gifte freigesetzt. Es sind Gifte, die in hohen Dosen und in Fällen, da der Körper nicht adäquat reagieren kann, viel kaputtmachen, ja lebensgefährlich sein können. Ganz Ähnliches gilt für Hungerperioden.

Was am Sport gesund ist, ist nicht der Sport. Es sind allein die Reaktionen des Körpers, der übereffizient gegen die Gifte vorgeht, der überfleißig dem Stress seine Stressantworten entgegensetzt.

Es ist das ganz Entscheidende: Das, was wirklich effektiv gesund ist, kommt selten von außen. Sondern der Körper produziert es selbst. Aber um dies zu können, muss vorher etwas im Grunde Ungesundes passieren. Eine Herausforderung muss geboten, ein Stress ausgelöst, ein Schaden gesetzt werden.

Es ist eine Kraft, die das Böse will, und doch das Gute schafft.

Stress*antworten,* Gift*reaktionen* etc., sie sind es, die positiv wirken. Wer also sagt, anstrengender Sport sei gesund, hat genau genommen unrecht. Wer sagt, Sulforaphan aus Brokkoli sei gesund, hat ebenso unrecht. Sulforaphan ist ein Gift. Doch die *Reaktion* des Körpers und seiner Zellen auf Sulforaphan in Mengen, wie man sie beim normalen Brokkoli-Verzehr aufnimmt, sie ist gesund.

Es ist ein bisschen komplexer als die althergebrachte, lineare Vorstellung von der direkten positiven oder negativen Wirkung einer Substanz, eines Reizes, einer »Einwirkung« auf den Körper.

Das sollte man aber mit Freuden akzeptieren. Denn es bedeutet letztlich, dass wir all diesen Einwirkungen nicht einfach so ausgesetzt und auf Hilfe von außen angewiesen sind, sondern auf eine universelle biochemische, evolutionär tief verwurzelte Kraft zurückgreifen können. Sie befähigt alle Lebewesen, Schädliches in Förderliches umzuwandeln.

Das ist keine Begriffs-Jonglage, es ist auch keine Esoterik. Im Gegenteil: Es ist der entscheidende Punkt, wenn man verstehen will, warum manche Substanzen, manche Aktivitäten, manche Reize, manche Stressoren sich letztlich gesundheitsförderlich auswirken. Und wer sagt: »Ist doch egal, Hauptsache, ich weiß, dass Sport sich letztlich gesund auswirkt, wichtig ist doch nur, was hinten rauskommt«, hat nur teilweise recht. Denn es ist nicht egal. Warum etwa ein klein bisschen Bewegung kaum etwas bringt, extreme Anstrengung an jedem dritten Tag sich dagegen positiv auswirkt, aber bei zwei Mal täglich schon wieder negativ[50], all das kann man nur verstehen, wenn man diesen Grundsatz versteht. Wenn man das Prinzip Hormesis versteht. Entscheidend ist die Dosis. Und unter Dosis kann man sowohl »Wie viel« als auch »Wie oft« verstehen.

Der Stress, das Gift, die Anstrengung, die Herausforderung in der richtigen Dosis wirken sich positiv aus. Ist die Dosis zu hoch oder die Dauer zu lang, dann wirkt Stress als Stress, Gift als Gift, Anstrengung auslaugend und eine Herausforderung überfordernd.

Glückshormone

Zurück zu den Binsenweisheiten: Bewegung ist gut. Nicht zu viel essen ist gut. Ein anregender Alltag und anregende Freizeitaktivitäten sind gut. Für die Gesundheit. Für Körper und Geist. Untätigkeit, geistig wie körperlich, und dabei auch noch reichlich Kalorienzufuhr sind es nicht.

Aber warum eigentlich? Der Unterschied liegt schlichtweg darin, dass Ersteres Herausforderungen mit sich bringt. Sie bedeuten Stress für die Körper- und Nervenzellen, so mild er auch sein mag und so wenig man ihn als Besitzer dieser Zellen vielleicht als solchen empfindet.

Die Evolution hat hierfür eine ganze Trickkiste gefüllt. Es ist bekannt, dass menschliche Gehirne bei Sport und auch bei anregender geistiger Aktivität Glückshormone ausschütten. Wir werden hier Opfer einer Art evolutionär festgeschriebener Selbst-Veräppelung. Sie bewirkt, dass wir den körperlichen oder mentalen Stress sogar genießen können, weil wir gleichzeitig und auch noch danach mit Wohlfühl-Substanzen namens Oxytocin, Dopamin oder Serotonin geflutet werden.

Nicht nur Fähigkeiten zu hormetischen Reaktionen auf Stress haben sich in der Evolution also als sinnvoll erwiesen und sich durchgesetzt.

Sondern gleichzeitig entstanden auch biochemische und neuronale Vorgänge, die uns bis zu einem gewissen Grade vormachen, dass dieser Stress gar kein Stress ist, sondern die reinste Wohltat. Was er im Endergebnis ja auch wirklich ist. Der Stress ist nur die notwendige Zwischenetappe. Und der Griff in jene Trickkiste hilft ihn auszuhalten.

Selbst Fastende berichten über positive, teilweise gar euphorische Empfindungen, und das oft trotz durchaus vorhandener Hungergefühle. Auch harte körperliche Arbeit, wenn sie nicht zu hart ist, macht Spaß. Manche sagen sogar: Sie macht glücklich. Das allerdings nur, wenn es ausreichend Pausen gibt.

Auch das folgt dem Hormesis-Prinzip: Es kommt auf die Dosis an, und meist auch darauf, dass der Stress sich abwechselt mit Intervallen ohne Stress. Erholung. Zur wichtigsten Variante solcher Erholung und Konsolidierung zwingt uns unser Körper sogar unnachgiebig. Sie heißt Schlaf.

Wir sind mit Instinkten und physiologischen Abläufen ausgestattet, die helfen, die gesunde Balance zwischen alldem zu finden. Mit jenen Glückshormonen zum Beispiel: Sie werden ja auch beim Essen ausgeschüttet, und auch wenn man ruht und sich entspannt. Allerdings wirken sie befriedigender, wenn vorher ein echtes Hungergefühl herrschte oder wenn man sich vorher richtig angestrengt hat.

Die Sofakartoffeligkeit hat es wohl schon immer gegeben, vor allem unter den Reichen. Heute antiquiert klingende Worte wie »Müßiggang« und »Völlerei« – eine der Todsünden – zeugen davon.

Zum Massenphänomen ist sie erst in den letzten vielleicht 40 oder 50 Jahren geworden. Das geschah unter anderem dadurch, dass das oben beschriebene natürliche und mit Hilfe von Neuro-Botenstoffen und Hormonen aufrechterhaltene Gleichgewicht zwischen Anstrengung und Erholung von allen Seiten angegriffen wurde. Wohlstand führte dazu, dass immer mehr Leute es sich nun doch leisten konnten, öfter mal nichts zu machen. Dazu kam die Arbeit, die sich zunehmend vom Feld und der Werkbank an den Schreibtisch verlagerte. Von der Rente, die Einkommen auch jenen sichert, die eigentlich noch arbeiten könnten, und ihnen suggeriert, nun genug getan zu haben, ganz zu schweigen.

Und um sich ein wenig Entertainment zu holen, brauchte man nun nicht einmal mehr vor die Tür zu gehen. Das lieferte nun der Fernseher. Selbst den Blick auf schöne Menschen oder faszinierende Natur, dessentwegen man sich zuvor jenseits der eigenen vier Wände hatte begeben müssen, ermöglichte dieser Guckkasten nun. Und: Die körperliche Bewegung war nun auch passiv möglich, simuliert durch Übertragungen aus Stadien, Sporthallen und von Skipisten. Dazu kam natürlich die zunehmende Verfügbarkeit von Essen aller Art rund ums Jahr. Darin enthalten waren dann oft auch natürliche Glücklichmacher – in Bananen und Schokolade etwa. Auch künstliche Zusatzstoffe, etwa in Kartoffelchips, vermittelten Wohlgefühl und animierten zum Weiteressen und Sitzenbleiben.

Hier schließt sich die eine verbleibende Frage an:

Being a Sofakartoffel

Was geht in einer Sofakartoffel eigentlich vor? Was ist, wenn Stress, Anstrengung und so manche milde Giftwirkung ausbleiben? Was also passiert, wenn die Dosis weder zu hoch, also ungesund, noch genau richtig, also gesund ist? Sondern wenn sie sehr niedrig ist, gegen null geht?

Es gibt naturgemäß wenig konkrete Forschungsergebnisse zu etwas, was ja im Grunde gar nicht passiert. Denn man präsentiert in Studien-Veröffentlichungen eben das, was passiert, wenn man irgendwie in ein System eingreift, also zum Beispiel eine Gruppe Männer alle zwei Tage joggen oder eine Gruppe Frauen alle zwei Tage 150 Gramm Kohlgemüse essen lässt. Hierbei Ergebnisse zu finden, die einer kritischen Prüfung der Methodik standhalten, ist schon schwer genug. Aber Studien, die genau beschreiben, was passiert, wenn nichts passiert, gibt es so gut wie gar nicht. Die Antworten auf solche Fragen lassen sich oft allenfalls aus jenen anderen Studien ableiten – aus den Kontrollgruppen etwa, die nicht joggen und keinen Kohl essen.

Was weiß man also darüber, was passiert, wenn man den Anti-Hormesis-Lifestyle pflegt, das Sofakartoffelleben lebt?

Die Antworten, die man kennt, liegen natürlich vor allem darin, was dann nicht oder wenig passiert. Im Sinne von: Sofakartoffeln bilden wenig von Enzym X, Sportler dagegen bilden viel Enzym X.

Wollte man das hier im Detail darstellen, würde man sich sehr schnell vorkommen wie in einem unüberschaubaren Spiel Molekül-Mikado. Aber ein paar Beispiele müssen sein:

Wer sehr viel isst und sich kaum bewegt, dessen zellulärer Stoffwechsel produziert vergleichsweise viele freie Sauerstoffradikale. Im Sofa-Modus werden nicht genug Mechanismen in Gang gesetzt, die sich um die Beseitigung dieser in hohen Konzentrationen schädlichen Moleküle kümmern. Im Vergleich dazu führen sowohl anstrengende Bewegung als auch Nährstoffknappheit ebenfalls zu einer hohen Produktion freier Sauerstoffradikale, sogar zu einer deutlich höheren. Gleichzeitig und im Gegensatz zu den Zellen einer Sofakartoffel wird hier aber massiv die molekulare Antistressmaschinerie angeworfen. Damit werden jene Schadmoleküle aus dem Verkehr gezogen und zusätzlich auch noch etwaige vorher schon vorhandene Schadmoleküle beseitigt sowie geschädigte Zellbestandteile repariert. Zudem wird die zelluläre Maschinerie auf eine Wiederholung der Stresssituation oder gar eine Verschärfung vorbereitet. Die Zellen, die Gewebe, die Organe werden also trainiert. Es ist das schon mehrfach erwähnte Hormesis-Triple: Schutz vor der akuten Attacke, Schutz vor zukünftigen Attacken, Reparatur schon zuvor bestehender Schäden.

Bei einer Sofakartoffel passiert nichts dergleichen. Warum? Wahrscheinlich, weil die Evolution solche Zustände schlicht nie kennengelernt hat und sich deshalb auch keine Gegenmechanismen entwickeln mussten.

Unterm Strich bedeutet das: In den Zellen der Dauermüßiggänger finden sich einerseits erhöhte Werte von durch freie Radikale geschädigten Fettmolekülen, Proteinen und auch Erbsubstanz[51], und andererseits sind sie nicht auf Stress- oder Krankheitseinflüsse vorbereitet.[52] Es ist ein Antihormesis-Triple: akute Belastung mit Schadmolekülen, Schutzlosigkeit vor neuen Schadeinflüssen, chronische Ansammlung von Schäden.

Ein anderes Molekül, das auf der Couch vergleichsweise wenig produziert wird, heißt BDNF *(Brain Derived Neurotrophic Factor)*[53]. Es kann dabei helfen, Nervenzellen am Leben und flexibel zu erhalten (siehe auch Kapitel 13). Ohne Stress wird es nicht hergestellt. Wozu auch? Auf der Couch im passiven All-inclusive-Zustand bei eher abgeschaltetem Gehirn im reinen Konsummodus werden solche Substanzen nicht gebraucht.

7 ANPASSEN ODER ABHÄNGEN

Was auf den ersten Blick paradox erscheint – freie Radikale, also Schadmoleküle, bekämpfen zu wollen, indem man erst einmal noch mehr dieser Schadmoleküle herstellt und sich ihnen aussetzt –, erscheint auf den zweiten Blick plötzlich vollkommen logisch.

Tatsächlich setzt nicht nur Sport, sondern auch Denksport Stressmoleküle frei. In adäquat gestressten Nervenzellen werden diese dann aber auch besonders effektiv beseitigt, und unter dem Strich geht es der Nervenzelle danach besser.[54] Sie ist vitaler und ihre Fähigkeit, sich etwa am Denken und Erinnern zu beteiligen, nimmt zu. Zahlreiche Studien mit Versuchstieren zeigen, dass etwa Sofakartoffel-Modellmäuse anfälliger für Krankheitseinflüsse und neurodegenerative Prozesse sind. Und bei Menschen gibt es Hinweise darauf, dass eine vergleichsweise hohe Zahl täglich vor dem Fernseher verbrachter Stunden in Zusammenhang mit einer messbar erhöhten Alzheimer-Wahrscheinlichkeit im Alter steht.[55]

Dass der Sofakartoffel-Lifestyle ungesund ist, weiß jeder. *Warum* das allerdings so ist, erschließt sich erst, wenn man versteht, was dabei in den Zellen vorgeht – oder eben gerade nicht vorgeht. Wie von selbst wird damit auch klar, welche Vorteile eine Lebensweise mit sich bringt, die die körpereigenen Hormesis-Mechanismen nicht abschaltet, sondern sie aktiv fördert.

Mark Mattson, Professor für Neurowissenschaften an der Medizinfakultät der Johns Hopkins University und Chef des Laboratory of Neurosciences am Amerikanischen Nationalen Institut für Alternsforschung, nennt den Sofakartoffel-Lifestyle die »Antithese von Hormesis«. Das allzu bequeme und satte Leben ist in der Natur schlicht nicht vorgesehen.

8 BIS HIERHER: WAS HORMESIS IST

Hormesis kommt als Wort aus dem Griechischen und bedeutet soviel wie Anregung oder Anstoß, Impuls.
Hormesis ist eine Anregung. Sie wird Lebewesen über geringe Dosen ansonsten schädlicher Substanzen, Umweltreize, Strahlen und andere Reize vermittelt und hat letztlich aus Sicht dieses Lebewesens positive Effekte. Diese können allgemein die Gesundheit betreffen, indem sie das physiologische Gleichgewicht insgesamt und multifaktoriell beeinflussen. Sie können krankheitsfördernden Vorgängen vorbeugen oder diese bremsen. Hormesis kann auch mentale Prozesse modulieren. Sie kann die körperliche und geistige Leistungskraft verbessern und möglicherweise insgesamt sogar lebensverlängernd wirken.
Hormesis wird ausgelöst durch *Hormetine*. Das sind jene Substanzen und anderen Reize, die in Zellen Stressreaktionen auslösen. Hormetine können sein:[56]
Physikalisch: Kälte und Wärme, Hypergravitation, Strahlung, körperliche Anstrengung, Massage u. a.
Biologisch: Nahrungsentzug, Nahrungsinhaltsstoffe u. a.
Chemisch: Medikamente, Mineralien, Schwermetalle, Sauerstoff, freie Radikale u. a.
Psychologisch: Emotionen, geistige Aktivität, Meditation u. a.
Hormesis wird vermittelt über zelluläre Anpassungsreaktionen. Aufgrund des jeweiligen Stressreizes wird eine molekulare Maschinerie in Gang gesetzt, die negative Wirkungen weitgehend verhindern kann, etwa über die Bildung von zelleigenen Antioxidantien, die freie Radikale neutralisieren, oder von Schutzproteinen, die lebenswichtige Moleküle vor Zerstörung bewahren.

Hormesis wirkt oft überkompensierend. Es werden nicht nur Stressreize und deren Wirkung neutralisiert, sondern oft ist die Reaktion sinnvollerweise etwas ausgeprägter als nötig (»sinnvollerweise«, weil das Gegenteil, also eine etwas zu schwache Reaktion, bereits Schädigung bedeuten würde). Die auf diese Weise zusätzlich zur Verfügung stehenden Abwehrstoffe und die zusätzlich zur Verfügung stehende Anpassungskapazität können dann in anderen Bereichen genutzt werden, etwa indem Schadmoleküle, die sich vorher schon angesammelt hatten, ebenfalls unschädlich gemacht werden.

Hormesis wirkt nicht nur augenblicklich. Sie hat auch mittelfristige Effekte: Solange hormetisch wirkende Abwehrmoleküle in der Zelle oder im Blut oder in Zellzwischenräumen präsent sind, können diese bei einem erneuten Stressreiz sofort ihre Wirkung entfalten. Dieser Zeitraum erstreckt sich meist über Stunden bis Tage.

Hormesis kann langfristige Veränderungen bewirken. Wiederholte Stressreize wie anstrengender Sport, aber zum Beispiel auch Tabakrauch, führen zu organischen und sogar anatomischen Anpassungen, die, auch wenn die nach einem Stressreiz gebildeten Hormesismoleküle bereits wieder abgebaut sind, weiterbestehen können. Das können neue Blutgefäße im Herzmuskel sein (bei Sportlern und Rauchern etwa) oder bei mechanischen Reizen, etwa im Kampfsport, eine Veränderung der Knochenstruktur. Allerdings können sich diese Veränderungen auch wieder zurückbilden, wenn langfristig die entsprechenden Stressreize ausbleiben.

Hormesis hat ihre Grenzen. Bleibt der Stressreiz, die Hormetin-Dosis *unterhalb* einer gewissen Schwelle (oder gibt es gar keinen derartigen Reiz), springt die zelluläre Anpassungsreaktion nicht an. Auch das ist logisch und sinnvoll, weil ansonsten jeder Mini-Reiz den Organismus in einen Alarmstatus versetzen würde, was ein viel zu großer Aufwand wäre, da jede Menge Moleküle produziert würden, die gar nicht gebraucht werden. Liegt der Stressreiz oder die zeitliche Dauer seiner Einwirkung – die Dosis also – *oberhalb* einer gewissen Schwelle, dann reicht die Kapazität des Organismus, dessen Wirkungen abzuwehren und sich anzupassen, nicht mehr aus und es ergibt sich eine schädigende, giftige Nettowirkung.

Hormesis ist organismus- und organspezifisch. Ob ein Reiz, ein Hormetin, ein Gift hormetisch wirkt oder nicht, hängt ab von:

- der schon vorhandenen Anpassungsfähigkeit des Organismus (wer etwa bereits körperlich trainiert ist, bei dem wirken Reize, die reines Gift für einen Untrainierten wären, hormetisch, also anregend, leistungssteigernd, gesundheitsfördernd),
- der durch andere Faktoren bestimmten Anpassungsfähigkeit des Organismus, also etwa von Lebensalter oder individuellen genetischen und epigenetischen Voraussetzungen,
- dem Organ oder Gewebe, wo das Hormetin wirkt (es kann zum Beispiel sein, dass für das blutbildende System ein Reiz wie etwa Gammastrahlung in einer Dosis, die etwa auf Lungenzellen noch als Hormetin wirkt, bereits zu hoch dosiert ist),
- etwaigen gleichzeitigen Wirkungen anderer Hormetine. Hier ist es möglich, dass sich positive Effekte gegenseitig verstärken, aber auch, dass zwei verschiedene Reize, die einzeln positiv wirken würden, sich zu einer Dosis aufaddieren, die sich dann bereits negativ auswirkt. Die Abneigung des Organismus gegen gewisse Speisen direkt nach körperlicher Anstrengung lässt sich möglicherweise dadurch erklären. Denn der Organismus wäre dann womöglich nicht mehr so gut in der Lage, mit bestimmten ansonsten über Hormesis-Mechanismen letztlich gesund wirkenden sekundären Pflanzenstoffen zurechtzukommen.

Hormesis hat instinktive Komponenten. Das eben Gesagte ist ein Beispiel dafür, dass man sich als Mensch recht gut auf seinen Körper verlassen kann, weil dieser selbst »weiß«, was gut für ihn ist. Auch dafür, wie viel körperliche Belastung man sich zumuten kann, hat man normalerweise ein gutes Gefühl. Für praktisch alles, was im natürlichen Kontext in gewissen Dosen schädlich ist, existieren Sinnesorgane und Mechanismen, die dem Körper signalisieren, wann ein *Zu viel* erreicht ist. Interessant in diesem Zusammenhang ist, dass es kein Sinnesorgan für ionisierende Strahlung gibt. Das legt nahe, dass Strahlung, die im natürlichen Kontext jenseits der von Menschenhand industriell angereicherten Isotope realistisch ist, nicht oder zumindest nicht sehr schädlich wirkt. Denn sonst hätte sich in der Evolution dafür eigentlich ein Sensorium ausbilden müssen.

Hormesis ist ein komplexes, universelles, lebensentscheidendes Phänomen. Bislang wurde ihre schiere Existenz und Bedeutung weitestge-

8 BIS HIERHER: WAS HORMESIS IST

hend ignoriert oder verleugnet. Das muss sich ändern. Und, so banal und gebetsmühlenartig es klingen mag: Viel mehr Forschung ist nötig.

Xenohormesis
Der Begriff »Xenohormesis« wird von Forschern mit leicht unterschiedlicher Bedeutung verwendet. Gemeint sein kann eine spezielle Art der Stress-Abwehr, bei der Menschen oder Tiere fertige Abwehrmoleküle aus Pflanzen aufnehmen und diese nutzen, anstatt sie selbst im Stoffwechsel zu produzieren. Andere meinen mit Xenohormesis einen Mechanismus, bei dem Tiere oder Menschen Stressabwehrmoleküle aus Pflanzen als Signale wahrnehmen und aus selbigen ableiten, dass auch ihnen selbst bald Stress oder Mangel bevorsteht. In ihrer Physiologie könnten daraufhin entsprechende Überlebensstrategien anlaufen, noch ehe der eigentliche Mangel Realität wird. Denn wenn Nahrungspflanzen gestresst werden, gibt es vielleicht gegenwärtig zwar noch genug von ihnen, sie werden aber wahrscheinlich, etwa weil es kälter wird, nicht mehr weiter wachsen.

Mitohormesis
Mitochondrien werden gerne als »Kraftwerke der Zelle« bezeichnet, da dort Nahrungsenergie in für Zellen nutzbare Energie-Moleküle namens ATP umgewandelt wird. Je mehr Energie bereitgestellt werden muss (etwa bei körperlicher Anstrengung) und je ungünstiger die Grundbedingungen sind (etwa bei Nahrungsmangel-Stress), desto mehr potenziell schädliche freie Radikale entstehen. Genau diese Stressmoleküle liefern aber auch Signale, die letztlich nicht nur dazu führen, dass freie Radikale akut unschädlich gemacht werden, sondern auch, dass der Organismus danach gegen gleichen aber auch anderen Stress besser geschützt ist. Dabei werden u. a. auch Mitochondrien selbst saniert und neu gebildet, und bei Versuchsorganismen zeigt sich eine dadurch erhöhte Lebenserwartung. Der Begriff Mitohormesis stammt von dem Mediziner Patrick Tapia, der heute in Birmingham/Alabama als Psychiater arbeitet. Als bedeutendster Mitohormesis-Forscher der Gegenwart gilt der 1967 in Lübeck geborene und in Zürich arbeitende Internist Michael Ristow.

8 BIS HIERHER: WAS HORMESIS IST

DER ZUSAMMENHANG ZWISCHEN DOSIS UND WIRKUNG

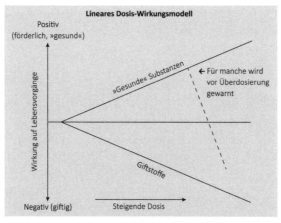

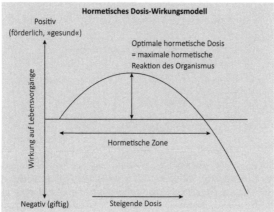

Die Wirkung jeder Substanz, aber auch jedes anderen »Reizes«, der auf ein Lebewesen einwirkt, ist abhängig von der Dosis. Bislang gilt offiziell, dass der Zusammenhang linear ist, im Sinne von »höhere Dosis – gleichartige, höhere Wirkung«. Das allerdings ist meist nicht richtig. Mit zunehmender Dosis kehrt sich vielmehr die letztendliche Wirkung um. Das heißt für viele Gifte zum Beispiel, dass diese in niedrigen Dosen nicht giftig wirken, sondern stimulierend und oft tatsächlich auch gesundheitsfördernd. Ähnliches gilt für andere Stressreize und sogar für Strahlung (s. u.).

8 BIS HIERHER: WAS HORMESIS IST

J-KURVE ODER AUF DEM KOPF STEHENDE J-KURVE

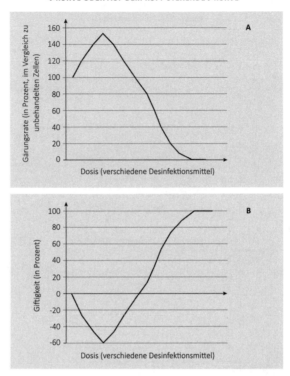

J-Kurve oder auf dem Kopf stehende J-Kurve – eine Frage der Perspektive: Hugo Schulz behandelte in den Experimenten, die heute als die ersten der Hormesisforschung überhaupt gelten, Hefezellen mit verschiedenen Konzentrationen von Desinfektionsmitteln. Trug er auf der Y-Achse einen positiven, aktiven Parameter auf, also etwa die Gärungsrate der Zellen, erhielt er eine auf dem Kopf stehende J-Kurve, weil die Gärungsrate zunächst anstieg und dann abfiel (A). Wählte er einen negativen, passiven Parameter, etwa Giftigkeit, ergab sich eine J-Kurve. »Negative« Giftigkeiten, also die Werte unter Null im niedrigen Dosisbereich, bedeuten logischerweise das Gegenteil von Giftigkeit, also eine stimulierende, »gesunde« Wirkung auf den Organismus (B).

8 BIS HIERHER: WAS HORMESIS IST

BEISPIELE

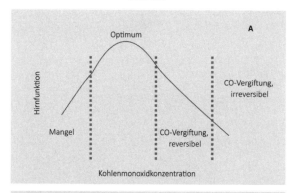

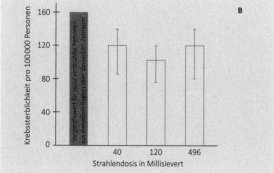

OBEN:
Kohlenmonoxid ist eines der gefährlichsten Gifte. Es wirkt in niedrigen Konzentrationen aber auch als wichtiger Botenstoff. In etwas höheren Konzentrationen kann es über zelluläre Stressmechanismen auch hormetische Anpassungsreaktionen herbeiführen.

Bilban, M. et al. (2008) Heme oxygenase and carbon monoxide initiate homeostatic signaling. J Mol Med (Berl). 86(3):267–79.

Abbildung modifiziert nach: Mattson, M. und Calabrese E. (2010) Hormesis – A Revolution in Biology, Toxicology and Medicine. Springer, S. 3.

UNTEN:
Tumorsterblichkeit bei den 7854 Personen, die nach einem Atomunfall im Ural 1957 evakuiert werden mussten, in Abhängigkeit von der dadurch erlittenen Strahlungsdosis. Im Vergleich zu nicht kontaminierten Personen war die Wahrscheinlichkeit, an Krebs zu sterben, signifikant reduziert.

Abbildung modifiziert nach: Kostyuchenko, V. A. und Krestinina, L. Yu. (1994) Long-term irradiation effects in the population evacuated from the east-Urals radioactive trace area. Sci Total Environ. 1994 Mar 1;142(1–2):119–25.

TEIL II

VERSUCHE UND IRRTÜMER

9 ALSO SPRACH PARACELSUS

HERR VON HOHENHEIM, HERR SCHULZ UND EIN HALBES JAHRTAUSEND HORMESISFORSCHUNG

Es ist etwa 500 Jahre her, da schrieb Paracelsus seinen berühmtesten Satz: Die Dosis macht das Gift. Es ist weit über 100 Jahre her, dass Wissenschaftler bei Experimenten mit Menschen, Tieren, Pflanzen und Mikroorganismen bereits detailliert dokumentierten, dass niedrige Dosen von Gift, Stress und Strahlung sich vollkommen anders auswirken als hohe Dosen. Durchzusetzen beginnen sich diese Erkenntnisse aber erst heute.

Junge Naturwissenschaftler wundern sich oft, wenn sie von der »Doktorarbeit« eines Medizinstudenten oder einer Studentin dieses Faches hören. Sie dauert nicht, wie bei Biologinnen oder Physikern, drei oder vier Jahre in Vollzeit und ohne Garantie auf Erfolg. Sie ist vielmehr meist in ein paar Monaten neben dem Studium abgehakt. Am besten und einfachsten bringt man sie hinter sich, indem man genau das macht, was der Doktorvater oder die Doktormutter will. Viele Dres. med. haben für ihre Dissertation nicht einen Tag im Labor gestanden. Ein paar Daten auszuwerten und das, was dabei rauskommt, dann so zu »diskutieren«, dass es der Sichtweise des Chefs oder der Chefin entspricht, reicht oft schon völlig aus.

Das wird sich wohl nie ändern. Schon vor einem halben Jahrtausend sah es ganz genauso aus. Exakt 500 Jahre vor der Zeit, da dieses Buch entsteht, saß ein junger Mann namens Theophrastus Bombastus von Hohenheim im italienischen Ferrara an seiner medizinischen Dissertation. Auch seine Arbeit war nicht Resultat eines mehrjährigen For-

9 ALSO SPRACH PARACELSUS

schungsprojektes mit allerhand praktischen Versuchen. Es ging viel eher in die Richtung, die man heute »Diskussion« nennen würde. Soweit man das heute nachvollziehen kann, war es für ihn allerdings nicht ganz so einfach, die Doktorwürde zu erlangen. Nicht weil er nicht schlau genug gewesen wäre oder die wissenschaftliche Qualität nicht ausgereicht hätte. Im Gegenteil. Er befolgte wohl eher die noch heute gültige Regel, unbedingt so zu doktern, wie der Chef es gerne hätte, nicht so konsequent, wie es üblich war. Der in der Nähe von Einsiedeln in der Schweiz geborene junge Mann war ohnehin schon oft durch Aufmüpfigkeiten gegen die medizinischen Autoritäten aufgefallen, hatte deren Praktiken und theoretische Grundsätze infrage gestellt.

Auch seine Doktorarbeit und die eine oder andere prestigeträchtige Anstellung änderten nichts daran, dass er zeitlebens ein »Outlaw« blieb. Er wetterte gegen Kollegen und deren aus der Antike von Galen und aus den hippokratischen Schriften übernommene und im Sinne des Wortes antiquierte Lehre von den vier Körpersäften (Humoralpathologie). Aus Basel, wo er einen guten Job hatte, musste er 1528 Hals über Kopf fliehen, um nicht wegen derlei Autoritäten-Beleidigung im Kerker zu landen.

Von seinem Leben und Wirken liegt heute vieles im Dunkeln. Man weiß noch nicht einmal so genau, warum er sich, so etwa um die Zeit seiner Dissertation, in »Paracelsus« umbenannte. Es könnte eine Latinisierung seines deutschen Namens »Hohenheim« sein. Man kann es aber auch als »Vorrang vor Celsus« lesen. Und weil Celsus ein antiker »Medizinpublizist« war, könnte man dies dann als Umschreibung der anti-antiken Ansichten des Para-Celsus deuten. Vielleicht liebte der Mann auch genau jene wortspielerische Doppelbedeutung dieses Namens und wählte ihn deshalb. Keiner weiß es, aber glücklicherweise sind zumindest viele seiner Schriften erhalten, neben medizinischen und solchen über Alchimie auch philosophische und astrologische. Er war trotz seiner Opposition zum Hergebrachten nicht unbedingt einer der ersten »modernen« Mediziner, denn was er schrieb und lehrte, entstammte mehr seinem Denken und seiner Überzeugung als experimenteller Forschung. So war er etwa der Meinung, dass zu den Hauptursachen von Krankheiten die Einflüsse der Gestirne ebenso zu zählen sind wie ein direktes Wirken von »Geistern« und Gott höchstpersönlich.

Doch was die Wirkung von Substanzen – ob mineralisch oder pflanzlich – auf den menschlichen Körper angeht, war er auf dem richtigen Weg. Im Grunde legte er die Fundamente für die moderne Arzneimittellehre. Und seine darauf fußenden Therapieerfolge machten ihn schon zu Lebzeiten zur Legende.

Missverstandene Vaterrolle

In die Geschichte der Chemie ist er eingegangen, weil er dem Element Zink seinen Namen gegeben haben soll.[57] Bis heute berühmt ist er aber vor allem für einen Satz. Es ist ein Satz, der auch Titel dieses Buches sein könnte:
Dosis sola venenum facit. Allein die Dosis macht das Gift.

Dieser Satz ist es, der, wenn man heute einen Toxikologen nach dem Gründungsvater seiner Wissenschaft fragt, nur einen Namen als Antwort zulässt: Paracelsus.

Die Dosis macht das Gift. Und, wie Paracelsus es auch formuliert: »Allein die Dosis machts, daß ein Ding kein Gift sei.«[58] Aber wenn die Dosis nicht hoch genug ist, um eine Substanz oder ein Substanzgemisch als Gift wirken zu lassen, ist diese Substanz oder dieses Substanzgemisch nicht unbedingt wirkungslos. Die Wirkung ist dann vielmehr oft eine ganz andere. Sie entfaltet sich sogar häufig – vorbeugend oder therapeutisch – genau gegen die Symptome und Beschwerden, die jener Stoff in höherer Dosis ausgelöst hätte.

Die Dosis macht nicht nur das Gift, sondern auch das Heilmittel.

Praktisch jede Substanz kann, wenn sie nur hoch genug dosiert wird, als Gift wirken. Und sehr viele Substanzen, wenn sie nur richtig – und niedriger – dosiert sind, können auch als Heilmittel oder Prophylaktikum wirken.

Dass Paracelsus heute als Gründungsvater der Toxikologie gilt, ist eigentlich absurd. Allein jener Lehrsatz, in dem das Wort »Gift« vorkommt, hebt ihn offenbar auf diesen Thron. Doch dem Arzt Paracelsus ging es letztlich nicht um Toxikologie, also um Giftwirkungen, sondern um Heilwirkungen. Die höheren Dosen, die »das Gift machen«, waren für ihn nur notwendiger und logischer Bestandteil des Wirkungs-Kontinuums einer Substanz.

9 ALSO SPRACH PARACELSUS

Ein wichtiger Faktor, wie man Wissenschaft im Allgemeinen, aber auch die Behandlung von Patienten viel erfolgreicher gestalten könnte, wird unablässig wiederholt: Interdisziplinarität, mehr Kooperation zwischen den Fachrichtungen. Doch jeder weiß, dass seit der Zeit der Universalgelehrten, zu denen man wohl auch Paracelsus zählen kann, der Trend eher in die Gegenrichtung geht. Das gilt im Besonderen für die je nach Dosierung vergiftend oder heilend wirkenden Stoffe.

Die Geschichte der Toxikologie ist die Geschichte eines auf einem Auge blinden Giganten. Diese »Lehre von den Giftstoffen, den Vergiftungen und deren Behandlung« kümmert sich darum, wie Gifte wirken, ab welcher Dosis sie als Gifte wirken, und ein bisschen auch darum, was man gegen solche Giftwirkungen unternehmen kann. So ist sie definiert. Damit ist sie ein Teilgebiet der Pharmakologie. Und eigentlich müsste man Paracelsus als Gründungsvater dieses ganzen Faches bezeichnen. Denn hier geht es um die Wechselwirkungen zwischen Substanzen und Lebewesen, also positive und negative Effekte von Stoffen, die auf die Zellen eines Organismus treffen. Doch die Erforschung der Heilwirkungen oft derselben Substanzen überlässt man wieder einer anderen Teildisziplin, der Pharmazie.

Es wuchs also auseinander, was eigentlich zusammengehörte. Das ist bis heute so. Die einen kümmern sich um Heilwirkungen und beziehen zumindest die *Gefahr*, dass hohe Dosen der heilenden Substanzen auch giftig sein können, mit in ihre Überlegungen ein. Die anderen kümmern sich um Giftwirkungen. Sie aber beziehen die *Chance*, dass niedrige Dosen der giftigen Substanzen auch heilsam sein können, eher nicht ein.

Zu Risiken und Heilwirkungen fragen Sie ...

Es gibt Leute wie Paracelsus, denen für immer ein prominenter Platz in den Geschichtsbüchern ihres Faches sicher ist. Aber es gibt auch Forscherpersönlichkeiten, die die Entwicklung eines Wissenschaftszweiges so stark beeinflusst haben wie kaum jemand anderes, die aber dennoch heute niemand mehr kennt. Überprüfen lässt sich dies mit folgendem Experiment: Man geht in die Apotheke und fragt die Apothekerin oder den Apotheker – also jemanden, der erfolgreich ein

Pharmazie-Studium hinter sich gebracht hat –, ob ihnen der Name Hugo Schulz etwas sagt.

Zwar ist es nicht unwahrscheinlich, dass er einem staatlich geprüften Pharmazeuten irgendwann im Studium mal untergekommen ist. Aber wenn, dann eher als Randnotiz. Tatsächlich aber ist jener Hugo Schulz maßgeblich mitverantwortlich für das in Pharmazie, Pharmakologie und Toxikologie bis heute durchweg geltende Grundprinzip hinsichtlich Dosis und Wirkung. Es ist allerdings nicht das Prinzip, das Schulz selber ausgerufen hatte, sondern das seiner Gegner. Hugo Schulz ist der große Loser der Pharmaziegeschichte. Dass er in Lehrbüchern kaum mehr Erwähnung findet, ist das Ergebnis einer im Wissenschaftsbereich herrschenden Siegerjustiz. Es ist auch das Ergebnis des Kampfes der sogenannten Schulmedizin gegen die Homöopathie.

Aber es ist auch das Ergebnis eines wirklich schrecklichen, folgenreichen Missverständnisses. Schuld war Schulz daran zu großen Teilen selbst. Und das wahrscheinlich wegen eines Denkfehlers, den noch heute viele begehen.

Greifswald in den 1880er Jahren. Die dortige Universität war zu jener Zeit eine der renommiertesten im Deutschen Reich. Ein kleines, aber feines intellektuelles Zentrum des wirtschaftlich und kulturell eng verflochtenen baltischen Raumes. Der junge Toxikologe Hugo Schulz stand dort viel im Labor und machte das, was man von einem Toxikologen erwartet. Er testete Substanzen auf ihre Giftigkeit. Sein Ansatz war modern, und das in mehrfacher Hinsicht: Er stellte nicht nur die Ja-oder-Nein-Frage, im Sinne von »tot oder lebendig?«, sondern untersuchte zusätzlich, *wie* giftig ein Agens tatsächlich war. Er nutzte dafür Hefezellen und dokumentierte mittels damals hochmoderner physiologischer Messtechnik deren Gärungsraten: Wenn Hefezellen viel Zucker vergären, geht es ihnen gut. Je weniger sie gären, desto schlechter geht es ihnen. Das würde auch heute noch jeder Toxikologe so sehen.

Rudolf Virchows vergessene Befunde

Schulz hatte von ein paar hie und da gemachten Experimenten erfahren, bei denen sehr niedrige Konzentrationen von eigentlich giftigen Stoffen eine positive Wirkung auf Lebens-, Wachstums- und Stoffwechselprozesse entfaltet hatten. Er hatte auch schon versucht, einem anderen überraschenden Befund auf den Grund zu gehen: Ein stark verdünntes, aus Pflanzen gewonnenes Gift namens Veratrin – ein als »homöopathisch« vertriebenes Mittel – sollte bakteriell bedingte Gastroenteritis geheilt haben. Schulz hatte sich die als Verursacher verdächtigten Bakterien besorgt und untersucht, ob und, wenn ja, in welcher Konzentration Veratrin diese abtötete. Auch das war eine für die damalige Zeit moderne, reduktionistische Herangehensweise. Jedoch brachten weder niedrige noch höhere Dosen die Mikroorganismen um. Doch im Gegensatz zu anderen sah er die Sache damit nicht als erledigt an, sondern fragte sich, was, wenn nicht ein direktes Abtöten der Bakterien, die Magenentzündung wohl geheilt haben könnte.

Unerwartete Beobachtungen im Niedrigdosisbereich hatten andere vor ihm längst gemacht. Sie hatten das Phänomen aber nicht weiterverfolgt – und im Sinne des Wortes zu den Akten gelegt. Darunter waren sehr prominente Namen. Der 2014 hochbetagt verstorbene Würzburger Toxikologie-Professor Dietrich Henschler etwa fand in den Papieren Rudolf Virchows Aufzeichnungen über Experimente mit Proben der Luftröhrenschleimhäute Verstorbener. Virchow hatte beobachtet, dass geringe Konzentrationen ätzender Substanzen wie Natrium- oder Kalium-Hydroxid die winzigen Härchen der Schleimhäute dazu brachten, sich mehr zu bewegen. Ab einer gewissen Konzentration aber ging diese Aktivität wieder zurück und kam bei noch höheren ganz zum Erliegen.[59]

Schulz wusste von Virchows Versuchen, die dieser mehr als drei Jahrzehnte vor ihm durchgeführt hatte, höchstwahrscheinlich nichts. Doch anders als den Mediziner, der auf vielen Gebieten von der Pathologie bis hin zur Hygiene Wegweisendes leistete und sicher dabei auch viele weitere eigentlich interessante Befunde nicht weiter verfolgte, ließen Schulz die seltsamen Zusammenhänge von Dosis und Wirkung nicht los. Und so suchte er nach einer Erklärung. Im Labor gab er also die unterschiedlichsten Konzentrationen von Stoffen zu seinen Hefezellen, zum Beispiel so ziemlich alle damals bekannten Desinfektionsmittel. Benutzte er dabei hohe Dosen, war bald kein Kohlendioxidausstoß als Ergebnis der Gärung mehr zu messen. Die Hefezellen waren dann vergiftet und genau so tot wie die, die in einem Brotlaib eine Stunde in einem heißen Ofen verbracht haben (siehe Grafik Seite 92).

Das andere Extrem, also höchstmögliche Gärungsraten, würde man normalerweise bei einer Konzentration von null Komma null (Prozent, Promille, molar) Desinfektionsmittel erwarten. Was Schulz allerdings immer wieder beobachtete, war etwas ganz anderes: Bei null Komma null gedieh die Hefe ganz gut, nach Beigabe kleiner Mengen des Giftes aber noch einmal deutlich besser. Zunehmende Konzentrationen machten also den Gärern nicht zunehmend den Garaus, sondern halfen ihnen bis zu einem gewissen Grad sogar. Erst bei deutlich höheren Mengen der Desinfektionsmittel blubberte es weniger und weniger in Schulz' Versuchsansätzen. Dies wiederholte sich ein ums andere Mal, und bald war Schulz überzeugt, dass das kein Zufall sein konnte.

Kleine Dosen einer eigentlich schädlichen Substanz, folgerte der Mann vom Bodden, sind nicht nur unschädlich, sie sind sogar nützlich, ja stimulierend. Sie sind aktivierend, wie es schon Virchow an den Härchen der Speiseröhrenschleimhaut beobachtet hatte. Und weil er das bei so ziemlich allem, was er auf seine Hefezellen geschüttet hatte, beobachten konnte, postulierte Hugo Schulz, dass es sich hierbei um ein universelles Phänomen der Natur handelt: Die Wirkung einer Substanz auf lebende Zellen steigt nicht gleichmäßig mit der Dosis. Sie liegt auch nicht erst einmal bei null, um dann ab einem gewissen Wert linear anzusteigen. Stattdessen kehrt sie sich im Verlauf um. Eine Substanz, zwei gegenteilige Wirkungen auf den Organismus.

Das Geheimnis der Homöopathie

In einem Diagramm, das beispielsweise die Gärungsrate von Hefezellen in Form von deren CO_2-Produktion darstellt, sieht das dann so aus: Bei null ist die Gärungsrate normal. Bei kleinen Konzentrationen aber fällt sie zunächst nicht etwa ab, sondern steigt an. Die Kurve im

9 ALSO SPRACH PARACELSUS

Diagramm geht nach oben bis zu einem Optimum. Danach, bei sukzessive sich erhöhenden Konzentrationen, geht die Kurve nach unten, durchbricht die Linie des Gärungswerts, welcher bei der Null-Konzentration gemessen wurde, und fällt dann weiter kontinuierlich ab. Sie endet bei null – der tödlichen Konzentration. Auf dem Papier bzw. dem Bildschirm sieht man ein auf dem Kopf stehendes U oder ein auf dem Kopf stehendes J. Was man nicht sieht, ist der eigentlich erwartete mehr oder minder gerade, von links nach rechts abfallende Strich.

Eine Substanz, zwei gegenteilige Wirkungen auf den Organismus. Die eine stimulierend, anregend. Die andere inhibierend, bremsend, im Extremfall tödlich. Den Unterschied macht die Dosis.

Will man die Toxizität darstellen, wird die Optik im Diagramm natürlich auf den Kopf gestellt: Von »gar nicht schädlich« bis »komplett tödlich« zeigt sich kein gleichmäßig ansteigender Strich, sondern ein U oder ein J, oder ein Hockeyschläger, oder wie auch immer man dieses Gebilde bezeichnen will. Auf die »Gar-nicht-schädlich«-Zone bei null folgt eine »Nicht-nur-nicht-schädlich-sondern-sogar-nützlich«-Zone. Die Schädlichkeit, die Giftigkeit, erreicht hier also gewissermaßen Werte unter null, wird also zu einer Nützlichkeit. Erst mit immer höheren Konzentrationen steigt die Kurve wieder jenseits des Anfangswertes, bis sie irgendwann bei »komplett tödlich« angekommen ist (siehe Grafiken S. 92).

Schulz zog aus diesen Ergebnissen zwei Schlüsse:

- Gifte zeigen universell eine solche biphasische Dosis-Wirkungskurve. Die Wirkungen sind bei niedrigen Konzentrationen exakt gegensätzlich zu denen bei hohen Konzentrationen.
- Bei in hohen Konzentrationen giftigen Substanzen bedeutet das, dass sie in sehr niedrigen Konzentrationen sogar stimulierend – man kann auch sagen: »gesund« – wirken.

Schulz glaubte, das Prinzip hinter der zu jener Zeit noch immer von vielen seriösen Forschern ernst genommenen Homöopathie entdeckt zu haben. Für jenes Pflanzengift namens Veratrin etwa, das verdünnt als Homöopathikum vertrieben wurde, interpretierte er seine Beobachtungen folgendermaßen: Verdünnt wirkt es gegen bakterielle Entzündungen des Verdauungstraktes, dies aber eben nicht direkt. Stattdessen entfaltet es stimulierende Effekte aufgrund derer der Körper selbst die Krankheit besser bekämpfen kann. Schulz schrieb 1887: »Wir sind unmittelbar zu der Annahme gezwungen, dass der erkrankte Darm einer (...) heilsamen Reizwirkung unterliegt, durch Quantitäten eines Medicaments, die auf einen gesunden Darm kaum irgend welche Wirkung äussern können.«[60]

Aus heutiger Sicht muss man eines festhalten: Hugo Schulz hatte mit seinen biphasischen Dosis-Wirkungskurven recht. Wenn vielleicht nicht für alle, so doch für sehr, sehr viele Substanzen. Auch mit seiner Interpretation der Wirkung von Homöopathie hatte er höchstwahrscheinlich recht. Teilweise zumindest.

Teilweise, weil bis heute sowohl Befürworter als auch Gegner die Homöopathie als eine einzige Behandlungsmethode mit ein und demselben Prinzip, beziehungsweise Scheinprinzip, als Grundlage sehen. Dabei gibt es in Wirklichkeit zwei Formen von Homöopathie, die so grundsätzlich verschieden sind wie ein kleines Schokoladenstück und ein Foto einer Schokoladentafel. Im ersten Fall ist Schokolade wirklich drin, wenn auch nicht viel. Im zweiten ist sie nur drauf, egal wie groß die Tafel auf dem Bild auch sein mag.

Low Dose ist nicht No Dose

Es gibt zwei Sorten homöopathischer Mittel: Solche, die zwar nicht besonders viel, aber durchaus etwas von dem Wirkstoff enthalten, der auf der Verpackung angepriesen wird. Und solche, die so stark verdünnt sind, dass die Wahrscheinlichkeit, in einem Kügel- oder Tröpfchen überhaupt noch Wirkstoffmoleküle vorzufinden, gegen null geht.

Kurz: Es gibt Low-Dose-Homöopathie. Und es gibt No-Dose-Homöopathie. In Präparaten ersterer Kategorie ist Wirkstoff drin, in denen der zweiten eher nicht.

Dafür, dass eine *Low Dose* eines Stoffes stimulierende und Anpassungsreaktionen hervorrufende, »Selbstheilkräfte« anregende und die Abwehrmaschinerie des Körpers stärkende Wirkung entfalten kann, gibt es inzwischen zahllose[61] experimentelle Nachweise. Nicht wenige der Medikamente, die heute von »Schulmedizinern« verschrieben werden, sind niedrigdosierte Gifte, die nicht direkt wirken, sondern über

9 ALSO SPRACH PARACELSUS

den Umweg der Aktivierung körpereigener Anpassungs- und Reparaturmechanismen. Und auch viele der Präparate, die heute in Apotheken als homöopathische Mittel verkauft werden, sind keine Megaverdünnungen, sondern in Wirklichkeit niedrigdosierte, meist pflanzliche Mittel.

Viele Hausärzte, die auch Homöopathie anbieten, tun dies nicht, weil sie etwa an die Kraft aktivierter Wassermoleküle oder an »Informationen« und »Schwingungen« im Zuckerkügelchen glauben würden. Sondern sie tun es einerseits, weil sie wissen, dass selbst die hochverdünnten Mittel ihren Dienst verrichten können, wenn ein Patient nur genug daran glaubt. Denn der Placebo-Effekt ist nun wirklich ein echter Effekt und vielfach nachgewiesen.[62] Sie tun es aber auch, weil sie wissen, dass die nicht ganz so stark verdünnten Mittel, die in Apotheken verkauft werden dürfen, zumindest noch ein wenig Wirkstoff enthalten. Der wirkt dann vielleicht heilsam, vielleicht auch nicht, aber er schadet ziemlich sicher auch nicht.

Der Einwand, der an dieser Stelle üblicherweise kommt, lautet: Wo sind dann die ganzen Untersuchungen, die positive Wirkungen solcher Mittel auf breiter Front dokumentieren?

Tatsächlich gibt es diese Studien kaum. Das liegt daran, dass eben zu der Zeit, als Hugo Schulz sein zweiphasiges Modell für den Zusammenhang zwischen Dosis und Wirkung vorstellte, Schulz' Gegner ein ganz anderes Modell durchsetzten. Es war eines, in dem es keine zwei so unterschiedlichen Phasen gab, sondern in dem es mit der Wirkung eines Giftstoffes nur in eine Richtung ging. Es begann bei *wirkungslos* in Null-Dosis oder in ganz kleinen Dosen und ging über *giftig* in höheren Dosen bis zu *tödlich* in noch höheren.

Und das ist bis heute so geblieben. Die Wirkung von Dosen, die deutlich unterhalb der offensichtlich giftigen liegen, wird in der Toxikologie nicht routinemäßig untersucht. Denn man geht dort davon aus, das es keine Wirkung gibt. Wenn zufällig doch einmal so ein Experiment gemacht und ein überraschender Effekt gefunden wird, wie ihn einst Virchow, Schulz und viele andere beobachteten, wird er gern als Zufall oder experimenteller Unfall abgetan.

In der pharmazeutischen Forschung hingegen wird praktisch genau das gemacht: In Tierversuchen und später in klinischen Studien wird dort nach der wirksamen, aber möglichst nebenwirkungsarmen Dosis eines Medikaments gesucht. Und faktisch ist dies nicht selten einfach die Suche nach jenem Dosisbereich, in dem die Giftwirkung eben nicht zur Nullwirkung wird, sondern in eine Heilwirkung umschlägt.[63] Nur hätte das bis vor Kurzem kaum jemand so umschrieben.

Hugo Schulz jedenfalls wurde als massiver Verfechter der Homöopathie generell hingestellt. Dabei hielt er selbst nichts von den Theorien von schwingendem Wasser, zwischen Zuckerkristallen gespeicherter Heilinformation und den anderen noch etwas esoterischeren Thesen, die eine Wirkung der Homöopathie erklären sollten. Er war schlicht der Ansicht, dass niedrige Dosen giftiger Substanzen letztlich nicht giftig, sondern hilfreich wirken können. Nicht mehr und nicht weniger.

All das geschah zu einer Zeit, als das, was man heute landläufig als Schulmedizin bezeichnet, Riesensprünge machte und echte Erfolge vorweisen konnte. Hugo Schulz hatte sich also einen schlechten Zeitpunkt ausgesucht, sich in der Homöopathie-Diskussion auf die Pro-Seite zu schlagen. Das war aus heutiger Sicht kein cleverer Schachzug von ihm. Denn leider führte es dazu, dass Schulz' solide untermauerte Entdeckung der universell auftretenden zweiphasigen Dosis-Wirkungskurven abgelehnt wurde.

Kaum Salz in der Suppe

Zwar schlugen sich durchaus ein paar prominente Forscher auf seine Seite, der vielfach für einen Nobelpreis nominierte Robert-Koch-Schüler Ferdinand Hueppe etwa, der selbst viele Experimente mit ähnlichen Ergebnissen machte. Doch insgesamt bekam Schulz' Forschung nicht einmal die Chance auf eine faire Bewertung. Stattdessen setzte sich der Gegenentwurf durch: Keine Wirkung in niedrigen Dosen, Giftwirkung ab einer gewissen Dosisschwelle. Auch dafür gab es schließlich Argumente, zum Beispiel die etwas deutlicheren Daten in höheren Dosisbereichen. Denn »tödlich« ist nun wirklich ein schlagkräftigerer Befund als »15 Prozent höhere Gärungsrate«.

Auch manche Erfahrung aus dem Alltag sprach für ein solches Schwellenmodell: Ganz wenig Salz in der Suppe etwa schmeckt kein

9 ALSO SPRACH PARACELSUS

Mensch. Es hat also auf die Geschmacksnerven »keine Wirkung«. Ab einer gewissen Konzentrationsschwelle schmeckt die Suppe dann salzig und je mehr Salz dazu kommt, desto salziger schmeckt sie. Oder, anderes Beispiel, um im Bereich der Gifte zu bleiben: Ein ganz klein wenig Alkohol merkt man gar nicht, ab einer gewissen Dosis tut er seine Wirkung und beeinträchtigt zum Beispiel die Fähigkeit, auf der Bordsteinkante zu balancieren. Und je mehr, desto beeinträchtigender wird er, bis hin zu Koma und Tod. Erst Wirkungslosigkeit. Dann Schwellenwert, ab dem eine Gift-Wirkung messbar ist. Danach stetig zunehmende Giftwirkung.

Es ist die Ironie der Forscherkarriere des Greifswalder Professors: Er arbeitete hochmodern und reduktionistisch. Er war ein Wissenschaftler, der nur seinen Daten glaubte und mehr davon sammelte als viele seiner Kollegen. Und doch wurde er von genau solchen Kollegen zum Pseudo-Wissenschaftler gestempelt – wenn auch meist nicht mit offenem Visier, denn zu jener Zeit galt Höflichkeit gegenüber älteren Herren mit Doktortitel noch etwas mehr als heute.

Schulz war äußerst akribisch in seinen Experimenten und ebenso penibel in der Auswertung und der Dokumentation der Ergebnisse. Genau darin liegt einer der Hauptgründe, dass er seine Entdeckung überhaupt machen konnte. Denn die Effekte, die im Niedrigdosisbereich zu beobachten waren, wichen meist nur um ein paar oder höchstens ein paar Dutzend Prozent von dem ab, was etwa bei null gemessen werden konnte. Zudem waren sie mal sofort, oft aber auch erst nach einer gewissen Zeit messbar. Das erscheint heute zwar logisch, da man mittlerweile weiß, dass hormetische Reaktionen sehr oft darauf beruhen, dass erst einmal die für diese Reaktion benötigten Moleküle hergestellt werden müssen. Damals allerdings waren solche Mechanismen noch reine Schulz'sche Spekulation. Leichter war es, wenn man sich als Toxikologe eben wirklich in den toxischen Bereich begab und zum Beispiel dokumentierte, bei welcher Dosis 50 Prozent der Versuchstiere starben. Diese »Mittlere Letale Dosis« (»LD50«) ist noch heute der grausame Goldstandard der toxikologischen Methodik.

Schulz' deutlich weniger rabiate Forschung im Niedrigdosisbereich, seine Hypothese, sie passten nicht in die Zeit. Sie wurden vom Mainstream weggerissen wie ein Papierschiffchen auf einem Schluckloch im Flussbett der Donau bei Immendingen, wenn das Hochwasser kommt.

Rein in die Botanik

Wenn es um wegweisende Entdeckungen in der biomedizinischen Forschung geht, von neu entdeckten physiologischen Abläufen über genetische Mechanismen und Signalketten bis hin zu Blockbuster-Medikamenten, dann denkt man an eine bestimmte Kategorie Wissenschaftler eher nicht. Woran man denkt sind Genetiker, Top-Mediziner, Genomiker, die in Hightech-Labors Experimente mit Versuchstieren oder mit menschlichen Zellkulturen machen. Man denkt an Louis Pasteur, Robert Koch, Ferdinand Sauerbruch, James Watson und Francis Crick, an Christiane Nüsslein-Volhard und Craig Venter.

Man denkt nicht an Louis Kahlenberg oder Edwin Copeland. Kahlenbergs und Copelands Fachgebiet war schlicht die gute alte Botanik. Modern ausgesprochen könnte man die beiden auch als Pflanzenphysiologen bezeichnen. Sie arbeiteten Ende des 19. Jahrhunderts an der University of Wisconsin und beobachteten als Erste, dass Substanzen, die in hohen Konzentrationen Pflanzen umbringen, deren Wachstum in niedrigen Konzentrationen sogar stimulieren. Sie hatten im Labor Weiße Lupinen *(Lupinus albus)* unter anderem mit Lösungen von Bor-, Blei-, Kupfer-, Kobalt- und Wolfram-Salzen gegossen und später bei den niedrigen Konzentrationen Veränderungen im Wurzelumfang gemessen.[64] Manche Stoffe wirkten besonders stimulierend, Wismut und Selen zum Beispiel.

Anders als andere Forscher haben Botaniker schon immer eher dazu geneigt, Dinge erst einmal nicht an die große Glocke zu hängen, sondern weiter Blümchen zu sammeln, Staubblätter zu zählen oder eben Experimente zu machen. In diesem Fall hieß das: mehr Pflanzensorten und -arten, mehr Substanzen, mehr verschiedene Konzentrationen. Kahlenberg und Copeland untersuchten nun also zusätzlich noch Mais, Hafer und Soja. Und sie maßen bei diesen und bei den schon erwähnten Lupinen auch die Reaktion auf verschiedene Konzentrationen verschiedenster weiterer Stoffe, etwa Gold, Platin, Palladium, Silber, Aluminium, Zinn, Schwefel, Kohlenstoff, Chrom, Indium und Rhodium. Die Pflanzen reagierten auf niedrige Dosen durchweg mit einem Wachstumsschub, der deutlich stärker ausfiel als bei den Kontrollversuchen ohne Substanzzugabe.

9 ALSO SPRACH PARACELSUS

Kahlenberg und Copeland sind kein Einzelbeispiel. Viel von dem, was heute in Medizin- oder Biologielehrbüchern steht, viel von dem, was heute ganze neue Forschungszweige ausmacht, haben Botaniker entdeckt. Das vielleicht bekannteste Beispiel ist Gregor Mendel, der Erbsenblütenzähler aus Brünn, der neben Darwin wohl der wichtigste Biologe aller Zeiten war (obgleich weder er noch Darwin studierte Biologen oder auch nur irgend etwas Ähnliches waren; aber das ist eine andere Geschichte). Auch viele jüngere Durchbrüche der Molekularbiologie stammen von Botanikern. Die RNA-Interferenz etwa, einer der bedeutendsten zellulären Mechanismen und inzwischen eines der wichtigsten Werkzeuge von Biologen und Medizinern überhaupt, ist bei Experimenten mit Petunien entdeckt worden.[65]

Auch die Erforschung dessen, was heute Hormesis heißt, wurde über Jahrzehnte vornehmlich von Botanikern und Botanikerinnen betrieben. Unter ihnen war auch Anneliese Niethammer (1901–1983), die vor allem dafür bekannt ist, als allererste Frau an der Universität Stuttgart einen Lehrstuhl bekommen zu haben. Sie war es aber auch, die als Erste die schon von Schulz dokumentierte Beobachtung als wichtig einstufte, dass es oft viele Stunden bis Tage brauchte, bis ein Gift-Reiz zu einer messbaren Anpassungsreaktion führte. Heute ist klar: Grund dafür ist, dass ein noch nicht an solche Reize gewöhnter Organismus erst einmal Zeit braucht, um die entsprechenden Gene anschalten und effektive Abwehrmoleküle produzieren zu können.

Warum Botaniker so gut, so konsequent, so genau, so penibel, so einsatzbereit sind, wenn es darum geht, eine einmal gemachte Beobachtung zu bestätigen, zu untersuchen, wo und wie sie gilt und wo nicht, darüber kann man nur spekulieren. Mendel etwa hat, bevor er sich entschied, etwas zu publizieren, knapp 30 000 Erbsenpflanzen gezogen, gepflegt und ihr Aussehen von Größe über Blütenfarbe bis Samenfarbe und Form dokumentiert. Vielleicht sind Botaniker schlicht wegen all der Pflanzen, die sie erkennen und oft aufwendig suchen müssen, mehr in Geduld und Detailsuche geschult.

Auch anderswo waren es Botaniker, die die Niedrigdosis- und Stressforschung voranbrachten. Wilhelm F. P. Pfeffer[66] in Leipzig etwa, besser bekannt als einer der Väter der Osmose-Forschung und als Mitbegründer der modernen Pflanzenphysiologie, ließ seinen Schüler Charles O. Townsend die Auswirkungen von Verletzungsstress auf

EIN HALBES JAHRTAUSEND HORMESISFORSCHUNG

Pflanzen untersuchen. Townsend interessierten dabei die Effekte kleinerer und größerer Verletzungen. Er verglich diese dann mit den Wirkungen, die chemische Stressoren, Ether etwa, bei Pflanzen hatten. Ergebnis: Niedrige Dosen des Giftes und kleinere Verletzungen führten nach ein paar Stunden zu deutlichen Wachstumsschüben, die einen bis mehrere Tage anhielten. Damit war eigentlich schon die Grundlage für das allgemeine Hormesis-Konzept gelegt: Verschiedenartigste Stressoren wirken in gewissen Dosisbereichen über eine dem Organismus eigene Stressreaktion letztlich anregend auf diesen Organismus. Bis das aber jemand so formulierte, dauerte es noch einmal mehr als 70 Jahre.[67]

Der DFB-Chef hat das Wort

Tatsächlich gab es neben dem Homöopathie-Problem wahrscheinlich zwei weitere wichtige Gründe, warum das zweiphasige Dosis-Wirkungsmodell, das heute Hormesis heißt, sich seinerzeit nicht durchsetzen konnte.

Einer davon war ein gewissermaßen logistischer: Jeder Forscher arbeitete auf seinem Gebiet, und wenn sich irgendwo andeutete, dass man es vielleicht mit einem universellen Phänomen zu tun haben könnte, löste das trotzdem nicht neue, die verschiedenen Befunde zusammenführende Forschung aus. Townsend etwa scheint die ähnliche Wirkung der verschiedensten niedrigdosierten Stressoren – von physischer Verletzung bis chemischer Giftwirkung – für so selbstverständlich gehalten zu haben, dass er das eine bereits als Kontrollmethode für das andere verwendete. Zudem fanden Forscher, schon bald nachdem Hugo Schulz bei Hefezellen stimulierende Wirkungen beobachtet hatte und etwa zur gleichen Zeit, als die Botaniker begannen, das Phänomen zu untersuchen, auch bei anderen Organismen vergleichbare Effekte. Der bereits kurz erwähnte sehr angesehene Bakteriologe Ferdinand Hueppe gehörte zu diesen. Ihn kennt heute außer ein paar Hardcore-Fußballfans niemand mehr: Hueppe war ab 1900 der allererste Vorsitzende des DFB. Er meldete 1896 aber auch entsprechende Befunde bei Bakterien.[68] Diese wurden wenig später durch zahlreiche andere Arbeitsgruppen bestätigt.[69] Bei Pilzen gehen die ersten Hinweise sogar noch weiter zurück.[70] Selbst in der Verhaltensforschung wurde bereits 1908 ein »Gesetz« formuliert, welches besagt, dass bei steigender psychischer Erregung das mentale Leistungsniveau zunächst ansteigt und dann abfällt.[71] Aber natürlich fiel dort niemandem ein, dass jene Erregungs-Dosis und ihre Auswirkungen etwas mit Dosen von Chemikalien oder gar Strahlen und deren Effekten gemein haben könnten.

Überhaupt, die Strahlenbiologen: Ihnen fiel, kaum dass es ihre Forschungsrichtung überhaupt gab, ebenfalls auf, dass ionisierende Strahlung in bestimmten Dosen stimulierende Effekte auf Lebewesen haben konnte. Doch diese Forschungsdisziplin blieb über Jahrzehnte komplett abgekoppelt von jenen, die sich mit Dosen und Wirkungen von Chemikalien und anderen Stressoren jenseits der Strahlen beschäftigten.[72]

Der insgesamt dritte Grund, warum all die Nachweise biphasischer Dosis-Wirkungszusammenhänge nicht den Effekt in der Wissenschaftlergemeinde hatten, den sie eigentlich hätten haben müssen, ist vielleicht der einfachste von allen: Es fehlte schlicht eine gute mechanistische Erklärung. Dass etwas in kleiner Dosis erst einmal stimulierend oder »gesund«, in größerer dann aber hemmend oder »ungesund« wirken sollte, war nicht nur kontraintuitiv. Es schien auch der täglichen Erfahrung zu widersprechen. Denn wer sich zum Beispiel immer mehr Backsteine auf den Buckel lädt, fühlt sich bei wenigen Steinen ja auch nicht leichter als ganz ohne. Und die zunehmende Wirkung zunehmender Backstein-Dosen auf Schultergürtel, Bandscheiben und Oberschenkelmuskulatur musste man nicht groß erklären, so logisch war sie. Wenn Lebewesen von kleinen Mengen von etwas, was sie in großen Mengen umbringt, sogar wahrhaft vitalisiert wurden, war das dagegen nichts anderes als mysteriös. Tatsächlich gibt es gute, nachvollziehbare und überprüfbare Erklärungen für das, was heute Hormesis heißt, erst seit ein paar Jahren (siehe Kapitel 17). Vor allem deshalb wird Hormesis nun zunehmend auch von einer breiteren Forschergemeinde als real angesehen, ernst genommen und weiter untersucht.

Im Landwirtschaftsministerium

Gerade auf dem Gebiet der Wirkung ionisierender Strahlen war die völlige Ahnungslosigkeit hinsichtlich der zugrundeliegenden Mechanismen die größte Hemmschwelle einer sinnvollen Erforschung des Phänomens. Denn tatsächlich wurde etwa in der Frühzeit der medizinischen Strahlenanwendung nicht selten nach dem »Viel-hilft-viel«-Prinzip gehandelt, mit oft fatalen Folgen (siehe Kapitel 10). Und die Streitfrage hieß hier auch lange Zeit nicht, ob bestimmte Dosen von ionisierender Strahlung gesundheitsförderlich sein könnten oder nicht, sondern ganz generell: Ist Strahlung gesund oder nicht? Und diese Frage wurde natürlich, sobald hohe Dosen ins Spiel kamen, sehr eindeutig beantwortet.

Einer der größten Versuche zur Wirkung von Strahlung auf Lebewesen endete dann auch entsprechend: Wie oben bereits erwähnt hatten sich wie für die verschiedensten Chemikalien über die Jahre auch für ionisierende Strahlung immer mehr Hinweise angesammelt, dass sie Lebewesen – unter anderem Pflanzen und deren Wachstum – stimulieren könnten. Das erschien dem amerikanischen Landwirtschaftsministerium so interessant, dass es in den späten 40er Jahren mit großem Aufwand an verschiedenen Orten, auf verschiedenen Böden, mit verschiedenen Pflanzenarten (vor allem Getreidesorten) und verschiedenen radioaktiv strahlenden Materialien Versuche dazu finanzierte. Nur leider nicht mit verschiedenen Dosen. Das Ergebnis war, dass »kein Effekt auf Pflanzenwuchs beobachtbar«[73] war. Und die Autoren der Studie waren sich sicher, dass jenes Ergebnis »ziemlich verlässlich« sei, wegen all des Aufwandes, all der verschiedenen Böden, Klimate, Spezies, Strahlenquellen.

So glich das, was man heute Hormesisforschung nennt, über weite Teile des 20. Jahrhunderts einer Landkarte mit weit verstreuten Oasen, die kaum etwas voneinander wussten. In ihnen wurde auch jeweils eine eigene Sprache gesprochen, was ein gegenseitiges Finden oder gar Kommunikation miteinander zusätzlich erschwerte. Hormesis firmierte damals unter den unterschiedlichsten Namen, von »Arndt-Schulz-Regel« und »Yerkes-Dodson-Gesetz« über »Rebound-Antwort«

9 ALSO SPRACH PARACELSUS

bis zu »U-(bzw. J-)förmige Dosisantwort«. Es war wie bei einem Federballspieler, der noch nie etwas von Badminton gehört hat. Dem würde auch nicht einfallen, einem Badminton-Spieler ein Match anzubieten.

Der Begriff »Hormesis« selbst wird für stimulierende Effekte von stark verdünnten Giften erstmals 1941 zu Papier gebracht, von einem Studenten namens Chester Southam. Der schrieb an der University of Idaho in Forstwirtschaft seine Bachelor-Arbeit.[74] Hier wiederholte sich Geschichte. Denn Southam wurde zwar als Forscher reich, berühmt und in seinem Falle auch berüchtigt.[75] Ähnlich jedoch wie etwa bei Rudolf Virchow hatte seine Karriere mit Hormesis nie wieder etwas zu tun. Und ausgerechnet mit der Schöpfung des Begriffes begann nicht etwa die wahre Ära der Erforschung des nun endlich mit einem eingängigen Namen versehenen Phänomens. Im Gegenteil.

Seit Schulz und Hueppe war jenes Phänomen zwar nun etwa 50 Jahre lang immer wieder beschrieben, beobachtet und dokumentiert worden. Es sprudelte Erkenntnis an allen möglichen Orten, aber die Quellen speisten keinen gemeinsamen Fluss.

Der Rio Grande der Erkenntnis versickert

Wissenschaft und die mit ihr verbundene Erkenntnisgeschichte – beides wird gerne chronologisch und linear erzählt: Forscher Dr. Mustermann machte folgende Beobachtung, dann machte er folgende Experimente, dann starb er, doch dann kam Professor Soundso und griff die Idee auf, um zusammen mit seiner Assistentin Dr. Ixypsilon ... Und so weiter. Und all das führte dazu, dass heute ...

Manchmal ist das so, oft aber ganz anders. Da gibt es dann verschiedenste Erkenntnisbächlein, von denen viele erst einmal wieder vertrocknen. Auf den unterschiedlichsten Gebieten sammelt sich Wissen, von dem man lange nicht die geringste Ahnung hat, was es mal bedeuten könnte. Und selbst wenn all diese Bächlein doch irgendwann in einen größeren gemeinsamen Strom gemündet sind, kann auch der wieder bis auf Rinnsal-Format austrocknen. Und erst durch eine neue Quelle, die zeitlich viel weiter stromabwärts entspringt, schwillt er irgendwann wieder an.

EIN HALBES JAHRTAUSEND HORMESISFORSCHUNG

Die Erforschung der mehrphasigen, nichtlinearen Dosis-Wirkungsbeziehungen verschiedenster Substanzen war vor etwa 100 Jahren ein solcher Fluss, gespeist durch ein paar kleine Bäche, die sich dann, wie die Moldau in Smetanas berühmter Orchester-Suite, zu einem breiten symphonischen Strom vereinigten. Smetana hatte trotz aller Ablenkungen von Bauernhochzeiten über Jagden bis hin zu wilden Stromschnellen seinen Kompositionsfluss im Griff, bis zum mächtigen Schlussakkord. Schulz dagegen, der kreative Kopf der frühen Hormesisforschung, grub der von ihm gefundenen Lebensader selbst erst einmal wieder das Wasser ab. Andere Quellen versiegten aus anderen Gründen, im Falle Southams etwa, weil er den Forschungszweig wechselte.

Für ein paar Jahrzehnte versickerte der Hormesis-Fluss wie heute der Rio Grande kurz vor dem Golf von Mexiko, oder der Okawango im Sand der Kalahari. Oder wie zeitweise auch die schon erwähnte Donau bei Immendingen in ihren Schlucklöchern. Letztere allerdings kommt flussabwärts bald wieder zum Vorschein. Und auch der Hormesisfluss beginnt vier Jahrzehnte nach Southams Bachelor-Arbeit und fast 100 Jahre nach Schulz' ersten Versuchen wieder zutage zu treten.

Der Hugo Schulz der Gegenwart heißt Edward Calabrese.

Bei ihm wären die Dinge allerdings fast genauso verlaufen wie bei Southam. Als Student widmete er sich begeistert der Suche nach einer Erklärung für die seltsamen Ergebnisse eines Praktikums-Experiments, in dem eine eigentlich wachstumshemmende Substanz genau das Gegenteil bewirkte (siehe Seite 16). Doch dann wurde er ein angesehener Mainstream-Toxikologe. Erst mitten in seiner Karriere kehrte er zu jenem Phänomen zurück. Heute ist seiner der erste Name, der genannt wird, wenn es um Hormesisforschung geht.

Fast forward to the 80s

Mitte der 80er Jahre begann der Hormesis-Fluss wieder anzuschwellen. 1986, als Calabrese an seiner ersten wissenschaftlichen Veröffentlichung zum Thema arbeitete, erschien genau ein einziger Forschungsartikel, in dem das Wort »Hormesis« vorkam. 1987, als Calabreses eigener Artikel dann erschien, waren es bereits 15, im Jahr 2015 lag die Zahl bereits im deutlich dreistelligen Bereich.

9 ALSO SPRACH PARACELSUS

Die Gründe für diese Renaissance sind vielfältig. Einer ist ganz simpel: Die Methoden in der Biochemie und für Experimente mit Zellkulturen haben sich deutlich verbessert. Es ist leichter geworden, hormetische Phänomene zu beobachten und nachzuweisen. Dadurch ist es nun selbstverständlich auch schwerer, sie als Messfehler, Ausreißer oder Seltsamkeiten der Natur abzutun.

Ein anderer Grund ist, dass es für Hormesis inzwischen gute Erklärungsmodelle gibt. Modelle, die der biologischen Logik folgen und die wiederum mit verbesserten oder ganz neuen Methoden überprüft und nachgewiesen werden können. Es sind Erklärungen, die im Grunde so einfach und logisch – oder gar elegant – sind, dass es auch der konservativen Gelehrtenwelt der Toxikologie, Pharmakologie, Medizin und Biologie zunehmend schwerfällt, sie vom Tisch oder vom Display zu wischen:

- Wenn ein Gift so dosiert ist, dass es den Organismus nicht überfordert, dann wird der Organismus so reagieren, dass er beim nächsten Mal mit dem Gift noch besser umgehen kann.
- Wenn ein Stressreiz eine Zelle nicht überstrapaziert, wird sie Abwehrmoleküle produzieren, die auch Tage später noch im Zellinneren herumschwimmen und als Vorrat zur Abwehr eines neuen Stressreizes dienen.
- Wenn Abwehrmoleküle produziert werden, dann sind es oft solche, die nicht nur ganz spezifisch gegen Gift X oder Strahl Y wirken, sondern auch bei anderen Schädigungen zu Schutz- und Reparaturzwecken eingesetzt werden können.
- Und wenn diese Abwehrmoleküle produziert werden, dann besser ein paar mehr als zu wenige. Das kann dann wiederum zur Folge haben, dass diese sich über die Abwehr des akuten Stressreizes oder des gerade verabreichten Giftes hinaus nützlich machen. Zum Beispiel können sie helfen, über längere Zeit bereits akkumulierte Schäden in der Zelle aufzuräumen.

Es ist das Hormesis-Triple aus Schutz vor der akuten Attacke, Schutz vor zukünftigen Attacken und Reparatur schon zuvor bestehender Schäden.

Das Ohr des Paracelsus

Viele Kritiker meinen, dass, wer von Hormesis spricht, behaupten würde, Gift, Stress und Strahlung an sich seien gesund. Wer das sagt, hat nichts verstanden oder will nichts verstehen – Letzteres sehr häufig aus ideologischem oder kommerziellem Interesse.

Richtig ist, was vor einem halben Jahrtausend schon jener Herr von Hohenheim, genannt Paracelsus, wusste: *Die Dosis macht das Gift*. Und die Dosis macht das Heilmittel. Es klingt einfach, ist aber kompliziert. Denn die richtige Dosis zu finden ist schwer. Und wenn etwas nicht wie gewünscht wirken will, dann mit höherer Dosis dagegenzuhalten, ist durchaus intuitiv. Es ist so intuitiv – und gefährlich –, dass möglicherweise selbst Paracelsus diesen Denkfehler beging – und sich damit umbrachte. Denn wahrscheinlich starb er an einer Vergiftung, die er sich im Zuge der Bekämpfung einer renitenten eitrigen Ohrentzündung zuführte. Er behandelte sie mit Quecksilber, und wahrscheinlich mit deutlich zu viel davon.

Tatsächlich ist Quecksilber als Medikament ein besonderer Fall. Denn in sehr niedriger Konzentration kann es durchaus hormetisch, also Lebensprozesse fördernd, wirken. In Tierversuchen ist das nachgewiesen.[76] In höherer Dosis ist seine gewollte Wirkung allerdings durchaus die eines Giftes. Es soll Bakterien umbringen und wurde bis 2003 unter dem Handelsnamen Mercurochrom auch hierzulande noch von Ärzten zu diesem Zweck eingesetzt.

Ein Quacksalber war Paracelsus jedenfalls trotz des vielen Quecksilbers nicht. Sein Ende ist eher ein Fanal für das, was bis heute in der Erforschung und therapeutischen Umsetzung von Dosis-Wirkungszusammenhängen schiefgehen kann. Die wahrscheinlichen Umstände seines Todes erinnern daran, wie nah hier Gut und Giftig zusammenliegen können. Und bis heute haben es viele nicht verstanden. Im Spätsommer 2015 starb in Deutschland eine Frau ebenfalls fast an einer Quecksilbervergiftung. Das Schwermetall war ihr in Sri Lanka von einer Ayurveda-Therapeutin verschrieben worden. Die Konzentrationen in ihrem Körper lagen, als Ärzte in Hamburg sie untersuchten und Proben ins Labor schickten, um ein Vieltausendfaches über den Grenzwerten.

9 ALSO SPRACH PARACELSUS

Hormesis ist ein sehr einfaches Prinzip. Es gesundheitsförderlich einzusetzen kann auf manchen Gebieten ebenso einfach sein. Dort nämlich, wo eine Überdosierung sehr schwer ist, bei Sport etwa oder in der Ernährung mit »gesunden« Lebensmitteln. Es kann aber auch sehr schwer, kompliziert, manchmal sogar gefährlich sein. Das ist vor allem dort der Fall, wo eine Überdosierung eben nicht so schwierig ist. Dass selbst Paracelsus hier offenbar einen fatalen Fehler begangen hat, sollte Warnung genug sein.

TEIL III

STRESSOREN UND REAKTIONEN

10 STRAHLEN UND ZAHLEN

GAR KEIN GAMMA IST AUCH KEINE LÖSUNG

Es ist – kaum überraschend – eines der kontroversesten Teilgebiete der Hormesis-Wissenschaft: die Erforschung möglicher gesundheitsförderlicher Wirkungen von radioaktiver und anderer hochenergetischer Strahlung. Tatsächlich spricht vieles dafür, dass Menschen nicht nur mehr Strahlung vertragen, als sie normalerweise abbekommen, sondern dass sie sogar davon profitieren können. Dass bedeutet allerdings nicht, dass man sich einen Castorbehälter in den Keller stellen sollte.

Wir wollen (fast) alle möglichst lange leben. Und es gibt ein paar Methoden, mit denen man zumindest durchsichtigen Mikrowürmchen oder Fruchtfliegen eine eindrucksvoll größere Lebensspanne schenken kann. Beim Menschen dagegen sind entsprechende aussagekräftige Studien nahezu unmöglich. Denn tausend Versuchspersonen über Jahrzehnte zum Beispiel einer stark kalorienreduzierten Diät auszusetzen ist recht schwierig, und recht langwierig wäre es auch.

Aber es gibt durchaus Daten von Warmblütern, die zeigen, was bei ihnen das Leben verlängern kann. Hühner und Mäuse zum Beispiel leben länger, wenn man sie mit Gammastrahlen bestrahlt.[77]

Gammastrahlen allerdings gelten als krebserregend, mutagen. Vor kaum etwas haben Menschen mehr Angst als vor ihnen. Und in sehr hohen Dosen sind sie unbestritten tödlich.

Aber die Hühner und Mäuse, und auch Würmer und Fliegen, wurden keinen hohen Dosen ausgesetzt. Sie bekamen solche, die zwar deutlich über der natürlichen Hintergrundstrahlung lagen. Sie lagen auch oft über dem, was offiziell als akzeptabel gilt. Die effektiven Dosen lagen aber auch sehr deutlich unter dem, was etwa die Soldaten auszuhalten hatten, die in Tschernobyl aufräumen mussten.

Die Dosis macht das Gift.

Doch ist es möglich, dass das nicht nur für Stoffe, Sportintensitäten und Ähnliches zutrifft, sondern auch für Strahlung? Ionisierende Strahlung? Röntgenstrahlung? Radioaktive Strahlung?

Das wäre unerhört. Denn wir haben gelernt, uns vor Strahlung zu fürchten, egal in welcher Dosis. Die Lehrbuchmeinung ist nach wie vor die, die jeder kennt und jede Krankenschwester referieren kann: Röntgen-, Gamma-, Hochenergiestrahlung ist schädlich. Krebserregend vor allem. Und mit zunehmender Dosis wird sie immer schädlicher. Ihre Schädlichkeit steigt linear an: unschädlich bei null Strahlung, ein bisschen schädlich bei ein bisschen Strahlung, immer schädlicher bei immer mehr Strahlung, tödlich bei sehr viel Strahlung.

Ionisierende Strahlung, ob sie jetzt Gamma, Röntgen oder radioaktiv heißt, macht Angst. Sie gilt als gefährlich, hochgradig gesundheitsschädlich.

Zu Recht. Und zu Unrecht.

Und ob zu Recht oder zu Unrecht hängt offenbar von der biologisch wirksamen Dosis ab.

Auch der Unterschied zwischen therapeutisch oder prophylaktisch »bestrahlt« und »verstrahlt« liegt in der Dosis.

Mit dieser Feststellung betreten wir endgültig vermintes Gelände. Denn sie bedeutet, dass ein bisschen – oder auch ein bisschen mehr – von genau der Strahlung, gegen die wir in Mutlangen, in Wackers- und Brokdorf auf die Straße gegangen, gegen die wir uns im Wendland an Bahnschienen angekettet haben, gesund ist und sogar den Menschheitstraum vom etwas ewigeren Leben erfüllen könnte.

Fußröntgen

Wer einen Fersensporn hat, ist oft selbst schuld: Zu viel Belastung für die Füße und ihre Sehnen, Bänder und Faszien, nicht warm gemacht vor dem Sport, nicht genügend gedehnt, zu hastig losgelaufen auf dem Jakobsweg. Es entstehen Mikroverletzungen, die zu Entzündungen

GAR KEIN GAMMA IST AUCH KEINE LÖSUNG

führen, die schon nicht mehr ganz so mikro sind. Diese wiederum lassen jene Knochensubstanz wachsen, die dann irgendwann recht makro sichtbar wird, im Röntgenbild etwa.

Wer einen Fersensporn hat, wer mit Physiotherapie, Einlagen und entzündungshemmenden Medikamenten nicht von den Schmerzen befreit werden kann, dem oder der empfiehlt der Arzt oder die Ärztin gelegentlich Folgendes: noch mehr Röntgen. Das allerdings hat dann nicht den Zweck, die Diagnose zu verfeinern. Sondern die Strahlen sind Therapie. Und sehr oft wirken sie, nachdem alles andere nicht gewirkt hatte. Keiner weiß recht, warum, aber bei vielen Patienten verschwinden die Schmerzen, verschwindet die Entzündung, die die Schmerzen auslöst. Ionisierende Strahlung, genau die, die als hochgefährlich, mutagen, krebserregend, krankmachend gilt, kann therapeutisch wirken. Und das eben nicht nur hochdosiert, zelltötend und nebenwirkungsreich als Strahlentherapie bei Krebs – sondern viel niedriger dosiert und wahrscheinlich ohne negative Nebenwirkungen.

Nachdem vor etwa 120 Jahren Wilhelm Röntgen begonnen hatte, die später nach ihm benannte Strahlung systematisch zu erforschen, und Henri Becquerel die Radioaktivität entdeckt hatte, war relativ bald klar, dass diese Strahlen schädlich wirken können. Ebenso wenig Zeit allerdings brauchten findige Geschäftsleute einerseits und wohlmeinende Mediziner andererseits, um Röntgenstrahlen und radioaktiv strahlende Materialien für Therapien und als Medikamente einzusetzen. Tatsächlich war die therapeutische Anwendung niedrigdosierter radioaktiver Isotope schon deutlich älter, zum Beispiel gelöst im Wasser von Heilquellen. Nur wusste bis zu Becquerels Zeiten niemand, was die spezielle Eigenschaft dieser Stoffe überhaupt war. Doch nun wandten internationale Autoritäten wie der Charité-Professor Adolf Bickel (1875–1946) sie routinemäßig an. Eine der Erkrankungen, bei denen Strahlentherapien, soweit dokumentiert, besonders erfolgreich waren, waren Lungenentzündungen.[78]

Es gab damals nicht ansatzweise die rigorosen klinischen Studien, die heute gefordert und deren Standards trotz aller Skandale auch hoffentlich meist eingehalten werden, um ein neues Medikament vermarkten zu dürfen. Aber das galt universell, von Aspirin bis Zinkoxid. Medizin war nicht, wie es heute gefordert wird, evidenzbasiert. Sie war eher eminenz- und erfahrungsbasiert. Und bis genügend Erfahrungen gesammelt waren, gab es oft zahlreiche tragische Fälle von Fehlbehandlungen. Wenn etwa eine Chirurgen-Eminenz meinte, bei Bauchschmerzen solle man am besten den ganzen Darm entfernen, dann begaben sich die gläubigen Patienten auf seinen OP-Tisch. So geschehen unter dem Skalpell des Briten William Lane Anfang des vorigen Jahrhunderts.[79]

Bei der niedrigdosierten Behandlung mit strahlenden Isotopen sah die Erfahrung Anfang der 30er Jahre aber so aus: Sie schien sicher zu sein und vielen Leuten auch zu helfen. Bis dahin waren zahlreiche therapeutische Anwendungen etabliert worden, die nichts mit den heute üblichen hochdosierten Bestrahlungen bei Krebs zu tun hatten.[80]

Ironischerweise drehten gerade ein paar enthusiastische Anwender jener *Mild Radium Therapy* der ganzen Behandlungsform auch gleich wieder den Strick. Und sich selbst auch. Denn sie nahmen ihr eigenmächtig das entscheidende Attribut, die Milde nämlich. Mit fatalen Folgen. Bekannt wurde vor allem der Fall des Milliardärs Eben M. Byers. Der Lebemann und Golfenthusiast hatte ein Mittel namens Radithor, das aus zwei Radium-Isotopen bestand, gegen Schmerzen verschrieben bekommen. Er meinte bald, dass das Zeug ihn gesundheitsmäßig runderneuert hätte. Byers nahm es daraufhin in derartigen Riesenmengen zu sich, dass er schon ein paar Jahre später, 1932, infolge verschiedener Strahlenschäden und Tumoren starb. Dazu kam das Leid der als »Radium Girls« in die Geschichte eingegangenen Arbeiterinnen, die Zifferblätter mit Radium enthaltender Leuchtfarbe bemalten und die Pinsel mit dem Mund anfeuchteten. Sie nahmen hohe Dosen zu sich, und das über lange Zeiträume. Viele erkrankten schwer, einige starben.

Sucht man heute etwa bei Wikipedia nach gegenwärtig praktizierten Therapien mit radioaktiven Isotopen, findet man nichts anderes als das, was jeder kennt: hochdosierte Bestrahlung bei Krebs, die das Ziel hat, Zellen abzutöten.[81] Man muss schon sehr akribisch das Netz durchforsten, um doch noch auf Webseiten anerkannter Institutionen zu stoßen, die gegenwärtig radioaktive Strahlentherapien der niedrigdosierten Variante anbieten. Man wird fündig etwa bei jener Einrichtung, der schon der Isotopentherapie-Pionier Adolf Bickel angehört hatte, der Charité in Berlin. Dort können Patienten mit Morbus Bechterew mit niedrigen Dosen Radium-224-Chlorid behandelt werden. Das Mittel wird gegen diese erbliche entzündliche Wirbelversteifung, die oft zu einer Buckelbildung führt, intravenös verabreicht.[82] Zu lesen ist das, verschämt und kommentarlos, ganz unten auf der Webseite der Nuklearmedizin.

Ein Leben mit Kobalt-60

Taiwan. Ein kleiner Staat voller eng an eng lebender, trotz latenter Bedrohung durch den großen Bruder China stets freundlicher und rücksichtsvoller Menschen. Eine Insel vulkanischen Ursprungs mit vielen Thermalquellen, die die Einwohner sehr intensiv für ihre geliebten heißen Bäder nutzen. Das vulkanische Gestein und das daraus hervorsprudelnde heiße Wasser strahlen naturgemäß deutlich mehr als etwa der Strand des Müggelsees oder dessen Inhalt. Trotzdem sind die Taiwaner, obwohl die meisten von ihnen im Großraum Taipei zusätzlich reichlich Umweltgiften ausgesetzt sind, nicht weniger gesund als Bewohner anderer Industrieländer. Und sie bekommen natürlich auch Krebs.

Eine kleine Gruppe Taiwaner allerdings bekommt offenbar seltener Krebs als der Durchschnitt ihrer Landsleute. Und es ist keine Gruppe, die sich besonders ernährt, besondere Gene hat oder strahlendes Thermalwasser meidet.

Ohne dass jemand davon wusste begann 1982 ein Menschenversuch, den weder in Taiwan noch anderswo je irgendeine Kommission oder Ethikbehörde genehmigt hätte. In einem Stahlwerk waren insgesamt mehr als 20 000 Tonnen Stahl mit radioaktiv strahlendem Kobalt-60 kontaminiert worden. Niemand merkte es oder wollte es merken. Der Stahl wurde verbaut, sehr viel davon in einem einzelnen Wohnkomplex. Aber auch in anderen Gebäuden wie etwa Schulen kam er zum Einsatz. Man könnte sagen: Die Leute, die dort einzogen oder sich regelmäßig aufhielten, wurden verstrahlt. Sie bekamen wahrscheinlich zeitweise Dosen ab, die um das bis zu Tausendfache über der natürlichen Hintergrundstrahlung lagen.

Erst zehn Jahre später wurde die Strahlenbelastung entdeckt. Es war ein Schock, und für die Betroffenen wurde das Schlimmste befürchtet.

10 STRAHLEN UND ZAHLEN

Das Schlimmste allerdings ist bislang nicht eingetreten. Was in medizinischen Studien an den Bewohnern herauskam, zeigt vielmehr, wie komplex die Sache mit der ionisierenden Strahlung und ihren Effekten auf die Gesundheit ist. Es zeigt unter anderem, dass sie offenbar genau gegen das wirken kann, für das sie eigentlich gefürchtet ist. Es zeigt aber auch, dass dieselbe Strahlendosis offenbar in verschiedenen Lebensaltern ganz unterschiedlich wirken kann und auch dass unterschiedliche Organe und Gewebe ganz unterschiedlich auf die gleiche Strahlendosis reagieren können.

Die Ergebnisse der ersten großen in englischer Sprache veröffentlichten Studie[83] an den Betroffenen, die 2004[84] erschien, lauteten:

- Die Rate von Krebserkrankungen war bei ihnen mehr als zwanzigmal geringer als in der Durchschnittsbevölkerung.
- Die Zahl der Missbildungen bei Neugeborenen lag bei drei (alle drei Kinder hatten Herzfehler und zum Zeitpunkt der Veröffentlichung der Studie ging es ihnen laut Angaben der Autoren gut), verglichen mit den 46, die aus den verfügbaren Daten der Medizinstatistik des Landes[85] zu erwarten gewesen wären. Das war eine 15fache Reduktion der Häufigkeit solcher Missbildungen.
- Bei hohen Strahlendosen typischerweise nachweisbare Veränderungen an Chromosomen traten bei den meisten Betroffenen nicht mit erhöhter Frequenz auf. Bei den Bewohnern eines besonders stark strahlenden Gebäudes (namens Ming-Sheng-Villa) wurde zwar eine messbar erhöhte Rate solcher Veränderungen festgestellt, allerdings ohne dass dies diagnostizierbare Gesundheitseffekte gehabt hätte.

Was die Krebsfälle angeht, wiesen die Autoren der Studie selbst darauf hin, dass die Zusammensetzung der Bewohner von jener der Gesamtbevölkerung abweichen könnte und die Daten deshalb möglicherweise nur bedingt vergleichbar seien. Tatsächlich stellte sich danach heraus, dass etwa das Durchschnittsalter der Betroffenen deutlich unter dem der Gesamtbevölkerung lag. Allein dies erklärt mit ziemlicher Sicherheit zumindest teilweise die niedrigere Krebshäufigkeit, denn Tumoren werden häufiger, je älter Menschen sind.

Es folgten weitere Studien, bei denen man solche Störeinflüsse in der Statistik weitgehend ausschließen bzw. »herausrechnen« konnte und für die Betroffene auch nach mehreren weiteren Jahren untersucht wurden. Letzteres war wichtig, weil Krebserkrankungen oft von ihrer Entstehung (und ursächlicher Auslösung, etwa durch Strahlen) bis zur Diagnose viele Jahre brauchen.

Ergebnis: Die Gesamt-Krebsrate ist zwar nicht mehr zwanzigmal niedriger, aber immer noch um 40 Prozent. Allerdings traten einzelne Krebsarten häufiger auf als im Bevölkerungsdurchschnitt, Leukämien bei Jungen und Männern etwa und Schilddrüsenkrebs bei Frauen, wenn diese die Strahlen abbekommen hatten, bevor sie 30 Jahre alt waren. Die Zahl der Geburtsdefekte und per Ultraschall diagnostizierten Missbildungen, die Eltern zur Abtreibung veranlassten, nahm mit den Jahren und (aufgrund der 5,3-jährigen Halbwertzeit von Kobalt-60) der stetig abnehmenden Strahlungsmenge wahrscheinlich wieder zu.[86] Auch erhöhte Raten von Chromosomenschäden wurden weiterhin nachgewiesen, ohne dass aber Zusammenhänge mit eventuell dadurch ausgelösten Krankheiten gefunden worden wären.

Der Stand der Dinge ist also komplex. Die Dosen, denen die Betroffenen ausgesetzt waren, waren sehr unterschiedlich. Die Menschen waren diesen Strahlendosen in unterschiedlichen Abschnitten des Lebens ausgesetzt, und für unterschiedlich lange Zeit. Auf unterschiedliche Organe und Gewebe haben sich die Strahlen offenbar unterschiedlich ausgewirkt. Und eine abschließende Beurteilung ist noch gar nicht möglich. Denn es sind zwar schon gut 30 Jahre seit Beginn dieses unfreiwilligen Experimentes vergangen. Es sind aber auch *erst* gut 30 Jahre.

Das Beispiel aus Taiwan zeigt dennoch eines sehr deutlich: Unser Bild von der schon in geringsten Dosen nicht ungefährlichen und mit steigender Dosis immer gefährlicher werdenden ionisierenden Strahlung scheint nicht ganz so korrekt zu sein. Hohe Strahlendosen sind schädlich, machen krank. Sehr hohe töten. Das stimmt. Aber der Rest von dem, was seit Jahrzehnten als wissenschaftlich erwiesen und als gesunder Menschenverstand gilt, stimmt nicht. Das belegen nicht nur die Befunde aus Fernost.

10 STRAHLEN UND ZAHLEN

Gar keine Strahlung ist auch keine Lösung

Und es gilt sogar für das andere Extrem: sehr, sehr, sehr niedrige bis gar nicht mehr nachweisbare Strahlendosen. Eigentlich müsste dieser Dosisbereich der gesündeste sein – keine Strahlung, keine verstrahlten Biomoleküle, keine geschädigte Erbsubstanz, Idealzustand. Es scheint jedoch das Gegenteil der Fall zu sein. Aussagekräftige Experimente zu machen ist allerdings auch hier schwierig. Denn ein Labor, in dem die radioaktive und kosmische Strahlung gleich null oder zumindest fast gleich null ist, ist ein recht aufwendiges Bauprojekt. Man muss dafür am besten hunderte Meter unter die Erde in Salzstöcke, die keinerlei strahlende Mineralien enthalten, und dann die Laborwände möglichst auch noch dick mit Metall verstärken (das dann auch nicht mit Kobalt-60 oder dergleichen verunreinigt sein sollte).

Ein Labor, das sich für solche Experimente eignen könnte, gibt es zum Beispiel in einer alten Salzmine in Rumänien. Auch in Carlsbad in New Mexico – ironischerweise als Teil eines für lecke Behälter notorischen Atommülllagers – gibt es in 650 Metern Tiefe in einem Salzstock die Möglichkeit, weit genug entfernt vom Müll solche Experimente zu machen. Bislang sind allerdings kaum Ergebnisse veröffentlicht worden. Die, die es gibt, legen nahe, dass gar keine Strahlung auch keine Lösung ist – und sogar gesundheitlich negative Effekte haben kann. Experimente mit Bakterien in jenem Salzstock etwa ergaben, dass lebende Zellen möglicherweise eine gewisse Strahlenmenge brauchen, um normal zu wachsen. Enthält man ihnen die natürliche Hintergrundstrahlung vor, ist ihr Wachstum jedenfalls gehemmt.[87] Und Experimente an Mäusen, durchgeführt mit niedrigen Strahlendosen, die höheren Strahlendosen vorausgehen, zeigen:[88] Verabreicht man die vorangehenden niedrigen Dosen nicht, sind die darauffolgenden etwas höheren schädlich. Verabreicht man sie, treten praktisch keine dauerhaften Schäden auf.

Man muss hier deutlich betonen: »keine dauerhaften«. Denn tatsächlich gibt es in solchen Situationen zunächst Strahlen- und Zufallsschäden an den Molekülen, die dann aber hocheffizient – hormesistypisch übereffizient sogar – repariert werden. Mit dem für Hormesis typischen Endergebnis. Es ist ein Trainingseffekt, ausgelöst durch zellulären Stress – in diesem Fall niedrigdosierte Strahlung – und wirksam gegen die schädlichen Effekte höher dosierter Strahlung. Stress, Stressschäden, Stressreaktion, Reparatur der Stressschäden und zusätzlich auch noch anderer, zuvor schon vorhandener Schäden: Hormesis.

Tatsächlich ist in der Fachliteratur die Zahl der Studien, die zeigen, dass ionisierende Strahlung nicht per se gefährlich ist und die Gefahr nicht einfach mit der Strahlenmenge ansteigt, inzwischen ziemlich beeindruckend.[89] Das gilt auch für die Zahl der Studien, die darauf hinweisen, dass ein bisschen mehr Strahlung als das, was Menschen normalerweise abbekommen, höchstwahrscheinlich für Erwachsene[90] und in den meisten Fällen auch für Kinder sehr gesundheitsförderlich sein könnte.

Das Radon-Paradox

Es gibt nur wenige Personengruppen, die bezüglich ihrer Gesundheit, der Krankheiten, die sie bekommen, ihrer erreichten Lebensspanne so detailliert untersucht worden sind wie jene, die in ihrem Leben deutlich mehr radioaktive Strahlung abbekommen als der Durchschnitt. Solche Gruppen sind nicht nur Bewohner radioaktiv belasteter Gebäude wie jene aus Taipei. Es sind auch Beschäftigte der Atomindustrie, Personal in der Nuklear- und Röntgenmedizin, Überlebende von Atomunfällen und natürlich die Überlebenden der beiden Atombombenabwürfe über Japan 1945.

Und dann sind da noch die Leute, die in Gegenden mit deutlich erhöhter natürlicher radioaktiver Strahlung leben.

Solche Gegenden gibt es auch mitten in Europa. Radon ist ein radioaktives Edelgas. Es entsteht durch den Zerfall des schon erwähnten Radiums und es gilt nach Tabakrauch als zweitwichtigster Auslöser von Lungenkrebs. Oder genauer formuliert: Die Alpha-Strahlung des Poloniums, das wiederum durch radioaktiven Zerfall von Radon entsteht, gilt als jener Krebsauslöser. Bei Bergleuten, die jahrelang hohen Radonkonzentrationen ausgesetzt waren, wurden erhöhte Lungenkrebsraten festgestellt. Schon die Aussagekraft dieser Daten allerdings ist umstritten, weil Bergleute deutlich häufiger als der Bevölkerungsdurchschnitt auch Raucher waren und sind. Bei einer untersuchten Gruppe von Uran- und Wismut-Kumpeln im Erzgebirge etwa wurde der Anteil der Raucher auf über 90 Prozent geschätzt. Es gibt auch Hinweise auf ein leicht erhöhtes Lungenkrebsrisiko für Leute, die in Häusern leben, die aus vergleichsweise viel Radon freisetzenden Gesteinen gebaut sind. Allerdings scheint auch hier zu gelten, dass vor allem die Kombination aus starkem Rauchen und Radon problematisch ist. Jedenfalls treten 85 Prozent der auf Radon zurückgeführten Lungenkrebstodesfälle bei Rauchern auf.[91] Die Autoren der Studie nennen dann auch die aus ihrer Sicht beste Strategie gegen durch Radon ausgelösten Lungenkrebs: nicht oder nur moderat rauchen oder mit dem Rauchen aufhören. Klingt ein wenig absurd, ist aber Ergebnis solider Statistik.

Tatsächlich mehren sich sogar die Hinweise, dass Radon in Konzentrationen, wie sie in Wohnhäusern vorkommen können, sogar vor Lungenkrebs und anderen Krebsarten schützt. Und es hängt natürlich von der Dosis ab. Beispielsweise belegt eine mehrteilige große Studie in den USA geringere Lungenkrebsraten in Countys (Landkreisen) mit überdurchschnittlichen Radonwerten in den Wohnungen.[92] Sogar die für Hormesis typischen wie ein U anmutenden Dosis-Wirkungskurven sind für den Zusammenhang zwischen Lungenkrebs-Todesfällen und Radon beschrieben.[93] Die Zahl der Todesfälle war also bei niedrigen Radonwerten sogar höher als bei etwas höheren, stieg dann aber bei sehr hohen Radonwerten wieder an.

Was bei Studien herauskommt, hängt stark von den jeweiligen Grundvoraussetzungen der Studie ab. Das ist logisch: Bezieht sich eine Studie, was oft der Fall war, nur auf Personen aus Gegenden mit relativ hoher oder sehr hoher Radonkonzentration in der Atemluft, wird sozusagen die linke Seite der Kurve abgeschnitten und die Grafik sieht nach linear zunehmenden Krebstodesfällen aus. Bezieht man dagegen auch Personengruppen mit ein, die niedrigeren Radonwerten ausgesetzt sind, wird die Kurve, die dann wie ein U oder J anmutet, deutlich sichtbar. Das sind keine statistischen Spitzfindigkeiten, denn Version eins suggeriert das erwartete »Je weniger Strahlung, desto besser«, Version zwei dagegen zeigt, dass es einen vor Krebs schützenden Dosisbereich zu geben scheint. Es ist ein Musterbeispiel dafür, was in den letzten 100 Jahren in Toxikologie und Strahlenmedizin passiert ist: die Guillotinisierung der J-förmigen Kurven, die Ignoranz gegenüber dem Niedrigdosisbereich und seinen biologischen, gesundheitlichen Wirkungen.

Die Datenberge, die zeigen, dass auch die Welt der Strahlenbiologie von den Buchstaben J und U[94] dominiert wird, sind inzwischen sehr, sehr hoch. Es ist deshalb unmöglich, auch nur annähernd alles in einem einzigen Buchkapitel zu beschreiben. Es gibt etwa die Befunde aus Polen, die eindeutig zeigen, dass in Gegenden mit höherer natürlicher Strahlung weniger Krebsfälle gezählt werden.[95] Und Anfang 2015 erschien eine Erhebung aus den USA, die klar nachwies, dass die Lungenkrebsraten in jenen US-Bundesstaaten, wo Atomtests durchgeführt wurden, deutlich und statistisch signifikant niedriger waren als anderswo im Lande.[96] Und Radiologen – also Mediziner, die mit Röntgenapparaten, Computer-Tomographen etc. arbeiten – hatten in der Frühzeit ihrer Profession tatsächlich erhöhte Krebsraten und auch Todesfälle aufgrund anderer Krankheiten traten unter ihnen häufiger und früher auf. Nachdem der Strahlenschutz in Krankenhäusern und Praxen verbessert worden war – was aber nach wie vor eine im Vergleich zum Bevölkerungsdurchschnitt und zu Medizinern anderer Fachrichtungen erhöhte Strahlenexposition bedeutete –, sanken die Werte unter den Durchschnitt. Radiologen in Großbritannien hatten sogar eine überdurchschnittliche Lebenserwartung.[97]

Wer die Idee von Strahlungs-Hormesis für naiv oder gar gefährlich hält, wird diese Daten als Folge von möglicherweise weniger Stress im Vergleich mit Chirurgen oder weniger Infektionsrisiko im Vergleich mit Allgemeinmedizinern interpretieren. Man kann sich aber auch die anderen Studien, die mit strahlenexponierten Ärzten gemacht worden sind, ansehen. Zu denen gehören auch Herzchirurgen, die bei Operationen regelmäßig nicht geringe Strahlenmengen abbekommen. Bei ihnen wurden in Blutzellen mehr Chromosomenschäden[98] als beim Bevölkerungsdurchschnitt gefunden. Allerdings fanden sich bei keiner der untersuchten Personen Anzeichen für eine auf Strahlenschäden zurückführbare Krankheit. Was sich dagegen fand, waren deutliche Zeichen für eine Aktivierung des Immunsystems und von Mechanismen, die geschädigte Zellen entsorgen.[99] Das wären dann typische schützende Reaktionen auf zellulären Stress. Es wäre typisch Hormesis: Das, was im Endergebnis gesundheitsförderlich wirkt, ist zunächst auf zellulärer Ebene gesundheitsschädlich. Die adaptive Antwort der Zellen und des Organismus insgesamt schafft es aber, die Schäden zu beheben und sogar einen zusätzlichen Schutzeffekt zu bewirken.

Durchleuchtung

Beschäftigte der Atomindustrie gehören zu den am besten gesundheitlich überwachten Personengruppen des Planeten. Trotz allen Strahlenschutzes bekommen sie mehr ionisierende Strahlung ab als der Bevölkerungsdurchschnitt. Bei amerikanischen »Nuclear Workers« lag in einem Studienzeitraum von 1951 bis 1982 die Gesamtsterblichkeit aber 23 Prozent niedriger als in der Gesamtbevölkerung, die durch Krebs 18 Prozent niedriger. Die Aussagekraft solcher Daten wird aber infrage gestellt. Begründung: Atomarbeiter wird nur, wer einen Gesundheits- und Fitnesstest besteht, und die Sterblichkeit könnte schlicht wegen der guten gesundheitlichen Überwachung geringer sein. Tatsächlich aber war es gerade in den Anfangsjahren des Studienzeitraumes mit aussagekräftigen Gesundheits-Checks nicht weit her. Zudem bedeuten gute Werte in Gesundheits-Checks bei jungen Leuten keine geringere Krankheitsanfälligkeit im späteren Leben. Ein selten genannter Faktor, der aber eine Rolle gespielt haben könnte, ist, dass Nukleararbeiter überdurchschnittlich verdienen. Und erhöhter »sozioökonomischer Status« geht tatsächlich mit besserer Durchschnittsgesundheit einher – auch wenn er wahrscheinlich nicht besser vor Strahlenschäden schützt.

Während Angestellte in Atomkraftwerken, Castor-Logistikfirmen, Wiederaufarbeitungsanlagen, Nuklearforschungsinstituten und dergleichen sich bewusst und vielleicht gelockt von jenem Einkommen Strahlung aussetzen, lässt man diagnostische Anwendungen eher notgedrungen über sich ergehen. Zwar geben moderne CT-Röhren im Vergleich zu einem einfachen Röntgenapparat pro Untersuchung ziemlich viel Röntgenstrahlung ab. Doch es gab Zeiten, da waren manche Patienten noch deutlich mehr davon ausgesetzt. Wer etwa Tuberkulose hatte und in einem entwickelten Land lebte, wurde sehr häufig »durchleuchtet«. Nicht mit einem Schnappschuss, wie es heute üblich ist, sondern mit einem Apparat, der sein Inneres so lange »live« sichtbar machte, wie der Arzt für seinen hier wörtlich zu nehmenden Röntgenblick brauchte.[100] Auch bei Magenuntersuchungen war diese Methode lange Zeit Routine.

Die Daten, die ausgewertet worden sind, stehen im krassen Gegensatz zu dem, was man nach gängiger Lehrmeinung erwarten müsste: Je mehr Strahlen Patienten abbekamen, desto häufiger bekamen sie zwar Krebs, das allerdings erst ab einer vergleichsweise sehr hohen Gesamtdosis von über 500 Millisievert (siehe Kasten).

Die Strahlenlast,
die Lebewesen abbekommen, wird in der Maßeinheit Sievert, oder Millisievert, angegeben. Wer ein Jahr lang auf der Zugspitze lebt, nimmt allein an kosmischer Strahlung 1,2 Millisievert mit, viermal mehr als ein Bremer. Die durchschnittliche natürliche Strahlendosis für einen Bewohner Deutschlands beträgt 2,4 Millisievert pro Jahr, das meiste davon kommt aus Gestein, Boden und Baumaterial, aber auch aus Mineralwasser. Wer sich ein paar Tage nach dem Unfall am Tor des Kernkraftwerkes Fukushima aufgehalten hätte, hätte pro Stunde etwa 20 Millisievert abbekommen. Ein Sievert (1000 Millisievert) als Einzeldosis über einen kurzen Zeitraum löst die Strahlenkrankheit aus, von der sich Betroffene aber wieder erholen. Wer einer Einzeldosis von 10 000 Millisievert ausgesetzt wird, stirbt meist ohne Chance auf Rettung innerhalb von Wochen.

Wo die Schwelle liegt, die zu erhöhten Krebsraten führt, ist umstritten. Studien legen nahe, dass etwa 500 Millisievert ein solcher Grenzwert sein könnten. Eine Studie des amerikanischen Electric Power Research Institute, für die alle verfügbaren Daten von Angestellten der Atomindustrie ausgewertet wurden, kommt zu dem Schluss, dass selbst eine Einzeldosis von bis zu 100 Millisievert die Wahrscheinlichkeit einer Krebserkrankung nicht erhöht.[101]

Einen einzelnen universellen Richtwert wird es aber nie geben, da zum Beispiel eine hohe Einzeldosis gefährlicher ist als die gleiche Dosis über einen längeren Zeitraum, weil sich die Dosen je nach Individuum, Lebensalter, hormetischer Vorbereitung (etwa durch niedrige Strahlendosen) etc. unterscheiden, aber auch je nach Organsystem. Leukämien etwa werden offenbar schon durch niedrigere Dosen ausgelöst als alle anderen Arten bösartiger Erkrankungen.

Bei niedrigeren Dosen, die aber noch weit über dem lagen, was man natürlich abbekommt, sah es umgekehrt aus. Ein Beispiel sind kanadische Frauen, die zwischen 1930 und 1952 regelmäßig durchleuchtet worden waren und insgesamt eine Dosis zwischen 100 und 200 Millisievert (bzw. Milli-Gray, was in diesem Falle aber genau gleich viel in Millisievert ist) abbekommen hatten. Bei ihnen wurde um 34 Prozent seltener Brustkrebs diagnostiziert als bei Frauen, die diese Prozedur nie über sich ergehen lassen mussten.[102]

Über CTs, die pro Untersuchung etwa 20 Millisievert für einen menschlichen Körper bedeuten, liest und hört man immer wieder, dass sie inzwischen ein nicht wegzudiskutierender Faktor bei den Ursachen für Krebserkrankungen seien.[103] Studien, die zu diesem Ergebnis kommen, rechnen mit dem altbekannten linearen Modell, bei dem ein gleichmäßig ansteigendes Krebsrisiko bei ansteigender Strahlenbelastung angenommen wird. Ihre Autoren müssen sich in jüngster Zeit aber von Kollegen vorwerfen lassen, dass das zugrundeliegende Datenmaterial durchweg »überholt, widerlegt, unvollständig oder irrelevant« sei.[104] Denn würde dieses Modell stimmen, dann würde jede Röntgenaufnahme, aber auch jede Seilbahnfahrt auf den Schauinsland (kosmische Strahlung) und jeder Gang der Witwe Bolte in den Keller, »dass sie von dem Sauerkohle eine Portion sich hole«[105] (Radon), die Krebsgefahr steigern. All das müsste aus verlässlichen Studiendaten klar zutage treten. Tut es aber nicht. Selbst bei den Röntgendosen von CTs gibt es gute Gründe zu vermuten, dass sie in der Anzahl und Frequenz, die für die allermeisten Patienten Realität ist, insgesamt eher Krebserkrankungen verhindern als verursachen.[106] Grund dafür ist, so argumentiert etwa der Freiburger Medizinprofessor Georg Bauer, wahrscheinlich unter anderem, dass die Strahlen den Organismus dazu anregen, geschädigte und krebsverdächtige Zellen absterben zu lassen und zu entsorgen.[107] Ein typischer Hormesis-Effekt also.

Rechnen mit Tschernobyl

Selbst in dem Bereich der Medizin, in dem ionisierende Strahlen routinemäßig zu therapeutischen Zwecken angewandt werden und der eigentlich auf der zelltötenden Wirkung sehr hoher Dosen beruht, hat bei manchen Ärzten ein Umdenken begonnen. Die Bestrahlung von Tumoren bringt, ähnlich wie die Chemotherapie mit hohen Giftdosen, zwei grundsätzliche Probleme mit sich: Sie hat zum einen meist schwerwiegende Nebenwirkungen. Zum anderen mutieren meist ein paar der Krebszellen – vielleicht sogar mit Hilfe der Strahlen – auf eine Weise, die sie für diese Dosen weniger empfindlich machen. Folge ist oft, dass der Tumor, nachdem er zunächst geschrumpft war, wieder wächst. Er ist dann normalerweise auch aggressiver als zuvor und schlechter oder gar nicht mehr therapierbar. Studien zeigen jedoch, dass, wenn die Strahlendosis gesenkt wird, man zwar das Ziel, einen Tumor ganz ausradieren zu können, meist aufgeben muss. Das allerdings gelingt ja auch mit den hochdosierenden Strahlenkanonen vergleichsweise selten. Was mit niedrigen Dosen dann aber eher gelingt, ist, den Tumor so zu kontrollieren, dass die Patienten länger und auch mit höherer Lebensqualität weiterleben können als nach Hochdosis-Bestrahlung. Niedrigdosierte Bestrahlungen setzen einerseits bei geringeren oder ganz ausbleibenden Nebenwirkungen dem Tumor durchaus zu, weil Tumorzellen anfälliger und weniger hormesisfähig sind als normale Körperzellen.[108] Weil die Tumoren aber bei diesen niedrigeren Dosen nicht unter extremen Druck gesetzt werden, können sich andererseits Mutationen, die alles noch schlimmer machen würden, nicht so leicht durchsetzen.[109] Zudem werden genau jene Immunprozesse[110] stimuliert, die gegenwärtig als wichtige neue Ziele der Krebstherapie angesehen werden.[111] Und die können im ganzen Körper und nicht nur an der gezielt bestrahlten Stelle wirken – also auch auf mögliche winzige, noch gar nicht auffindbare Tochtergeschwülste. Bei manchen Krebsarten haben Studien – teilweise bereits vor Jahrzehnten[112] – auch signifikant bessere Überlebensraten mit Niedrigdosisbestrahlungen im Vergleich zu Standard-Chemotherapien gezeigt.

Und wenn man sich die Röntgentherapie gegen Fußschmerzen und die von der Charité angebotene Radiumtherapie für Patienten mit

10 STRAHLEN UND ZAHLEN

Bechterew-Wirbelentzündung in Erinnerung ruft, fällt noch etwas anderes auf: Strahlung von Röntgenröhren oder zerfallendem Radium wirkt sich nicht nur darauf aus, ob man Krebs bekommt oder nicht, sondern hat offenbar noch ganz andere positive Wirkungen im Körper. Bei den beiden gerade genannten Beispielen etwa ist ihre therapeutische Wirkung wahrscheinlich hauptsächlich auf eine Hemmung von Entzündungsreaktionen zurückzuführen. Die Strahlen bewerkstelligen das offenbar auch effektiver als Aspirin, Ibuprofen oder Diclofenac.

Es gibt zahlreiche weitere Befunde, die bei niedrigdosierter Strahlung entweder keinerlei Hinweise auf Schädlichkeit oder sogar deutliche Hinweise auf Nützlichkeit zeigen. Doch jene Wissenschaftler, die diese Befunde ernst nehmen und ein Umdenken fordern, sind nach wie vor in der absoluten Minderheit. Und die Diskussionen in Fachkreisen werden oft mit Härte und gelegentlich auch unter der Gürtellinie geführt. So streitet man sich konkret darüber, inwieweit der Unfall von Tschernobyl 1986 erhöhte Krebsraten nach sich gezogen hat. Und es scheint so, dass oft eben das herauskommt, was herauskommen soll. Eine Publikation etwa, die zunächst als Buch auf Russisch erschien und später für die New York Academy of Sciences übersetzt wurde[113], rechnet vor, dass zwischen 1986 und 2004 fast eine Million Todesfälle weltweit auf die Strahlung von Tschernobyl zurückzuführen waren. Sieht man genau hin, so finden sich keinerlei Daten, die das bestätigen. Was sich findet, ist nicht viel mehr als eine lineare Rückwärtsrechnung, ausgehend von der Zahl von Personen, die durch hohe Dosen geschädigt worden waren. Die Berechnungen sind zwar etwas komplizierter, aber im Grunde wird schlicht mit zunehmendem Abstand vom ukrainischen Ground Zero eine abnehmende Wahrscheinlichkeit von durch jenen Unfall verursachten Todesfällen angenommen. Die ist irgendwann selbst statistisch sehr klein, aber bei sechs bis sieben Milliarden Menschen weltweit kommt man dann immer noch auf eine knappe Million.

Was für Tschernobyl aus echten Daten gesichert ist, sind häufigere Schilddrüsenkrebsfälle bei Kindern, die viel strahlendes Iod oder Cäsium aufgenommen haben. Das ist es dann aber schon fast. Denn selbst die ebenfalls vermeldete erhöhte Leukämierate bei Kindern könnte schlicht auf Fehlern in der Datenerhebung und -berechnung beruhen, wie die Autoren einer Studie dazu sogar selbst einräumen.[114]

Ansonsten finden sich keine wirklich wissenschaftlich starken, statistisch belastbaren Daten, die auf erhöhte Erkrankungs- oder Todesraten bei Leuten hinweisen, die keine Megadosen abbekommen haben. Und bei Menschen, die in einer durch einen anderen Atomunfall 1957 radioaktiv verseuchten Gegend des Urals zwischen 40 und knapp 500 Millisievert aushalten mussten, fanden sich ebenfalls keine solchen Anzeichen. Im Gegenteil: Bei ihnen war je nach Dosis die Wahrscheinlichkeit, an Krebs zu sterben, zwischen 27 und 39 Prozent geringer als bei Leuten aus derselben Gegend, die keine erhöhten Strahlendosen abbekommen hatten.[115] Selbst bei Überlebenden der Atombombenabwürfe in Japan 1945 (siehe Seite 93) zeigen die Daten derer, die keine hohen Dosen, sondern mittlere bis geringe (unter 150 Millisievert) abbekamen, geringere Sterblichkeit, weniger Leukämie und generell weniger Krebssterblichkeit verglichen zu gleichaltrigen Japanern aus nichtkontaminierten Gebieten. Enthusiastische Befürworter eines Paradigmenwechsels sprechen angesichts solcher Befunde von »Atomic Bomb Health Benefits«[116]. Das ist angesichts des Leids, das die Abwürfe über Hiroshima und Nagasaki gebracht haben, sicher zynisch. Aber objektiv gesehen und bezogen auf die Personen, die keine hohen Dosen abbekommen haben, haben sie wohl nicht ganz unrecht.

Viele Befunde sprechen in der Tat für einen gesundheitlichen Nutzen niedrigdosierter ionisierender Strahlung. Dagegen gibt es aber bei genauem Hinsehen und Überprüfen der Verlässlichkeit der angewandten Methoden nur verschwindend wenige Studien, die auch nur ansatzweise zeigen könnten, dass die jahrzehntealte Sichtweise von der gefährlichen Strahlung, egal wie klein die Dosis auch sein mag, richtig sein könnte.

Trotzdem bestimmt genau diese Sichtweise nach wie vor alle Leitlinien.

Es gilt das Modell namens LNT. *Linear No Threshold*. Linearer Zusammenhang zwischen Dosis und Wirkung ohne Schwelle. Das LNT-Modell bedeutet, dass ionisierende Strahlung immer gesundheitsschädlich ist und dass ihre Gesundheitsschädlichkeit gleichmäßig, linear, mit steigender Dosis ansteigt.

Für die hohen und sehr hohen Dosen gibt es viele verlässliche Daten, die das bestätigen, für die mittleren und niedrigen nicht.

10 STRAHLEN UND ZAHLEN

Es ist, als ob ein Architekturforscher nach Deutschland käme, sich immer nur die obere Hälfte der Einfamilienhäuser ansehen und dann im Fachjournal *Architectural Review* seine Erkenntnis publizieren würde, dass die Deutschen fast alle in Finnhütten und Pyramiden wohnen. An einem Modell mit vergleichbarer, in der Mitte abgeschnittener Datengrundlage orientiert sich die Strahlenschutzgesetzgebung weltweit. An ihm orientieren sich auch die Menschen weltweit, selbst wenn sie die Abkürzung LNT noch nie gehört haben. Strahlung ist schädlich, und je mehr, desto schädlicher. Und am gesündesten wäre es, sie komplett zu meiden. Bevölkerung und Gesetzgeber akzeptieren gewisse Strahlenlevels nur, weil es eben nicht (oder nicht wirtschaftlich vertretbar) anders geht. Die natürliche Hintergrundstrahlung lässt sich nicht abschalten. Bergsteigen will sich auch niemand verbieten lassen. Und Reisen in Flugzeugen aus Blei statt aus Alu wären wegen des dann extrem erhöhten Treibstoffbedarfs nicht nur viel zu teuer, sondern ökologisch auch noch wahnsinniger, als es das Fliegen ohnedies schon ist.[117]

Das Prinzip heißt »acceptable risk«. Akzeptables Risiko. Es orientiert sich kühl, ökonomisch, pragmatisch am Machbaren. Akzeptiert wird dabei, dass ein paar Menschen aufgrund von Strahlung in niedriger Dosis, die nicht vermeidbar ist oder deren Vermeidung schwerwiegende Einschnitte in Ökonomie, Lebensqualität und Freiheit bedeuten würde, erkranken und sterben werden.

Strahlung in niedriger Dosis allerdings macht wahrscheinlich niemanden krank.[118] Es sei denn, die Dosis ist zu niedrig. Genauer formuliert: Die Wahrscheinlichkeit, dass eine Person aufgrund der in einer niedrigen Strahlendosis *enthaltenen Strahlung* erkrankt, ist offenbar deutlich geringer als die Wahrscheinlichkeit, dass eine Person bei der gleichen Dosis aufgrund der fehlenden, also *nicht enthaltenen Strahlung* erkrankt.

Oder auch: Die Wahrscheinlichkeit, dass eine niedrige Strahlendosis insgesamt, unterm Strich, gesundheitsfördernd ist, ist viel höher, als dass sie gesundheitsschädlich sein wird.

»Abscopal Effect« oder Wunderheilung

Die Grundmechanismen des Lebens auf der Erde haben sich unter Umweltverhältnissen herausgebildet, die sehr anders waren als heute oder in den letzten paar Millionen Jahren (siehe Kapitel 5). Vor 3,5 Milliarden Jahren, als diese Grundmechanismen entstanden – Mechanismen, mit denen alles Leben noch heute arbeitet –, war die natürliche Strahlung mindestens dreimal stärker als gegenwärtig.[119] Es ist deshalb nicht abwegig, davon auszugehen, dass Menschen eher etwas mehr Strahlung in ihr Leben bringen könnten, als zu versuchen, alle Strahlung zu meiden.

Die Mechanismen, die dazu führen, dass schädigende Strahlung im Endergebnis nicht schädlich und oft sogar nützlich für die Gesundheit ist, scheinen weitgehend dieselben zu sein, die auch von anderen Stressoren wie Hunger, Giften oder hohen und niedrigen Temperaturen ausgelöst werden (siehe Kapitel 17).[120] Auch dazu gibt es inzwischen viele sehr eindrucksvolle wissenschaftliche Untersuchungen. Manche davon sind auf den vorhergehenden Seiten bereits genannt worden, etwa solche, in denen eine Aktivierung des Immunsystems beobachtet wurde. Sie gehen allerdings weit über ein paar Blutproben von Radiologen hinaus. Und manche sind Ergebnisse seltsamer Zufallsbefunde. So wunderten sich Onkologen und Strahlenmediziner immer wieder, dass, wenn sie einen Tumor gezielt bestrahlt hatten, oft auch Metastasen an ganz anderen Stellen des Körpers zu wachsen aufhörten oder schrumpften. Analysen bei einzelnen Patienten zeigten dann, dass dieser sogenannte *Abscopal Effect* ziemlich sicher Folge einer Immunstimulation durch Strahlung war.[121]

Der Effekt tritt allerdings vergleichsweise selten auf. Wahrscheinlich ist eine Art Dosislotterie verantwortlich, die den paar Patienten hilft, die an den richtigen Stellen des Körpers zufällig die richtige Strahlenmenge für eine optimale hormetische Immunreaktion abbekommen. Man wagt es kaum, sich vorzustellen, was es für die Therapie von bereits metastasierten Tumoren bedeuten könnte, wäre es nur möglich, die richtige Dosis zu finden und daraus ein optimales Bestrahlungsschema abzuleiten. Selbst für Patienten, bei denen Krebs im Frühstadium diagnostiziert worden ist, könnte der *Abscopal Effect* den Weg zu einer effektiven Behandlung weisen. Mohan Doss zumindest, der an einer der bedeutendsten Krebsbehandlungs-Institutionen der Welt forscht, dem Fox Chase Cancer Center in Philadelphia, schlägt vor, alle Personen mit einer solchen Diagnose niedrigdosiert zu bestrahlen. Er verbindet damit die Zuversicht, dass auf diese Weise möglicherweise schon vorhandene, aber noch nicht auffindbare Metastasen vom Immunsystem zerstört werden würden.

Weitere Mechanismen, die durch ionisierende Strahlen angeregt werden, sind offenbar die Reparatur von geschädigter Erbsubstanz[122] und die Vorbeugung gegen solche Schäden, die Bekämpfung freier Radikale[123], die Aktivierung von Hitzeschockproteinen[124], die Abtötung, Entsorgung und der Selbstmord geschädigter Zellen.[125] Auch hier also das volle Portfolio des Hormesis-Triples: Schutz vor der akuten Attacke, Schutz vor zukünftigen Attacken, Reparatur schon zuvor bestehender Schäden.

»Heimtückisch, perfide, unsichtbar«
Radioaktive Strahlung gilt auch deshalb als so bedrohlich, ist uns auch deshalb so unheimlich, weil Menschen (aber auch Tiere) sie nicht wahrnehmen können. Sollte allein das aber im Lichte der Evolution betrachtet nicht stutzig machen?
Für alles, was im normalen Leben auf dem Planeten Erde in Konzentrationen und Dosen, die hier realistisch vorkommen können, gesundheitsgefährdend sein kann, haben Menschen und Tiere Sinne: für Hitze, Kälte, Chemikalien, Druck, für die Geräusche, Gerüche und das Aussehen von Feinden. Für alles, was für das Leben und Überleben bestimmter Tiergruppen nützlich ist, haben diese Tiergruppen spezielle Sinnesorgane entwickelt. Bienen etwa können UV- und polarisiertes Licht sehen, Fledermäuse können Ultraschall hören, Meeresschildkröten können das Erdmagnetfeld erfühlen.
Nur für ionisierende Strahlung gibt es nirgends einen Sinn. Es gibt keine Möglichkeit, sie wahrzunehmen und daraufhin mit einer Verhaltensreaktion wie etwa Weglaufen von der Strahlenquelle zu antworten. Und soweit bekannt, hat es auch nie ein solches Sinnesorgan gegeben.[126] Und das, obwohl selbst Menschen andere Strahlenarten, von sichtbarem

Licht bis zu Infrarot, sehr gut wahrnehmen können, per Sonnenbrand sogar UV-Strahlen.

Eine Erklärung dieser Sinn-Losigkeit, die im Lichte der Evolution Sinn ergäbe, wäre, dass ein Sinnesorgan für ionisierende Strahlen nie einen Sinn hatte – zumindest bis zu der Zeit, als Menschen begannen, radioaktives Material zu fördern und anzureichern.

Analog dazu gibt es auch geruchs- und geschmackfreie Stoffe, die gefährlich werden können. Die meisten davon sind aber entweder synthetisch, es gibt sie also erst seit Kurzem. Oder sie kommen im natürlichen Kontext kaum je in gefährlichen Konzentrationen vor. Beides kann, ähnlich wie bei Strahlung, erklären, warum sich auch für sie in der Evolution kein Sensorium entwickelt hat.

Schon 1995 sagte der schwedische Strahlenbiologe Gunnar Walinder über das alles beherrschende lineare schwellenlose Modell der biologischen Strahlenwirkung, es sei eine »primitive, unwissenschaftliche Idee, die angesichts des gegenwärtigen wissenschaftlichen Verständnisses nicht gerechtfertigt ist«. Er ging so weit, sie einen »der größten wissenschaftlichen Skandale unserer Zeit« zu nennen.

Es gibt im Zusammenhang mit Radioaktivität eine Menge Skandale. Dass wir nach wie vor in Atomkraftwerken abertonnenweise tatsächlich hochgefährliches und oft jahrtausendelang stark strahlendes Material produzieren, für das es weltweit kein einziges sicheres Endlager gibt, ist einer davon. Er wird dadurch, dass sich inzwischen die Ungefährlichkeit und Nützlichkeit niedriger Dosen Radioaktivität kaum mehr abstreiten lässt, nicht kleiner (auch wenn manche Atomlobbyisten Strahlungs-Hormesis für sich zu instrumentalisieren versuchen, im Sinne von: Kippt den ganzen Müll ins Meer, dann verdünnt er sich und dann werden alle gesund ...). Aber aus lauter Bequemlichkeit – weil es so schön einfach und die korrekte Alternative ein bisschen komplexer ist und weil eine ganze Branche davon lebt – an einem nachweislich falschen Modell festzuhalten ist nicht weniger schwerwiegend. Zumal es eine Theorie ist, deren Anwendung vielen Menschen vielleicht sogar gesundheitliche Vorteile vorenthält.

10 STRAHLEN UND ZAHLEN

»It's complicated«

Ionisierende Strahlung ist nicht schlecht und nicht gut. Es kommt auf die Dosis an. Der deutsche Strahlenmediziner Ludwig Feinendegen weist darauf hin, dass weder bei Tieren noch bei Menschen bislang bei addierten Dosen von weniger als 150 Millisievert erhöhte Krebsraten nachgewiesen worden sind.[127] Es gibt sogar Gründe anzunehmen, dass Menschen vergleichsweise strahlenresistenter sind als etwa Mäuse. Der französische Strahlenmediziner Maurice Tubiana hat als niedrigste Gesamtstrahlendosis, die Tumoren auslösen könnte, 500 Millisievert errechnet. Zur Erinnerung: Die durchschnittliche natürliche Strahlenbelastung pro Jahr in Deutschland liegt bei 2,4 Millisievert, eine Computertomographie bedeutet etwa 20 Millisievert für den Patienten.

Die richtige Dosis zu finden, je nach Lebensalter, Gesundheitszustand, genetischer Ausstattung etc. ist allerdings eine gewaltige Herausforderung. Ganz zu schweigen davon, dass dieselbe erhöhte Dosis, die vielleicht einen 50-jährigen Raucher gesund hält, bei Kleinkindern vielleicht doch bereits das Leukämierisiko erhöhen könnte. Doch nur, weil es bequem ist und schon immer so war, an einer Theorie festzuhalten, für die nichts spricht außer einer Massenpsychose, ist ein Skandal. Auch das Argument »Sicher ist sicher« zieht nicht. Denn möglichst niedrige Dosen sind ganz offensichtlich schlichtweg nicht die sichersten, wenn es um Gesundheitseffekte geht. Noch nicht einmal das Argument, dass die gesamte Strahlenschutzbranche ja bedroht wäre, wäre stichhaltig. Denn aufgrund der schon mehrfach erwähnten Komplexität würde sie, wenn man ionisierende Strahlung wirklich zum Wohle der Menschen regulieren wollte, sogar in Zukunft deutlich mehr zu tun bekommen als bislang.

»Could small amounts of radiation be good for you? It's complicated.« So betitelte im April 2015 das *Discover Magazine* einen Online-Beitrag.[128] Es ist kompliziert, genau. Es ist abhängig von Dosis und Dauer und Art der Strahlung und Lebensalter und Organsystem, von der individuellen Genetik, von Umwelteinflüssen oder Lebensstilaspekten wie etwa Rauchen, Bewegung, Ernährung. Man könnte auch sagen: Es besteht noch sehr, sehr viel Forschungsbedarf auf diesem Gebiet.

Und wer am Schluss dieses Kapitels ein Plädoyer für jene Verstrahlung erwartet, mit der mittlerweile richtig Geld verdient wird,[129] irrt. Hier wird niemandem empfohlen, sich stark strahlendes Gestein, das alte Röntgengerät von Dr. Krause oder Ähnliches nach Hause zu holen. Wenn hier ein Plädoyer steht, dann ein ganz simples: Forschen! Ionisierende Strahlen greifen die Erbsubstanz an und können Mutationen auslösen. Sie greifen biologische Membranen an, die Verpackungen des Lebens sozusagen, ohne die es kein Leben gäbe. Sie greifen Proteine an, die wichtigsten Bausteine und Signalmoleküle des Lebens. All das ist richtig. Mit all dem ist nicht zu spaßen.

Aber: Das Leben hat Mechanismen entwickelt, die Strahlenschäden, wenn die Dosis nicht zu hoch ist, ausgleichen und sogar noch Zusatznutzen bringen. Etwa dadurch, dass Immunreaktionen angeschoben werden, Entzündungen gebremst, fehlerhafte Proteine und geschädigte Zellen entsorgt werden.

Wahrscheinlich ist jedenfalls die Angst vor der Strahlung, die im Alltag möglich ist, ungesünder als diese Strahlung selbst.

Öfters mal ins Gebirge oder Hochgebirge zu gehen gilt als gesund. Dass ist nicht erst seit Thomas Manns *Zauberberg* so – auf dem nebenbei bemerkt auch sehr fleißig geröntgt wurde. Dabei wirken dort schon ganz natürlich Strahlenmengen, die oft über denen von ein paar Röntgenaufnahmen liegen. Wer im Hochgebirge wandert, egal ob zu einem Buddhistenkloster oder nur zu einer Almhütte, bekommt mehr im Wortsinn kosmische Energie ab als jemand, der im Flachland bleibt. Und diese Energie, so ionisierend sie sein mag, nützt ihm oder ihr wahrscheinlich gesundheitlich mehr als die frische Luft dort oben. Schon Marco Polo berichtete, wie er, von Krankheit ausgezehrt, sich nach drei Tagen hoch in den Bergen wie neugeboren fühlte.

Interkontinentalflüge sind zwar ökologischer und finanzieller Wahnsinn, aber die erhöhte Strahlung unterwegs wird für ein Selfie auf der Golden Gate Bridge oder einen Geschäftsabschluss in Shanghai gern in Kauf genommen. Dabei müssten die Videos von Strahlenmessungen auf Touristenklasse-Sitzen, die im Netz kursieren,[130] eigentlich ziemliche Angst machen. Zumindest wenn man noch nie etwas von Strahlungs-Hormesis gehört hat.

11 HEISS UND KALT

PER MERTESACKER, PFARRER KNEIPP UND DAS GEFALTETE EIWEISS

Kalte Duschen und Eisbäder gelten genauso als gesund wie Sauna, Fango und Hot Yoga. Doch egal wie entspannt, belebt oder gestärkt man sich nach alldem vielleicht fühlen mag, der Weg dorthin, tief drinnen im Stoffwechsel, ist gepflastert mit dem Stress, den diese Hitze- und Kältereize erst einmal auslösen.

Man kann von Arjen Robben halten, was man will. Aber er nimmt seinen Sport ernst. Bei der letzten Weltmeisterschaft in Brasilien, wo seine Mannschaft trotz Louis van Gaal als Trainer das Halbfinale erreichte, war er nach jeder Partie ansprechbar für Journalisten. Doch schon während dieser Interviews befand er sich mitten in der Vorbereitung auf das nächste Spiel. Und das nicht hauptsächlich deshalb, weil er Fragen zum möglichen Gegner beantwortete. Während andere Spieler im gerade getauschten Trikot der gegnerischen Mannschaft oder mit freiem Oberkörper die Reporter wissen ließen, dass sie alles gegeben hatten oder, wie Per Mertesacker, dass ihnen außer dem Weiterkommen »alles völlig wurscht«[131] sei, baumelte um Robbens schmale Schultern eine unförmige Weste. Die sollte nicht warm halten, wie es eigentlich üblich ist, wenn sich Sportler nach getaner Arbeit und vor dem Gang unter die Dusche noch einmal die Trainingsjacke überziehen. Sie sollte vielmehr Robbens Muskeln einen ordentlichen Kältereiz verpassen, gefüllt mit Kühl-Akkus wie sie war. Und auch Mertesacker, der den Reporter Boris Büchler im verschwitzten DFB-Trikot und ohne Weste anblaffte, versprach, sich »jetzt erstmal drei Tage in die Eistonne« zu legen.

PER MERTESACKER, PFARRER KNEIPP UND DAS GEFALTETE EIWEISS

Diese Tonne hat es auch schon zu einiger Berühmtheit gebracht, etwa durch ein Foto von Robbens Münchner Spielkamerad Franck Ribery. Der sitzt dort direkt nach einem Spiel in einer solchen.[132] Die Methode ist inzwischen sehr weit verbreitet im Leistungssport. Der Eisschock ist nicht dazu da, geprellte und schmerzende Glieder unter den orangenen oder blauweißroten Socken zu kühlen, sondern er soll die Regeneration fördern. Er soll also möglichst schnell wieder fit machen für das nächste Training und die nächste Begegnung. Und das kann etwa für einen Profi, der nicht mehr 20 ist und nach dem Samstagabendspiel in der Bundesliga am Dienstag schon wieder in der Champions League ran muss, den entscheidenden Unterschied ausmachen.

Pfarrer Kneipp und die kalte blaue Donau

Der Mensch ist ein gleichwarmes, oder etwas althergebrachter ausgedrückt: ein warmblütiges Tier. Er wendet sehr viel von der Energie, die er per Nahrung zu sich nimmt, dafür auf, die Körpertemperatur auf etwa 37 Grad zu halten. Dass er genauso wie die anderen Säugetiere und die Vögel trotz dieser hohen Energiekosten so erfolgreich war und ist, lässt den Schluss zu, dass Warmblütigkeit im Lichte der Evolution Sinn ergibt (siehe Kapitel 5). Eine Hypothese, warum sich diese physiologische Eigenschaft überhaupt je entwickelt hat, lautet, dass sie gut vor Pilzinfektionen schützt, denn die meisten Pilze können bei 37 Grad nicht gut existieren. Reptilien und Lurche dagegen werden ständig von ihnen geplagt. Ein Pilz gilt auch als Hauptverantwortlicher für das weltweite Amphibien-Sterben, das seit den 80er Jahren des vergangenen Jahrhunderts beobachtet wird.[133] Ein weiterer offensichtlicher Vorteil eines gleichwarmen Lebens liegt in der Tatsache, dass ein Großteil der Biochemie, die für sämtliche Stoffwechsel-, Versorgungs-, Entsorgungs-, Aufbau-, Abbau-, Umbau- und Reparaturprozesse in einem Lebewesen verantwortlich ist, auf Enzymen beruht. Diese funktionieren meist nur in einem engen Temperaturfenster optimal. Und natürlich profitieren Warmblüter auch davon, dass sie im Winter nicht starr irgendwo in einem Erdloch oder im Schlamm auf dem Teichboden liegen müssen.

11 HEISS UND KALT

Doch was für einen Vorteil sollten Extremtemperaturen dann haben, also Eisbäder beispielsweise? Oder auch Saunabesuche, das andere Extrem?
Antwort: Stress. Stressantwort. Hormesis.

Es spricht jedenfalls einiges dafür, dass Eisbäder, kalte Duschen und dergleichen auf der einen, aber auch Sauna, Fango und Ähnliches auf der anderen Seite – oder auch Kombinationen aus beidem – nicht deshalb als gesund gelten, weil sie unmittelbar eine Wohltat wären. Sondern weil sie zunächst einmal Stress bedeuten. Stress für ein System, dessen Regler peinlich genau darauf achten müssen, dass die Temperatur gleich bleibt. Die Wohltat ist mittelbar, indirekt. Sie kommt erst durch die Reaktion des Organismus zustande.

Die positiven gesundheitlichen Effekte jeglicher Art von Hormesis sind letztlich immer die Folge einer Störung eines Teils des physiologischen Gleichgewichts. Die Zellen, der Körper insgesamt, alles reagiert auf diese Störung mit Ausgleich, Anpassung, Kompensation und damit, sich auf die nächste Störung besser vorzubereiten.

Bei kaum etwas ist die Störung eines solchen Gleichgewichts so augenscheinlich wie bei der Körpertemperatur. Wenn irgendein Gift seine Wirkung tut, steckt das stoffliche Gleichgewicht, das von ihm gestört wird, irgendwo tief verborgen in der Biochemie der Zellen. Wenn dagegen Kälte oder Hitze wirken, ist offensichtlich, welches Gleichgewicht gestört wird: das sehr direkt mess- und fühlbare der Körpertemperatur.[134]

Man sollte deshalb meinen, dass es zu diesen Wirkungen von Stressreizen auch zahlreiche aussagekräftige Studien gibt. Das Gegenteil ist allerdings der Fall. Viel von dem, was als »Wissen« etwa zum Thema Eisbäder und dergleichen gilt, beruht im Grunde eher auf Anekdoten. Solche sind mindestens seit dem 19. Jahrhundert recht zahlreich. Die des Pfarrers Kneipp ist vielleicht die bekannteste. Der kurierte angeblich seine Tuberkulose durch Bäder in der kalten Donau und entwickelte daraus eine ganze Kur-Lehre. Die von der Marathonläuferin Paula Radcliffe, die 2002 nach ihrem Europameistertitel als eine der Ersten jene Eisbäder als ihr Geheimnis verriet, ist nur eine von vielen aus neuerer Zeit.

Die paar Studien, die es gibt, und die zudem so angelegt waren, dass rein physiologisch eine hormetische Reaktion überhaupt denkbar war, kamen aber durchaus zu dem Ergebnis, dass die Kälte tatsächlich etwas bringt.[135] Und Effekte wurden nicht sofort, sondern nach Vergehen einer gewissen Zeit gemessen, etwa bei Kaltwassertauchern.[136] Das ist sehr typisch für Hormesis. Denn eine echte biochemische zelluläre Reaktion jenseits von ein wenig Durchblutungsanregung braucht logischerweise immer etwas Zeit.

Kälteschock, Hitzeschock

Bei Radrennsportlern etwa zeigte sich ein deutlich positiver Effekt auf die Leistung und die Erholungs-Zeitspanne.[137] Bei Kajakerinnen stiegen im ganzen Körper die Konzentrationen der Schutzmoleküle gegen freie Radikale.[138] In Studien mit untrainierten Teilnehmern waren solche Effekte dagegen nicht oder kaum zu messen – was man natürlich so interpretieren kann, dass Sportdosis und Kältedosis bei ihnen wohl zu hoch gewesen sein dürften. Wer nach Monaten des Sofakartoffel-Daseins 80 Kniebeugen macht und dann hofft, dass ein kaltes Bad ihm oder ihr den Muskelkater erspart, darf jedenfalls nicht allzu überrascht sein, wenn das nicht so recht funktionieren sollte.

Kältereize sind seit Urzeiten ein evolutionärer Begleiter des Lebens. Wie bei so vielen anderen dieser Begleiter – von Giftstoffen über körperliche Anstrengung bis hin zu Strahlung – wäre es eher überraschend, wenn sich in all der Zeit nicht Mechanismen entwickelt hätten, welche Kälte nicht nur erträglich und überlebbar machen, sondern auch nutzbar. Allerdings ist sicher nicht jedes Eisbad sinnvoll. Die Wirkungen je nach Organ, Gewebe und Dosis – und je nachdem, was man erreichen will – können offenbar sehr unterschiedlich ausfallen. Jonathan Peake vom Institute of Health and Biomedical Innovation der Queensland University of Technology in Brisbane etwa sagt, solche »Kryotherapie« sei sicher »nicht universell nützlich«. In Fachartikeln kommt der Sportwissenschaftler zusammen mit Kollegen zu dem Schluss, dass Eisbäder nach intensiven sportlichen Aktivitäten sich auf manche Parameter zwar positiv, auf andere aber auch negativ auswirken können. Sportler, die sich in der Erholungsphase bewegten, statt passiv die Eiseskälte wirken zu lassen, legten zum Beispiel mehr Muskelmasse zu. Der Erholungseffekt dagegen, inklusive weniger Schmerzen, war bei den eisbadenden Athleten deutlich ausgeprägter. Das kann ein Hinweis darauf sein, dass etwa Fußballer während eines Turniers mit einem Spiel alle drei Tage durchaus von der Eistonne profitieren. In der Saisonvorbereitung dagegen, wenn es um den Aufbau von Muskeln und Kondition geht, sollten sie dem kalten Bottich vielleicht doch lieber die kalte Schulter zeigen.[139]

Für Wärme und Hitze ist ein Nutzen wissenschaftlich noch besser nachgewiesen. Eine der wichtigsten hormetischen Reaktionen heißt nicht umsonst *Heat Shock Response*, Hitzeschockantwort. Sie trägt diesen Namen, weil sie bei temperaturgestressten Bakterien entdeckt wurde. Aber auch bei ganz anderen Stressoren wird sie angeschaltet. Sie hilft, höhere Temperaturen auszuhalten, schützt aber auch generell vor zellulären Schäden und behebt solche, die schon entstanden sind.[140]

Dabei ist es eigentlich kontraintuitiv, dass ausgerechnet Wärme – wenn das Wasser oder die Luft im Dschungel nicht gerade kochen – ein Stressor sein soll. Die medizinischen Wärmeanwendungen, die seit der Antike überliefert sind, laufen jedenfalls nirgends in der Kategorie Schocktherapie. Allerdings ist Sauna zumindest schweißtreibend, was ja durchaus als äußerlich sichtbares Stresssymptom gelten kann. Und das Untertauchen im Kaltwasserbottich danach ist auch kein Spaziergang im Park.

Tatsächlich aber bedeutet alles, was deutlich über 37 Grad liegt, Stress für jede Körperzelle. Und jede Körperzelle ist für solchen Stress gewappnet, denn Hitzereize aus der Umwelt gibt es seit evolutionär ebenso langen Zeiten wie Kältereize. Und Fieber bekommen Warmblüter auch schon seit sehr langer Zeit. Es ist vor allem dazu da, Krankheitserregern einen Hitzeschock zu verpassen. Selbst wenn sie nicht absterben, müssen sie zumindest erst einmal in ihre eigene Hitzeschutzreaktion investieren. Sie können sich deshalb nicht mehr so stark vermehren. Das kann dem Immunsystem ein entscheidendes Zeitpolster verschaffen. Es stellt dann Abwehrzellen und Antikörper bereit, die die Infektion gezielt bekämpfen können.

Sich selbst schützt die Körperzelle bei Fieber mit ihrer eigenen *Heat Shock Response*. Jede normale Zelle[141] kann das. Das gilt natürlich nur – wie immer –, wenn die Dosis – in diesem Fall also die Temperatur – nicht zu hoch ist, beziehungsweise wenn der Zeitraum, über den die erhöhte Temperatur auf die Zelle wirken kann, nicht zu lang ist. Der nicht gerade nette Spruch, »als Kind zu heiß gebadet« worden zu sein, kommt nicht von ungefähr. Und auch bei einer Verbrennung oder einem Hitzschlag ist der Schaden ebenso offensichtlich wie bei einer Erfrierung.

Nicht zu lange Hitzereize oder auch etwas länger dauernde, dafür aber nur maximal bis knapp 42 Grad, lösten in Studien bei Versuchspersonen hingegen durchweg Prozesse aus, die man als typisch hormetisch bezeichnen kann: Stress, zelluläre Stressantwort, zelluläre Anpassung, günstigere physiologische Werte, gesteigertes Wohlbefinden. Unter anderem wurden die Symptome bei Patienten mit Typ-2-Diabetes gelindert. Und auch deren Laborwerte verbesserten sich.[142]

Halten und Falten

Dabei spielen ganz unterschiedliche Abläufe eine Rolle. Die typische Hitzeschockreaktion etwa besteht darin, dass die Zelle sehr schnell beginnt, Hitzeschockproteine, kurz HSPs, zu produzieren. Diese sorgen ihrerseits dafür, dass andere, lebenswichtige Proteine nicht zerstört und neue überhaupt erst korrekt zusammengebaut werden. »Halten und Falten« heißt das in der Molekularbiologensprache:[143] Proteine, die schon vorhanden sind, werden *gehalten,* also stabilisiert. Neue werden in korrekter Weise *gefaltet,* also zu der dreidimensionalen Struktur geformt, die nötig ist, damit sie ihren Dienst tun können. Interessanterweise werden Hitzeschockproteine auch dann massiv gebildet, wenn es auf ganz andere Weise »brennt«, nämlich wenn der Peperoni-Stoff Capsaicin an Zellen andockt.[144]

Dazu kommen – wie in jedem richtigen Lebewesen, das sich nicht den Reduktionismus eines Wissenschaftlers aufzwingen lässt, nur eine einzige Aktion fein säuberlich zu vollführen – weitere typische Stressantworten mit weiteren typischen Hormesis-Folgen. Der Stress erhöht beispielsweise die Belastung mit freien Radikalen, was zur Bildung von körpereigenen Antioxidantien führt.[145] In Versuchen mit nicht allzu hohen Temperaturen und nicht zu langen Temperaturintervallen kann

11 HEISS UND KALT

man dann oft beobachten, wie die Zahl einzelner HSPs deutlich ansteigt.[146] Bei einer anderen Form der Wärmeanwendung, den Fangopackungen, wird ebenfalls Stress durch freie Radikale ausgelöst, sofort gefolgt von einer überkompensierenden Produktion von Antioxidantien. Sinkende Entzündungswerte wurden dort ebenfalls gemessen.
Bei mehr und längerer Hitze dagegen kann man eher den Stress selbst als die Stressreaktion nachweisen. Natürlich ist das dann ein Hinweis darauf, dass die Dosis das Stressantwortsystem an seine Kapazitätsgrenzen bringt. In Japan etwa sind sehr heiße Bäder über 42 Grad beliebt. Misst man zeitnah die Anzeigemoleküle für oxidativen Stress im Blut, sind sie deutlich erhöht. Die Abwehrmoleküle dagegen werden massiv verbraucht. Besonders gut messbar ist das in roten Blutzellen, die keinen Zellkern haben und deshalb kaum Stressantwort-Proteine neu herstellen können.[147]
Ein paar Versuchsergebnisse aus Japan gemahnen durchaus zur Vorsicht. Sie zeigen, dass auch hier die Dosis das Gift macht. In diesem Falle handelt es sich um etwas, das das blutbildende System selbst herstellt: Thrombozyten, also Blutplättchen. Diese kleinen Blutbestandteile, die für die Gerinnung zuständig sind, werden bei zu langer und zu viel Hitze überproduziert. Und tatsächlich sind Probleme mit der Blutgerinnung in Japan ein altbekanntes und häufiges Problem bei Besuchern sogenannter *Onsen*-Bäder. Bei ihnen kommt es vergleichsweise häufig zu Thrombosen.[148]
Dass man sich – vor allem wenn man nicht daran gewöhnt ist – auch beim Saunieren übernehmen kann, diese Erfahrung haben neben dem Autor dieses Buches sicher auch schon andere gemacht. In der richtigen Dosis aber sind bei jener skandinavischen Kultbeschäftigung und ihrem modernen, Infrarotstrahlung nutzenden Abkömmling nicht nur positive Gesundheitseffekte, sondern auch deren molekulare Stressbegleiter gemessen worden. Dazu gehören spezielle Stressantwort-Enzyme der Gefäßwände sowie die altbekannte zelluläre Antioxidations-Molekülmaschinerie.[149]
Auch die Effekte des Sauna-typischen Wechsels von heiß zu kalt und umgekehrt sind schon in Studien vermessen worden. Das Resümee eines polnischen Forscherteams etwa lautet: »Es sieht so aus, als ob regelmäßiges Winterschwimmen kombiniert mit Sauna gemäß der Hormesis-Theorie einige adaptive Reaktionen auslöst«[150].

PER MERTESACKER, PFARRER KNEIPP UND DAS GEFALTETE EIWEISS

Jedenfalls gehören richtige Hitze und Kälte zu jenen hormetischen Stressoren, die man auch als solche wahrnimmt. Anders als bei einem Glas Rotwein, einem Stück dunkler Schokolade, einer Portion Brokkoli oder einer Dosis Radioaktivität im »Heilstollen« von Bad Gastein ist hier für den *Gain* auch durchaus etwas *Pain* vonnöten. Der Schriftsteller Ernst Jünger etwa war nicht nur als Literat und Käferexperte berühmt, sondern auch aufgrund seiner Routine, morgens regelmäßig eiskalte Wannenbäder zu nehmen. Er wurde – bis fast zum Schluss bei guter Gesundheit – fast 103 Jahre alt. Damit, sich »warme Gedanken« zu machen, oder gar mit der Methode des Kabarettisten Uli Keuler – »die Füße ins Eisfach legen und Reinhold Messner lesen« – wird man jedenfalls kaum sehr weit kommen.

12 KEINE FREIHEIT FÜR DIE RADIKALE

OX, ANTI-OX UND DIE ELEKTRONIK DER PARTNERSUCHE

Freie Radikale gelten als tückische Moleküle, die ständig bekämpft werden müssen. Doch der Körper besitzt hervorragende Werkzeuge, um hier selbst im genau richtigen Maße eingreifen zu können. Und freie Radikale werden auch für viele wichtige Prozesse gebraucht. Sie per Radikalfänger-Pille auszuschalten ist oft sogar ungesund – auch, weil damit Hormesis-Mechanismen ausgehebelt werden.

Wer ist Deutschlands bekanntester praktizierender Arzt? Nicht Hademar Bankhofer jedenfalls. Der ist gar kein Arzt, und aus Deutschland kommt er auch nicht. Vielleicht Dietrich Grönemeyer, aber der ist ja auch ein bisschen wegen seines Bruders berühmt. Und Hirschhausen? Hat schon seit über 20 Jahren nicht mehr als Arzt gearbeitet. Bleibt eigentlich nur noch Hans-Wilhelm Müller-Wohlfarth, und das nicht hauptsächlich, weil seine Tochter mal mit Lothar Matthäus zusammen war. Er ist schlicht der begehrteste Sportarzt der Welt, begnadeter Faszien-Diagnostiker, Fitmacher der Schnellen und Starken unter den Reichen und Schönen.

»Mull« oder »Der Doc«, wie ihn von Usain Bolt bis zu seiner Sprechstundenhilfe alle nennen, ist älter als Mick Jagger. Er sieht aber trotz fehlender plastischer Chirurgie und obwohl er sich die Haare nicht färbt, höchstens so alt wie Robbie Williams aus. Er hat zu Beginn seines achten Lebensjahrzehnts noch eine neue Praxis eröffnet, wurde wenig später zum wiederholten Male Champions-League-Sieger, dann Fußball-Weltmeister. Und er hat, obwohl er bei den Bayern

OX, ANTI-OX UND DIE ELEKTRONIK DER PARTNERSUCHE

als Teamarzt hingeschmissen hat, noch eine Menge vor. Vor ein paar Jahren hat er ein Buch geschrieben und ein paar Produkte auf den Markt gebracht, mit denen er die Welt an seinem eignen Anti-Aging-Wunder teilhaben lassen wollte. Das Buch handelt von Radikalfängern, die Produkte waren voller Radikalfänger. Es ging bei beidem um das Abfangen jener Moleküle, von denen wir sicher zu wissen glauben, dass sie uns von innen zerstören und dass wir von außen etwas tun müssen, um sie abzufangen.

Was sind freie Radikale? Es sind Moleküle oder Atome, die besonders reaktionsfreudig sind. Das sind sie, weil sie, chemisch-physikalisch betrachtet, mindestens ein freies, »ungepaartes« Elektron haben. Das ist dringend auf Partnersuche im Reich der Moleküle, es ist also reaktionsfreudig.

»Reaktionsfreudig« ist, besonders in und an lebenden Zellen, gleichbedeutend mit: aggressiv, potenziell zerstörerisch. Freie Radikale, wenn sie wirklich frei schalten und walten können, schnappen sich von anderen Molekülen ein Elektron, was dann diese Moleküle oft ihrerseits wieder reaktionsfreudig macht. So kann also eine ganze Kaskade chemischer Umwandlungen in Gang kommen. Letztendlich können dadurch wichtige Proteine, Fettmoleküle, Membranbestandteile und auch die Erbsubstanz DNA geschädigt werden.

Das Gegenteil von solchen hochreaktiven Substanzen sind jene Stoffe, die so gut wie gar nicht mit anderen Stoffen reagieren. Einer davon ist das Helium. Es ist deshalb für Lebewesen zwar »sicher«, aber auch völlig unnütz. Man kann ohne Probleme die Lunge damit vollatmen. Außer dass die Stimme dann sehr lustig klingt, hinterlässt Helium keine Spuren. Es reagiert auch nicht mit dem eigentlich sehr reaktionsfreudigen Sauerstoff – ganz anders als der im Periodensystem der Elemente direkt neben dem Helium stehende Wasserstoff etwa. Die molekulare Ursache der Reaktionsträgheit von Helium und anderen Edelgasen und Edelmetallen liegt darin begründet, dass die Elektronen, die den Atomkern umschwirren, sich diesem und ihren Schwesterelektronen extrem zugehörig fühlen und keinerlei Ergänzung oder Abwechslung brauchen. Wenn die ganze Welt derart in sich ruhen würde, wäre sie sehr tot und ereignislos.[151]

12 KEINE FREIHEIT FÜR DIE RADIKALE

Das muss alles wech

Wie so ziemlich alles im Leben hat also die Reaktionsfreudigkeit von Molekülen, Ionen oder Atomen ihre aus Sicht von uns Lebewesen guten und ihre nicht so guten Seiten (siehe Kapitel 26). Wenn sie vollkommen reaktionsträge sind, sind sie für Lebensprozesse völlig unbrauchbar, denn Lebensprozesse basieren auf chemischen Reaktionen. Und wenn sie stark reaktionsfreudig sind, dann sind sie in einer Zelle in etwa so willkommen wie Tretminen auf einem Acker. Sie sind unkontrollierbar und gehen, wenn sie auf einen möglichen Reaktionspartner treffen, meist mit hoher Energieentladung ihrer Reaktionsfreudigkeit nach.

Beispiel Zucker: Bis die Kalorien der ringförmigen Zuckermoleküle im Muskel, im Gehirn, in der Leber oder sonstwo schließlich nutzbar werden, ist eine Unzahl chemischer Reaktionen notwendig. Die meisten von ihnen laufen mit der Hilfe von Enzymen ab, ohne die die Reaktionspartner oft annähernd so träge aufeinander reagieren würden wie Helium auf Sauerstoff. Dass überhaupt so viele Enzyme für biochemische Reaktionen benötigt werden, wird oft genau damit begründet: weil es eben ohne nicht ginge. Das ist aber nur die halbe Wahrheit. Denn mindestens ebenso wichtig ist, dass, wenn es denn ohne ginge, auch das meist nicht so gut wäre. Denn dann würden die zwei passenden Moleküle oft mit großem Krach und chemischer Urgewalt ihre Verbindung eingehen. Und das wäre für die feinen Strukturen in jeder Zelle, inklusive der Erbsubstanz, verheerend. Ein entscheidender Grund für die Allgegenwart von Enzymen ist also, dass sich mit ihnen Reaktionen, Reaktionsstärke und Reaktionszeitpunkt wunderbar regulieren lassen.

Allerdings hat es das Leben in all seinen Milliarden Jahren nicht geschafft, alles komplett unter enzymatische Kontrolle zu stellen. Es gibt sie in jeder Zelle, die Moleküle, die auf jede Hilfe von Enzymen pfeifen, die extrem reaktionsfreudig sind, und damit auch extrem gefährlich. Jene freien Radikale eben.

Woher kommen sie? Der Körper stellt sie selbst her. Er tut dies vor allem in den Mitochondrien,[152] den eigentlichen Atmungs-»Organen«[153] der Zellen höherer Lebewesen. Es sind jene Teile der Zelle, die

OX, ANTI-OX UND DIE ELEKTRONIK DER PARTNERSUCHE

aus Energielieferanten wie dem oben genannten Zucker oder auch Fettabkömmlingen wirklich verwendbare Energie herausholen. Das geschieht mit Hilfe von Sauerstoff in einem Prozess, der Zellatmung genannt wird. Die Mitochondrien haben dann aber schlicht ein Elektronen-Leck. Die entwischten Elektronen führen zur Bildung von Superoxid-Radikalen. Diese wiederum gehören zu den wichtigsten und aggressivsten Mitgliedern der Radikal-Familie.

Freie Radikale entstehen aber auch noch anderswo durch körpereigene Prozesse, zum Beispiel in manchen enzymatischen Reaktionen oder wenn Immunzellen Bakterien bekämpfen. Das tun sie nämlich, indem sie die Eindringlinge mit solchen oxidativen Substanzen beschießen. Auch Umwelteinflüsse führen zur Bildung von freien Radikalen, viele Giftstoffe etwa. Und Rauch, egal ob am prähistorischen Lagerfeuer oder aus der Zigarette, lässt sie ebenfalls entstehen. Auch für Sonnenlicht, das auf die Haut trifft oder ins Auge fällt, gilt das. Auch durch radioaktive Strahlung wird ihre Produktion angeregt.

Insgesamt sind es ständig sehr, sehr viele. Es wird geschätzt, dass 0,2 bis zwei Prozent des eingeatmeten Sauerstoffs zu freien Radikalen umgewandelt wird.[154] Man muss nicht extra die eigenen Atemzüge zählen und diese dann mit Lungenvolumen und Zahl der Sauerstoffmoleküle pro Liter Luft (es sind ca. 2,7 Millionen) verrechnen, um eine Vorstellung davon zu bekommen, was für eine Unmenge an Radikalmolekülen das täglich ist.

Würde ihnen alle Freiheit gewährt, wäre kein Leben möglich, sie würden alles kaputtmachen. Sie müssen also abgefangen werden. Die Mittel und Wege dafür hat aber nicht der Fußballerdoktor aus München erfunden. In der Evolution haben sich schon ganz am Anfang Mechanismen zu genau diesem Zweck entwickelt. Der menschliche Körper stellt selbst Antioxidantien her, zum Beispiel Glutathion. Und er kann mit der Nahrung aufgenommene Antioxidantien nutzen, zum Beispiel Vitamin C. Doch hundertprozentig werden die reaktionsfreudigen Moleküle dadurch nie ausgeschaltet.

Seit Jahrzehnten gilt allerdings das Dogma, dass alles unter 100 Prozent nicht ausreicht und dass Altern und viele der mit dem Altern einhergehenden Leiden vor allem Resultate von sich summierenden Schäden durch freie Radikale sind. Das hat in einem logischen Umkehrschluss dazu geführt, dass freie Radikale verteufelt werden, dass

12 KEINE FREIHEIT FÜR DIE RADIKALE

man sie abfangen und ausschalten muss, so gut es nur geht, um Krankheiten und Alterungsprozesse zu bremsen. Es war wie einst bei Udo Lindenberg. Der murmelte Barkeepern regelmäßig mit Hinweis auf die Flaschenreihen hinter ihnen ein »Was' das 'enn? Das muss alles wech!« zu und setzte dieses Motto dann zusammen mit seinen Kumpels und Begleiterinnen nächtelang in die Tat um.

Das war natürlich ziemlich übertrieben und ungesund. Die freien Radikale mit der gleichen Konsequenz anzugreifen ist es ebenso. Denn freie Radikale müssen nicht alle »wech«.

Man kann sich ja auch wundern: Bei Tieren, die eine besonders hohe Lebenserwartung haben, Nacktmullen aus der Ordnung der Nager beispielsweise, finden sich deutlich mehr freie Radikale als bei eng verwandten Arten, die deutlich kurzlebiger sind. Mäuse etwa, die zu einer anderen Nagetierfamilie gehören, leben zehnmal kürzer.

Damit hört das Wundern aber noch nicht auf: Denn das, was jene Mitochondrien machen – Elektronen-Leck inklusive –, ist mit das Älteste, was es gibt in der Chemie des Lebens. Ohne kontrollierte Energieaufbereitung ist schließlich kein Leben möglich. Und die enzymatischen Reaktionen, bei denen freie Radikale entstehen, sind ebenfalls evolutionär uralt. Es wäre doch seltsam, würde sich hinter alldem nicht irgendein Sinn verbergen, würden die freien Radikale nicht irgendeine Aufgabe erfüllen.

Radikale Signalstoffe

Es wäre also im Grunde sogar überraschend, wenn freie Radikale immer und überall nur böse Radikale wären und nicht auch etwas Gutes an sich hätten.

Natürlich sieht sie genau so aus, die radikale, die biologische, die physiologische Realität. Die Evolution hat hier aus dem Saulus einen Paulus gemacht, aus dem bösen Wolf einen braven und nützlichen Wach- und Jagdhund, aus dem Mörder einen Gärtner. Tatsächlich sind freie Radikale längst nicht immer so schlecht wie ihr Ruf.

Das bedeutet dann natürlich aber auch Folgendes: Wer sie mit allen Mitteln bekämpft, beispielsweise durch in Pillen und Kapseln verpackte Antioxidantien wie Vitamin C, schadet sich oft sogar.

OX, ANTI-OX UND DIE ELEKTRONIK DER PARTNERSUCHE

Überhaupt Vitamin C: Entdeckt wurde es, weil es Skorbut verhindert. Das tut es allerdings nicht, weil es in Massen freie Radikale abfangen würde. Dafür würden die winzigen Mengen, die gegen Skorbut genügen, gar nicht ausreichen. Vielmehr ist Vitamin C unabdingbar für die Herstellung einiger wichtiger Enzyme und Proteine, etwa des Kollagens der Haut. Und fehlendes Kollagen ist die Ursache der Skorbut-Symptome.

Nimmt man Vitamin C in größeren Mengen zu sich, stellt es seine eigenen freien Elektronen aber durchaus auch für die Neutralisierung von freien Radikalen zur Verfügung. Doch das muss nicht unbedingt gut sein. Denn, so stellt sich in den letzten Jahren in immer mehr Untersuchungen heraus: Freie Radikale durch solche direkt als Antioxidantien wirkenden von außen zugeführten Stoffe abzufangen kann in die körpereigenen Radikal-Management-Mechanismen allzu radikal eingreifen.

Das hat Folgen. Die positiven Trainingseffekte von Sport beispielsweise verschwanden in Experimenten fast völlig, wenn die Sportler ordentliche Dosen Antioxidantien als Nahrungsergänzung zu sich nahmen.[155] Diese Ergebnisse stammen unter anderem aus der Arbeitsgruppe des deutschen Mediziners Michael Ristow. Der hat lange in Jena gearbeitet, ist mittlerweile aber, mit besseren Mitteln ausgestattet, Professor in Zürich. Ristow ist einer der aktivsten und bekanntesten Hormesisforscher der Welt.

Auch jene Wirkungen, die allgemein als »gesundheitsfördernd« gelten, blieben in Experimenten, die die Jenaer Forscher mit Sportlern machten, praktisch komplett aus, wenn die Versuchsteilnehmer Antioxidantien verabreicht bekamen.[156] Dabei sollten eigentlich gerade bei anstrengendem Sport Radikalfänger gut sein, denn durch das Hochfahren der Atmung entstehen sehr, sehr viele freie Radikale. Wenn man sich aber vergegenwärtigt, dass man bis zu einem Hundertfachen mehr Sauerstoff als ruhend zu sich nimmt, wenn man Sport treibt, und wie viel mehr freie Radikale dabei entstehen,[157] dann müsste jeglicher Sport sehr, sehr ungesund sein. Und wer untrainiert ist und sich plötzlich völlig verausgaben muss, dem geht es hernach ja wirklich erst einmal ziemlich schlecht, Übelkeit und Muskelschmerzen inklusive. Und das ist dann tatsächlich zu guten Teilen das Resultat von Schäden durch eine echte Überdosis freie Radikale. Doch was sich selbst in die-

12 KEINE FREIHEIT FÜR DIE RADIKALE

sem Falle genauso einstellt, ist ein Trainingseffekt, den man als echte Variante von »Was uns nicht umbringt, macht uns stärker« bezeichnen kann. Denn der Stress durch die freien Radikale schiebt eine ganze Reihe von Stress-Reaktionen an. Die bringen unter anderem die Produktion von gut abgestimmten Mengen körpereigener Radikalfänger in Gang, außerdem Reparatur- und Aufbaumechanismen an der Muskulatur, enzymatische Prozesse gegen das zu schnelle Übersäuern etc. Die Folge: Wer nach ein paar Tagen erneut anstrengenden Sport macht, wird danach meist schon deutlich weniger Probleme bekommen.

Nahrungsergänzungsmittel? Es kommt darauf an

Sind Nahrungsergänzungsmittel immer ungünstig, weil sie körpereigene Schutzmechanismen hemmen? Nein. Selbst jene Nahrungsergänzungsstoffe, die in vielen Fällen hormetische Reaktionen des Körpers hemmen, können unter Umständen sinnvoll sein. Das kann etwa dann zutreffen, wenn eine Krankheit dazu geführt hat, dass diese Selbstschutz- und Reparaturkräfte stark unterdrückt oder andere Gleichgewichte gestört sind. Das kann etwa bei Krebs und Diabetes der Fall sein. Trotzdem sollte man die Substanzen, die man einnimmt und deren Dosen peinlich genau auswählen. Das, was offensichtlich die Krankheit fördern kann, sollte man natürlich weglassen – also etwa keine Vitamin-C-Pillen während einer Chemotherapie schlucken. Viele Nahrungsergänzungsmittel enthalten aber auch Substanzen, die hormetische Mechanismen sogar ankurbeln können. Dass sie bei Einnahme aber so dosiert sind, dass auch genau das passiert, darauf kann man sich derzeit kaum verlassen. Die Wahrscheinlichkeit, Naturstoffe in hormetisch wirkender Konzentration aufzunehmen ist am höchsten, wenn man sie in natürlichen Nahrungsmitteln zu sich nimmt. Denn diese Interaktion mit der Umwelt hat die Evolution über Jahrmilliarden begleitet. Wer heute am Leben ist, ist also Nachfahr jener Lebewesen, die damit am besten zurechtkamen und es am besten nutzen konnten. Und anders als mit dem, was es in der Natur und in den dort möglichen Dosen gab, ging es schlicht nicht – es gab schließlich nichts anderes. Trotzdem ist es sinnvoll, Naturstoffe und auch synthetische Substanzen genau auf ihre möglichen hormetischen Wirkungen zu untersuchen, und darauf, in welchen Dosen sie diese optimal entfalten. Denn dann wäre auch hier eine optimale Dosierung in Medikamenten oder Nahrungsergänzungsmitteln möglich.

Führt man hingegen hohe Dosen von Radikalfängern wie etwa Vitamin C oder Vitamin E von außen zu, dann werden diese Mechanismen offenbar weitgehend ausgehebelt. Denn zum Beispiel das Signal »Antioxidantien-Bedarf«, das zur Produktion der körpereigenen Antioxidantien führt, bleibt dann aus. Selbige allerdings sind meist weitaus effektiver und werden auch in den Mengen hergestellt, in denen sie wirklich gebraucht werden.

Hinzu kommt, dass freie Radikale tatsächlich auch sinnvolle Funktionen wahrnehmen, als Signalmoleküle etwa.[158] Macht man ihnen mit Antioxidantien von außen zu schaffen, können sie diese Funktionen nicht mehr ausreichend wahrnehmen. Eine körpereigene Stressreaktion auf freie Radikale dagegen scheint so reguliert zu sein, dass die Signalfunktion nicht beeinträchtigt wird.

Wenn man genau hinsieht, ist es gar nicht überraschend, dass gerade freie Radikale sich hervorragend auch als Botenstoffe eignen. Jener Michael Ristow von der ETH Zürich und seine Kollegen Sebastian Schmeißer und Marc Birringer zählen die dafür prädestinierenden Eigenschaften in einem Artikel für die *Ernährungsumschau* auf: Viele dieser Moleküle können Membranen überwinden, ihre Konzentrationen in der Zelle können über Neuentstehung einerseits und Abbau durch Antioxidantien andererseits genau geregelt werden, und es gibt zahlreiche Moleküle in der Zelle, die mit ihnen reagieren können.[159] Freie Radikale übernehmen bei der Zellteilung, bei Entzündungsprozessen und beim Anschalten von Stress-Abwehrreaktionen auch jenseits der Aktivierung von Antioxidantien wichtige Funktionen.[160] Freie Radikale sind also nicht gut und nicht böse. Sie sind beides, Jekyll und Hyde, Saulus und Paulus zugleich (siehe Kapitel 26).

Sind also Nahrungs-Antioxidans-Vitamine, ob in Pillen und Pulvern oder Apfelsinen und Zitronen, immer schädlich? Wahrscheinlich nicht. So richtig gut sind sie aber ebenso wahrscheinlich nur sehr selten, etwa in bestimmten Krankheitssituationen, in denen die Regulationsmechanismen des Körpers nicht mehr richtig funktionieren (siehe Kasten Seite 158). Auch in Situationen, in denen die Schadmoleküle in solcher Dosis aufgenommen oder im Körper hergestellt werden, dass eine echte adaptive Stressantwort gar nicht mehr möglich ist, können zusätzliche Antioxidantien von außen wahrscheinlich helfen. Vor allem aber gibt es einen weiten Bereich, in dem sie weder nutzen noch richtig schaden, schlicht, weil der Organismus in der Lage ist, selbst bei einem Überschuss noch gut zu funktionieren. Und es gibt die Dosen, die wirklich sinnvoll sind, etwa um via Vitamin C Skorbut zu verhindern. Die liegen aber im sehr niedrigen Bereich.

Man fragt sich dann natürlich, warum viele der Nahrungsmittel, die viel Vitamin C enthalten, als besonders gesund gelten und Studien das auch zu belegen scheinen. Die Antwort lautet: Das Vitamin C in ihnen spielt wahrscheinlich nicht die Hauptrolle, sondern eher die sogenannten sekundären Pflanzenstoffe. Manche davon sind selbst Stressauslöser und regen hormetische Prozesse an. Andere kommen bereits von der nächsten Stufe der hormetischen Leiter und wirken direkt gegen solche Stressoren (siehe auch »Xenohormesis«, Seite 90).[161] Von Letzteren ist Vitamin C nur eines unter vielen.

In den allermeisten Fällen ist es jedenfalls besser, seine Antioxidantien von der feingetunten körpereigenen Fabrik selbst herstellen zu lassen, indem man die eigenen Zellen regelmäßig ein bisschen stresst. Das ist, wenn man zum Beispiel Sport macht, sogar sicher angenehmer als der ekelhafte Geschmack einer Brausetablette aus dem Drogeriemarkt, die wahrscheinlich mehr schadet als nützt.

Vielleicht sieht das der Doc aus München inzwischen genauso. In den letzten Jahren jedenfalls predigt er nicht mehr die Radikalfänger-Gospel, sondern eher den guten alten Dauerlauf.

13 ESSEN ODER NICHT ESSEN

FASTEN FÜR DIE VOLKSGESUNDHEIT UND DIE MAGIE DES INTERVALLS

Schon in Kapitel 5 ging es darum, wie die Evolution diejenigen, die Nahrungsmangel aushalten, belohnt. Die Krone der Schöpfung, wie der Mensch sich gerne nennt, kann das nutzen, um gesünder zu leben, und vielleicht auch länger. Das geht sogar ohne Kalorienzählen. Und stressig ist es auch nur tief drin in der Biochemie.

Essen, Fressen, Nahrungsaufnahme, und auch Verzicht darauf, freiwillig oder unfreiwillig. Darum ging es bereits mehrfach in diesem Buch. Unsere Vorfahren in freier Wildbahn, sie hatten mal genug zu essen, manchmal sehr wenig, oft auch eine Weile gar nichts. Sie haben gelernt, damit zu leben, diesen gelegentlichen Hungerstress zu ertragen und sogar das Beste daraus zu machen. Die biologische Evolution war voller unfreiwilliger Hungerphasen. Die kulturelle allerdings auch, obwohl man sich darüber streiten kann, ob diese Phasen freiwillig oder unfreiwillig waren und sind. Man könnte sie als »Hungern nach Vorschrift« bezeichnen. Und vielleicht hängen der Kalorienverzicht der biologischen Evolutionsgeschichte und jener der Kulturgeschichte enger zusammen, als man denkt.

Erwachsene Muslime machen einmal im Jahr einen Monat lang eine spezielle Art Fastenkur, genannt Ramadan. Davon befreit ist nur, wem es die Gesundheit nicht erlaubt, wer gerade beschwerlich auf Reisen ist oder im Dschihad kämpft. Ramadan heißt, von Sonnenauf- bis Sonnenuntergang nichts essen und trinken.

In moderner weltlicher Terminologie ausgedrückt ist Ramadan eine

13 ESSEN ODER NICHT ESSEN

Form des *Intervall*- oder *periodischen Fastens*. Dessen Definition ist relativ weit gefasst und geht vom Weglassen einer einzelnen Mahlzeit bis hin zum tagelangen Verzicht abwechselnd mit tagelangem Essen, so viel man will.

Natürlich haben verschiedene Formen des dauerhaften und periodischen Fastens ihren festen Platz in den Regeln so ziemlich jeder Religion. Oft werden diese Regeln als Relikte aus Zeiten interpretiert, in denen schlicht von Natur wegen regelmäßig wenig Essen zur Verfügung stand – etwa die sechseinhalb Wochen zwischen Aschermittwoch und Ostern bei den Christen. Eine andere Deutung ist aber mindestens ebenso nachvollziehbar. Die nämlich, dass Fastenvorgaben die älteste »Public-Health«-Maßnahme der Menschheitsgeschichte sind. Denn im richtigen Maße hat eine regelmäßige Reduktion der Nahrungsaufnahme wahrscheinlich fast immer positive Gesundheitseffekte.

Als massiv lebensverlängernd hat sie sich in Experimenten mit verschiedensten Tierarten herausgestellt. Ob das beim Menschen auch so ist, ist zwar umstritten, weil er ohnehin sehr lange lebt, weil aussagekräftige Experimente fehlen und weil andere Faktoren sicher auch eine Rolle spielen. Aber insgesamt spricht zumindest vieles dafür, dass gelegentliches Fasten nicht nur gläubige Muslime gesünder macht, als sie wären, würden sie das ganze Jahr nach Belieben essen.

Mut zum Mangel

Anders als lange angenommen scheint nicht das Minus an Kalorien positive Wirkungen zu haben. Studien zeigen sogar, dass bei periodischem Fasten ohne Beschränkung der Gesamtkalorien die gesundheitsrelevanten Laborwerte besser sind als bei dauerhafter Kalorienreduktion.[162]

Was kann es dann sein? Zellulärer Stress und die Reaktion darauf.

Dass Nahrungsmangel den Organismus stresst, klingt logisch. Doch wie er das im Einzelnen tut, weiß man bislang nur ansatzweise. Zum Beispiel scheinen die im vorigen Kapitel besprochenen freien Radikale[163] eine Rolle zu spielen. Denn die werden auch bei Nahrungsmangel vermehrt freigesetzt. Was man in Experimenten mit Tieren und auch Menschen jedenfalls messen konnte, sind erhöhte Werte an Antistressmolekülen. Dazu gehört das Enzym Superoxiddismutase,[164] das bestimmte freie Radikale zu Wasserstoffperoxid umbaut, welches dann durch ein anderes Enzym namens Katalase weiter zu Wasser und Sauerstoff abgebaut wird. Aus einem extremen Schadmolekül werden dadurch also letztlich zwei sehr brauchbare Molekülsorten. Was hier abläuft ist eine Art molekulares »Schwerter zu Pflugscharen«.

Aber auch ohne Detailkenntnisse ist klar: Wer nicht isst, nimmt auch keine Energie auf, auch keine Vitamine. Mittel- und langfristig magert er oder sie ab, wird schwächer. Das ist einer der Gründe, warum jene Ärzte, die gerne als Schulmediziner bezeichnet werden, meist so ziemlich jede Art von Fasten als Therapieergänzung ablehnen, außer vielleicht im Kontext von Abnehm-Kuren bei stark Übergewichtigen. Doch mit dem periodischen Fasten, so stellt sich in letzter Zeit in immer mehr Versuchen heraus, steht Menschen offenbar eine Art Ernährungsrhythmus zur Verfügung, bei dem sie insgesamt genügend Kalorien und andere wichtige Nahrungsstoffe bekommen, aber auch genügend zellulär gestresst werden. Genügend, aber nicht zu sehr. Immer wieder, aber nicht dauerhaft. Also in einer Dosis, die letztlich bewirkt, dass sich über Anpassungsreaktionen an diesen Stress die Gesundheit und die Widerstandskraft verbessern.

Längere Phasen – Tage, Wochen –, in denen Nahrung knapp oder schlicht gar nicht verfügbar war, gab es in der Geschichte der Menschen und ihrer Vorfahren häufig. Das ist ein guter Grund, davon auszugehen, dass sich in der Evolution Mechanismen herausgebildet haben, die in solchen Situationen die Überlebenschancen verbessern. Das wären nicht nur solche Mechanismen, die Kalorien effektiver nutzbar machen,[165] sondern auch solche, die die Chancen verbessern, wieder an Nahrung zu kommen (siehe auch Kapitel 5). Und die Chancen, wieder an Nahrung zu kommen, verbessern sich natürlich dann, wenn das nahrungssuchende Individuum trotz des Mangels Kräfte mobilisieren und zusätzlich auch Hirn und Sinne optimal nutzen kann. Experimente bestätigen, dass Nahrungsentzug, solange der Körper noch ein paar Energiereserven hat, die körperlichen und mentalen Möglichkeiten auf exakt diese Weise optimiert.[166] Letzteres geschieht offenbar unter anderem durch den Nervenzell-Schutzfaktor BDNF *(Brain Derived Neurotrophic Factor)*. Bei periodisch fastenden Mäusen schießt

13 ESSEN ODER NICHT ESSEN

dieser jedenfalls in die Höhe[167] – eine typische hilfreiche Stressreaktion des Nervensystems.

Die vielleicht dramatischsten Studienergebnisse zum gesundheitlichen Sinn kurzer und mittlerer Fastenperioden kommen aus der Arbeitsgruppe von Valter Longo an der University of California in Davis. Sie sind nicht nur für Leute bedeutsam, die ewig jung und schön bleiben wollen.

Der fast 50-jährige Longo könnte zwar selbst noch als 30 durchgehen. Aber er sucht vor allem nach Möglichkeiten, Krebspatienten über die Ernährung zu helfen. Dabei setzt er nicht auf Himbeeren, Aprikosenkerne und dergleichen, sondern auf Fastenkuren und spezielle Nahrungsmittel, die die Effekte des Fastens nachahmen sollen. In einer seiner Studien zeigte sich, dass Krebspatienten Chemotherapien besser vertragen, wenn sie vor der Infusion des Mittels gefastet haben. Andere Resultate sprechen dafür, dass Patienten dann sogar höhere Dosen jener Zellgifte tolerieren können. Das Fasten scheint die Krebszellen also anfälliger und die gesunden Körperzellen weniger anfällig für Chemotherapeutika zu machen. Schon das Fasten selbst hat, das zeigte sich zumindest bei Versuchstieren, Konsequenzen für die Tumoren, die mit denen der Chemotherapie-Zellgifte vergleichbar sind: Bei Mäusen schrumpften Krebsgeschwüre, wenn die Tiere regelmäßig auf Nulldiät gesetzt wurden. Sie magerten auch nicht ab, weil sie zwischendurch immer wieder fressen durften und dadurch das Nahrungsdefizit ausgleichen konnten.

Fasten sorgte in den Experimenten für messbaren zellulären Stress. Es setzte Mechanismen in Gang, welche die Zellen unter anderem vor schädlichen Sauerstoffradikalen schützten. Solche Moleküle entstehen bei Hunger vermehrt, weil die Mitochondrien ihren Energiestoffwechsel verändern. Die Produktion wird aber auch durch viele der gängigen Chemotherapeutika angeregt – eine Hauptursache für deren starke Nebenwirkungen.

Bei den Versuchstieren beobachteten Longo und seine Mitarbeiter, dass Fasten vor der Chemotherapie das gesunde Gewebe auf hohe Konzentrationen von Sauerstoffradikalen vorbereitet. Der durch Nahrungsmangel ausgelöste Stress setzt die Anpassungs-Stressreaktionen in Gang. Krebszellen dagegen sind kaum in der Lage, diese Schutzmechanismen anzuschieben.[168] Stattdessen stellten sie sogar zusätzlich noch aggressive Moleküle her. Das, so Longo, habe letztlich zur eigenen Zerstörung geführt, zum programmierten Zelltod.[169] Auf der Tatsache, dass dieselbe Dosis des Stressors Krebszellen mehr zusetzt als gesunden Zellen, beruht im Grunde die gesamte klassische Chemotherapie. Unter anderem dadurch sind die Wirkungen ausgeprägter als die Nebenwirkungen. Fastenperioden oder auch Medikamente, die die Effekte des Fastens nachahmen, sollten also Krebszellen noch anfälliger und normale Zellen noch weniger anfällig machen. Das könnte die Chancen von Patienten deutlich verbessern. Obendrein ist die Vermutung sicher nicht zu weit hergeholt, dass regelmäßiges Fasten dazu beitragen kann, dass man gar nicht erst einen klinisch relevanten Tumor bekommt. Das Gleiche gilt für praktisch alle anderen sogenannten Zivilisationskrankheiten.[170]

Der Mensch in freier Wildbahn

Seit Jahren, Jahrzehnten eigentlich,[171] im Grunde seit Jahrhunderten, diskutieren Gelehrte, ob ein dauerhaftes Weniger an Essen gesund ist und das Leben verlängert. Unstrittig ist dies bei Würmern, selbst bei Mäusen. Bei Menschen gibt es zumindest immer wieder eindrucksvolle Einzelberichte. Hier zu nennen wären etwa die Schriften eines Herren namens Luigi Cornaro, der im 16. Jahrhundert in Padua lebte.[172] Nach recht völlerischer Jugend hatten ihm im Alter von 35 seine Ärzte den nahen Tod vorhergesagt. Daraufhin verordnete sich Cornaro eine strenge Diät und wurde letztlich 102. Es ist eine schöne Geschichte, die noch schöner wird, wenn man weiß, dass täglich drei Gläser Rotwein erlaubt waren. Allerdings kann auch nur jemand davon erzählen, auf Diät 100 geworden zu sein, der auch bis dahin gelebt hat. Insofern ist solchen Anekdoten nur bedingt zu trauen.[173] Und auch die Chancen, Dauerdiät als allgemeine Gesundheitsstrategie durchzusetzen, selbst wenn die Wirksamkeit bewiesen wäre, sind eher gering. Damit, regelmäßig Fastentage einzulegen oder zumindest an gewissen Tagen auf ein oder zwei Mahlzeiten zu verzichten, könnten sich Menschen wohl eher anfreunden, zumal wenn an den anderen Tagen das All-you-can-eat-Buffet geöffnet hat. Wissenschaftler haben es so formuliert: Eine solche oder ähnliche Strategie wäre eher »nachhaltig bei Menschen unter freilebenden Bedingungen«[174].

Darüber, was konkret im Körper gläubiger Muslime während des Ramadan-Monats passiert, weiß man inzwischen auch das ein oder andere. Die Konzentration typischer Antistressmoleküle, etwa die von Hitzeschockproteinen, geht nach oben. Typische Anzeiger für ungesunde Vorgänge im Körper, etwa Blutfettwerte oder das Verhältnis von »schlechtem« zu »gutem« Cholesterin, gehen nach unten.[175] Antistressmoleküle, die die Gefäßwand schützen, werden mehr.[176] Selbst bei Dialyse-Patienten verbessern sich die Blutwerte.[177] Negative Effekte wurden allerdings auch beobachtet, das aber nur bei Kindern unter zehn Jahren. Auch hier hat die kulturelle Evolution jedoch meist vorgesorgt. Denn nach den Regeln des Islam beispielsweise muss kein Kind vor der Pubertät im Ramadan fasten.

Manches was »geschrieben steht«, was auf uralten religiösen und spirituellen Traditionen beruht, hält also auch der Überprüfung durch moderne Wissenschaft stand, und das sogar sehr differenziert. Nicht im Koran und den Hadithen, sondern in der Bibel steht dagegen »Die leibliche Übung ist wenig nütz«[178] zu lesen. Das wiederum sehen Forschung und Medizin heute durchaus anders. Mehr dazu im nächsten Kapitel.

14 ES LEBE DER SPORT

TRAINIEREN, TRAINIEREN, SUPER-KOMPENSIEREN. UND REPARIEREN

Bewegung verbraucht Energie und Zeit, und unsere Vorfahren mussten dafür raus aus der Höhle und sich all den Gefahren der Savanne aussetzen. Warum sollte ausgerechnet so etwas gesund sein? Die Antwort lautet nicht, dass die Durchblutung angekurbelt und mehr Sauerstoff aufgenommen wird, sondern eher, dass richtige Bewegung wirklich sehr anstrengend ist.

Man kann von Rainhard Fendrich denken, was man will. Aber sein 1983er Song »Es lebe der Sport« (sprich: »Spoart«) ist durchaus lustig und auch a bisserl tiefsinnig. Natürlich ist der Sport nur »gesund und macht uns hart« (»hoart«), wenn man ihn selbst betreibt und es dabei nicht übertreibt. Fendrich allerdings beschreibt einerseits den Sport-Zuschauer, der, wenn etwa beim Boxen einer endlich »in die Knia« geht, »zufrieden zu sei'm Bier« greift. Also simulierten Sport auf der Couch mit null Dosis echter Anstrengung. Andererseits geht es um eine Überdosis durch Sport verursachten Stresses für die Sportler. Denn »explodieren die Boliden« oder sind die »G'sichter verschwoll'n und bluadich rot«, dann ist das ganz offensichtlich eher ungesund. Ebenso wie wenn es einen Skifahrer »in die Landschaft steckt, dass jeder seine Ohr'n anlegt«.[179]

Aber eigentlich, in der richtigen Dosis und aktiv betrieben, ist Sport nun wirklich sinnvoll. Er ist eine der effektivsten Möglichkeiten, sich über Stress und Anstrengung in der richtigen Dosis tatsächlich gesund zu halten und abzuhärten.

14 ES LEBE DER SPORT

Also Hormesis zu betreiben.

Die gesundheitsfördernde Wirkung von Bewegung, Sport, körperlicher Anstrengung oder wie man es auch immer im Einzelfall nennen will, ist unumstritten.[180] Sport ist Mord nur dann, wenn man es übertreibt oder großes Pech hat, etwa bei einem Unfall, und für ein paar wenige, deren genetische Veranlagung ihnen die positiven Wirkungen der körperlichen Anstrengung zunichtemacht.[181] Manche Befunde sind so eindrucksvoll, dass sie eigentlich der gesamten Pharma-Wirtschaft Angst machen müssten. Die Krebsforscher Robert Newton und Daniel Galvão etwa fassen den Forschungsstand auf ihrem Gebiet folgendermaßen zusammen: »Die Evidenz großer prospektiver Studien zeigt unzweifelhaft, dass regelmäßiger Sport nach einer Krebsdiagnose das Überleben um 50 bis 60 Prozent erhöht, mit der größten bisher nachgewiesenen Wirkung bei Brustkrebs und Darmkrebs.«[182] Einen solch deutlichen Effekt zeigt kaum ein Medikament, und diejenigen, die hier konkurrieren können, sind meist Mittel, die nur bei ganz bestimmten Krebsvarianten wirken.

Auch der Sinn von sportlicher Betätigung zur Vorbeugung und zum Management von Herzkreislaufleiden, Übergewicht, Diabetes, Autoimmunerkrankungen und vielen anderen gesundheitlichen Problemen ist klar nachgewiesen.

Überraschen sollte das niemanden, schon gar nicht, wenn man wieder einmal die evolutionäre Perspektive einnimmt. Denn in dem stammesgeschichtlichen Ordner, den jeder Mensch als Erbe mit sich herumträgt, steht unter anderem, dass unsere Ahnen sich viel bewegt haben. Etwa 4000 Kilokalorien täglich, so schätzt der Sportwissenschaftler Zsolt Radak von der Semmelweis-Universität in Budapest, dürften Steinzeit-Männer allein durch Bewegung verbrannt haben. Also: Viel Bewegung ist für Menschen und ihr Erbgut der Normalfall. Fällt diese weg – und der Mensch zunehmend aufs Sofa oder in den Sessel –, begibt man sich in einen unnatürlichen Zustand. Dass der suboptimal ist und deshalb physiologische Probleme mit sich bringen kann, bis hin zu schweren Erkrankungen, ist so einleuchtend wie ein Fernlichtscheinwerfer im Rückspiegel.

Interessant ist aber natürlich die Frage, warum und auf welche Weise diese gesundheitsförderlichen Wirkungen erreicht werden. Die naheliegende und lange Zeit sehr universell verbreitete Antwort, dass

TRAINIEREN, TRAINIEREN, SUPER-KOMPENSIEREN. UND REPARIEREN

eben die Durchblutung verbessert wird und somit mehr gesunder Sauerstoff zu den Geweben gelangt, ist schon deshalb zweifelhaft, weil der gesunde Sauerstoff ja gar nicht per se so gesund ist, denn: Je mehr Sauerstoff, desto mehr freie Radikale werden gebildet.

Tatsächlich ist der wichtigste Grund, warum nicht im Übermaß betriebener Sport gesund ist, der, dass er zunächst einmal ungesund ist. Sport ist Stress. Mechanischer Stress einerseits, der zum Beispiel Mikroverletzungen in Muskeln verursacht. Aber auch die Körpertemperatur erhöht sich, Gewebe leiden unter Sauerstoffmangel, Oxidationsraten gehen in die Höhe, giftige Stoffwechselprodukte entstehen vermehrt. Durch den Stress, durch die Stressoren, werden in den Zellen Stressmoleküle gebildet.

Welche das sind und was in der Folge passiert, wird in anderen Kapiteln dieses Buches erläutert. Deshalb hier nur ganz kurz: Es werden beispielsweise Antioxidations-Moleküle produziert, die Namen wie Glutathion-Peroxidase oder Superoxid-Dismutase tragen. Es werden alle möglichen anderen Schutz-, Reparatur- und Aufbauprozesse in Gang gesetzt. Die Gene für die Produktion des Moleküls NRF-2 werden angeschoben, was eine ganze Reihe Effekte[183] hat und sogar die Bildung neuer Mitochondrien anregt. Auch der Nervenzellschutzfaktor BDNF[184] wird vermehrt produziert, was auch die Wirkung von Sport bei Depressionen miterklärt.

Überladen und superkompensiert

Leistungssportler sind wahrscheinlich die intensivsten Ausbeuter von Hormesis-Effekten. Und das gilt nicht nur für Fußballer, die nach dem Spiel in die Eistonne steigen (siehe Kapitel 11). Hartes sportliches Training ist Stress für den Körper. Dieser passt sich an, er wird stärker, leistungsfähiger. Das funktioniert aber nur dann, wenn der Stress nicht zu groß beziehungsweise die Pausen nicht zu kurz sind. Das mussten zahlreiche Leistungssportler schon schmerzhaft erfahren, die, um besser zu werden, härter trainierten, als ihr Körper es aushalten konnte. In dieser Situation wirken die Gifte, die beim Training entstehen, auch unterm Strich als Gifte. Der Sportler oder die Sportlerin wird nicht besser, sondern schlechter.

In der Trainingswissenschaft ist ein wichtiger Trainingseffekt als »Superkompensation« bekannt, das Prinzip dahinter als »Overload Principle«. Die Begriffe sagen schon alles: Ein richtig intensiver Trainingsreiz ist einer, der die Belastbarkeit des Organismus an ihre Grenzen bringt, in die Nähe der Überlastung. Der Reiz wird aber nicht nur kompensiert, also mit einer genau den Reiz ausgleichenden Reaktion beantwortet, damit nach Ermüdung und Regeneration wieder genau das gleiche Leistungsniveau zur Verfügung steht. Stattdessen wird gewissermaßen in *physiologischer Erwartung* weiterer intensiver Reize bereits vorgesorgt. Die Leistungskraft ist nach der Erholungsphase größer als zuvor, jedenfalls dann, wenn man richtig trainiert und ausreichend regeneriert hat. Es ist das, was man Trainingseffekt nennt.

Sport setzt Reize. Sie wirken positiv auf die Gesundheit und auf die körperliche Leistungsfähigkeit. Das aber nur, wenn man weder zu wenig noch zu viel davon abbekommt. Wer »übertrainiert«, wie es in der Sportwissenschaft heißt, hat nicht nur Leistungsabfall zu befürchten, sondern wird auch krankheits- und verletzungsanfälliger. Es ist ein typischer Fall von »Zu viel des Guten«[185]. Oder anders ausgedrückt: Es gibt hier nichts Gutes und nichts Schlechtes. Es gibt nur die im jeweils konkreten physiologischen Kontext positiv, negativ oder gar nicht wirkenden Dosen.

Der ehemalige Top-Leichtathlet und erfahrene Athletikcoach Henk Kraaijenhof formuliert es so: »Training erregt potenziell pathologische Störungen, und nur aufgrund von Anpassung (langfristig) und Erholung (kurzfristig) sind wir in der Lage, das zu überleben.« Kraaijenhof hat nicht nur ein paar der besten Sportler der Welt trainiert. Er hat auch Sprintern noch zu Erfolgen verholfen, die eigentlich längst aus dem besten Alter heraus waren. Merlene Ottey etwa ist unter seinen Fittichen mit 40 noch Weltklassezeiten über 100 und 200 Meter gelaufen. Dabei gilt Kraaijenhof nicht als Schinder oder als Trainings-Magier oder dergleichen. Sein Credo heißt schlicht: Trainiere so viel wie nötig, nicht so viel wie möglich. Nicht die Maximaldosis macht fit, sondern die optimale Dosis. Diese zu finden ist freilich nicht ganz so einfach, wie einen jungen Mann bis zum Umfallen 400-Meter-Intervalle laufen zu lassen.

Auch viele, die aus gesundheitlichen Gründen mit Sport beginnen,

TRAINIEREN, TRAINIEREN, SUPER-KOMPENSIEREN. UND REPARIEREN

wollen gleich am Anfang zu viel. Folge: Übertraining, oft auch einhergehend mit Übelkeit, oder Patella- und Achillessehnen-Entzündungen, Fersensporne. Muskeln können, das zeigten Tierversuche, bei zu hoher Trainingslast und zu kurzer Erholungszeit sogar schwinden, Muskelzellen absterben.[186] Zu viel des Guten. Überdosis. Gift.

Kurze, intensive Trainingseinheiten:	Ausdauersport:
Was passiert? Hier wird Energie vor allem durch Gärung bereitgestellt, da die »brennbaren« Energievorräte zwar genutzt werden, aber nicht ausreichen. Grund dafür ist u. a., dass nicht unbegrenzt Sauerstoff zur Verfügung steht. Es entstehen giftige Stoffwechselprodukte wie Milchsäure und Ammoniak, sowie freie Radikale.	Was passiert? Hier versucht der Körper, »brennbare« Energie-Speicherstoffe möglichst effektiv zu nutzen, an viel davon heranzukommen sowie den dafür notwendigen Sauerstoff ausreichend ins Gewebe zu transportieren. Ein Langstreckenlauf bringt ihn aber bereits an seine Grenzen, es entstehen Giftstoffe, etwa freie Radikale.
Wichtige Hormesis-Anpassungseffekte: • höhere Toleranz für Laktat im Muskel, deshalb längere Leistungsfähigkeit • schnellerer Abbau von Ammoniak im Blut • schnellere Verarbeitung von Zwischenprodukten des Energieabbaus (etwa Adenosin-Monophosphat) • freie Radikale werden besser abgefangen, Schäden durch sie besser repariert	Wichtige Hormesis-Anpassungseffekte: • effektivere Nutzung von Kohlenhydrat-Brennstoffen, unter anderem weil Mitochondrien (»Zellkraftwerke«) erneuert werden • mehr Speicherung von Kohlenhydraten in Form von Glykogen • freie Radikale werden besser abgefangen, Schäden besser repariert • verbesserte Transportfähigkeit des Blutes für Sauerstoff und Kohlendioxid

Ausdauersport oder Intensivsport? Vielleicht am besten beides.

Die adaptive Stressantwort, die Anpassung, sie funktioniert nur, wenn auch die entsprechende Anpassungsfähigkeit vorhanden ist. Bei Untrainierten ist diese eben noch relativ wenig ausgeprägt. Oder, wissenschaftlicher ausgedrückt: Bei Untrainierten ist der *homöodynamische Raum*[187] (siehe Kapitel 27, Seite 296 f.) noch relativ eng. Spitzensportlern droht zwar Ähnliches, nur müssen sie sich dafür noch weitaus höheren Dosen aussetzen.

Lauftier Mensch

Tatsächlich ist es so, dass positive Gesundheits-Effekte von körperlicher Bewegung schon bei recht moderaten Dosen gemessen werden. In Tierversuchen fand man alle möglichen Veränderungen von verbesserter Knochenstruktur[188] über das Abschalten von Krebsgenen im Darm,[189] verbesserte Immunaktivität[190] sowie Bauchspeicheldrüsenfunktion[191] bis hin zu gesünderen Hoden.[192] Scheucht man dagegen untrainierte Mäuse und Ratten bis zur Erschöpfung, so sind die Effekte messbar ungünstig. Forscher beobachten dann unter anderem oxidative Schäden, Zellsterben, Enzymsysteme im Ausnahmezustand und verschlechterte Immunfunktion.[193]

Noch eindrücklicher sind die Antistresseffekte, wenn durch Training die Anpassungsfähigkeit, der oben angesprochene *homöodynamische Raum*, bereits vergrößert ist. Wer sich untrainiert einer Mega-Anstrengung unterzieht, bei dem werden vergleichsweise hohe Dosen von freien Radikalen ausgeschüttet, und diese schädigen dann auch alles Oxidierbare, was ihnen in die Quere kommt. Wer dagegen gut trainiert ist, bei dem schießen die freien Radikale zwar trotzdem in vergleichbare Höhen, Oxidationsschäden sind dagegen in entsprechenden Studien kaum festzustellen.[194] Das liegt wahrscheinlich daran, dass Training nicht nur schneller, ausdauernder macht und dickere Muskeln wachsen lässt, sondern eben auch Systeme im Körper trainiert, die mit Stressoren wie jenen freien Radikalen umgehen müssen. Hierin wird der Grund dafür gesehen, dass Sport allerlei positive Gesundheitseffekte hat. Denn wer über ein durch Sport geschärftes Enzymsystem verfügen kann, welches bei körperlicher Belastung so effektiv eingreift, dass Schäden gar nicht erst entstehen oder sofort wieder repariert werden, bei dem kann man natürlich Folgendes erwarten: Ihm oder ihr wird dieses System auch dann zugute kommen,

TRAINIEREN, TRAINIEREN, SUPER-KOMPENSIEREN. UND REPARIEREN

wenn der zelluläre Stress anderen Ursprungs ist, wenn er also etwa von Umweltgiften, Nahrungsmitteln, Strahlen und dergleichen herrührt.

Auch das in den letzten Jahren sowohl zur Leistungssteigerung als auch als gesundheitsfördernd propagierte kurze Intervalltraining mit einigen hochintensiven Wiederholungen wird bei Untrainierten beim ersten Mal kaum die Leistung oder die Gesundheit verbessern. Der Autor hat da selbst Erfahrung. Nach einer knappen Woche konnte er wieder einigermaßen laufen und die Oberschenkel hatten aufgehört zu brennen. Wer aber langsam beginnt und die Intensität steigert und ausreichend lange pausiert (Faustregel mindestens ein Tag), kann von Anfang an von Hormesis-Effekten profitieren.[195]

Gut möglich ist auch, dass solches Training auch deshalb für Leistungsfähigkeit und Gesundheit gute Ergebnisse bringt, weil die kurzen Intervall-Pausen eben doch echte Pausen sind. Es sind also Zeiträume, in denen wahrscheinlich keine zusätzlichen Stressmoleküle gemacht werden, dafür aber die Antistressmaschinerie angeschoben werden kann.

Auch die immer populärer werdende Methode, beim Krafttraining den gerade belasteten Arm oder das Bein abzubinden und damit die Blutzirkulation zu bremsen, bedeutet Stress. Was dabei passiert: Anreicherung von Stressor-Molekülen, gefolgt von Ausschüttung von Stressschutzmolekülen, gefolgt von Anpassung an den Stress, Vorbeugung gegen zu erwartenden erneuten Stress, Superkompensation, Trainingseffekt. Auch die Mediziner, die diese Methode namens »Blood Flow Restriction« am intensivsten untersucht haben, gehen davon aus, dass hier jede Menge Hormesis am Werk ist[196] und dass man die richtige Stressoren-Dosis über ein wohldosiertes Abschnüren erreichen kann.

Natürlich ist hier eine Einschränkung vonnöten: Wer sein Leben 40, 50 oder 60 Jahre lang vornehmlich sitzend, rauchend und Süßes essend verbracht hat, bei wem vielleicht auch bereits entsprechende Folgeschäden wie etwa verkalkte Blutgefäße festgestellt worden sind, für den ist Hochintensitätstraining möglicherweise doch ungünstig. Und das gilt wohl selbst dann, wenn er oder sie es zunächst langsamer angehen lässt. Denn logischerweise können verhärtete Arterien eher schlecht auf bei intensivem Sport deutlich erhöhten Blutdruck reagieren. Und sklerotische Ablagerungen können sich in solchen Situationen sogar lösen und Gefäße verstopfen, mit potenziell tödlichen Folgen.

Personen, die trotzdem nach einem komplett sessilen halben Leben noch anfangen wollen, sich der Gesundheit halber zu bewegen, sollten es besonders vorsichtig tun und sich sehr, sehr gründlich vom Kardiologen und dessen Herzecho-Maschinen durchchecken lassen. Es gibt zu viele Beispiele für Sport, der letztlich wahrscheinlich Selbstmord war. Der Jogging-Papst Jim Fixx etwa war ein solcher Spätbekehrter. Er starb mit Anfang 50 beim Laufen an einem Herzinfarkt. Eine Autopsie fand bei ihm jene im früheren unsportlichen Leben akkumulierten Gefäßschäden.

Bewegung, viel Bewegung, gehört zum Erbe des Menschen. Jagen, Sammeln, Keulenschwingen, später auch Pflanzen, Hacken, Unkrautrupfen und Ernten oder Viehherden über Land treiben, auch Reißausnehmen vor anderen nahrungssuchenden Wesen – das, was Vorfahren über Jahrhunderttausende taten, bevor sie sich an Nähmaschinen, Fließbänder und Schreibtische setzten, war tägliche Bewegung.

Homo sapiens könnte auch *Homo perseverans* heißen, denn in einem ist er wirklich die Krone der Schöpfung: Der Mensch ist das Landsäugetier mit der höchsten Ausdauerleistung überhaupt.[197] Der Jagderfolg unserer Ahnen lag vornehmlich darin begründet, dass sie länger auf den Beinen bleiben konnten als Gazellen oder Mammuts. Und wer kurzzeitig auf seinen zwei Beinen sehr schnell laufen konnte, der oder die endete obendrein seltener selbst als Mahlzeit einer Vierbeinerfamilie. Die ausdauernde und die kurzzeitig schnelle Bewegung hat menschliche Körper aber auch immer belastet, gestresst. Pausen, etwa nach dem Erlegen eines Großtieres, wurden zur Regeneration genutzt.

Der körperliche Stress wurde aber dadurch nicht nur zu etwas gesundheitlich Tolerierbarem, sondern selbst zu einer Voraussetzung für Gesundheit. Er wurde zu einer Grundvoraussetzung für Entgiftung, Molekülreparatur, Stoffwechselhygiene, Vorbereitung auf mögliche Unbill. Insofern ist es kein Wunder, dass der Verzicht auf ausreichend Bewegung langfristig viele Menschen krank macht.

15 STRESS BAUEN SEELE AUF

ZUCKERBROT, PEITSCHE UND DIE STADIONRUNDE MIT DEM THERAPEUTEN

In diesem Buch geht es um die positiven Wirkungen physiologischer Stressoren. Chemikalien oder Strahlen zum Beispiel. Aber was ist mit psychischem Stress? Pausenlos und in hohen Dosen macht er krank, verkürzt das Leben, tötet gar. In der richtigen Dosis lässt sich allerdings die gesundheitsschädliche Wirkung solcher Stressbelastung ausschalten – und sogar umkehren.

Wer dauernd gestresst ist, lebt nicht gesund. Stress ist nicht gut fürs Herz, für die Psyche sowieso nicht, und er gilt auch als Förderer aller möglicher anderer Krankheiten von Diabetes über Neurodermitis bis hin zu Krebs. Allerdings fällt eines immer wieder auf: Es gibt Leute, die führen eigentlich ein hochgradig stressiges Leben, arbeiten 16 Stunden am Tag, kümmern sich nebenbei um Familie und Freunde und schaffen es sogar meist noch, ein oder zwei Hobbys intensiv nachzugehen. Sie sterben aber nicht mit 46 am Herzinfarkt. Sie empfinden ihren Alltag durchaus als stressreich, aber machen trotzdem nicht den Eindruck, durch all das sonderlich belastet zu sein und den Infarkt dann spätestens mit 47 zu bekommen.

Sie leben nicht notgedrungen irgendwie mit dem Stress, und auch nicht gegen ihn. Sie leben ihn, sie brauchen ihn, sie wachsen an ihm.[198]

Die Unterscheidung zwischen sogenanntem Eustress, der positiv wirkt, und Distress, der negativ wirkt, machen Psychologen seit den Arbeiten des österreichisch-kanadischen Mediziners Hans Selye (1907–1982). Dieser wird gerne als »Vater der Stressforschung« bezeichnet. Den Unterschied macht nach Meinung von Selyes Nachfolgern – wenig überraschend für Leser dieses Buches – vor allem die Dosis: Ein gewisses Maß, unterbrochen von Erholung, ist gut, produktiv, sogar gesund. In hohen Dosen und ohne Pause macht er krank.

Pass sich an, wer kann

So weit die klassische Sicht. Sie erklärt aber wenn, dann nur zum Teil das Phänomen der scheinbar Rund-um-die-Uhr-Gestressten, denen es trotzdem prima geht.

Der Unterschied zwischen gesundem und ungesundem mentalen Stress kann also vielleicht auch noch anderswo liegen. Denn bei vergleichbar hohem Niveau an psychischem Stress geht es den einen gut, den anderen nicht. Die einen halten den Stress gut aus, brauchen ihn sogar als Antrieb, sie zehren förmlich davon. Die anderen zehrt er aus, ihre Leistungskraft, ihre psychische und physische Stärke schwindet.

Doch auch das sollte mittlerweile vertraut klingen: Auch bei rein physiologischen Stressoren können gleich hohe Dosen bei einer Person hormetisch, letztlich stärkend wirken, bei einer anderen dagegen als Gift, krankmachend, schwächend. Den Unterschied macht die vorhandene oder eben nicht vorhandene Fähigkeit, adaptiv, also mit einer adäquaten Anpassung, auf den Stress zu reagieren. Ihn vielleicht sogar zu nutzen.

Bei manchen Menschen wirken offenbar auch die psychischen Stressoren adaptiv. Sie passen sich an, können den Stress aushalten. Sie »überkompensieren« sogar, der Stress hilft ihnen also, noch mehr Stress auszuhalten. Sie nehmen Stress sogar positiv wahr, baden gleichsam darin. Als Erholungsphasen reichen ihnen schon die eingetakteten zwei Stunden Tennis pro Woche, der Theaterbesuch, das Abendessen im Restaurant und der Schlaf, auf den auch sie nicht verzichten können.

Auf die anderen wirkt die gleiche Dosis Stress wie ein Gift. Ihnen gelingt keine ausreichende Anpassungsreaktion, sie schleppen sich durch den Tag, es geht ihnen immer schlechter. Sie sind auch zu geschafft für Sport oder Kultur. Die Leistungsfähigkeit lässt nach, die Anfälligkeit für andere Leiden steigt.

Für die mental Gestressten dieser Erde, die Belasteten, die Geschafften, stellt sich hier natürlich eine interessante, vielleicht lebensverändernde Frage: Wenn andere im Stress baden, statt in ihm unterzugehen, kann ich das dann vielleicht auch? Wie wäre es also, wenn jene, die psychischer Stress krank macht, einen Weg finden könnten, mit diesem Stress so zu leben und umzugehen wie die, die ihn brauchen, die an ihm wachsen, für die er ein wahres Lebenselixier ist?

Die Frage ist nicht abwegig. Sie ist logisch, denn was der eine Mensch kann, das kann der nächste meistens zumindest in gewissem Maße auch.

»Das macht mich alles krank«

Wir neigen dazu, psychischen Stress als etwas ganz anderes zu sehen als körperliche Anstrengung oder die Reaktion auf Gifte. Doch die Effekte sind nicht einerseits geistig und andererseits körperlich. Sie sind immer biochemisch. Auch Meditation ist Biochemie und Nervenerregung, auch Hypnose, auch Selbstsuggestion. All das findet in und an Körper- und Nervenzellen und mit Hilfe der Moleküle und Ionen dort statt. Teilweise arbeitet diese Biochemie sogar mit genau den gleichen Substanzen wie die des physischen Stresses. Eine der Folgen von psychischen Belastungen kann zum Beispiel eine verstärkte Produktion von freien Radikalen sein. Und bei körperlicher Anstrengung werden dieselben Stresshormone ausgeschüttet wie unter mentaler Belastung.

Tatsächlich zeigen inzwischen auch Studien: Nicht Stress macht krank, sondern die Angst davor, dass Stress krank machen könnte. »Das macht mich alles krank« ist sicher in Situationen psychischer Belastung einer der am häufigsten fallenden Sätze. Die Art und Weise, wie ein Mensch in der Lage ist, mit dem Stress umzugehen, ist entscheidend. Die Frage ist auch hier schlicht: Gelingt bei einer bestimmten Dosis Stress eine adaptive Stressantwort? Oder nicht? Hormetische Reaktion oder toxische?

Es ist einer der wenigen echten Unterschiede zwischen Tier und Mensch: Ein Tier denkt zumindest nicht darüber nach, ob es im Stress ist oder nicht oder ob ihm Stress guttut oder krank macht. Es lässt

15 STRESS BAUEN SEELE AUF

einfach die Stresshormone, die Nervenzellen, die Muskeln ihre Arbeit tun. Das ist ein Vorteil. Für die Tiere. Sie machen sich »keinen Kopp« – und damit zumindest nicht alles noch schlimmer. Trotzdem können Tiere nachhaltig unter Stress leiden, und er kann sich auf ihre Gesundheit auswirken, wie etwa der Neuroendokrinologe Robert Sapolsky in seinen Büchern,[199] Vorträgen und Fachartikeln[200] wunderbar beschreibt.

Hier haben dann wir Menschen einen Vorteil. Wir können *bewusst* und aktiv Einfluss nehmen, wenn nicht auf die stressige Situation an sich, so doch darauf, wie wir mit ihr umgehen. Und wir können damit die Biochemie beeinflussen. Dasselbe, was alles schlimmer macht, wenn man denkt »Das ist alles ganz schlimm«, dasselbe, was einen krank macht, weil man gelesen hat, dass Stress krank macht und Infarkte fördert, kann auch alles *besser* machen, wenn man denkt: »Ist alles nicht schlimm ... sondern sogar gut.«

Es kann, wenn man Experimenten von Psychologen an der Yale University glaubt, tatsächlich *so einfach* sein: Alia Crum und ihre Kollegen[201] luden Probanden zu simulierten Vorstellungsgesprächen ein. Die simulierenden Personaler auf der anderen Seite des Tisches hatten genügend schauspielerische Fähigkeiten, um ihren Gegenübern echten Stress zu bereiten, von Augenrollen und genervtem Seufzen bis hin zu unverschämten Fragen und Unterstellungen. Vor diesen Gesprächen allerdings waren die Probanden in zwei Gruppen unterteilt worden. Die einen hatten einen Film gesehen, in dem erklärt wurde, dass psychische Stresssituationen noch viel schlimmer, gesundheits- und lebensgefährdender sind, als man es ohnehin schon ahnte. Die anderen dagegen sahen ein Video, in dem das Gegenteil als wissenschaftlich fundiert präsentiert wurde. Dort war zu hören, dass Stress nicht ungesund, sondern sinnvoll und hilfreich ist – wenn das Herz klopft, gelangt mehr Sauerstoff ins Gehirn, Adrenalin hilft aufmerksam und flink zu sein etc.

Die Probanden wurden danach also von den schauspielernden Versuchsleitern unter zwei verschiedenen *Voraus*setzungen gestresst. Das, was sie über Stress und seine Auswirkungen zu wissen meinten, machte diesen Unterschied aus. Und tatsächlich erlebten die Teilnehmer, die akut positiver über die Effekte von Stress dachten, ihn positiver. Selbst auf der Ebene der Stresshormone war der Unterschied messbar. Ihre

Nebennieren schütteten deutlich weniger Cortisol aus als die der Teilnehmer aus der Stress-macht-krank-Gruppe.

Man muss auch können können

In einem ähnlichen Experiment[202] an der Harvard University kamen Probanden, denen vorher eindringlich erläutert worden war, wie sinnvoll das pochende Herz oder der schneller gehende Atem in einer Stresssituation sind, nicht nur besser mit der Stresssituation zurecht und machten etwa in einem Mathe-Test weniger Fehler. Physiologische Messungen ergaben auch, dass sie zwar Herzklopfen bekamen, sich ihre Arterien aber kaum verengten. Nachweisbar ist das als sogenannter Gefäßwiderstand (»vascular resistance«). Bei Leuten, denen vorher nichts dergleichen mitgeteilt worden war, sahen diese Werte nicht so gut aus. Die Stressreaktion der positiv über Stress denkenden Versuchsteilnehmer war also deutlich gesünder, zumindest wenn man die Maßgaben moderner Kardiologie zugrunde legt. Denn dort gelten verengte Arterien, vor allem wenn dies ein Dauerzustand ist, als einer der wichtigsten Killer.

Es sind nicht die einzigen Studien, die zu derartigen Ergebnissen kommen. In England beispielsweise wurden Staatsbedienstete auf verschiedenen Hierarchiestufen des öffentlichen Dienstes nach ihrem Stressempfinden befragt und auch danach, was sie glauben, wie der Stress sich auf ihre Gesundheit auswirkt. Es wurde aber auch versucht, ihre »objektiven« Stresslevels zu bestimmen, etwa anhand ihrer Verantwortung oder der Zahl der pro Nacht geschlafenen Stunden (wer weniger schläft, so die Annahme, hat ein anstrengenderes, stressigeres Leben). 18 Jahre später wurde dann geprüft, wer von den Beamten inzwischen einen Herzinfarkt erlitten hatte. Die höchste Rate fand man nicht bei jenen, die objektiv viel Stress im Job hatten. Sondern diejenigen, die ihren Job als gesundheitsgefährlich-belastend beschrieben hatten, hatten doppelt so häufig einen Infarkt bekommen wie jene, die ihren Stress in der ursprünglichen Befragung als nicht gesundheitsrelevant eingestuft hatten.

Eine Studie in den USA kam zu einem vergleichbaren Ergebnis.[203] Dort ging es nicht um Infarkte, sondern um Leben und Tod: Bei Leu-

15 STRESS BAUEN SEELE AUF

ten, die einigermaßen vergleichbare Stresslevels hatten, war Jahre später die Mortalitätsrate bei jenen deutlich höher, die angegeben hatten, dass sie sich aufgrund des Stresses Sorgen um ihre Gesundheit machten. »Die Leute starben nicht an Stress, sondern an dem Glauben, dass Stress schlecht ist« – so formuliert es die Gesundheitspsychologin Kelly McGodigal gerne in ihren Vorträgen.

Was hat das mit Hormesis zu tun? Bei Hormesis geht es um adaptive Stressreaktionen. Es geht um dem Stressreiz angemessene, den Organismus schützende Antworten im Reich der Biomoleküle. Aber damit der Körper – zu dem auch das Gehirn und die Nervenbahnen gehören – adaptiv, also mit Anpassung auf Stress reagieren kann, muss er die Fähigkeit zu dieser Anpassung haben.

Anders ausgedrückt: Um angemessen auf etwas reagieren zu können, muss man es auch tatsächlich *können*.

Das mag banal klingen, aber genau das ist es, was den Ausschlag gibt, ob eine bestimmte Dosis Stress sich letztlich positiv oder zerstörerisch auswirkt.

Die Fähigkeit, zu reagieren, sich anzupassen, muss also erst einmal vorhanden sein. Für primär körperliche Anpassungsreaktionen ist meist auch ein Training durch physiologische Reize nötig – körperliche Anstrengung etwa, oder ein bisschen Gift. Bei mentalem Stress dagegen ist offenbar auch ein mentaler Zusatz-Input in der Lage, eine Anpassungsreaktion auszulösen, die eine sonst toxische Stressdosis in eine hilfreiche verwandelt: die langfristig tiefempfundene Überzeugung, oder sogar nur die akut aufgenommene überzeugende Information, dass Stress nicht schlimm oder sogar gut ist.

Sport trainiert auch die Seele

Aber auch andere Einflüsse können das empfundene Maß von psychischem Stress deutlich positiv beeinflussen. Das sind dann meist die üblichen Hormesis-Verdächtigen, solche nämlich, die an sich schon wieder Stress bedeuten: Thermalwasserbehandlungen zum Beispiel.[204] Oder anstrengender Sport.[205]

»Sport aktiviert dieselben biologischen Prozesse wie die Begegnung mit einem Raubtier oder die Situation, wenn man einen öffentlichen

Vortrag halten muss«, sagt der Stressforscher Firdaus Dhabhar von der Stanford University. Sport ist also nicht nur für den Körper gut, weil er ein Stressor ist und eine adaptive Stressreaktion auslöst, sondern aus genau demselben Grund auch für die Seele.

Dieses Kapitel ist, obgleich es um psychischen Stress geht, bislang ohne Therapeutencouch ausgekommen. Damit ist es jetzt vorbei. Denn bis hierher ging es ja fast »nur« um Alltagsstress und die Angst davor. Die Welt der tieferen psychischen Probleme und Traumata kann man aber nicht einfach ausklammern. Im Kontext dieses Buches kommt noch ein weiterer wichtiger Grund dazu, sich mit ihr zu beschäftigen.

Denn gute Psychotherapeuten sind oft nichts anderes als strenge und zugleich feinfühlige Hormetiker – hart, aber herzlich.

Es gibt in der Psychotherapie die verschiedensten Methoden, Schulen, Therapieansätze. Manche Therapeuten arbeiten eher mit Konfrontation von Trauer, Traumata, Ängsten und Verlusten, also im Grunde damit, die Geplagten genau jenem Stress auszusetzen, dem sie eigentlich entgehen wollen. Andere arbeiten eher damit, Patienten zu unterstützen, Empathie zu zeigen, eine realistischere Sichtweise zu vermitteln, rationale Auswege zu suchen.

Zuckerbrot und Peitsche

Viele kombinieren beides. Psychisches Zuckerbrot und mentale Peitsche, und das nicht nur einmal, sondern immer wieder, Sitzung für Sitzung, Couch für Couch. Wenn der Therapeut oder die Therapeutin es richtig macht, ist hier klassische Hormesis am Werk: Einer deutlich spürbaren, anstrengenden, aber vom Therapeuten sorgsam dosierten und deshalb nicht nachhaltig schädlichen Menge Stress folgt Stressabbau und Erholung. Zum Beispiel konfrontiert der Therapeut den Patienten zunächst mit der Tatsache, dass es doch unrealistisch ist, auf Einsicht, Entschuldigung und Wiedergutmachung des Vaters zu hoffen. Danach signalisiert er dann aber Mitgefühl oder spiegelt das Leid des Patienten im Gespräch. Dann folgt der nächste Zyklus. Herausforderung, Reiz, dann Unterstützung, Seelenmassage. Das ist sportlichem

Training nicht unähnlich: Reiz und Stress, dann Erholung und vielleicht auch Massage. Dann zwei Tage später wieder schwere körperliche Anstrengung, wieder Erholung und so weiter. Nach genügend Runden dieses Zyklus bereitet ein Stressreiz, der den Untrainierten überfordert hätte, keine Probleme mehr.

Wer psychisch leidet, der oder die versucht oft, diese Stressreize zu meiden, stellt sich ihnen nicht, unterdrückt sie. So sehen es zumindest viele Psychologen und Psychiater. Solche Unterdrückung macht eine adaptive Stressantwort aber unmöglich. Man begibt sich gleichsam gar nicht erst auf die Stadionrunde, weil einem schon der Anblick der Tartanbahn Atemnot verursacht. Ein guter Psychotherapeut schickt seinen Patienten trotz dieses Widerwillens an den Start, und wie beim echten ersten kurzen Lauf eines Untrainierten wird dies ziemlich wehtun und schweißtreibend sein: Das Leid in Worte zu fassen, die Trauer zu zeigen, den Schmerz zu- und die Tränen fließen zu lassen, entspricht hier der anstrengenden, stressreichen Trainingsrunde.

Ein einmaliges Zulassen dieser Stressfaktoren ändert dauerhaft aber nichts oder nicht viel. Wer seine ersten Trainingsrunden auf dem Sportplatz hinter sich gebracht hat, wird ja auch noch keinen Halbmarathon durchhalten. Genau so sollte jemand, der oder die die ersten Effekte solcher Psychotherapie spürt – vielleicht ein Gefühl von Befreiung oder Klarheit, von sich öffnenden Möglichkeiten – nicht überrascht sein, wenn sich ein oder zwei Tage später alles wieder so anfühlt wie zuvor. Denn es werden noch einige Runden Schmerz, Schweiß und Stress folgen müssen, bis sich nachhaltig etwas verändert. Vielleicht wird es sogar sinnvoll sein, langfristig weiterzumachen. Nicht umsonst gehen viele Leute, selbst wenn es ihnen besser geht, weiterhin regelmäßig zu ihrer Therapeutin oder zu ihrem Therapeuten. Sie versuchen damit nichts anderes, als den erreichten Trainingszustand zu halten, damit man nicht irgendwann wieder ganz von vorne anfangen muss.

Der Therapeut ist hormetischer Trainer und Masseur in einer Person. Er dosiert das Gift, den Stress, setzt das Stress-Gift dann wieder ab, um eine Reaktion des »Systems« Patient zu ermöglichen – eine Anpassung. Dann wird er oder sie erneut und mit etwas höherer Dosis den Patienten stressen. Selbst in vielen Hollywood-Filmen bringen solche Psychiater ihre Patienten erst einmal an den Rand der Verzweiflung, etwa in *Hope Springs* mit Meryl Streep und Tommy Lee Jones.

Vom Erleiden von etwas zum etwas leiden können

Wozu das Ganze? Anders als etwa bei Pestiziden, Strahlen oder Brokkoli-Inhaltsstoffen kann man bei jemandem, der psychisch leidet – an Verlust, Ablehnung, fehlender Anerkennung, Ängsten etc. –, diesen Stressreiz nicht einfach an- und ausschalten. Als Kind von der Mutter vernachlässigt oder vom Vater missbraucht, oder später von der vermeintlich großen Liebe verlassen, oder wie offensichtlich und konkret oder subtil und verschwommen die stressenden Traumata auch sein mögen. Es sind Fakten des Lebens, sie sind nicht zu ändern. Nur der Umgang damit, die Reaktion darauf.

Hierin liegt wahrscheinlich genau der Grund, dass Psychotherapie, auch wenn es natürlich nicht so benannt wird, seit Langem mit Hormesis-Methoden arbeitet: Es geht einfach nicht anders. Die Stressoren sind da. Das Einzige, was man machen kann, ist, die Reaktion auf diese Stressoren zu beeinflussen, eine adaptive Stressreaktion anstatt einer destruktiven zu ermöglichen. Durch einen aktiven Umgang damit, mentale Stadionrunde um mentale Stadionrunde. Und idealerweise vom Ausgeliefertsein zum Angepasstsein, vom »Mit-etwas-nicht-Klarkommen« zum »Damit-Umgehen«, »Damit-leben«-Können.

»Bad stuff happens«, schreibt die Psychiaterin Martha Stark von der Harvard Medical School in Boston, »aber die Art und Weise, wie ein Individuum mit solch einem Einschlag umgehen kann, entscheidet darüber, ob dies zerstörerisch wirkt oder als Möglichkeit, daran zu wachsen.«[206]

Wer diese Fähigkeit, diese »Resilienz« nicht aus sich selbst heraus hat, braucht meist Hilfe, und das oft in Person eines Therapeuten oder einer Therapeutin. Er oder sie braucht gezieltes, wiederholtes »Training« mit individuell dosierten Stressreizen. Hierin liegt auch der Grund, warum die Lektüre von Sorge-Dich-nicht- oder Denk-positiv-Büchern meist mittelfristig nicht viel ausrichtet, genau so wenig wie eine Einzelsitzung auf der Therapeuten-Couch.

Und eine der klassischen Erklärungen, warum solche Therapieansätze funktionieren können – nämlich schlicht dadurch, dass man das Erlittene »bewusst verarbeitet« –, spielt vielleicht eine viel geringere

Rolle, als viele gerne glauben würden. Denn zur rein rationalen und dauerhaften Bewusstmachung eines Problems müssten ja eigentlich eine einzige oder zumindest wenige Sitzungen ausreichen.

Die gute Botschaft steckt im Botenstoff

Auf den ersten Blick scheint das dem früher in diesem Kapitel erwähnten Phänomen, dass schon die einmalige Information »Stress ist hilfreich und eine natürliche, sinnvolle Reaktion des Körpers« die Stressreaktion selbst günstig beeinflussen kann, zu widersprechen. Tatsächlich aber sind die entsprechenden Experimente nur im ganz engen zeitlichen Zusammenhang zwischen der eindringlichen »Stress-ist-gut«-Message und dem Stresstest gemacht worden. Ob die Probanden vier Wochen später die positive Reaktion auch noch gezeigt hätten, ist fraglich. Jeder weiß, wie schnell derartige geistige Zustände von Einsicht, Klarheit oder Gelassenheit wieder verfliegen können.

Die Erklärung dafür ist dieselbe, die auch hinter allen anderen hormetischen Reaktionsmustern steht: Der Reiz bewirkt eine akute biochemische Veränderung, gefolgt von einer Anpassungsreaktion, deren Ergebnis eine Weile vorhält. Es hält genau so lange vor, bis die entsprechenden Moleküle wieder abgebaut sind. Danach ist ein neuer Reiz, neuer Stress vonnöten, wie bei jedem Training. Was sich auf Dauer aber nachhaltig verbessert, ist die grundsätzliche Fähigkeit dazu, diese Anpassungsreaktion abzurufen – jenes *Können können* also.

Auch für einen nachhaltig besseren Umgang mit Trauma, Angst und anderen Varianten psychischen Stresses müssen die Veränderungen, die Trainingseffekte letztlich biochemischer Natur sein. Botenstoffe, Nervenerregungen, Reizpfade und Reizantwort-Muster müssen sich ändern. So schwer zu akzeptieren das auch für manche Psychologen bis heute sein mag: All die Dinge, die sich »nur im Kopf« abspielen, alle Psychologie, alles Denken und Fühlen ist letztlich Biochemie und Biophysik und besteht aus Molekülen, biologischen Strukturen, elektrischen Erregungen, Signalketten.

Aber das Gehirn ist glücklicherweise »plastisch«, also anpassungsfähig. Seine Biochemie, seine Aktivität an den unzähligen Synapsen, ja die Synapsen selbst, all das lässt sich beeinflussen. Über Medikamente zum Beispiel. Aber, und nachhaltiger meist, auch über jene Medizin, die in den Nervenzellen als Reaktion auf die richtige Dosis von Stressreizen selbst gebildet wird.

Kuschelhormon gleich Stresshormon

Dies an Menschen genau zu erforschen ist trotz aller Tomographie-Bilder von aufleuchtenden Hirnarealen schwer bis unmöglich. Ein paar sehr erhellende Fakten sind aber durchaus schon bekannt.

Die oben beschriebenen Unterschiede zwischen als stressig oder als Triebkraft und Anregung empfundenem Stress haben ihre Ursache unter anderem in einem Molekül. Es heißt Oxytocin und ist nicht ganz unbekannt, weil es den Beinamen »Kuschelhormon« oder auch, etwas wissenschaftlicher, »Bindungshormon« verpasst bekommen hat. Oxytocin erzeugt positive Gefühle, ebnet den Weg zu freundlicher bis zärtlicher Interaktion mit Artgenossen – und auch mit Haustieren.

Was bei all der Kuschelei niemand auf dem Schirm hat, ist allerdings, dass das Kuschelhormon eigentlich ein Stresshormon ist. Es wird in Stresssituationen von der Hirnanhangdrüse ausgeschüttet. Oxytocin ist wahrscheinlich hauptverantwortlich für das oben erwähnte Phänomen, dass bei Leuten, die vor Stress keine Angst haben, sich die Blutgefäße nicht so verengen und dass unter Stress geschädigte Herzzellen repariert werden. Es spricht vieles dafür, dass Oxytocin eine entscheidende Rolle dabei spielt, wenn es darum geht, ob eine Dosis mentalen Stresses toxisch oder hormetisch wirkt.

Oxytocin hilft dabei, in Stresssituationen sinnvoll mit anderen zu kooperieren, sich zu verbünden, Bindungen zu erneuern oder zu stärken, statt etwa in der per Adrenalin vermittelten Flucht- oder Kampfreaktion abzuhauen oder sich die Schädel einzuhauen. Es ist vermutlich auch involviert, wenn wir unter psychischem Stress Kontakt suchen, wenn wir Unterstützung suchen bei jenen, die uns zugeneigt sind. Wir wählen zum Beispiel die Nummer der besten Freundin. Oder wir schreien einfach nur den Frust laut heraus, was nichts anderes ist als ein archaischer Hilferuf.

Manche igeln sich bei zu viel psychischem Stress ein. Doch solange das System nicht bereits krankhaft verändert ist und die Stressreaktion dann nicht mehr hormetisch funktionieren kann, passiert genau das Gegenteil. Dann macht psychischer Stress Menschen *sozial*.

Hormesis jenseits des Individuums

An diesem Punkt überspringt das Phänomen, um das es in diesem Buch geht, die Grenzen des Individuums: Die Stressreaktion läuft nicht mehr nur innerhalb des einzelnen Organismus, in dessen eigener Biochemie ab. Sondern Teile der Aufgaben, die für eine adaptive Stressantwort notwendig sind, werden nun nach außen delegiert, an Freunde, an Partner, an Seelsorger vielleicht. Oder eben an die Psychotherapeutin.

Der Mensch ist ein soziales Wesen.

Dass seine optimale Anpassungsreaktion an psychischen Stress auch eine soziale Komponente hat, ist faszinierend. Überraschend ist es aber nicht.

Auch nicht überraschend ist, dass Menschen »Nervenkitzel« mögen. Der englische Begriff für Spannung ist nicht umsonst »stress«. Wenn es spannend wird, werden Stresshormone ausgeschüttet, über die dann adaptive Stressreaktionen in Gang kommen, aufgrund derer man sich danach besser fühlt als zuvor. Hier liegt das Erfolgsgeheimnis ganzer Industrien, vom Abenteuerreisen bis hin zu Krimis und Thrillern als Bücher oder Filme. Auch nicht überraschend ist, dass Menschen sich gerade Horrorfilme und Genreverwandtes lieber in der Gruppe als allein anschauen.

Denn, siehe oben: Psycho-Stress macht Menschen sozial. Dass der Mensch ein solch soziales Wesen ist, dass er es trotz aller Spannungen schafft, jeden Morgen in der überfüllten U-Bahn zur Arbeit zu fahren, in engen Städten zusammenzuleben, dass es ihn sogar in diese Städte zieht und dass ungestörtes, einsames Alleinleben kaum jemandem guttut, all das ist wahrscheinlich jener tief verwurzelten Fähigkeit geschuldet. Es ist aber nicht nur die Fähigkeit, sich an diesen Stress, an diese Spannungen anzupassen. Sondern es ist zusätzlich auch die Fähigkeit zu einer typisch hormetischen Überkompensation, die es ermöglicht, aus diesem Stress sogar einen Mehrwert zu ziehen.

16 LEISTUNG AUS LEIDEN

VON LERNSTRESS, SCHRUMPFHIRNEN UND DER KALABARBOHNE

Das Gehirn wächst mit seinen Aufgaben, sagt man. Das stimmt. Aber nur, solange die Aufgaben nicht beginnen, es zu erdrücken. Denn dann schrumpft es sogar. Optimale geistige Leistungsfähigkeit und auch der Spaß, den man selbst an mentaler Anstrengung empfinden kann, hängen vor allem von einem ab: dem richtigen Stressniveau in den Neuronen.

Gibt es ein Wort, das im medialen und PR-Blabla, in Vorstellungsgesprächen und auf dem Sportplatz in letzter Zeit noch mehr überstrapaziert wird?
Leidenschaft.
Es hat sich vor ein paar Jahren aus Doppelbetten, Heuschobern und geheimen Buchten griechischer Inseln auf den Weg in die Welt gemacht und ist heute in Kochshows und auf Tennisplätzen so zu Hause wie bei Weinproben und in Vorstandsetagen. Sogar eine Bank wirbt damit. »Leistung aus …«. Die erotische Ausstrahlung des jungen Mannes, der der jungen Dame erzählt, er mache derzeit eine Banklehre, ist ja auch durchaus legendär.
Leidenschaft allerdings kommt von Leiden. Auf Englisch heißt sie »passion«, was nicht nur Leid und Leidenschaft bedeutet, sondern auch »Leidensweg«. Und – an die Adresse jener Bank – damit kommen wir der Realität schon etwas näher: Leistung, Leistungsfähigkeit entsteht nicht aus Leidenschaft. Aus der entstehen höchstens Kinder. Leistung, Leistungskraft, die Fähigkeit, erfolgreich gegen Widerstände

16 LEISTUNG AUS LEIDEN

anzukämpfen, gegen Konkurrenten zu bestehen und zu »performen«[207], all das wird nicht in Leidenschaft er- oder gezeugt. Sondern in Leid. Auf einem Leidensweg. Einem Weg, gepflastert mit Stress. Ohne ein gewisses Level an Stresshormonen ist kognitive Leistung unmöglich. Bei Mäusen ist in Experimenten beobachtet worden, dass deren Variante des Stresshormons Cortisol, Corticosteron genannt, notwendig ist, damit sich im Gehirn neue Nervenverbindungen bilden können. Und tatsächlich ist längst nachgewiesen, dass geistige Leistungssteigerung ein Ergebnis von zellulärem Stress in Nervenzellen ist, ein Resultat hormetischer Prozesse also. Ironischerweise funktioniert das offenbar genau dann, wenn man eigentlich sehr viel lernen müsste, nicht mehr so gut. Die Stressreaktion wird toxisch. Nachgewiesen wurde das einerseits wieder an Mäusen. Eine höhere Dosis Corticosteron, gegeben über zehn Tage, führte bei ihnen zu einem Verlust an Nervenverbindungen. Und bei Medizinstudenten wurde etwas noch Dramatischeres beobachtet. Diese bereiteten sich gerade auf ihre wichtigste Prüfung vor. Hirnscans zeigten bei ihnen aber im präfrontalen Cortex – einer Hirnregion, die sie eigentlich dafür dringend brauchen – Defizite verglichen mit Studenten, die gerade nicht intensiv lernen mussten.[208]

Die Konzentration der Stresshormone darf also weder zu hoch noch zu niedrig sein. Ein Mensch, der von seiner Nebennierenrinde gerade innerlich mit Adrenalin geduscht wird, wird nicht nur in diesen Sekunden kaum etwas Sinnvolles sagen können. Er oder sie wird sich an diese konkreten Sekunden später vielleicht nicht einmal mehr erinnern.

Keine Erinnerung. Es ist die Extremform der Unfähigkeit zu lernen, etwas im Gehirn abzuspeichern.

Kein Wunder also, dass besonders Leute, die chronisch gestresst sind und darunter leiden, häufig auch über Lern- und Gedächtnisprobleme klagen, könnte man meinen. Deren Schwierigkeiten allerdings haben oft gar nichts mehr mit einem Zu viel an Stresshormonen zu tun, sondern mit der Unfähigkeit der Nebenniere, lateinisch *Glandula adrenalis*, überhaupt noch adäquat mit dynamischen Hormonstößen auf Stressreize zu reagieren. *Adrenal fatigue*, Nebennierenermüdung, heißt das dann. Die Lern- und Konzentrationsprobleme gehen hier

also eher mit einem *Zu wenig* an Stresshormonen einher als mit einem *Zu viel.*
  Wie schon so häufig in diesem Buch und zuletzt im vorangegangenen Kapitel beschrieben, ist eine gesunde Reaktion – in diesem Fall die Bildung von Erinnerungen, das Abspeichern von Gelerntem – nur dann ausreichend möglich, wenn zwei Grundvoraussetzungen erfüllt sind. Erstens: Ein Stressor muss in einer gewissen Dosis wirken. Und zweitens: Das System, der Organismus, muss die Fähigkeit besitzen, auf diesen Stressor mit einer Anpassungsreaktion zu antworten. Wessen Nebenniere also nicht mehr dynamisch genug ist, im richtigen Moment Stresshormone auszuschütten, der wird kaum mehr die Stresssituation angemessen beantworten können.

Gestresste Nerven brauchen Schutz

Menschliche und tierische Nervenzellen stehen unter biochemisch messbarem Stress, wenn sie neue Informationen verarbeiten und abspeichern. Und die mentale Leistungskraft, die Lernfähigkeit und auch die Fähigkeit, Gelerntes wieder abzurufen und mit anderen Informationen zu verknüpfen, erreicht bei einer bestimmten Dosis des Stressors ein Optimum.
  Im Grunde ist das schon seit 1908 bekannt. Damals formulierten die beiden amerikanischen Psychologen Robert M. Yerkes und John D. Dodson ein »Gesetz«[209], demgemäß die mentale Leistungsfähigkeit zunächst bei zunehmendem psychischen Erregungsniveau deutlich ansteigt, aber, wenn dieses Erregungsniveau weiter wächst, bald wieder abfällt. Es zeigte sich in ihren Experimenten also eine nichtlineare Dosis-Wirkungskurve, die man heute als archetypisch hormetisch bezeichnen würde. Und was sie »Erregungsniveau« nannten, das kann man auch »Stress-Level« nennen.
  Aber was ist hier der Stressor?
  Der Stressor kann schlicht der Lehrer sein, oder der Termin für die Klassenarbeit, das bevorstehende Vorstellungsgespräch, der zu haltende Vortrag. Wie bei all den anderen bereits erörterten Stressoren und Stressreaktionen gilt aber auch hier Folgendes: Das alles ist evolutionär so alt und so sinnvoll, dass sich in derselben Evolution längst

Mechanismen herausgebildet haben, die uns dieses sinnvolle Maß an Stress kaum oder gar nicht mehr als Stress, als Leid empfinden lassen. Beispielsweise werden Belohnungsmoleküle ausgeschüttet. Das sind häufig Stoffe ähnlich den als Drogen bekannten Opiaten. Die Leistung also wird aus einem Leid heraus geboren, gegen das der Körper seine eigenen Schmerzmittel hat.

Auf zellulärer Ebene ist der Stressor natürlich nicht der Lehrer oder die Personalabteilung, sondern eine oder mehrere Substanzen. Welche sind das? Hier hilft ein Blick auf ein paar jener Moleküle, die medizinisch in Neurologie und Psychiatrie eingesetzt werden – und privat auch gerne zur Steigerung der geistigen »Performance«. Fluoxetin etwa, bekannt unter dem Handelsnamen Prozac, bewirkt über eine zelluläre Stresskaskade, dass der bereits erwähnte Nervenzellschutzfaktor BDNF ausgeschüttet wird.[210] Der Stressor kann aber auch schlicht Kalzium sein – ein Mineral, das wie so viele andere Moleküle und Ionen in der frühen Evolution des Lebens vom totalen Zellgift zum lebenswichtigen Element umgewidmet wurde, indem die Zellen damit umzugehen und es zu nutzen lernten. Dabei lernten sie vor allem eines: die Konzentrationen von Kalzium innerhalb der Zellen genau zu regulieren und, wenn diese ansteigen, das Zeug hocheffizient mit Hilfe von Spezialmolekülen nach draußen zu pumpen. Kalzium ist also weiterhin ein Gift. Mensch, Amöbe, Schleimpilz und Co. haben nur inzwischen die Mittel zur Hand, es zu zähmen. Es wirkt aber weiterhin als Stressor, es wird sogar als hormetischer Stressor gezielt von Zellen eingesetzt, um überlebens- und gesundheitsförderliche Prozesse anzuschieben. Im Gehirn zum Beispiel lösen milde äußere Stressoren wie intensives Lernen oder intensive körperliche Bewegung den Einstrom von Kalzium in Nervenzellen aus. Sie sind das Signal, das bestimmte Gene anschaltet, anhand derer dann Nervenschutzfaktoren, Antioxidantien, Reparaturproteine und dergleichen hergestellt werden.

Resultat: Der Stress von außen hinterlässt keinen Schaden, vielmehr werden die Zellen so versorgt, dass sie ihn noch besser aushalten. Beim nächsten zellulären Lernstress kann das dann bedeuten, dass der Hirnbesitzer sich Dinge nun sogar etwas besser merken kann. Schaffen es Zellen dagegen nicht, den Einstrom und die Konzentration von Kalzium peinlich genau zu regulieren, setzt das die Zellen unter eine zu hohe Stressdosis. Hohe Kalziumkonzentrationen gelten denn auch als wichtiger Faktor bei allen möglichen Krankheiten, von Infarkten in Herz und Gehirn bis hin zu Alzheimer.[211] Ein anderes Beispiel ist Glutamat. Das Molekül ist in niedriger Konzentration einer der wichtigsten Signalstoffe überhaupt für Nervenzellen. Es wirkt über zelluläre Stressantwort-Mechanismen. In höheren Konzentrationen wird es aber schnell sehr toxisch.[212]

Nervennahrung für die Nahrungssuche

Wer einmal das Frühstück weglässt und sich im Büro dann wundert, auch ohne die angeblich zum Denken so notwendige Energiezufuhr geistig vollkommen auf der Höhe zu sein, kann von einem sicher ausgehen: Mit Hilfe von Kalzium sind bei ihm oder ihr Stressmoleküle in ihrer Konzentration angestiegen. Und auch Stressschutzmoleküle werden bereits vermehrt produziert, zum Beispiel die Neuro-Schutzsubstanz BDNF, aber auch Serotonin, das hilft, gelassen und fokussiert zu sein. Wie schon in Kapitel 5 erwähnt, hat die Stressreaktion den Zweck, in der Natur die Möglichkeiten zu verbessern, wieder an Nahrung zu gelangen. Die Körper- und Hirnzellen wissen schließlich nicht, dass der Verzicht freiwillig ist und das nächste Snickers jederzeit in der Schublade bereitliegt. Sie mobilisieren vielmehr die Kräfte, die einst in der Savanne die Wahrscheinlichkeit erhöhten, am Abend wieder etwas auf dem Spieß zu haben. Was dabei sehr half, war natürlich eine akut gesteigerte geistige Leistungsfähigkeit, geschärftes Bewusstsein, die Fähigkeit, sich Dinge zu merken, sich zu orientieren, Situationen schnell zu erfassen, zu entscheiden, zu reagieren. Wer will, kann das noch heute nutzen und dem Sprichwort folgend mit leerem Bauch studieren.

Die Nachweise adaptiver, hormetischer Stresskaskaden, die letztlich zu einer vorübergehenden, vielleicht auch dauerhaften Verbesserung der Gehirnleistung und zum Schutz von Nervenzellen führen, stammen natürlich aus Tierversuchen. Dazu gehören solche, die zeigen, dass Nervenzellen von Ratten, die zuvor ohne geistige Herausforderung ein schlappes All-inclusive-Leben im eintönigen Laborkäfig lebten, sich nach einen Schlaganfall deutlich schlechter erholten als die von Tieren, die ihr Dasein vor dem Hirninfarkt in einer anregenden Umgebung verbracht hatten.[213] Andere zeigen, dass Hirnzellen unter Stress Wachstumsfaktoren produzieren, die nicht nur sie selbst, sondern auch Zellen in der Nachbarschaft schützen.[214]

Oft werden derartige Versuche mit Modellorgansimen für bestimmte neurodegenerative Erkrankungen gemacht. Dann wird auch mit Recht vor voreiligen Schlüssen gewarnt. Wenn eine Alzheimermaus ihren Weg durch ein Labyrinth ein wenig besser findet, ist es jedenfalls alles andere als gewiss, dass das, was sie vorher bekommen hat, auch bei einer Staatsexamensprüfung helfen wird. Aber viele der Befunde zeigen zumindest, welche Botenstoffe und Stressmechanismen hier eine Rolle spielen. Wieder andere zeigen, wie genau diese Mechanismen auch bei kranken oder sogar gesunden Tieren und auch Menschen die Funktion von Nervenzellen beeinflussen.

Eine gute Handvoll Medikamente sind derzeit zur Behandlung der Symptome von Alzheimer zugelassen. Jedes einzelne davon vollzieht in Experimenten die für hormetisch wirkende Substanzen typische Dosis-Wirkungskurve: beste Wirkung auf die Gedächtnisleistung bei niedrigen Dosen und nahezu vollkommene Hemmung dieser Fähigkeit bei hohen. Diese Art von Wirkzusammenhang ist aber auch in der Neuroforschung nicht neu. Schon vor mehr als 50 Jahren veröffentlichten James McGaugh und Lewis Petrinowich von der University of California in Berkeley ihre Beobachtung an Mäusen, die ein Alkaloid aus einer westafrikanischen Heilpflanze unter die Nahrung gemischt bekommen hatten. Sowohl bei Vertretern eines auf besondere Dummheit gezüchteten Mäusestammes als auch bei solchen, deren Züchtung überdurchschnittlich lernfähige Tiere erbracht hatte, fanden sie, dass niedrige Dosen von jenem *Physostigmin* Lernen und Erinnerungsvermögen verbesserten. Höhere Dosen dieses Stoffes aus der Kalabarbohne aber bewirkten das Gegenteil. McGaugh, immer noch aktiv als Professor an einer University of California (inzwischen jener in Irvine), bezeichnet auf Anfrage die Gründe für diese Dosis-Wirkungskurven noch heute als »kaum verstanden«. Und das Hormesis-Konzept sagt ihm – wie nach wie vor vielen anderen Wissenschaftlern – nichts. Er sieht in diesen Dosis-Wirkungskurven allerdings einen der Hauptgründe, warum Substanzen wie das Alkaloid Physostigmin in der therapeutischen Anwendung problematisch sind. Denn »die effektive Dosis wird individuell wohl sehr unterschiedlich sein«.

Dass das in vielen Fällen tatsächlich eines der Probleme hormetisch wirkender Substanzen und anderer hormetischer Stressoren ist, steht in diesem Buch an verschiedenen Stellen zu lesen. Es trifft ja beispielsweise auch auf Brokkoli-Moleküle und ionisierende Strahlung zu.

Wachsender Lernstoff, schrumpfende Hirne

Einigermaßen auf der sicheren Seite ist man beim Versuch, sich selbst beim Denken zu helfen, dann, wenn man sich an das Prinzip hält, das auch für Brokkoli und Strahlen gilt: Man sollte es mit Dosen versuchen, die sich von jenen, denen ein Mensch auf natürlichem Wege ausgesetzt sein kann, nicht allzu sehr unterscheiden. Also keine drei Brokkoliköpfe, kein Radium in Mengen, wie es Eben Byers (siehe Kapitel 10) sich verabreichte, und auch keine natürlichen Alkaloide wie Physostigmin in Mengen, die deutlich über das hinausgehen, was die Medizinmänner und -frauen in der afrikanischen Heimat der Kalabarbohne ihren Patienten verordnen.

Und, auch wenn es oft schwer umzusetzen ist: auch keine geistigen Anstrengungen, die deutlich über das hinausgehen, was für die schlauen Männer und Frauen von früher normal war. Cicero hat jedenfalls niemandem empfohlen, Nächte in der Bibliothek durchzulernen. Hildegard von Bingen war zwar, soweit man das nachvollziehen kann, geistig extrem aktiv. Und manche meinen, dass ihre »Visionen« im Zusammenhang mit Migräneanfällen standen, von denen sie vielleicht bei weniger Stress weniger gehabt hätte. Doch auch sie predigte nicht den intellektuellen Overload, sondern Einkehr, Stille, Meditation. Und auch wenn man etwas über die großen Denker etwas jüngerer Zeit liest, finden sich erstaunlich oft Beschreibungen von Müßiggang, ständiger Spazierengeherei und intensiven kulturellen sowie erotischen Zeitvertreibs. Sie alle wechselten also intensive Denkperioden mit Erholungsperioden ab.

Man kann sich in diesem Zusammenhang durchaus fragen, was das alles zum Beispiel für den wahren intellektuellen Output der Wissenschaftler der Gegenwart bedeutet. Denn bei ihnen ist es Standard, sechseinhalb Tage die Woche und jeden Tag zwölf Stunden im Labor zu stehen. Gestresst sind sie nicht nur von ihrer Arbeit, sondern auch von den hohen Erwartungen an sie und von der ungewissen Zukunft im Job. Es ist sicher nicht zu weit hergeholt, wenn man davon ausgeht, dass viele von ihnen sich alles andere als im optimalen Bereich der Yerkes-Dodson-Kurve bewegen.

Wer Hormesis für sich nutzen will, muss auch hier dem Appell »Zurück zur menschlichen Natur!« folgen. Bei Sofakartoffeln bedeutet das konkret den Aufruf zu mehr körperlichem und mentalem Stress, bei jenen Forschern dagegen eher zu weniger – oder zumindest durch ein paar mehr Pausen unterbrochener – Hirnanstrengung. Sich allzu sehr gegen das evolutionäre Erbe zu stemmen hat jedenfalls wenig Aussicht auf Erfolg. Im Bereich der geistigen Leistungskraft heißt das, dass eine Megadosis Lehrbuch wahrscheinlich mehr Leere als Lehre hinterlässt. Die eingangs erwähnten Befunde von schrumpfenden Teilen der Großhirnrinde sollten Warnung genug sein.

Natürlich beantwortet all das nicht die Frage, wie denn nun die optimale hormetische Strategie für optimale geistige Leistungskraft aussieht. Und wer hofft, dass sie nun endlich in diesem Absatz präsentiert wird, wird enttäuscht werden. Das, was für gewisse psychoaktive Substanzen gilt, gilt auch für die Stressoren, die man sich durch geistige Aktivität selbst bastelt: Die richtige Dosis ist individuell. Jede und jeder muss sie für sich selbst finden. Ein bisschen »wehtun« allerdings, also geistig anstrengend sein, sollte es schon. Wenn der Stress aber dauerhaft als extrem stressig empfunden wird, ist die Giftschwelle nah oder schon überschritten.

Flöte, Trommel, Bärenfell

Und auch die richtige Art und das richtige Ausmaß, Ausgleich zu schaffen, muss man für sich selbst ausloten. Sport und die schon erwähnten Spaziergänge sind da genauso vielversprechend wie ausreichend Schlaf. Orientierung kann auch hier immer der innere Vorfahre liefern: Er hatte kein elektrisches Licht, um rund um die Uhr Felsmalereien in der Höhle zu studieren, und er musste tagsüber seinem Essen in einer komplexen Umwelt hinterherlaufen, denn es gab noch keinen

VON LERNSTRESS, SCHRUMPFHIRNEN UND DER KALABARBOHNE

Pizzaservice. Er hat abends am Feuer gesessen und Flöte oder Trommel gespielt und sich mit der Zeit die Gesänge und Erzählungen der Alten Wort für Wort und Ton für Ton eingeprägt. Und danach hat er sich mit dem Partner oder der Partnerin ins kuschelige Bärenfell gerollt.

Im menschlichen Körper und Geist hängt alles mit allem zusammen. *Ganzheitlichkeit* ist keine Erfindung irgendwelcher Gurus, denen die Lust abgeht, sich um Details zu kümmern. Sie ist Konsequenz der biologischen Tatsachen. Ein paar grundlegende Abläufe begegnen einem überall wieder und überschneiden sich. Das ist auch der Grund, warum in diesem Buch vieles – von ausfallenden Mahlzeiten über freie Radikale bis zu Hitzeschockproteinen – immer wieder bei den verschiedensten Themen auftaucht. Es ist zum Beispiel auch der Grund, warum man den Zellen, die für Denken, Lernen und Erinnern verantwortlich sind, nicht nur per Hirnjogging, sondern zum Beispiel auch mit richtigem Jogging helfen kann.

Deshalb macht Sport Spaß. Deshalb macht Lernen Spaß. Oder, so muss man es leider formulieren: Deshalb könnte Lernen Spaß machen – und gleichzeitig hocheffektiv sein. Doch mit der vielbeschworenen wichtigsten natürlichen Ressource jedes rohstoffarmen Landes, den Kräften in den Köpfen seiner Bewohner, gehen wir nicht besonders intelligent um. Wir sind weit, weit davon entfernt, sie optimal und nachhaltig zu nutzen und per Bildung zu entwickeln. Eine gezielte Suche nach den optimalen, Leistung und Freude bringenden Stressniveaus für Kinder und Erwachsene und danach, wie man diese in der Bildungspraxis am besten erreicht, könnte da hilfreich sein. Denn zwischen der derzeitigen Unterforderung in vielen Schulen und dem häufigen universitären und Job-Megastress, zwischen Pauken und Prokrastinieren, zwischen Ganztags-Sofa und Ganztags-Schreibtisch gibt es mit Sicherheit für jeden irgendwo die optimale Dosis.

TEIL IV

MOLEKÜLE UND VERMITTLER

17 WEHREN, PUTZEN, REPARIEREN

MECHANISMEN DER HORMESIS

Was böse und giftig ist, ist plötzlich gut. Aber warum? Im Reich der Moleküle wird repariert, saniert, aussortiert, abgefangen, runderneuert, getunt, Schalter werden umgelegt. Und das meist alles zugleich. Wer die molekularen Mechanismen auf den nächsten Seiten als etwas stressigere Lektüre empfindet, erinnert sich am besten des vorigen Kapitels. Man kann sie aber, ausnahmsweise, auch überblättern, wenn einem die Info-Dosis zu hoch vorkommt.

Es wäre einfach, sich dem Thema Hormesis so zu widmen: Man ruft aus, dass alles ganz, ganz anders ist als bisher gedacht. Man liefert ein paar gut gewählte Beispiele, die dafür sprechen, denn die finden sich immer. Man garniert sie mit ein paar wortgewaltigen Sätzen. Man würzt das Ganze mit etwas Witz und Häme, die die alte Sichtweise absurd erscheinen lassen. Das ist jedenfalls auch in Sachbüchern gelegentlich eine sehr beliebte Strategie.

Wer allerdings in der Wissenschaft wirklich ein goldenes Kalb auf seinem Sockel zumindest ein bisschen ins Wackeln oder gar Wanken bringen will, braucht mehr: *Mechanismen* nämlich. Er oder sie braucht echte Befunde auch jenseits dessen, was man äußerlich an Menschen oder Tieren oder Zellen beobachten kann. Und sollte es die noch nicht ausreichend geben, sind zumindest gut begründete detaillierte, mechanistische Hypothesen vonnöten.

In der Biologie und Medizin ist es dafür nötig, ins Reich der Moleküle, Signalwege, Stoffwechselketten und Reaktionsdynamiken vorzustoßen.

17 WEHREN, PUTZEN, REPARIEREN

Es ist ja auch eine sehr, sehr berechtigte Frage: Wie soll das gehen, dass etwas, das tödlich sein kann, auch gesundheitsförderlich wirkt, nur weil die Dosis kleiner ist? Um diese Frage zu beantworten, muss man nach den Mechanismen suchen, die dafür verantwortlich sind, dass irgendwie und irgendwo in der großen »Black Box« namens Leben hier die Vorzeichen wechseln. Man muss in die Black Box hineinschauen. Denn irgendwo dort wird molekular logisch und ohne jede Magie der Prozess ablaufen, der diese Vorzeichen umstellt.

Man kann natürlich viele Vorteile von Hormesis auch nutzen, ohne diesen aufwendigen Blick ins Innere des Lebens werfen zu müssen. Alle Lebewesen tun dies seit Anbeginn ihrer Zeit. Menschen tun es, seit sie Einzeller waren, sie tun es, seit sie begannen, Wildkräuter als Heilmittel zu sammeln, seit Paracelsus den gar nicht linearen Dosis-Wirkungszusammenhang formulierte, seit sie erkannt haben, dass Sport gesund ist, seit sie im Pharmalabor Gifte anmischen, die in bestimmten Dosen gegen Krankheiten helfen. Man wird Hormesis aber erst dann richtig verstehen und optimal, gezielt und risikoarm anwenden können, wenn man jene ihr zugrundliegenden Abläufe wirklich versteht. Und man wird jene, die das alles nicht glauben können und so weitermachen wie bisher, nur dann vielleicht auch nachhaltig überzeugen können.

Das alles ist zwar nicht ganz einfach, aber es ist möglich. Wer von Hormesis spricht, muss sich nicht irgendwelcher unerklärbarer Komplexitäten, Nichtlinearitäten oder gar Chaos-Effekte für seine Argumentation bedienen. Warum sich die Wirkung eines Giftes, einer Strahlungsart, eines Stressors in gewissen Dosisbereichen umkehrt, lässt sich schon heute gut erklären.

Lebensbaustein oder Stressor?
Viele der Substanzen, die in hohen Konzentrationen als Gift, in niedrigen aber stimulierend auf Lebensprozesse wirken, tun Letzteres selbstverständlich nicht nur dadurch, dass sie Stressreaktionen auslösen. Oft gehören sie zu den Ionen und Molekülen, die zwar im Grunde giftig sind, in der Evolution aber nicht nur akzeptiert, sondern essenziell integriert wurden. Sie wurden also nutzbar gemacht, gleichsam vom Saulus zum Paulus

MECHANISMEN DER HORMESIS

bekehrt (siehe auch Kapitel 12 und 26). Viele Mineral-Ionen und Spurenelemente etwa spielen wichtige Rollen bei Regulationsprozessen an biologischen Membranen. Viele andere sind als Teile von Enzymen unverzichtbar, dazu gehören beispielsweise Iod oder Selen. Allein das führt bei ihnen natürlich bereits dazu, dass Lebensprozesse, wenn die Dosen solcher Substanzen längere Zeit bei null gehalten werden, beeinträchtigt sind. Niedrige Dosen dagegen reichen meist aus, damit sie ihre Funktion erfüllen können, höhere Dosen wiederum werden irgendwann toxisch wirken. Es ergibt sich also auch hier eine Dosis-Wirkungskurve, wie sie typisch für hormetische Stressoren ist. Tatsächlich haben viele dieser Substanzen, etwa Selen und Selen-haltige Ionen, offenbar sowohl jene Lebensbaustein-Eigenschaft als auch Eigenschaften eines hormetischen Stressors. Das macht die Erforschung ihrer tatsächlich hormetischen Eigenschaften und das Finden der dafür nötigen Dosen natürlich etwas komplizierter. Einfacher ist es bei Substanzen, die praktisch ausschließlich hormetisch wirken, was etwa für viele sekundäre Pflanzenstoffe gilt. Aber da das Leben eben komplex ist, gibt es auch hier Ausnahmen. Denn manche dieser Stoffe können ja beispielsweise auch Spurenelemente enthalten, die nach dem Essen und Verdauen dann als Lebensbausteine nutzbar gemacht werden könnten.

In den vorhergehenden Kapiteln sind manche dieser Prozesse bereits erwähnt worden. Sie laufen fast durchweg nach demselben Schema ab: Auf den Organismus, seine Zellen, wirkt etwas ein. Ein Reiz. Der Reiz kann ganz und gar von außen kommen – eine geänderte Temperatur, eine aufgenommene chemische Substanz, eine Strahlung. Er kann auch eine Reaktion auf im Körper ablaufende Prozesse sein, etwa die vermehrte Bildung von Sauerstoffradikalen bei anstrengendem Sport. Der Reiz löst in den Zellen, bei denen er ankommt, Stress aus, er schädigt Strukturen, er bringt sie aus dem Gleichgewicht, oder – wissenschaftlich formuliert – er stört die Homöostase. Die Zellen müssen reagieren. Das tun sie mit all den überlebenswichtigen Stressantwort-Mechanismen, die in Milliarden Jahren Evolution entstanden sind. Wenn der Reiz nicht so stark ist, dass er die Stressantwort-Kapazität überfordert, entstehen mehr als ausreichend genau

17 WEHREN, PUTZEN, REPARIEREN

die Stoffe und werden genau die Signalabläufe angestoßen, die dafür sorgen, dass der Schaden behoben, die Homöostase wiederhergestellt wird. Und genau hier liegt auch der logische Grund, warum solche Reaktionen sehr, sehr oft einen Mehrwert bringen. Genau hier findet sich die ganz natürliche Erklärung, warum nicht nur die entstandenen Schäden ausgeglichen werden, sondern sich oft zusätzlich gesundheitsförderliche »Überreaktionen« ergeben. Denn es ist in einem dynamischen System wie einer Zelle, einem Gewebe, einem Organ, einem Menschen völlig unmöglich, eine solche Reaktion auf das Molekül und die Sekunde exakt so zu regulieren, dass sie punktgenau die Störung des Gleichgewichts ausgleicht. Auch ein Speerwerfer, der gewinnen will, wird es eher selten schaffen, genau einen Zentimeter weiter zu werfen als der Konkurrent. Sondern er wird, wenn er kann, deutlich weiter werfen. Wenn möglich wird also immer etwas mehr gemacht als nötig. Das Gleichgewicht rastet nicht sofort wieder ein, sondern es pendelt sich ein.

Bitte überreagieren!

Auch das lässt sich gut aus evolutionärer Perspektive erklären: Jene Zellen und Organismen, deren Reaktion zu sparsam war und welche die Schäden nicht ausreichend reparieren konnten, hatten in der Evolution logischerweise schlechtere Überlebens- und Genweitergabe-Chancen. Die, die etwas überreagierten, hatten zusätzliche Vorteile. Im Falle etwa, dass der Stressreiz mit der Zeit noch stärker wurde, waren sie darauf nun schon besser vorbereitet. Es ist ein bisschen wie bei der Feuerwehr in der Nachbarschaft des Autors: Wenn möglich rückt sie bei jedem Notruf gleich mit zwei vollbesetzten Löschzügen und sehr, sehr lauten Presslufthorn-Signalen aus. Meist ist das natürlich eine Überreaktion und der Brand ist schon gelöscht, bevor das zweite rote Auto überhaupt eintrifft, oder es gibt gar keinen Brand. Aber für den Fall, dass es doch schlimmer kommt, ist sie sehr angemessen. So richtig hormetisch wäre ein Feuerwehreinsatz also, wenn im Fall, dass Löschzug zwei nicht gebraucht wird, das Ausrücken zumindest für eine Übung genutzt wird oder der Brandmeister die Nachbarn ein wenig über Brandschutz aufklärt und sich die Feuerlöscher zeigen lässt.

Die meisten als hormetisch bezeichneten Abläufe haben also gar nichts mit Stoffen oder Reizen zu tun, die in hoher Dosis schädlich, in niedriger Dosis aber gesundheitsförderlich wären. Diese Stoffe und Reize sind immer schädlich – so wie ein Feuer in der Wohnung immer gefährlich ist. In gewissen Dosen aber werden die Schäden ein Ausmaß haben, das durch eine alteingesessene Reaktion des Organismus ausgeglichen wird. Und diese Reaktion bringt meist auch noch jenen Zusatznutzen mit sich. Es ist wie bei einem Feuer in der Wohnung, das rechtzeitig gelöscht werden kann und dessentwegen man sich dann auch noch eine neue Tapete und einen Feuerlöscher leistet.

Nicht Brokkoli oder Sport oder Strahlung sind gesundheitsförderlich, sondern die *Reaktion des Organismus* darauf. Die Moleküle, die uns gesünder machen, länger leben lassen, Krankheiten am Entstehen oder Fortschreiten hindern, sie kommen in den allermeisten Fällen nicht von außen als Pillen, Nahrungsergänzungsmittel oder Himbeeren. Wir produzieren sie selbst. Und das am besten, wenn wir uns einem gewissen Maß an Stressoren aussetzen.

Darüber, wie solche Stressantworten auf zellulärer Ebene, im Molekularen ablaufen, ist seit Langem vieles bekannt. Doch auch wenn es logisch gewesen wäre, so wurden sie doch lange nicht im Zusammenhang mit Hormesis gesehen. Sie galten eher als Stressantworten, die notwendig sind, wenn es Stress gibt, die man aber gerne bleiben lassen kann, wenn man sich den Stress erspart. Nach dem Motto: Klar kann man einen Kotflügel ausbeulen, aber besser ist es doch, erst gar keinen Unfall zu bauen.

Das allerdings ist wieder ein sehr eindimensionales Denkmodell. Es funktioniert meist gut in der unbelebten Welt. Mit der Dynamik des Lebens aber hat es nicht viel zu tun. Im Leben gilt eher: Je mehr Beulen, desto besser, denn die werden auf Garantie repariert und der Lack danach sogar oft noch extra gewachst. Nur einen Totalschaden sollte man doch zu vermeiden suchen.

Wenn Organismen, und damit ihre Zellen, Stress ausgesetzt sind, dann passiert im Grunde immer wieder das Gleiche:

17 WEHREN, PUTZEN, REPARIEREN

Die Zelle nimmt den Stress wahr. Das tut sie meist, indem sie bereits entstandene Schäden registriert. Denn das ist die ökonomischste Methode, das Ausmaß der Bedrohung realistisch einzuschätzen. Dann werden jene Signalketten angestoßen, die die Stressinformation an jene Stellen weitergeben, wo eine Reaktion auf den Stress möglich ist. Das können in der Zelle bereits vorhandene Moleküle sein, die durch das Stresssignal aktiviert werden. Der Hauptweg allerdings führt in den Zellkern, dorthin also, wo die Erbsubstanz verwaltet wird. Im Zellkern werden dann Gene »angeschaltet«. Das bedeutet hier, dass die Informationen auf diesem Gen nun abgelesen und umgesetzt werden. In den meisten Fällen heißt das: Es wird, nach Übertragung der Geninformation zurück in den Bereich außerhalb des Zellkerns, ein bestimmtes Protein hergestellt.

Versorgen, Entsorgen. Und heute schon an morgen denken

Dieses Protein hat dann eine spezielle Eigenschaft, die für die Reaktion auf den zellulären Stress wichtig ist. Vielleicht macht es, wenn das ursprüngliche Stresssignal »Achtung, viele freie Radikale!« hieß, freie Radikale unschädlich. Eine weitere Gruppe der Stressreaktionsproteine zieht geschädigte andere Proteine aus dem Verkehr oder bringt sie wieder in Schuss. Andere reparieren Schäden an der Membran. Wieder andere sind Detektoren für Schäden am Erbmaterial und sagen anderen Proteinen Bescheid, diesen Schaden zu reparieren. Wenn der Schaden in der Zelle massiv ist, werden auch solche Proteine hergestellt, die deren Selbstzerstörung veranlassen, damit sie dem Gesamtorganismus nicht mehr schaden kann.

All das geschieht meist ein wenig übertrieben, was dazu führt, dass auch vorher schon bestehende Schäden zusätzlich mitrepariert oder auch Alarm- und Reparaturmoleküle auf Vorrat produziert werden. Und noch etwas anderes geschieht in solchen Fällen offenbar oft: Zuvor bereits geschädigte Zellen, die ohne Stressreaktion der dann etwas schlafmützigen Reparatur-Brigade gar nicht aufgefallen waren, werden rigoros mitentsorgt. Das können Zellen sein, die mitunter später immens gefährlich geworden wären.

Es ist das Hormesis-Triple: Schutz vor der akuten Attacke, Schutz

MECHANISMEN DER HORMESIS

vor zukünftigen Attacken, Reparatur schon zuvor bestehender Schäden.

Wichtig ist noch eines: Wir sind in der Natur. Die Natur ist komplex, ganz zu schweigen davon, dass zu all den natürlich vorkommenden Stoffen und Stressreizen aus der Umwelt auch noch synthetische Substanzen hinzukommen, die ebenfalls hormetisch wirken können. Es gibt in der Natur keine Regel, die lautet: Ein Stoff, eine Wirkungskette, eine Wirkung. Dass das so ist, zeigt allein schon die Tatsache, dass Stoffe hormetisch wirken, dass sie also in unterschiedlichen Dosen in einer lebenden Zelle etwas ganz Unterschiedliches bewirken können. Aber ein und dieselbe Substanz kann auch – und sogar in derselben Dosis – ganz unterschiedliche Signale geben und damit Wirkungsketten anschieben. Und umgekehrt können ganz unterschiedliche Stoffe und Reize das Ablaufen ein und derselben Wirkungskette hervorrufen.

Welche Signale, Moleküle, Abwehr- und Reparaturmechanismen für hormetische Reaktionen verantwortlich sind, dazu wird derzeit intensiv Forschung betrieben. Und es werden mehr und mehr Studien dazu publiziert. Es ist unmöglich, all das hier im Detail zu erörtern. Was also auf den kommenden Seiten folgt, ist der Versuch, das Bekannte zusammenzufassen.

Trotz aller Komplexität sind es nur eine gute Handvoll Grundmechanismen, mit Hilfe derer Hormesis abläuft. Sie sind allerdings wiederum teilweise aneinander gekoppelt und können parallel oder nacheinander ablaufen. Die wichtigsten sind:

- das Abfangen von freien Radikalen (Antioxidations-Antwort),
- die Antwort auf Sauerstoffmangelstress,
- die sogenannte Hitzeschockreaktion, die vor allem dafür sorgt, dass geschädigte Proteine repariert werden oder noch nicht geschädigte gar nicht erst kaputtgehen,
- die Proteinfehlbildungsreaktion, bei der die Folgen von Fehlern im Protein-Produktionsprozess behoben werden,
- die Aktivierung des Immunsystems,
- das Anfahren der Erbgut-Reparaturmaschinerie,
- der Eingriff in die Aktivität von Erbgutabschnitten durch sogenannte epigenetische Modifikationen,

17 WEHREN, PUTZEN, REPARIEREN

- die Entsorgung von Zell-Müll dadurch, dass geschädigte Zellen sich selbst verdauen oder gesteuerten Suizid begehen,
- und Rezeptorplastizität, also Modifikationen an jenen Molekülen, die Nachrichten über Umweltverhältnisse, einschließlich Giftkonzentrationen und dergleichen, ins Zellinnere weiterleiten.

Das ist eine Menge Stoff. Fangen wir also ohne weitere Vorrede an.

Antioxidations-Antwort und Abfangen von freien Radikalen

Petersilie gilt als gesund. Sie hat viel Vitamin C. Sie enthält aber auch einen Stoff namens Luteolin (der auch in Artischocken, Rosmarin, Thymian und vielen weiteren Pflanzen vorkommt). Luteolin ist ein sekundärer Pflanzenstoff. »Sekundär« bedeutet, dass solche Substanzen nicht essenziell, nicht lebensnotwendig sind. Meist kommen sie auch nicht überall in der Pflanze vor und werden auch nicht immer gebildet. Wo sie zum Beispiel gebildet werden, sind Pflanzengewebe, die für die Feindabwehr verantwortlich sind. Wenn Luteolin in Zellen gelangt, passiert, wie unter anderem Kieler Forscher herausgefunden haben,[215] Folgendes: Es wird in der Zelle als eine Art freies Radikal erkannt, als Pro-Oxidans. Das aktiviert ein Protein namens *NRF-2*, das sonst von einem anderen Protein namens *Keap1* inaktiv gehalten wird. Wahrscheinlich ist die chemische Struktur jenes Keap1 sozusagen das Sinnesorgan der Zelle für einen oxidativen Angriff.[216] NRF-2 kann, freigelassen von Keap1, dann in den Zellkern wandern und dort in der Erbsubstanz eine Region namens ARE aktivieren. ARE steht für *Antioxidant Response Element*, es ist also ein Teil der DNA, der aktiviert wird, wenn die Zelle gegen freie Radikale vorgehen muss. In der Folge werden Gene abgelesen und anhand dieser Geninformation Proteine hergestellt, die die Pro-Oxidantien abfangen, bekämpfen und durch sie ausgelöste Schäden reparieren oder durch den Zellstress entstandene Unordnung aufräumen. Und, wie immer bei hormetischen Reaktionen: Die nach dieser Aktivierung hergestellten Proteine sind in der Lage, den Angriff der aggressiven Pflanzenchemikalie sehr effektiv abzuwehren, Schäden zu vermeiden und zu reparieren. Das funktioniert aber nur, wenn die Dosis der Pflanzenchemikalie nicht zu hoch

MECHANISMEN DER HORMESIS

ist. Wäre sie deutlich höher, würden zwar dieselben Abwehrmechanismen aktiviert, diese würden aber nur ausreichen, um den Schaden teilweise einzudämmen. Im Endergebnis bliebe also eine Schädigung. Genau das ist der paracelsische Unterschied, der die Dosis zum Gift macht.

Derselbe Mechanismus wird von unzähligen anderen Pflanzenchemikalien angestoßen. Etwa, nachdem man Brokkoli gegessen hat, oder auch andere Kohlsorten, oder Sprossen von Kreuzblütengewächsen. Der Brokkoli-Stoff Sulforaphan ist ein Isothiozyanat, gebildet aus einem Senfölglykosid. Vom Kohl wird er produziert, um Schädlinge zu schädigen. Gesund ist wiederum nur die Reaktion des Körpers: NRF-2-Aktivierung und Abwehr-Genaktivierung.

Man muss es sich nicht merken, aber der Weg über das NRF-2-Molekül ist einer der wichtigsten Hormesis-Mechanismen. Er spielt bei allen Abwehrreaktionen gegen zu viele freie Radikale eine Rolle. Immer wenn ungepaarte Elektronen in der Zelle auf Partnerjagd sind, ist es das besonders elektronenempfindliche Keap1-Protein, das das Alarmsignal weiterleitet, indem es NRF-2 freigibt. NRF-2 wird zudem immer dann angeschaltet, wenn einer jener vermeintlich gesunden sekundären Pflanzenstoffe seine eigentlich ungesunden Aktivitäten entfaltet. Es sorgt dafür, dass diese Pflanzenstoffe, die inzwischen als »Antioxidantien« vermarktet werden, die in Wirklichkeit aber das genaue Gegenteil sind, letztlich dafür sorgen, dass wirklich körpereigene Antioxidantien produziert werden. Der bekannteste dieser Eigenbau-Radikalfänger heißt Glutathion. Im Endergebnis werden die schädlichen Moleküle unschädlich gemacht und in wasserlösliche Form überführt, damit sie ausgeschieden werden können.

Sauerstoffmangel-Stressreaktion

Eigentlich müssten Apnoe-Taucher, egal ob sie es als Sport oder wie die Perlentaucher oder Harpunenfischer zu Erwerbszwecken betreiben, ziemlich krank sein. Denn sie setzen sich ständig und wiederholt vergleichsweise extremem Sauerstoffmangel aus. Von dem hohen Druck, der tief unter Wasser auf den Organismus einwirkt, ganz zu schweigen. Tatsächlich ist extremes Freitauchen statistisch gesehen

17 WEHREN, PUTZEN, REPARIEREN

sehr ungesund, aber nicht, weil die Taucher Schäden wegen Sauerstoffmangels davontragen, sondern weil manche von ihnen über ihre Grenze gehen und tödlich verunglücken. Diejenigen aber, die ihren Sport oder ihr Gewerbe nicht derart extrem betreiben, sind normalerweise sehr gesund und erreichen auch oft ein hohes Alter.[217] Sauerstoffmangel-Stress löst nachgewiesenermaßen Anpassungsreaktionen aus.[218] Es sind auch hormetische Reaktionen, die physiologisch allerlei positive Effekte haben können.

Was passiert in einer Zelle, wenn sie nicht mehr ausreichend Sauerstoff geliefert bekommt? Hypoxie heißt dieser Zustand wissenschaftlich korrekt, und in Sekundenschnelle wird durch ihn ein *Hypoxieinduzierbarer Faktor* (HIF) in der Zelle angereichert und in den Zellkern geschafft, wo er im Erbmaterial an eine HRE-Sequenz bindet. HRE bedeutet *Hypoxia Response Element* und klingt nicht zufällig ähnlich wie das oben erwähnte ARE. Es schaltet Gene an, die den Organismus bei Sauerstoffmangel schützen. Das sind etwa solche, die Energiegewinnung über Gärung ermöglichen oder auch die Herstellung von rotem Blutfarbstoff, mit dem der vorhandene Sauerstoff effektiver gebunden, transportiert und genutzt werden kann. Dazu kommt die Ausschüttung von Blutgefäß-Wachstumsfaktoren. Das führt – und wenn es sich oft wiederholt, ganz besonders – letztlich dazu, dass etwa durch das Herz deutlich mehr Blutgefäße verlaufen als bei einer niemals atemlosen Sofakartoffel. Wenn jemand mit solch einem Herzen einen Infarkt – also eine Verstopfung von Herzgefäßen – erleidet, hat das höchstwahrscheinlich auch deutlich weniger dramatische Folgen, denn die Extrablutgefäße sorgen dafür, dass weniger Herzgewebe abstirbt (siehe Kapitel 19). Dazu kommt oxidativer Stress,[219] der seinerseits die entsprechende hormetische Reaktion auslöst.

Und es wird niemanden wundern, dass Sport, bei dem man aus der Puste kommt, praktisch das Gleiche bewirkt. Richtig anstrengender Sport ist Mega-Stress, denn der hochgefahrene Energiestoffwechsel und Sauerstoffverbrauch sorgen für ein Vielfaches an freien Radikalen im Vergleich zum Sofaaufenthalt. Und trotz des verstärkt herumgepumpten sauerstoffbeladenen Blutes gerät der Organismus in eine Sauerstoff-Schuld. Sonst müsste man ja nicht so japsen. Intensiver Sport hat also mit Antioxidations-Antwort und Sauerstoffmangel-

Antwort gleich zwei ausgeprägte hormetische Reaktionen zur Folge. Das ist wahrscheinlich ein Grund dafür, dass gerade Sport derart positive Wirkungen auf die Gesundheit hat.

Hitzeschockreaktion

Wenn Fleisch gekocht wird, wird es zarter. Wenn ein Ei gekocht wird, wird sein Inhalt fest. Grund dafür sind durch die Hitze ausgelöste Strukturänderungen der Proteine im Muskelfleisch und im Eiklar. Die sind erwünscht, wenn man Ei oder Fleisch verzehren will. Sie sind aber sehr ungünstig, wenn sie im lebenden Organismus passieren, sie machen die lebenswichtigen Proteine vollkommen funktionsunfähig. Und das passiert bei vielen von ihnen nicht erst bei 100 Grad Celsius, sondern bei Warmblütern wie uns Menschen schon bei Werten knapp über der 37-Grad-Marke. Solche Überhitzungen drohen ständig. Bei starker Anstrengung etwa heizt die Verbrennung mit Hilfe all des Sauerstoffes die Gewebe auf. Und wenn die Umgebungstemperaturen hoch sind, gelangt die Thermoregulation auch schon mal an ihre Grenzen. Heizt sich der Körper auf, um Keime zu bekämpfen, dann trifft der Hitzeschock nicht nur die Bakterien, sondern auch den Fiebernden oder die Fiebernde. Auch solche Situationen sind offensichtlich Stress für einen Organismus, Stress, auf den er reagieren muss. Denn sonst gehen Proteine und Enzyme kaputt, und die sind lebenswichtig. Wenn sie kaputt sind, dann verlieren sie nicht nur ihre Funktion, sondern können auch noch anderen Schaden anrichten, etwa dadurch, dass sie nun eine ungünstige Funktion bekommen oder als Müll Zellen verstopfen. Eine sinnvolle Reaktion auf den Hitzestressreiz wäre also, wichtige Proteine vor den Hitzewirkungen zu schützen, und solche, die schon kaputtgegangen sind, entweder zu reparieren oder effektiv zu entsorgen und zu recyceln. Und genau das passiert auch.

Der Prozess bei der Hitzeschockreaktion läuft ähnlich ab wie bei oxidativem oder Sauerstoffmangelstress. Interessant ist aber, dass wahrscheinlich nicht der Hitzereiz in der Zelle wahrgenommen wird, sondern seine Folgen: Moleküle, die wenig kreativ HSFs heißen, *Hitzeschockfaktoren*, sind Sensoren für das Vorhandensein geschädigter

17 WEHREN, PUTZEN, REPARIEREN

Proteine. Dadurch wird der zuvor gebundene HSF freigesetzt, kann in den Zellkern wandern und dort auf der DNA an eine Region namens *Hitzeschockelement* (HSE) binden, was wiederum dazu führt, dass spezielle *Hitzeschockproteine* (*Heat Shock Proteins*, HSPs) hergestellt werden. Diese stabilisieren dann zum Beispiel lebenswichtige andere Proteine in ihrer Struktur und helfen beim Transport solcher Proteine dorthin, wo sie gebraucht werden.

Dass die Reaktion nicht auf Hitze direkt erfolgt, sondern erst, wenn sich bereits Schäden an Proteinen zeigen, kann einem etwas suboptimal vorkommen. Sie hat aber den Vorteil, dass nicht bei jedem kleinen Temperaturausreißer gleich die Notfallmaschinerie angeschmissen wird, und außerdem den, dass dadurch auch andere proteinschädigende Stressoren erkannt werden. Überhaupt heißt die Hitzeschockreaktion nur deshalb so, wie sie heißt, weil sie bei hitzegeschockten Bakterienzellen erstmals beobachtet wurde. Die korrekte Bezeichnung wäre vielleicht eher »Proteinschutzreaktion«, weil sie eben auch angeschoben wird, wenn Proteine aus ganz anderen Gründen geschädigt werden.

Proteinfehlbildungsreaktion

Eine ähnliche Reaktion wird aktiviert, wenn schon bei der Herstellung dieser Eiweißstoffe Probleme auftreten. Wenn sie bei ihrer Produktion aufgrund von Stress, der etwa von giftigen Chemikalien, freien Radikalen oder Sauerstoffmangel[220] ausgelöst sein kann, nicht ihre korrekte Struktur annehmen, wird das von zellulären Sensormolekülen wahrgenommen. Die geben über verschiedene andere Teilnehmer einer Signalkette die Information weiter. Letztlich werden wieder Gene aktiviert und spezielle Proteine produziert, die die Moleküle mit der falschen Struktur abfangen oder abbauen.[221] Als hormetisch und unterm Strich trotz Stress und Giftwirkung nützlich gelten diese Reaktionen auf Fehlbildungen von Proteinen, weil sie offensichtlich die generelle Reaktionsbereitschaft auf solche Stressoren erhöhen und auch molekularen Müll, der sich zuvor schon angesammelt hat, mitentsorgen.[222]

Viel wurde in den letzten Jahren über die möglichen Gesundheitseffekte von Rotwein berichtet und spekuliert. Der Stoff in roten Trauben, der hierbei eine Schlüsselrolle spielen soll, heißt Resveratrol. Er ist allerdings ein Gift, ein chemischer Kampfstoff, mit dem sich die Pflanze unter anderem gegen Schädlinge (Parasiten, Pilze usw.) und gegen die Folgen widriger Umweltbedingungen wehrt. Das ist auch der Grund, warum sich in Trauben von besonders gestressten Reben besonders viel davon findet. Ohne Einsatz von Pestiziden in trockenen und klimatisch härteren Regionen angebaute Malbecs oder Spätburgunder etwa zeigen immer wieder die höchsten Werte. Der chemische Kampfstoff Resveratrol sorgt in der Zelle für verschiedenste Stressmomente. Dazu gehören genau solche Fehler bei der »Faltung«, also der finalen und für die Funktion entscheidenden Strukturbildung von Proteinen. Eine ganz ähnliche primär giftige, im Endeffekt aber meist gesundheitsförderliche Wirkung hat auch das in Currygewürz enthaltene Curcumin. Es wird dafür verantwortlich gemacht, dass dort, wo sehr viel (100 bis 200 Milligramm pro Tag) davon gegessen wird, manche Krebsarten deutlich seltener auftreten als anderswo. Es gibt auch Studien, in denen bei Versuchstieren Curcumin und Resveratrol kombiniert eingesetzt wurde, was zum Beispiel Prostatakrebs verhinderte.[223]

Immunstimulation

Vielleicht nirgends anders erscheint die hormesistypische Kette von Stress über Stressantwort bis hin zu zusätzlichem Schutz am Ende so logisch und nachvollziehbar wie bei der Aktivierung des Immunsystems. Denn im Grunde zieht so ziemlich jede Infektion (wenn sie nicht tödlich verläuft oder so schwerwiegend, dass der Organismus erst einmal dauerhaft geschwächt bleibt) oder auch Impfung etwas nach sich, was man als hormetische Reaktion bezeichnen könnte. Die Infektion und das, was der Keim anrichtet, Giftausschüttung zum Beispiel, löst Stress aus. Der Organismus antwortet mit spezialisierten Immunzellen, Antikörpern und anderen Substanzen und radiert die Infektion aus oder reduziert sie auf ein erträgliches Level. Ein nützlicher Zusatzeffekt ist dabei oft, dass man danach gegen den Keim, der gerade seinen Besuch abgestattet hat, immun ist oder zumindest besser auf einen erneuten Besuch eingestellt. Ein weiterer Zusatznutzen besteht oft darin, dass der Organismus nun auch auf andere, ähnliche Keime besser vorbereitet ist. Und die Aktivierung des Immunsystems erhöht auch die Widerstandskraft gegen ganz andere, völlig unähnliche Eindringlinge. Und zu guter Letzt: Auch andere potenzielle Ziele der Immunantwort, wie etwa geschädigte und dadurch möglicherweise gefährlich gewordene körpereigene Zellen, werden nun besser erkannt und beseitigt.

Vor allem für Letzteres, wichtig etwa für die Vermeidung von Krebserkrankungen, braucht es aber gar keine Infektion als Trigger. Auch andere Stressoren können diesen Selbstschutzmechanismus des Abwehrsystems sehr effektiv anschieben. Die schon angesprochenen überraschenden Wirkungen nicht zu hoher Dosen ionisierender Strahlung etwa werden zum Teil auf eine solche Immunaktivierung zurückgeführt.

Reaktionen des Immunsystems, die hormetische Charakteristika zeigen, sind bekannt für mehr als 100 Chemikalien und Medikamente.[224] Fast ebenso viele körpereigene Moleküle sind als Teilnehmer an solchen Abläufen nachgewiesen. Die Mechanismen, die hier eine Rolle spielen, sind extrem vielfältig. Teilweise sind sie auch noch nicht aufgeklärt. Viele davon haben einen molekularen Knotenpunkt gemein, das Molekül *NF-κB* (das kleine κ ist der griechische Buchstabe Kappa). NF-κB kann unter anderem von Umweltgiften oder auch von UV-Strahlung aktiviert werden. Es ist – ähnlich wie die zuvor schon erwähnten ebenfalls in den Zellkern einwandernden Moleküle – ein sogenannter *Transkriptionsfaktor*. Transkriptionsfaktoren sind schlicht Aktivatoren für bestimmte Gene. NF-κB schiebt offenbar sehr viele Gene an, wahrscheinlich mehr als 500[225], vor allem solche des Immunsystems. Es spricht viel dafür, dass seine hormetische Aktivierung wünschenswerte Effekte auf den Alterungsprozess hat.[226] Ein anderer Immunmechanismus spielt offenbar bei niedrigdosierter ionisierender Strahlung eine Rolle. Hier gilt eine Aktivierung bestimmter Abwehrzellen namens *CD8* als einer der Schlüsselabläufe. Die CD8-er gehören zu den Killer-Zellen und eliminieren im Tierversuch bei leichtem Strahlenstress besonders effektiv geschädigte und damit potenziell gefährliche körpereigene Zellen.[227] Bei dem untersuchten Mäusestamm wurden dadurch gleichzeitig sogar ungünstige Abwehrvorgänge gebremst: Die Bestrahlung hemmte die für diesen Stamm typischen Autoimmunreaktionen. Die bei diesen Reaktionen aktiven Immunzellen wurden deutlich weniger. Und das Leben der Tiere verlängerte sich im Durchschnitt erheblich.

Erbgut-Reparatur

Wenn es um physiologische Effekte äußerer Einflüsse geht, präsentieren Forschungsergebnisse gelegentlich nicht das Endergebnis, sondern nur Zwischenstände. Zum Beispiel den, dass auch bei niedrigdosierter Bestrahlung mehr Schäden am Erbgut auftreten. Solche Befunde werden noch immer als Argument ins Feld geführt, dass auch geringe Strahlendosen gefährlich sind. Mit demselben Argument könnte man aber auch vor Sport warnen, oder vor Blaubeeren. Denn beides bedeutet zunächst einmal Schäden. Tatsächlich setzt gerade Strahlung Prozesse in Gang, die trotz zunehmender Schäden an der Erbsubstanz DNA letztlich zu einer übereffektiven Reparatur solcher Schäden führen. Und in dem Fall, dass eine Reparatur nicht möglich ist, werden geschädigte Zellen eliminiert. Biophysiker aus Homburg an der Saar etwa konnten an Kulturen menschlicher Zellen nachweisen, dass bei sehr niedriger Strahlung Brüche im DNA-Doppelstrang kaum repariert wurden, bei etwas höheren Dosen dagegen extrem effektiv. Zusätzlich beobachteten sie, dass Zellen mit geschädigter DNA in den Kulturen offenbar auch nach der Bestrahlung noch effizient aussortiert und abgetötet wurden.[228] Ähnliches hat man auch für viele mutagene Stoffe und Karzinogene gefunden, also bei Substanzen, die DNA-Schäden auslösen. Und manche von ihnen zeigten in dem verwendeten Standardtest auch typische hormetische Eigenschaften, allerdings nicht alle.[229]

Die hormetische Logik lautet auch hier:

- Kein Stress – keine Reaktion. Keine oder kaum Reparatur, obwohl DNA-Schäden auch ohne Strahlung oder mutagene Chemikalien dauernd auftreten, ganz zufällig beim Vervielfältigen des Erbmaterials zum Beispiel oder durch freie Radikale. Nettoergebnis: neutral bis negativ.

17 WEHREN, PUTZEN, REPARIEREN

- Kleiner bis mittlerer Stress – deutliche Reaktion. Reparatur und Entsorgung von Schäden, sogar von solchen, die gar nicht durch diesen Stress ausgelöst wurden. Nettoergebnis: positiv.
- Großer bis sehr großer Stress – deutliche Reaktion. Diese ist aber nicht ausreichend, um die Schäden zu beheben. Nettoergebnis: negativ.

Mechanismen, wie der Reparaturbedarf am Erbmolekül erkannt und wie ihm letztlich entsprochen wird, gibt es einige. In jeder menschlichen Zelle etwa schwimmen Moleküle namens *ATM* und *ATR* herum. Es sind ihre Sinnesorgane für Brüche im Erbmaterial. Das eine erkennt gebrochene DNA-Doppelstränge, das andere gebrochene Einzelstränge.[230] Wenn das passiert, wechseln sie in ihren aktivierten Zustand und verändern andere Proteine so, dass diese die Erbgutvervielfältigungs-Maschinerie stoppen und Reparaturkomplexe in Gang setzen.[231]

Epigenetische Modifikationen

So ziemlich alle bereits erwähnten Mechanismen, durch die aus zellulärem Stress eine zelluläre Stressreaktion wird, haben eines gemein: Bestimmte Gene werden »angeschaltet«, manche auch »abgeschaltet«. Im Fachjargon heißt das: Die Genexpression ändert sich. Ergebnis ist, dass andere Proteine als vor dem Stressereignis hergestellt werden, nämlich die, die für die Schadensbehebung gebraucht werden. Wenn der Schaden behoben ist, kehrt die Zelle aber normalerweise innerhalb von Stunden oder Tagen zur alten Genexpression zurück. Es gibt aber auch Hinweise darauf, dass Reaktionen, die man als typisch hormetisch erachten würde, mit dauerhaften Veränderungen jener Genexpression einhergehen. Dafür sind sogenannte *epigenetische Modifikationen* nötig.[232] Bei ihnen wird nicht das Erbmaterial selbst verändert, sondern es wird biochemisch mit winzigen Molekülen markiert, zum Beispiel mit Methylgruppen. Diese Markierungen, je nachdem, wie dicht ein Erbgutabschnitt damit besetzt ist, verändern die Rate, mit der ein Gen »abgelesen« wird. Sie entscheiden also mit, ob es voll angeschaltet ist oder eher im Sparmodus läuft, oder gar nicht, inklusive aller möglichen Zwischenstufen. Bei einem speziellen Stamm von Labormäusen beispielsweise änderte sich nach niedrigen Strahlendosen während der Trächtigkeitsphase die Fellfarbe. Verantwortlich dafür war eine bekannte epigenetische Modifikation am für die Fellfarbe zuständigen Gen.[233] Sie ließ sich verhindern, wenn die trächtigen Weibchen Antioxidantien verabreicht bekamen. Das allein sagt noch nicht viel aus. Doch genau die hier beobachteten epigenetischen Modifikationen gingen in den Versuchen immer auch einher mit einer niedrigeren Anfälligkeit des Mäusenachwuchses für Übergewicht und Tumoren. Und typisch hormetisch geht es hier deshalb zu, weil geringe Strahlendosen die Zahl der angehängten Methylgruppen erhöhen und damit dem Nachwuchs zu verbesserten Lebenschancen verhelfen. Bei höheren Dosen aber verkehrt sich alles ins Gegenteil, und es finden sich dann sogar deutlich weniger Methylgruppen, wodurch der Mäusenachwuchs stärker beeinträchtigt ist. Andere Experimente brachten ähnliche Ergebnisse. Das Insektizid Imidacloprid etwa führt bei Blattläusen in niedrigen Konzentrationen zu einer erhöhten Vitalität und Vermehrungsrate, begleitet von durch Methylgruppen bedingten epigenetischen Modifikationen. Die sind sogar in der nächsten Generation noch zu finden.[234] Solche Befunde, und ähnliche mit Pilzmitteln,[235] sind es unter anderem, die Agrarwissenschaftler in den letzten Jahren zu Hormesis-Wissenschaftlern haben werden lassen. Denn kein Bauer will ein Pestizid in einer Konzentration auf seinen Feldern haben, die den Schädlingen sogar nützt (siehe auch Kapitel 25).

Entsorgung von Zell-Müll

Zu den wichtigsten Mechanismen, auf zellulärem Niveau gesund zu bleiben, zählt logischerweise die Entsorgung von Zellen, die nicht mehr gesund sind, und das Aufräumen innerhalb von Zellen. Über die schon erwähnten Immunreaktionen, die von niedrigdosierten Stressoren getriggert werden, schaffen es Organismen zum Beispiel Zellen, die später einmal einen Tumor bedingen könnten, abzutöten. Auch »programmierter Zelltod«, bei dem Stresssignale geschädigte Zellen dazu veranlassen, sich selbst zu töten, wird durch typische Hormesis-

17 WEHREN, PUTZEN, REPARIEREN

Stressoren wie etwa niedrigdosierte radioaktive Strahlung ausgelöst. Bei männlichen Fruchtfliegen geht das einher mit einer deutlich erhöhten Lebensdauer.[236] Doch eine solche radikale Entsorgung von Zellen ist nicht immer die Lösung, denn manche Zellen sind nicht oder schwer zu ersetzen. Ihr Absterben ist dann Ursache vieler Krankheiten, vor allem des Nervensystems, von Alzheimer bis Parkinson. Bei diesen Krankheiten würde man sich wünschen, geschädigte Zellen, bevor sie absterben, reparieren zu können. Und manche Chemikalien in niedriger Dosierung und auch ionisierende Strahlung können genau diesen Effekt haben. Das Antibiotikum Tunicamyzin etwa erzeugte – niedrigdosiert – in Experimenten mit Fruchtfliegen eine Art Stress innerhalb von Nervenzellen, gefolgt von Beschädigungen von Zellbestandteilen. Wiederum bestimmte Sensormoleküle – etwa aus dem sogenannten *mTor-Komplex* – können solche Schäden wahrnehmen und innerhalb der Zelle die Konstruktion von sogenannten *Autophagosomen* anschieben. Diese Bezeichnung steht für eine Art intrazellulären Staubsauger und Müllschlucker, der geschädigte Zellbestandteile aufnimmt und verdaut. In dem Experiment wurden dadurch jene Zellen, deren Absterben bei Menschen Parkinson auslösen würde, effektiv geschützt. Andere Studien kommen zu ganz ähnlichen Ergebnissen.[237]

Rezeptorplastizität

Ein weiterer wichtiger Mechanismus beruht wahrscheinlich auf der Tatsache, dass jene Rezeptormoleküle, die Stress- und andere Signale weiterleiten, je nach Konzentration (also Dosis) der an sie andockenden Signalmoleküle ganz unterschiedlich reagieren können. Es gibt deutliche Hinweise darauf, dass dabei vor allem die Gruppe der sogenannten *G-Protein-gekoppelten Rezeptoren* (GPCR) eine wichtige Rolle spielt.[238] Wenn solche Rezeptormoleküle voll besetzt sind, übermitteln sie ganz andere Signale, als wenn nur wenige Signalmoleküle angedockt haben. So kann die Zelle dann zum Beispiel zwischen gefährlicher niedriger, nützlicher mittlerer und wieder gefährlicher hoher Konzentration unterscheiden und entsprechend reagieren. Und dies ist nur ein möglicher Detailmechanismus. Andere regen zur Bildung neuer Rezeptormoleküle an, wieder andere führen zum Zusammen-

MECHANISMEN DER HORMESIS

schluss solcher Moleküle,[239] was dann wiederum andere Signale in die Zelle überträgt. Dass diese Rezeptormoleküle eine extrem wichtige Rolle bei der Übersetzung von Signalen aus der Umwelt und der Reaktionsbereitschaft von Zellen spielen, ist jedenfalls sicher. Denn knapp fünf Prozent des jeweils gesamten Genoms fast aller Lebewesen enthält die Codes für genau diese Moleküle, von denen die meisten Leute noch nie etwas gehört haben. Beim Menschen sind etwa 800 solche Moleküle bekannt.

Wer sich die Mühe macht und versucht, all das zu verstehen, stresst sein Gehirn mit Sicherheit ein bisschen. Vermittelt wird dieser Stress unter anderem durch den Botenstoff Glutamat. Dieser aktiviert die Mitochondrien der Nervenzellen und deren Energieproduktion, wodurch reichlich freie Radikale entstehen. Auf die wiederum reagiert die Nervenzelle dann hocheffektiv und übereffizient mit der Herstellung von Radikal-Abfangmolekülen. Genau das ist wahrscheinlich einer der wichtigsten Mechanismen, die den positiven Effekten von geistiger Anstrengung zugrunde liegen. *No pain, no gain.* Bei Nervenzellen kann man es sogar noch krasser formulieren, denn werden sie nicht gefordert, dann sterben sie ab. Also: *Use them or lose them.* Stressen oder Vergessen.

Zum Schluss dieses sicher nicht unbedingt einfachsten Kapitels des Buches noch eines: So erhellend es ist, immer mehr über all die Mechanismen, einzelnen Signalwege, Reaktionen, über wichtige molekulare Protagonisten und zelluläre Schauplätze von hormetischen Reaktionen zu wissen, muss man doch auf der Hut sein. Man darf nicht in die Falle tappen, in die sich in den letzten Jahrzehnten zehntausende Biomediziner immer wieder selbst manövriert haben. Man darf sich keine Scheuklappen aufsetzen und, weil man sich einem einzelnen Mechanismus oder Molekül widmet, das große Ganze aus den Augen verlieren. Denn wichtig, entscheidend, auch in der Praxis für die Gesundheit bedeutend ist das Endresultat, das Nettoergebnis. In diesem Nettoergebnis laufen viele dieser Mechanismen wieder zusammen. Es ist nie das Resultat eines einzelnen mit Methylgruppen versehenen Gens, eines einzelnen aktivierten Genschalters, eines einzelnen zelleigenen Fängers freier Radikale oder einer einzelnen Erbgutreparaturmaschine.

17 WEHREN, PUTZEN, REPARIEREN

Hormesis ist so komplex und uralt wie das Leben selbst. Verschiedene Stressreize können gleichzeitig auftreten – bei einem Bad in einer heißen Quelle zum Beispiel Hitze und radioaktive Strahlung, oder nach dem Verzehr roter Weinbeeren Ellagsäure und Resveratrol. Ein und dieselbe Substanz kann verschiedene Reaktionen auslösen: Alpha-Glukane aus Steinfrüchten etwa bewirken sowohl eine Aktivierung der Hitzeschockreaktion als auch eine antioxidative Reaktion, und sie regen zudem die Bildung von Erbgutreparaturmolekülen an.

Ein und derselbe Stressreiz kann auch ganz unterschiedliche Signalwege aktivieren. Rotwein-Resveratrol etwa schiebt zusätzlich zu seinen bereits erwähnten Aktivitäten auch verschiedene, zumindest bei Versuchstieren lebensverlängernde und die physiologischen Werte verbessernde Reaktionen an, indem es ein Signalmolekül namens Sirtuin 1 aktiviert.

Anders herum können ganz unterschiedliche Stressreize zu denselben molekularen Stressschutzreaktionen führen, sie können genau dieselben Grundmechanismen aktivieren. Hitze und Gifte etwa aktivieren Hitzeschockproteine.

Molekulare Wege können sich auch kreuzen, Moleküle einander aktivieren und deaktivieren. Oft werden sie auch per Blutstrom kreuz und quer durch den Körper geschickt und übersetzen etwa den Stressreiz am Arm in eine Reaktion am Herzen (siehe Kapitel 19).

Weil all das so ist, kann zum Beispiel eine kleine Strahlendosis nicht nur vor den Folgen einer späteren höheren Strahlendosis schützen, sondern auch vor Krebszellen und Infektionen. Weil das so ist, können wahrscheinlich auch manche niedrigdosierten Gifte nicht nur vor höheren Giftdosen schützen und nebenbei für die Entsorgung des lange angesammelten Mülls im Inneren von Zellen sorgen, sondern auch vor ganz anderen Gefahren, solchen durch Strahlung zum Beispiel.

Weil das so ist, ist Hormesis so wichtig und lässt sich nicht einfach ausschalten.

Weil das so ist, hat Hormesis ein so gewaltiges Potenzial.

Arsen und Spitzenpferdchen

Eines der bekanntesten Beispiele dafür, wie ein Gift allein dadurch, dass man sich ihm aussetzt, zunehmend seine spürbar giftige Wirkung verliert, ist die Geschichte der sogenannten *Arsenik-Esser*. Arsenik, genauer: Arsen(III)-oxid, ist die wichtigste Verbindung des Arsens, früher gerne benutzt als Rattengift oder auch um ungeliebte Mitmenschen loszuwerden. Denn normalerweise sind schon weniger als 0,1 Gramm davon tödlich. Es ist aber auch psychoaktiv, wirkt als Stimulans und Appetitanreger, weshalb Pferdehändler es einst wohldosiert einsetzten, um klapperdürren Gäulen wieder etwas auf die Rippen zu bringen. Die psychoaktive Wirkung war auch bei Menschen beliebt, die von dem Zeug dann auch zunehmend mehr vertrugen, angeblich oft weit über die vierfache tödliche Dosis und ohne jegliche Vergiftungserscheinungen. Grund hierfür scheint ein spezieller hormetischer Anpassungs-Mechanismus zu sein: Magen- und Darmschleimhaut entwickeln offenbar effektive Abwehrprozesse, die verhindern, dass zu viel Gift ins Blut gelangt, wahrscheinlich dadurch, dass die Schleimhautzellen aufgenommene Giftmoleküle sofort wieder in den Darm zurückpumpen.

TEIL V

KRANKHEITEN UND GESUNDHEITEN

18 STRESS OHNE ANTWORT

DIABETES, DAS GIFT DER GEISSRAUTE UND DAS PROBLEM MIT DER SCHWERELOSIGKEIT

Bei nicht oder nicht gut behandeltem Diabetes gerät im Körper alles Mögliche aus der Balance, und alles Mögliche geht langsam kaputt, selbst Fähigkeiten zur Hormesis. Meist lassen diese sich aber wieder aktivieren. Die besten Medikamente gegen diese Volkskrankheit wirken über biochemische Stresskaskaden, und die erfolgreichsten Lifestyle-Änderungen auch.

Die Zuckerkrankheit war unter Wohlhabenden jahrhundertelang einer der größten Killer. Unerkannt, bis sich schwere Symptome einstellten. Unheilvoll für alle möglichen Organe. Unklare Ursache. Unheilbar. Sie befiel und tötete zwar auch Kinder, unabhängig davon, ob ihre Eltern reich waren oder nicht. Doch der »Zucker« bei Erwachsenen war und ist bis heute vornehmlich ein Leiden derer, die sich über Jahre und Jahrzehnte wenig bewegen und viel essen. Den Namen bekam die Krankheit, weil der Urin von Patienten süß schmeckte – wie man heute weiß, nicht nur ein Zeichen für hohe Zuckerwerte im Blut, sondern auch dafür, dass die Nieren bereits geschädigt sind. Gegenwärtig werden fast zehn Prozent der in Deutschland lebenden Menschen wegen Diabetes behandelt.

Die Zuckerkrankheit existiert in zwei Formen. Beim sogenannten Typ 1 fallen schlicht die Zellen aus, die das Hormon Insulin produzieren, weil das Immunsystem fehlgeleitet ist und sie zerstört. Es ist jene Form, die, bevor man Insulin spritzen konnte, für betroffene Kinder den sicheren Tod bedeutete. Fünf bis zehn Prozent der Zuckerkranken

18 STRESS OHNE ANTWORT

in Deutschland leiden heute daran. Weit verbreiteter ist Diabetes Typ 2, auch »Alterszucker« genannt, obgleich »Wohlstandszucker« wohl besser passen würde. Hier produziert die Bauchspeicheldrüse oft durchaus noch Insulin.[240] Aber die Körperzellen können nicht mehr ausreichend darauf reagieren. Das führt dazu, dass sie nicht genügend Zucker aus dem Blut aufnehmen können und die Bauchspeicheldrüse immer verzweifelter versucht, über immer mehr Insulin gegenzusteuern. Es ist ein Teufelskreis. Die Folge ist ein insgesamt ungesunder, entzündlicher Zustand, mit viel Zucker im Blut. Er führt langfristig zu Organschäden und verminderter Lebenserwartung.

Diabetes Typ 2 gilt zusammen mit seinen Vorstufen als die Zivilisationskrankheit schlechthin. Und er gilt vor allem als Folge eines ungesunden, unnatürlichen Lebensstils mit zu viel kohlenhydratreichem Essen und wenig Bewegung. Und tatsächlich hat sich in den vergangenen Jahren herausgestellt, dass er durch Interventionen im Lebensstil – von Ernährung über Bewegung[241] bis zu heißen Bädern[242] – gut behandelbar ist, besser oft sogar als mit Medikamenten. Dahinter stecken teilweise Hormesis-Effekte.

Und die Tatsache, dass manche Leute, obwohl sie einen diabetesfördernden Lebensstil pflegen, von der Krankheit verschont werden, wird heute von prominenten Forschern bereits schlicht auf eines zurückgeführt: Manche Menschen haben eben bessere Hormesis-Voraussetzungen als andere.[243]

Diabetes und Hormesis-Insuffizienz

Diabetes und sein Vorläufer namens Insulinresistenz sind deshalb besonders gefährlich, weil sie alle möglichen ungesunden Effekte haben. Stetige erhöhte Entzündungswerte sind nur einer davon. Letztlich geht alles Mögliche im Körper langsam kaputt: Wunden heilen schlecht oder gar nicht mehr. Die filigranen und besonders empfindlichen Nierenkanälchen werden geschädigt. Nervenbahnen werden angegriffen und Krankheiten wie Parkinson und Alzheimer sind bei Diabetikern besonders häufig. Das Infarkt- und Schlaganfallrisiko ist deutlich erhöht. Zudem ergeben sich biochemische Veränderungen, die Betroffene davon abhalten, sich genügend zu bewegen, die stattdessen aber mehr Nahrungsaufnahme fördern. Die Fettzusammensetzung im Blut und in Zellmembranen verändert sich auf ungünstige Weise. Und so fort.

Ursache dieser praktisch die gesamte Physiologie betreffenden Auswirkungen ist unter anderem, dass bei Diabetes wichtige Hormesis-Mechanismen ausgehebelt werden. Einer davon läuft normalerweise über die Hitzeschockproteine ab. Diese schützen eigentlich unter Stress die anderen lebenswichtigen Proteine in der Zelle. Wenn das nicht mehr ordentlich funktioniert, bedeutet dies, dass eine Stressdosis, die normalerweise nicht schlimm oder sogar über Hormesis-Pfade gesundheitsfördernd wäre, sich nachhaltig negativ auswirken kann. Freie Radikale etwa können sich anreichern und Membranen, Proteine sowie Erbmaterial angreifen. Zellen werden also geschädigt. Wenn das bei Neuronen passiert, kann es zu den für Diabetes typischen Problemen des Nervensystems führen, von Gefühlsstörungen und Schmerzen bis hin zu Demenz. Auch die Enden der Chromosomen, Telomere genannt, werden bei Diabetes schneller abgebaut, als es normal wäre, weil auch ihre Erhaltung abhängig von einer funktionierenden Stressantwort der Zellen ist.[244]

Das kann einem Angst machen, denn wenn es stimmt, was in diesem Buch steht – dass nämlich Hormesis einer der wichtigsten Schlüssel zur Gesundheit ist –, dann sieht es, wenn sie nicht mehr funktioniert, düster aus. Aber glücklicherweise lassen sich die hormetischen Fähigkeiten wieder wecken.[245] Nur müssen gerade Diabetiker wahrscheinlich besonders behutsam vorgehen bei der sukzessiven Steigerung der Stressreize, sei es durch Sport, Ernährung oder Thermalbäder.

Die Gründe, warum bei Diabetes Stressreize die Hormesis-Maschinerie wieder in Gang setzen können, sind wissenschaftlich alles andere als gut verstanden. Was man weiß, ist einerseits, dass es eben irgendwie funktioniert. Denn Tests mit Patienten, die an Studien etwa mit Sport als Intervention teilnehmen, zeigen deutliche Verbesserungen, sowohl was das allgemeine Befinden als auch was die Blutwerte angeht.

Daneben gibt es aber durchaus noch ein paar detailliertere Befunde, die zumindest eine Idee davon vermitteln, was da genau im Körper passiert. Sie weisen etwa darauf hin, dass wir Menschen froh sein können, dass es in unserer Physiologie eine Menge Back-up- und Ausweich-Systeme gibt, dass also nicht alles immer nur an einem einzigen Mechanismus hängt. Zum Beispiel die Aufnahme von Zucker in die Zellen: Eigentlich ist dafür Insulin und die Fähigkeit von Zellen, auf Insulin zu reagieren, vonnöten. Stressreize wie etwa körperliche Anstrengung führen aber offenbar dazu, dass ein solches Back-up-System anspringt. Konkret bewirkt Muskelkontraktion, dass ein Protein namens *GLUT-4* in die Zellmembran eingebaut wird. Dasselbe passiert normalerweise, wenn man gerade gegessen hat. Denn dann schüttet die Bauchspeicheldrüse Insulin aus. Und jenes Insulin gibt das Signal, GLUT-4 in die Zellmembran einzubauen. GLUT-4 wiederum transportiert dann die verfügbare Glukose ins Zellinnere.

Wenn Muskeln kontrahieren allerdings, ist dafür offenbar kein oder viel weniger Insulin notwendig.[246] Bei Bewegung wird dem Blut also Zucker entzogen, ohne dass dafür Insulin gebraucht wird. Die Blutzuckerwerte verbessern sich, und die Bauchspeicheldrüse wird weniger angeregt, noch mehr Insulin abzugeben. Das sind bei Diabetes natürlich sehr, sehr wünschenswerte Effekte. Und wenn man ein bisschen darüber nachdenkt, ist es ja auch logisch: Bei Bewegung muss der Muskel, egal ob er im Arm einer Kerngesunden oder im Bein eines Diabetikers sitzt, Zucker verbrennen.[247] Insulin wird aber nur nach einer Mahlzeit ausgeschüttet. Der Muskel braucht also immer einen von Insulin einigermaßen unabhängigen Mechanismus, um via GLUT-4 den energieliefernden Zucker einschleusen zu können. Kein Wunder also, dass sich ein solcher Mechanismus in der Evolution zusätzlich zu dem, der auf frische Kohlenhydrat-Nahrung reagiert, entwickelt hat.

Die Muskelkontraktionen und andere Folgen der Stimulation durch Bewegung selber lösen zumindest jene Stressantworten aus, die noch nicht stark eingeschränkt sind. Wieder ein solches Back-up-System also. Auch hier sind die genauen Mechanismen unklar, aber wahrscheinlich können sich die bereits eingeschränkten Möglichkeiten zu adaptiven Stressantworten dann verbessern und zum Beispiel Hitzeschockproteine wieder besser produziert werden.[248]

Ein weiterer Vorteil, der sich aus dem eigentlichen Nachteil, dass

Diabetes sich so vielfältig auswirkt, ergibt, ist folgender. Die Möglichkeiten, positiv Einfluss zu nehmen, die physiologischen Routen, die man dafür nutzen kann, sind dann ebenfalls sehr vielfältig. Sie können hier nicht ansatzweise alle beschrieben werden (siehe dafür auch Anmerkung 249). Es sind natürlich beim genauen Hinschauen vor allem solche biochemischen Routen, auf denen Stresssignale vermittelt und beantwortet werden. Dazu gehören auch die besonders kontrovers diskutierten unter ihnen, Strahlung zum Beispiel: Bei aufgrund genetischer Veränderungen zu Diabetes Typ 2 neigenden Labormäusen etwa zeigte sich, dass sie, wenn sie ab der zehnten Lebenswoche immer wieder niedrige Gamma-Strahlendosen verabreicht bekamen, deutlich länger lebten, deutlich weniger Nierenschäden hatten und eine deutlich bessere Nierenfunktion aufwiesen. Dies alles war begleitet von erhöhten Werten körpereigener Antioxidantien in den Nieren.[250] Sogar milde Elektroschocks kombiniert mit Wärme haben in Tierversuchen auf Diabetes ihre positiven Wirkungen gezeigt.[251]

Das alles ist natürlich noch kein Grund, jetzt gleich alle menschlichen Diabetiker zu bestrahlen oder ihnen täglich Elektroden anzukleben. Aber es sollte Anlass genug sein, all dem wissenschaftlich mehr auf den Grund zu gehen und zumindest die Möglichkeit, mit entsprechenden Therapien auch einmal Menschen zu behandeln, in Erwägung zu ziehen.

Vor allem aber wäre es logisch, die anderen, nicht so kontroversen Arten hormetisch wirkender Stressreize, die Diabetikern helfen könnten, intensiver zu erforschen.

Das Gift der Geißraute

Die Forderung, Diabetiker – also richtig kranke Menschen – zusätzlich zu stressen, sollte in dieser Phase des Buches nicht mehr ganz so unerhört klingen und auch die innere Ethikkommission nicht gleich auf den Plan rufen. Wem bei dem Gedanken trotzdem noch immer unwohl ist, sollte folgender Realität ins Auge blicken: Es gibt durchaus schon eine Menge guter Medikamente für Diabetiker. Die besten unter ihnen aber gehören auch zu den effektivsten zellulären Stressauslösern, die der Planet zu bieten hat. Nur dass das bisher niemand

18 STRESS OHNE ANTWORT

so deutlich ausgesprochen hat und zudem die Patienten von all dem Stress auch meist gar nichts merken.[252] Im Gegenteil.

Beispiel Metformin. Es gilt als das wirksamste Diabetesmittel überhaupt.[253] Was ist Metformin? Metformin ist ein in der seit Jahrhunderten als Medizinpflanze genutzten Geißraute *(Galega officinalis)* vorkommender Stoff. Was macht es im Körper? Es löst zellulären Stress[254] aus und bedingt alle möglichen zellulären Stressreaktionen. So werden unter anderem Hitzeschockproteine vermehrt produziert. Es gibt sogar deutliche Hinweise darauf, dass Diabetiker, die gut mit Metformin eingestellt sind, eine höhere Lebenserwartung haben als Nichtdiabetiker (die natürlich kein Metformin nehmen).[255] Ähnlich wie manche Wissenschaftler bereits fordern, Menschen vorsorglich per Gammastrahlung zu stressen, um damit Krebs zu verhindern, gibt es auch schon jene, die eine universelle Metformin-Prophylaxe sinnvoll fänden. Die würde, wenn man alle Studien zur Wirkung der Substanz zusammennimmt, möglicherweise nicht nur vor Diabetes, sondern auch vor Krebs,[256] Herzinfarkten[257] und noch allerlei anderer Unbill schützen.

Die Liste anderer Moleküle, die über zellulären Stress die Produktion von Hitzeschockproteinen fördern und auch noch andere Abwehrreaktionen anschieben, ist lang. Und die Zahl der Moleküle, welche schon gezielt in Diabetes-Experimenten getestet wurden, ist ebenfalls schon recht eindrücklich. Dazu gehört etwa Geranylgeranylaceton. Aus Inhaltsstoffen welcher Pflanze es ursprünglich gewonnen wurde, kann man sich denken. Es lässt vor allem ein spezielles Hitzeschockprotein, Hsp70, in die Höhe schießen. Andere heißen Alpha-Liponsäure, die man sogar als Nahrungsergänzungsmittel kaufen kann,[258] 4-Phenylbuttersäure oder Hydroxamsäuren. Bei letzteren wurden sogar Hinweise gefunden, dass sie über zelluläre Stressmechanismen therapeutische Effekte bei bislang praktisch nicht behandelbaren Krankheiten wie Muskelschwund und ALS haben können.[259]

Als Alexander Gerst aus Künzelsau 2014 auf der Internationalen Raumstation war, hat er immer wieder sehr unterhaltsam und lehrreich von dort oben zu uns herunter geplaudert. Aber ein Problem, das so viele Astronauten haben, hatte dabei auch er: Wenn es darum ging, zu erläutern, welche Experimente er dort oben im Labor macht und

DIABETES, GEISSRAUTENGIFT UND SCHWERELOSIGKEIT

warum die auch für das irdische Leben wichtig sein können, wurde es oft schwierig. Dabei gibt es durchaus viele Befunde aus der Schwerelosigkeit, die auch auf Erden sehr, sehr relevant sind. Einer davon hat mit Diabetes zu tun: Ob sie nun Astro-, Kosmo- oder Taikonauten heißen, Raumfahrer haben in der Schwerelosigkeit nicht nur Probleme beim Zähneputzen und anderen Verrichtungen, bei denen sonst die Gravitation zuverlässig Hilfestellung leistet. Sie bekommen oft auch Vorstufen von Diabetes: Insulinresistenz, erhöhte Entzündungswerte und dergleichen.[260] Warum das so ist, ist noch nicht abschließend geklärt. Aber dass die fehlenden Reize, die mit Schwerkraft zu tun haben und derentwegen man laufen, springen, etwas heben oder sich bücken muss, etwas damit zu tun haben, gilt als sehr wahrscheinlich. Jedenfalls gelingt es zumindest ein bisschen, die prädiabetischen Werte zu kontrollieren, wenn man als Raumfahrer dort oben ein Fitnessprogramm absolviert. Das stellt zwar keine künstliche Gravitation her, wie sie einst Captain Kirk, Commander Spock, Lt. Commander Scott und Dr. McCoy das Leben durch Erschwerung erleichterte, aber doch ein wenig Widerstand für die Muskeln.

Wenn man möchte, kann man das bequeme und bewegungsarme Leben, das heute viele führen, als die irdische Version dieser Gravitations-, Widerstands- und Stressvermeidung interpretieren. Oder mit den Worten des Diabetesforschers Philip L. Hooper von der University of Colorado School of Medicine: »This new lifestyle is almost as alien as living in outer space.«[261]

Und wäre es nicht die größtmögliche Ironie, wenn ausgerechnet die überwundene Schwerkraft und die damit fehlenden körperlichen Stressreize uns nachhaltig daran hindern würden, wirklich große und lange Reisen in die unendlichen Weiten zu machen?

19 VON HERZEN

ZIGARETTEN, INFARKTE UND
DIE VORSORGE DANACH

Zumindest beim Herz sollte eigentlich alles klar sein: Je gestresster, je belasteter, je vorgeschädigter, desto kränker und desto höher die Wahrscheinlichkeit, einen Infarkt nicht zu überleben. Das Gegenteil ist der Fall.

»Sie müssen Ihr Herz mehr schonen!«
So oder so ähnlich hat Helmut Schmidt diesen Satz von seinen Ärzten wahrscheinlich unzählige Male gehört. Auf einer Konferenz zum Gesundheitsstandort Deutschland, die von der von Schmidt mit herausgegebenen Wochenzeitung *Die Zeit* organisiert worden war, sagte er im November 2014, er sei »nie ganz gesund gewesen«. Sein Herz schwächelte schon fast 50 Jahre, bevor der ehemalige Kanzler im Alter von 95 erstmals derart offen darüber sprach. Während seiner Amtszeit soll er deshalb knapp hundert Mal mehr oder weniger lang das Bewusstsein verloren haben,[262] offenbar auch in Krisenzeiten wie dem »Deutschen Herbst« 1977.

Dass Schmidt, der Kettenraucher, 96 Jahre alt geworden ist, ist sicher teilweise der modernen Medizin und seinen insgesamt fünf Herzschrittmachern zu verdanken.

Aber vielleicht hat auch noch etwas anderes eine Rolle gespielt: die Tatsache, dass Helmut Schmidt »nie ganz gesund gewesen« ist. Solches bei Personen wie ihm zu vermuten ist zumindest begründet durch statistische, studiengestützte Befunde: Wer schon langwierig Herzprobleme hatte, den erwischt etwa ein Infarkt, wenn er kommt, meist nicht so schwer wie jemanden, der sich immer vital gefühlt hat und dem es nicht im Leben eingefallen wäre, in Herzensangelegenheiten einen Arzt aufzusuchen.

Marcel Reich-Ranicki wurde 93 Jahre alt. Er hatte in jungen Jahren unvorstellbare Entbehrungen zu ertragen,[263] der Hunger wurde unter anderem mit filterlosen Zigaretten minderster Qualität bekämpft. Auch viele alte Fotos, etwa bei Treffen der Gruppe 47, zeigen ihn mit Kippe zwischen den Fingern. Die eine oder andere Ausschweifung wird ihm ebenfalls nachgesagt.

Im Alter ließ er in Gesprächsrunden und Interviews immer wieder Bemerkungen fallen, was seine Ärzte ihm rieten und verböten, wegen Herz und Blutdruck. Aber dass er so alt wurde, ist nicht unbedingt nur jenen um den Literaturpapst besorgten Medizinern zu verdanken, sondern vielleicht auch dem Herzen des großen Kritikers selbst. Und all dem Stress, den es auszuhalten hatte im Leben.[264]

Bezogen auf solche Einzelpersonen ist all das natürlich eher Spekulation. Aber.

Aber: Tabakkonsum an sich ist ein uralter Bestandteil vieler Kulturen, auch seine Effekte sind dosisabhängig. Er wird gegenwärtig komplett verteufelt, und das ist in dieser Form nicht gerechtfertigt, nicht nur, weil es viele Leute in ihrer Freiheit einschränkt. Tatsächlich sind sogar ein paar gesundheitliche Vorteile bekannt.[265] Und es stellt sich auch heraus, dass Raucher etwa Infarkte und Schlaganfälle im Schnitt deutlich besser überstehen als Nichtraucher.[266]

Und zusätzlich stellt sich heraus, dass bei jener Gruppe von Rauchern, die tatsächlich deutlich früher sterben als Nichtraucher, wohl noch ein paar weitere Faktoren dazukommen: Zusatzstoffe im Tabak und im den Tabak umhüllenden Papier, viel Alkohol, viel psychischer, beruflicher, privater Dauerstress ohne Ausgleich, prekäre soziale Verhältnisse, nicht genug Bewegung, zu viel und zu einseitiges Essen.[267] Und solche Personen haben auch häufig langjährig besonders stark und von früh bis spät geraucht.

All das zeigt sich nicht an Einzelpersonen, sondern in Studien, die zahlreiche Menschen und ihre Lebensstile vergleichen.

Wer von Zigaretten auf E-Zigaretten umsteigt, der atmet nicht mehr den in großen Mengen unstrittig sehr schädlichen, teerhaltigen, krebserregenden Rauch von verbranntem Papier und Pflanzenmaterial und die Dämpfe von erhitztem Filterkunststoff ein, sondern nur noch winzige Glycerintröpfchen. In denen sind Nikotin und oft, je nach Geschmack, ein paar Aromastoffe[268] gelöst.

E-Zigaretten werden von vielen sehr kritisch und wie eine Art Einstiegsdroge gesehen. Und gerade die Vermarktungsmethoden in Richtung Jugendlicher sind tatsächlich oft sehr zweifelhaft. Aber sie werden wahrscheinlich in den kommenden Jahren bei Hunderttausenden zu »Dampfern« gewordenen Rauchern den zu frühen Rauchertod verhindern oder zumindest deutlich hinauszögern. Und es ist auch nicht ausgeschlossen, dass die uralte Droge Tabak in dieser »Darreichungsform« auch noch ein paar positive, wirklich medizinische Eigenschaften offenbart.[269]

Solche Studien sind bislang nicht gemacht worden, dafür gibt es E-Zigaretten noch nicht lange genug. Und auch manche der Aromastoffe von Erdbeere bis Schoko könnten sich als problematisch herausstellen und positive Effekte wieder zunichtemachen.

Doch tatsächlich hat Nikotin allein, also der Stoff, dessentwegen Raucher rauchen und »Dampfer« dampfen, in den Dosen, wie sie beim Rauchen und Dampfen üblich sind, wahrscheinlich noch keinen Menschen umgebracht[270]. Selbst ob Nikotin für sich allein ein Suchtauslöser ist, ist inzwischen umstritten. Unter anderem meldet der Erfinder des wichtigsten Tests auf Zigarettensucht, Kai Fagerström, hier Zweifel an.[271]

Nikotin ist aber durchaus ein Gift. Und es wirkt typisch hormetisch. Es ist ein Gift, das zum Beispiel das Herz stresst und es auf möglichen noch größeren Stress vorbereitet.

Das Raucher-Paradox

Nikotin verengt die Blutgefäße, auch die Herzkranzgefäße. Dadurch wird die Versorgung der Herzmuskulatur mit Blut, Sauerstoff und Energieträgern gedrosselt. Dasselbe passiert übrigens bei anstrengendem Sport. Die alte Lehre, dass Sport die Durchblutung fördert, also im Grunde genau das Gegenteil von Nikotin bewirkt, ist in dem Moment, in dem man sich anstrengt, so wahr, wie sie unwahr ist: Ja, Blut wird schneller herumgepumpt, es wird mehr geatmet und Sauer-

ZIGARETTEN, INFARKTE UND DIE VORSORGE DANACH

stoff aufgenommen, es werden mehr Nährstoffe mobilisiert. Aber unterm Strich, relativ zum Bedarf, bleibt ein großes Defizit im Vergleich zum Sofaaufenthalt. Das Herz und der Rest des Körpers sind, egal wie frisch die Luft auch sein mag, unterversorgt. Sie sind gestresst.

Natürlich ist es leicht, einer Kardiologin oder einem Kardiologen ein nettes Zitat zu den Vorteilen von Sport für die Herzgesundheit zu entlocken. Und natürlich ist es schwierig bis unmöglich, ihn oder sie zu einem ähnlich positiven Statement zum Rauchen zu bewegen. Das hat ja auch gute Gründe, denn Tatsache ist, dass starkes langjähriges Rauchen, vor allem in Kombination mit körperlicher Untätigkeit und viel Alkohol, das Herz und seine Kranzgefäße schädigt und deren Besitzer statistisch gesehen früher und häufiger als den Durchschnitts-Nichtraucher zum Infarktpatienten werden lässt.[272] Das allerdings ändert an dem, was Kardiologen seit Jahrzehnten als das sogenannte *Raucher-Paradox* diskutieren, nichts: Wer als langjähriger Raucher einen Infarkt bekommt, hat im Vergleich zu einen Nichtraucher bessere Chancen. Er hat bessere Chancen, dass dieser Infarkt nicht großflächig Herzgewebe zerstört, bessere Chancen, die Klinik lebend zu verlassen, und bessere Chancen, ohne oder mit nur geringen Folgeschäden und Einschränkungen davonzukommen. Das bestätigt auch Georg Ertl von der Uniklinik Würzburg, einer der führenden deutschen Kardiologen.[273]

Einer der sehr wahrscheinlichen Gründe, warum ein Infarkt bei einem Raucher tendenziell weniger großflächig ausfällt, also weniger Herzgewebe betrifft und im schlimmsten Fall absterben lässt, sind sogenannte *Kollateralen*. Bei ihnen handelt es sich um eine Art Bypässe, die das Herz sich selbst bastelt, als Reaktion auf Stresssituationen mit suboptimaler Durchblutung. Raucher haben also, weil sich ihre das Herz versorgenden Blutgefäße immer wieder akut durch das Nikotin zusammenziehen und weil sich dieselben Blutgefäße durch die vom langjährigen Rauchen mit ausgelöste Arteriosklerose verengen, oft zusätzliche Herzkranzgefäße.[274]

Die koronare Herzkrankheit (also krankhafte Veränderungen der Blutgefäße im Herzen) ist laut Weltgesundheitsorganisation weltweit nach wie vor Todes- und Morbiditätsursache Nummer eins.[275] Herzinsuffizienz ist in Deutschland der häufigste Grund für Einweisungen

19 VON HERZEN

ins Krankenhaus[276] und ein Mega-Kostenfaktor für das Gesundheitssystem. Wenn es um Herzinfarkte geht – aber auch um Hirninfarkte, also Schlaganfälle –, dann geht es meist um das Verstopfen von solchen krankhaft veränderten Blutgefäßen.[277] Und gerade hier hat man in den vergangenen Jahren Befunde zusammengetragen, die ein sonst etwas inflationär gebrauchtes Adjektiv dann doch ganz passend charakterisiert. Es kommt deshalb selbst in diesem Buch nur einmal und nur an dieser Stelle vor: Jene Befunde sind *verblüffend*.

Denn Herzkranzgefäße, Hirngefäße und Blutgefäße allgemein scheinen auf ganz verschiedene Weisen, über ganz unterschiedliche Mechanismen und zu ganz unterschiedlichen Zeitpunkten von Stress zu profitieren. Die schon erwähnte Bildung von Kollateralen, also Ersatzgefäßen, ist nur einer dieser Mechanismen. Zusätzlich löst Stress natürlich auch in den Zellen von Blutgefäßwänden die Bildung von Stressschutzmolekülen aus, die es unter anderem ermöglichen, dass diese Zellen bei einem Infarkt und dem dadurch ausgelösten Sauerstoffmangel besser, länger überleben und sich danach besser erholen als ohne Stressvorbereitung.

Infarkt schützt vor Infarkt

Die beste Vorbereitung auf einen Infarkt scheint dabei ein Infarkt zu sein. 1986 berichteten Charles Murry und seine Kollegen von der Klinik der Duke University erstmals über dieses Phänomen.[278] Sie hatten Versuchstiere erst eine Reihe Miniinfarkte erleiden lassen, darauf folgte dann ein richtiger. Bei den so vorbereiteten Tieren war im Vergleich zu solchen, die nur den einen einzigen, 40-Minuten langen Gefäßverschluss gesetzt bekamen, das Volumen geschädigten Herzgewebes im Mittel nur ein Viertel so groß. Diese Beobachtung ist inzwischen vielfach bestätigt.

Hinzugekommen sind mittlerweile Befunde, die zeigen, dass man Patienten nicht alle paar Tage einen Miniinfarkt verpassen muss, um sie vor großen Infarkten und deren Folgen zu schützen.

Das wäre ja auch, zurückhaltend formuliert, nicht recht praktikabel. Ähnliche Effekte können aber andere Ereignisse ebenso haben, bei denen im Herzen oder auch anderswo im Körper zeitweise die Blut- und Sauerstoffzufuhr abgedreht oder reduziert wird. Der Essener Internist Gerd Heusch untersucht dies seit Jahren und nennt es »Entfernungs-Infarkt-Konditionierung« *(remote ischemic conditioning)*.[279] Das kann im Alltag schlicht die Gefäßverengung durch Nikotinwirkung sein, oder aber das zeitweise Abbinden des Unterarms, und wahrscheinlich auch ganz alltägliche Situationen, etwa wenn man im Garten drei Minuten vor dem Beet hockt und einem dabei das Bein »einschläft«.

Vielleicht liegt hier auch einer der Gründe, warum in Studien immer wieder festgestellt wird, dass gerade Leute, die regelmäßig im Garten aktiv sind, gesundheitliche Vorteile haben.

Für den durch vorbereitenden Stress ausgelösten Herzschutz scheinen verschiedenste biochemische Signale und Signalwege verantwortlich zu sein.[280] So werden offenbar spezielle Enzyme,[281] die unter anderem Zelltodsignale verteilen, abgeschaltet. Das geschieht sehr schnell und hält auch nicht allzu lange vor. Andere, nicht so schnelle, aber länger wirksame Mechanismen beruhen beispielsweise auf dem Anschalten bestimmter Stressschutz-Gene. Freie Radikale scheinen auch hier eine wichtige Rolle zu spielen, einerseits als Signalstoffe, andererseits als direkte Trigger für die Aktivierung von Schutz-Genen und die Produktion von Abwehrmolekülen. Und allein die Tatsache, dass in Experimenten[282] herauskam, dass es mit dem Herzschutz vorbei ist, wenn Versuchstieren oder isolierten Organen hochpotente Antioxidantien verabreicht werden, sollte zumindest nachdenklich machen, was den eigenen Konsum von Radikalfänger-Pillen angeht. Und auch die bisherigen klinischen Versuche, in denen Patienten Antioxidantien als erhoffter Herzschutz gegeben wurde, sind weitestgehend enttäuschend verlaufen.[283]

Die Forschung steht allerdings erst am Anfang. Und relevante Ergebnisse für die Personengruppe zu bekommen, die es am nötigsten hätte, ist besonders schwierig, denn das sind ältere, infarktgefährdete Menschen. Die meisten Versuchsergebnisse stammen aus dem Labor und von Versuchstieren, deren Reaktionen mit denen eines humanen Seniors nicht gleichgesetzt werden können. Aber einige Ergebnisse klinischer Studien, also mit Patienten, sind wiederum so eindeutig und ihre Ergebnisse erscheinen auf den ersten Blick so paradox, dass es schwer ist, hier die Stress- und Hormesis-Connection zu ignorieren: Denn für die eingangs herangezogenen Einzelbeispiele steinalt werdender Hochrisikopatienten, aber auch für früh aus dem Leben gerissene vermeintlich Gesunde, gibt es in der medizinischen Fachliteratur durchaus Entsprechungen. Eine 2011 erschienene Studie etwa zeigt, dass jene Infarktpatienten, die zuvor die wenigsten dokumentierten Risikofaktoren von Rauchen bis Übergewicht hatten, mit Abstand am häufigsten starben.[284]

Es gibt aber auch vollkommen neutrale Studienergebnisse, etwa bei Bypass-OP-Patienten. Sie sind bei der Prozedur besonders gefährdet, weil sich in deren Verlauf Blutpfropfen oder Gefäßablagerungen lösen und Gefäße verstopfen können. Bei ihnen brachte der Stressreiz direkt vor der Operation (vier Zyklen à fünf Minuten, in denen ein Oberarm mit einer Blutdruckmanschette abgebunden wurde) aber weder Vor- noch Nachteile.[285] Zweifellos, so sagt es etwa Ulrich Dirnagl – oberster Schlaganfallforscher an der Charité in Berlin und selbst sehr interessiert an ähnlichen Therapien für seine Patienten (siehe Kasten) –, seien solche Ergebnisse echte Rückschläge. Das sei schon allein deshalb so, weil es extrem kompliziert, teuer und ein Riesenaufwand sei, derartige Studien überhaupt durchzuführen. Wenn die erste fehlgeschlagen ist, dann gibt es oft keine zweite. Das ernüchternde Ergebnis gerade dieser Studie ist jedoch vielleicht schlicht durch das verwendete Narkosemittel begründet.[286] Und inhalierte Narkosemittel ihrerseits haben in großen Studien Schutzeffekte gezeigt.[287]

Und es kommen noch einige andere Hinweise auf Effekte hinzu, und das oft aus Ecken, wo man sie wirklich nicht vermutet. So zeigen zum Beispiel Tierversuche[288] und auch Studien mit Menschen,[289] dass langjährig regelmäßig verabreichte Opiate, also etwa Morphium und Methadon, ebenfalls vor Infarkten schützen und die Schwere von Infarkten deutlich mildern können.

Es gibt also auf jeden Fall noch viel zu forschen. Das gilt aber nicht nur für das kritische Zeitfenster vor einem Infarkt. Denn sogar ein Stress, der nach dem Infarkt zusätzlich wirkt, kann die Aussichten auf Genesung deutlich verbessern.

Die Vorbeugung danach

Dieses sogenannte *Post-Conditioning* ist natürlich für Mediziner besonders interessant. Post-Conditioning bedeutet übersetzt so viel wie »Nach-Vorbereitung«, und ist schon rein sprachlich das nächste Paradox. Tatsächlich ist das, was dort passiert, bislang noch nicht gut verstanden. Und bei Untersuchungen an tatsächlichen Infarktpatienten kommt rein wissenschaftlich erschwerend hinzu, dass die ihnen verabreichten Therapien hier die Studienergebnisse stark beeinflussen können.[290] Aber dass es passiert, ist in Tierversuchen eindeutig nachgewiesen. Und auch hier gibt es zumindest ein paar klinische Studien.[291]

Allzu überraschend sollte es nicht sein, denn einerseits funktioniert Ähnliches ja auch in anderen Bereichen. Manche Impfungen etwa können noch wirken und Leben retten, nachdem der pathogene Keim bereits im Körper ist, jene gegen Tollwut beispielsweise. Andererseits ist auch Folgendes bekannt: Die meisten Schäden, die ein Herzinfarkt letztlich hinterlässt, entstehen nicht dann, wenn der Patient jenen »Vernichtungsschmerz« in der Brust zu spüren beginnt, sondern danach. Es sind Schäden an Zellen, es ist der Tod von Zellen des Herzmuskels. Diese Schäden werden ausgelöst durch dreierlei:

1. mangelnde Blut- und damit Sauerstoffversorgung dieser Zellen,
2. mangelndes Vermögen dieser Zellen, diesen Sauerstoffmangelstress auszuhalten,
3. innerhalb der gestressten Zellen und in deren Umgebung gesandte Signale, die zusätzliche Schäden bewirken.

Auf alle drei Faktoren kann man natürlich direkt nach einem Herz- oder auch Hirninfarkt noch Einfluss nehmen, vor allem wenn man Arzt ist, die richtigen Medikamente verabreicht und die richtige Medizintechnik einsetzt. Bislang allerdings passiert das, wenn überhaupt, fast nur bei Punkt 1. Mit sogenannten thrombolytischen oder fibrinolytischen Wirkstoffen wird versucht, das Blutgerinnsel aufzulösen, welches das Blutgefäß verstopft. Oder per Angioplastie wird ein Katheder eingeführt, der das verengte Gefäß auseinanderdrückt, meist gefolgt vom Einsetzen eines kleinen Röhrchens (Stent), damit die Stelle sich nicht wieder verengt. Beide Methoden werden angewandt, damit das Gewebe wieder versorgt werden kann.

Allerdings gibt es auch hier ein weiteres Problem: Blutgefäße sind lebendig. Sie sind mit einem verstopften und dann wieder freien Abflussrohr im Bad nicht vergleichbar. Wenn alles wieder fließt, ist nicht alles automatisch wieder gut.

Schon vor über 30 Jahren erkannten Mediziner, dass die wiederhergestellte Durchgängigkeit eines Blutgefäßes *(Reperfusion)* ein »zweischneidiges Schwert«[292] sein kann. Seither kursiert der Begriff der *Reperfusion Injury,* also der erst durch die Wiederdurchblutung bedingten Schädigung. Denn nicht nur der Sauerstoffmangel im Gewebe führt zu den verschiedensten ungünstigen Reaktionen. Auch wenn das Blut wieder fließen kann und wieder Sauerstoff ankommt, können genau dadurch Schäden enstehen.

Zum Beispiel werden erst dann wahre Riesenmengen freier Radikale gebildet. Das liegt daran, dass die zelleigene Maschinerie, wenn das Blut wieder fließt, einige Zeit braucht, um Elektronen wieder richtig kanalisieren zu können. Weil aber nun wieder Sauerstoff zur Verfügung steht, können sofort jene »Reaktiven Sauerstoff-Spezies« mit ihren ungepaarten, zerstörerischen Elektronen (siehe Kapitel 12) gebildet werden. Dies kann in Kombination mit anderen durch die vorherige Sauerstoffnot entstandenen Problemen letztlich dazu führen, dass Zellen absterben.[293] Und es ist sicher einer der Gründe, warum die Infarktschäden in einem präkonditionierten Herzen geringer ausfallen. Denn hier kann das Herzgewebe eben auf einen gewissen Vorrat Abwehrmoleküle und aktivierte Stressschutz-Gene zurückgreifen. Es ist aber auch einer der Gründe, warum Mediziner froh wären, bei den oben angeführten Punkten 2 und 3 mehr unternehmen zu können.

Bei ihnen bräuchte man logischerweise »nur« spezielle Wirkstoffe, die genau diese Aspekte positiv beeinflussen. Und nach allem, was man weiß, stünden die Chancen bei Stoffen besonders gut, die den betroffenen Zellen wohldosierte Stresssignale vermitteln.

Wenn man Kardiologen ein wenig provokativ fragt, ob dafür auch eine Packung Gitanes direkt nach dem Infarkt infrage käme, bekommt man natürlich ein »Sicher nicht« zu hören. Und um Missverständnissen vorzubeugen: Auch dieses Buch schlägt derlei nicht vor. Nach

Möglichkeiten, gezielt Stressreize nach einem Infarkt einzusetzen, um die Aussichten für Patienten zu verbessern, sollte man allerdings durchaus suchen.

Therapie per Ballon

Eine ist vergleichsweise einfach, und wurde für eine 2005 erschienene Studie erstmals in dieser Form an Patienten getestet:[294] Direkt nach oben erwähnter Angioplastie-Prozedur, die ein Blutgefäß wieder öffnet, wird kurz nach Einsetzen des Stents derselbe aufblasbare Ballon, der das Gefäß wieder geweitet hat, erneut aufgeblasen. Das bedeutet, das Herzgewebe bekommt kurz Blut und Sauerstoff verabreicht, dann aber herrscht dort gleich wieder Mangel. Das Ganze machten die Studienärzte viermal hintereinander, jeweils 60 Sekunden Öffnung und Verschluss.

Ergebnis: Im Vergleich zu Patienten, die nur den Stent eingesetzt bekamen, war die Infarktgröße – also das letztlich geschädigte Gewebe – in den per Ballon wiederholt geblockten Herzen deutlich reduziert. Inzwischen gibt es weitere ähnliche Untersuchungen.[295] Bei diesen hat sich auch langsam herauskristallisiert, wie lang der erste Blutfluss am besten sein sollte, bevor das Gefäß kurz wieder verschlossen wird, wie oft man auf und zu machen sollte etc. Auch ein vergleichsweise simpler Eingriff zeitigte bei Patienten positive Wirkung: Ihnen wurde schlicht während der Fahrt im Krankenwagen eine Blutdruckmanschette am Arm immer wieder aufgepumpt und abgelassen. Das so wiederholt abgebundene, vom Herzen weit entfernte Gewebe produzierte dabei offensichtlich Stressantwortsubstanzen. Zu denen gehören, soweit bislang bekannt, unter anderem Nitrit-Ionen und die HIF-Faktoren (siehe Kapitel 17).[296] Die reichten offenbar aus, um den Patienten und deren Herzen deutlich bessere durchschnittliche klinische Ergebnisse zu verschaffen.[297]

Doch obwohl die Ergebnisse meist positiv waren und die nicht so positiven oft sehr logisch erklärbar sind – etwa damit, dass in den fehlgeschlagenen Versuchen die Zeit der ersten Wiederdurchblutung schlicht zu lang war –, ist eines noch längst nicht geschehen: Solche Prozeduren haben keinen Eingang in die klinische Praxis gefunden.

19 VON HERZEN

Selbst wer heuer mit einem Infarkt in die beste Uniklinik eingeliefert wird, kann nicht damit rechnen, so behandelt zu werden. Und ob sich das je ändern wird, ist fraglich.

Aber für den Fall, dass man als Patient das Glück hat, bei Bewusstsein im Rettungswagen in die Klinik gefahren zu werden, hat Gerd Heusch einen Tipp. Der Professor an der Uniklinik Essen sagt, er persönlich würde »bei einem Infarkt ganz sicher den Sani um häufige Blutdruckmessung bitten«.

Hormesis und Schlaganfall

Bei Schlaganfällen wird nicht die Blutversorgung von Teilen des Herzens, sondern jene von Teilen des Gehirns unterbrochen, weshalb hier auch gelegentlich der Begriff »Hirninfarkt« benutzt wird. Es spricht viel dafür, dass hier weitgehend dieselben Mechanismen dazu beitragen können, dass die Folgen weniger schwerwiegend ausfallen wie bei Herzinfarkten auch.

Aus Tierversuchen weiß man, dass etwa Mäuse und Ratten, deren Gehirne man zunächst Hitze oder einem Blutversorgungsmangel aussetzt und sie danach einen künstlich erzeugten Schlaganfall durchmachen lässt, diesen deutlich besser überstehen als Tiere ohne diese Vorbehandlung. Verantwortlich dafür sind offenbar unter anderem Hitzeschockproteine[298] und Wachstumsfaktoren wie BDNF, die die Nervenzellen schützen. In Versuchen an der Universität des Saarlandes in Homburg erholten sich Ratten besser von Gefäßverschlüssen, wenn ihre Köpfe 24 Stunden zuvor einer Temperatur von 42,5 Grad ausgesetzt gewesen waren.[299] Dazu kommen auch hier Befunde, dass Gefäßverschlüsse anderswo im Körper vor den Folgen späterer Schlaganfälle schützen können.

Bei Menschen sind Symptome einer *Transitorischen Ischämischen Attacke* (TIA) das wichtigste Warnzeichen, dass jemand demnächst einen Schlaganfall bekommen könnte. Bei einer TIA bekommen die betroffenen Personen kurzzeitig neurologische Ausfälle wie etwa Lähmungserscheinungen auf einer Körperseite oder Sprechstörungen, die sich allerdings innerhalb von höchstens 24 Stunden (oft schon nach weniger als einer Stunde) wieder vollständig zurückbilden und keine mit herkömmlichen Methoden nachweisbaren Schäden hinterlassen. Sie werden landläufig

ZIGARETTEN, INFARKTE UND DIE VORSORGE DANACH

oft als »kleiner Schlaganfall« bezeichnet, und ihre Ursachen gleichen soweit bekannt tatsächlich denen eines echten Schlaganfalls.

Das erhöhte Risiko, danach einen echten Schlaganfall zu bekommen, ist hier aber nicht der einzige medizinisch relevante Zusammenhang. Zahlreiche Studien zeigen, dass, wer wenige Tage vor einem echten Schlaganfall eine TIA hatte, geringere Folgeschäden und bessere Chancen auf Überleben und Genesung hat als jemand ohne diese unmittelbare Vorgeschichte.[301] Mediziner vermuten hier logischerweise, dass eine vorhergehende TIA einen Schutzeffekt für das Hirngewebe hat,[302] oder auch, dass eine TIA Heilungsprozesse nach einem Anfall begünstigen könnte,[303] was aber als weniger wahrscheinlich gilt.

Mechanismen, die solchen Schutzeffekten zugrunde liegen, scheinen zumindest zu großen Teilen solche zu sein, die in die Kategorie »adaptive Stressantwort« gehören. Es sind also Hormesis-Mechanismen. Dazu gehört neben der Aktivierung von Hitzeschockproteinen und Wachstumsfaktoren auch die Produktion von Varianten des Hypoxie-induzierbaren Faktors (HIF), einer bei Sauerstoffmangel meist massiv produzierten Schutz- und Signalmolekülgruppe. Die erwähnten Forscher in Homburg fanden heraus, dass ihre Hitzeschock-Präkonditionierung dazu führte, dass ein Protein namens *Plasminogen-Aktivator* gebildet wurde, das direkt Blutpfropfen auflösen oder deren Bildung verhindern oder zumindest begrenzen kann.

Sport scheint auch hier – über verschiedene Mechanismen – einen deutlichen Schutzeffekt zu haben.[304]

Schlaganfall-Präkonditionierung wird seit Jahren intensiv klinisch erforscht.[305] Die Pharma-Industrie ist hier natürlich weniger an den Effekten von Blutdruckmanschetten interessiert. Sie sucht eher nach patentierbaren Substanzen, die genau dasselbe bewirken würden und die man Risikopatienten, also etwa solchen, bei denen eine OP an einem Blutgefäß ansteht, verabreichen kann.

20 THE WAR ON CANCER

KREBSZELLEN MÖGEN KEINEN STRESS

Sich unkontrolliert teilende Krebszellen unterscheiden sich von gesunden Körperzellen in vielerlei Hinsicht. Einer dieser Unterschiede ist, dass sie deutlich stressanfälliger sind. Das ist einer von mehreren Gründen, warum gezielt genutzte Hormesis einer der besten Wege sein dürfte, diesen Krankheiten vorzubeugen und sie zu behandeln.

Krebs gehört zu den Krankheiten, vor denen Menschen die allergrößte Angst haben. Zwar meinen manche,[306] dass er eigentlich die bevorzugte Art zu sterben sein müsste, unter anderem, weil man dann noch Zeit habe, Angelegenheiten zu regeln, sich zu verabschieden und über das Leben zu reflektieren. Doch diese theoretischen Überlegungen werden die meisten Betroffenen oder Geängstigten nicht besonders tröstlich finden. Und wer einmal einen nahen Angehörigen auf diesem Weg zum Tode begleitet hat, weiß, dass die Realität dieser Krankheit schrecklich sein kann. Rein rechnerisch ist die Angst, Krebs zu bekommen, auch gerechtfertigt, deutlich mehr jedenfalls als die vor Fuchsbandwürmern oder Flugzeugabstürzen. Tumoren gehören zu den Leiden, die Menschen sehr häufig heimsuchen. Die Statistik spricht von ca. 500 000 Neudiagnosen in Deutschland jährlich. Und die Tendenz ist nach wie vor steigend.

Letzteres hängt natürlich damit zusammen, dass auch die Lebenserwartung steigt. Die Wahrscheinlichkeit, einen Tumor diagnostiziert zu bekommen, ist im Alter schlicht weitaus höher als in der Jugend. Es hängt auch damit zusammen, dass die Diagnosemethoden sich stetig verbessern und die sogenannte Krebsvorsorge[307] zunehmend in Anspruch genommen wird. Somit werden auch Tumoren gefunden und behandelt, die ohne Diagnose vielleicht niemals Probleme gemacht hätten. Die steigenden Krebszahlen werden aber auch immer wieder dem Mehr an Umweltgiften, neu in Umlauf gebrachten Chemikalien, Strahlenquellen, Pestiziden und dergleichen zugeschrieben. Dem Rauchen natürlich. Und dem stressigen Leben vieler Zeitgenossen. Man muss davon ausgehen, dass es Krebs bei Menschen schon immer gegeben hat. Schon im Altertum wurde er beschrieben. Wir kommen ohne Zellteilung nicht aus, und diese so zu kontrollieren, dass ein einigermaßen wohlorganisierter menschlicher Körper entsteht und erhalten bleibt, ist kompliziert und fehleranfällig. Die menschliche Genetik ist komplex, es können Mutations-Unfallserien vorkommen, die eine Tumorentstehung fördern. Und je älter man wird, desto mehr steigt die Wahrscheinlichkeit dafür. Es gibt sogar die Hypothese, dass Krebs aus Sicht der Evolution betrachtet ein gewollter Mechanismus ist, um die Alten loszuwerden, damit sie den Nachkommen nicht die Ressourcen streitig machen.[308]

Insgesamt ist jedoch erstaunlich wenig bekannt über die konkreten Ursachen von Krebs – jenseits von dem, was man über die Folgen von hochdosierter Strahlung, Tabakrauch, Asbest, verkohltem Fleisch und Genen, die auf Namen wie BRCA oder RET hören, weiß. Viele im Tierversuch als krebserregend nachgewiesene Substanzen scheinen Menschen in realistischen Konzentrationen jedenfalls nicht zu schaden.[309] Und selbst die erwähnten belegten Krebsgefahrquellen lassen längst nicht jeden oder jede erkranken.

Dazu kommen noch die unzähligen Substanzen und Reize, bei denen in der einen Studie eine krebsfördernde, in der nächsten aber eine krebshemmende Wirkung beobachtet wird. »Remember, everything gives you cancer«, heißt es in einem Song von Joe Jackson.[310] Und wirklich so ziemlich alles, was wir essen, hat sich schon einmal hochwissenschaftlich als krebsverdächtig erwiesen. In Zahlen: Die Mediziner John Ioannidis und Jonathan Schoenfeld haben für die 50 am häufigsten in Kochbüchern vorkommenden Zutaten nach in der Fachliteratur erörterten Krebsrisiken gesucht. Sie wurden bei 40 von diesen 50 fündig. Andererseits scheinen viele dieser Zutaten und Lebensmittel auch Anti-Krebswirkungen zu entfalten. Bekannte Beispiele mit belegten sowohl krebsfördernden als auch krebshemmenden Eigenschaften sind unter anderem Koffein, Alkohol und Curry-Gewürz.

Nicht Substanzen sind krebserregend, sondern Dosen

Wenn man jedoch genau hinsieht, weist keine dieser Studien nach, dass ein bestimmter Nahrungsinhaltsstoff für sich genommen bei auch nur einem konkreten Menschen schon einmal Krebs ausgelöst hat. Stattdessen geht es meist entweder darum, dass sich Krebswahrscheinlichkeiten je nach Bevölkerungsgruppe unterscheiden. Das war etwa bei Befunden, wie sie Ende 2015 zum Konsum von verarbeiteten Fleischprodukten bekannt wurden, der Fall. Hier allerdings sind die statistischen Effekte meist klein, wenn überhaupt solche nachweisbar sind. Und die Forscher können eigentlich nie sicher sein, dass selbige nicht durch etwas ganz anderes bedingt sind. Und viele der Hinweise auf krebserregende Eigenschaften von Stoffen stammen allein aus dem Reagenzglas oder von Versuchstieren, denen Unmengen einer Substanz ins Futter[311] gemischt wird. Wenn bei ihnen dann die Tumorhäufigkeit steigt, dann gilt der Stoff bereits als krebsverdächtig, selbst wenn ein Mensch normalerweise keine vergleichbaren, ja nicht einmal hundertmal kleinere, Dosen zu sich nimmt.

Jeder Stoff, jeder Reiz ist ab einer gewissen Dosis giftig, das gilt sogar für die Lebenselixiere Sauerstoff und Wasser. Viele dieser Stoffe sind im niedrigen Dosisbereich aber nicht nur ungiftig, sondern sogar gesundheitsförderlich. Es wäre seltsam, wenn das nicht auch für den Spezialfall Krebs gelten würde.[312] Man muss sich hier nur an die seltsamen Befunde zu Radon und Lungenkrebs aus Kapitel 10 erinnern. Sehr vieles spricht dafür, dass das noch immer geltende Modell, wonach jeder krebsauslösende Stoff (Karzinogen) schon in kleinsten Konzentrationen gefährlich ist und mit steigender Dosis immer gefährlicher wird, in sehr, sehr vielen Fällen falsch ist. Im Gegenteil können kleine Dosen offenbar oft sogar gegen Krebs und seine Ausbreitung wirken.[313]

Reparieren und Eliminieren

Hormesis-Mechanismen gehören zu den wichtigsten Prozessen, die Krebs verhindern und seine Ausbreitung bremsen können. Die bedeutendsten sind sicher die durch zellulären Stress angeregte Reparatur von geschädigtem Erbmaterial und die ebenfalls durch diese Stressoren ermöglichte Eliminierung krankhafter Zellen. Dazu kommt, dass antientzündliche Prozesse angeschoben werden, körpereigene Antioxidantien vor Schäden durch freie Radikale schützen und so weiter.

Asbest und andere Krebserreger

In diesem Kapitel geht es um die hormetischen Vorgänge, die Tumoren möglicherweise verhindern, ihr Wachstum bremsen oder ihnen sogar wirklich zusetzen können. Fragen rund um Substanzen und Strahlen, die als krebserregend gelten, in bestimmten Dosen aber sogar über hormetische Vorgänge gegen Krebs wirken können, werden in vielen der anderen Kapitel behandelt. Deshalb hier nur ein kurzer Ausflug zu diesem Thema: Für Karzinogene gilt zwar offiziell das schwellenlose Gefahrmodell. Demzufolge sollen schon geringste Dosen krebserregend sein, und höhere Dosen immer stärker krebserregend. Viele experimentelle Befunde und epidemiologische Untersuchungen zeigen aber, dass bei niedrigen Dosen oft das Gegenteil der Fall ist. Die Ergebnisse der sogenannten Mega-Mouse-Study, die für einen bekannten Krebserreger in niedrigen Konzentrationen eine klare Schutzwirkung belegten (siehe Kapitel 29), sind nur ein Beispiel. Und selbst bei jenen Substanzen, die als besonders gefährlich gelten, gibt es Hinweise in diese Richtung. Bei Asbest etwa wird allgemein gesagt, schon eine einzelne Faser könne Krebs auslösen. Und zumindest theoretisch ist das richtig. Vergleichbares gilt dann aber auch für eine einzige niedrige Strahlendosis, die vielleicht eine einzelne Mutation auslöst, oder auch für ein einzelnes Radikal-Molekül. Zu Asbest gibt es aber Befunde von Männern, die eine Zeitlang in Asbestminen gearbeitet haben. Sie waren der häufigsten kommerziell genutzten Asbest-Variante Chrysotil am Arbeitsplatz chronisch in Konzentrationen von etwa 20 Fasern pro Kubikzentimeter (das wären etwa 10 000 Fasern mit jedem

20 THE WAR ON CANCER

Atemzug) ausgesetzt. Sie hatten aber verglichen mit der Durchschnittsbevölkerung sogar niedrigere Krebsraten der typischerweise durch die Fasern bedingten Tumoren.[314] Andere Studien kommen zu dem Ergebnis, dass etwa das Sägen von Asbestzement (in diesem Material kommt meist eine andere Art Asbestfaser zum Einsatz, der sogenannte Blauasbest, auch Riebeckit genannt) selbst für Leute, die dies etwa beim eigenen Hausbau nur eine Zeitlang tun, ein erhöhtes Krebsrisiko bedingt.[315] Anders als in Minen kann hier aber keine auch nur einigermaßen verlässliche Konzentration der Partikel in der Luft zugrunde gelegt werden, sie ist akut aber deutlich höher als dort. Für sehr geringe Asbest-Exposition liegen tatsächlich keine verlässlichen Daten bezüglich des Erkrankungsrisikos vor, schon gar nicht im Vergleich zu Null-Exposition – was nötig wäre, um die These von der Gefährlichkeit schon sehr weniger oder gar einzelner Fasern zu untersuchen. Eine 2012 veröffentlichte Studie des Risikoanalysten Tony Cox kommt zu dem Schluss, dass auch für die verschiedenen Asbestfasersorten möglicherweise ein hormetischer Dosis-Wirkungszusammenhang gilt,[316] gewisse Dosisbereiche also sogar schützend wirken könnten. Panik allein beim Anblick eines alten Eternit-Daches auf Nachbars Schuppen ist also wahrscheinlich übertrieben. Mehr Forschung ist aber – wie so oft – unbedingt nötig.

Eine mögliche Ursache für die vermuteten oder nachgewiesenen Antikrebswirkungen vieler sekundärer Pflanzenstoffe beispielsweise – aber auch mancher synthetischer Chemikalien – ist ein Stresseffekt. Dieser ist oft vermittelt über Moleküle mit Eigenschaften, wie sie ähnlich auch das körpereigene Antistressmolekül Glutathion trägt. Er wirkt in gesunden Zellen in realistischen Dosen eher hormetisch. Krebszellen und deren Antistresskapazität überfordert er aber möglicherweise bereits. Hier sehen Wissenschaftler jedenfalls großes Potenzial für neue und verfeinerte Krebstherapien.[317]

Im Grunde weiß man gegenwärtig deutlich besser darüber Bescheid, wie und unter welchen Umständen Krebs mit hoher Wahrscheinlichkeit nicht entsteht bzw. nicht klinisch relevant werden wird, als über seine Ursachen.

Demnach ist ein Organismus am besten vor Krebs geschützt, wenn er regelmäßig gefordert wird, ohne dauerhaft überfordert zu sein: wenn er Reizen ausgesetzt wird, die immer wieder zellulären Stress verursachen. Wenn man sich die Anti-Krebs-Tipps führender Forschungsinstitutionen ansieht, finden sich neben der obligatorischen Aufforderung, das Rauchen bleiben zu lassen, vor allem Sport und »gesunde« Ernährung mit viel Obst und Gemüse. Beides ist nicht *primär* gesund, weil es an sich irgendetwas schützen oder reparieren würde. Es ist *letztlich* gesund, weil es zunächst wie Gift wirkt. Auf das kann der Körper aber mit seinen eingebauten Schutzmechanismen gut reagieren.

Stress – Reaktion auf den Stress durch Aktivierung vorhandener und Bildung neuer Antistress- und Reparaturmoleküle – Vorbereitung auf möglichen zusätzlichen Stress durch Anschalten von Stressschutz-Genen – zusätzliche Eliminierung von zuvor bereits über die Zeit akkumulierten Schäden durch die nun aktive Schutz- und Reparaturmaschinerie.

Es ist der typische Dreifach-Effekt, das Hormesis-Triple: Schutz vor der akuten Attacke, Schutz vor zukünftigen Attacken, Reparatur schon zuvor bestehender Schäden.

Die offiziellen Tipps für Menschen, die bereits einen Tumor haben oder hatten, klingen ähnlich wie die zur Prävention. Sport hat (siehe Kapitel 14) wahrhaft dramatische Effekte auf die Überlebenschancen vieler Krebspatienten. Hinzu treten in letzter Zeit immer mehr Belege, wonach eine Ernährung mit sehr wenigen Kohlenhydraten ebenfalls sehr hilfreich sein kann. Der Grund hierfür ist nicht nur, dass Krebszellen sich vor allem von Glukose ernähren, sondern auch, dass bei fortgeschrittenem Krebs die gesunden Körpergewebe immer mehr Probleme haben, Zucker zu nutzen. Stellt man auf eine Ernährung um, bei der Fett der wichtigste Energieträger ist, dann werden in der Leber aus dem Fett sogenannte Ketone hergestellt. Die können die allermeisten gesunden Zellen hervorragend verwerten, Krebszellen dagegen nicht. Das hat noch nichts mit Hormesis zu tun, das Folgende aber schon: Diese Art Ernährung setzt Stressmechanismen in Gang, auf die gesunde Zellen viel eher adaptiv, also letztlich gesundheitsfördernd, reagieren können als Krebszellen.[318] Man kann auf diese Weise ähnliche Effekte erreichen wie mit Fasten (siehe Kapitel 13).

Krebszellen sind extrem stressanfällig

Krebszellen haben ein extremes Problem mit Stress. Ihre aggressiven Eigenschaften, etwa die der schnellen Teilungsfähigkeit, erkaufen sie sich damit, dass viele Antistressmechanismen bei ihnen nicht mehr oder zumindest nur noch schlecht funktionieren. Darauf beruht auch die Wirkung der allermeisten klassischen Chemotherapeutika. Denn vor allem deshalb zerstören diese eher Krebszellen als normale Körperzellen. Es ist auch der Grund dafür, dass unter den gesunden Körperzellen vor allem die anfällig für die klassischen Nebenwirkungen von Chemotherapien sind, die sich selbst schnell teilen müssen. Das sind etwa jene der Haut (Haarausfall), der Mund-, Magen- und Darmschleimhaut (Übelkeit, Erbrechen, Wundsein, Verdauungsprobleme) und des blutbildenden Systems (Leistungsfähigkeit sinkt wegen Wirkung auf rote Blutzellen, Immunabwehr ist beeinträchtigt aufgrund der Wirkung auf weiße Blutzellen). Das begrenzte Antistressarsenal, das zur Verfügung steht, nutzen Krebszellen dafür umso rigoroser.[319] Dazu gehört die Aktivierung der Hitzeschockproteine.[320]

In einigen Kapiteln dieses Buches sind bereits andere hormesistypische, gegen die Entstehung und Ausbreitung von Tumoren wirkende Mechanismen erörtert worden. Dazu gehören etwa epigenetische Veränderungen, durch die krebsfördernde und krebshemmende Gene beeinflusst werden können sowie die Aktivierung des Immunsystems durch Stressoren, dessen Zellen sich dann auch intensiv um die Beseitigung von Krebs- und Krebsvorläuferzellen kümmern.

Krebs hat den Beinamen »Geißel der Menschheit« bekommen. Sich hundertprozentig gegen ihn zu wappnen ist wahrscheinlich unmöglich. Über die erwähnten Stressmechanismen diese Geißel selbst zu geißeln ist aber durchaus möglich, sowohl vorbeugend als auch therapeutisch oder als Unterstützung von anderen Therapien. Wer regelmäßig Sport treibt und vielleicht ab und an eine Mahlzeit ausfallen lässt, senkt dadurch jedenfalls in den allermeisten Fällen das eigene Krebsrisiko. Und man kann nur hoffen, dass es an Universitäten und in Pharma-Labors in Zukunft immer besser gelingt, noch gezielter zelluläre Stressmechanismen gegen Tumorzellen einzusetzen – und dass die Ergebnisse dieser Forschung dann auch Patienten zugutekommen werden.

21 GIFT UND STRESS FÜR VIELE FÄLLE

VON BRENNNESSELN, HARTEN KNOCHEN, SONNENBRAND UND MÜSSIGGANG

Es gäbe noch ein paar Krankheiten, über deren Vorbeugung und Therapie durch Hormesis man hier je ein Kapitel schreiben könnte. Wir begnügen uns aber mit einigen kurzen Beispielen. Die sind allerdings recht schlagkräftig, und das zum Teil im Wortsinne.

Die meisten Krankheiten des Menschen, die meisten mit dem Alter einhergehenden Abnutzungserscheinungen haben ihre Ursache auf zellulärer Ebene. Selbst wenn Knochen im Alter bruchanfälliger werden, sind über lange Zeit akkumulierte Schäden an den Knochenzellen der Grund. Nicht umsonst ist einer der erfolgreichsten Ratschläge, wie dem vorgebeugt werden kann, sich regelmäßig zu bewegen.[321] Dass setzt auch die Knochenzellen jenen milden Stressoren aus, von denen Muskelzellen, Herzmuskelzellen, Leberzellen oder Hirnzellen profitieren.

Dazu kommen die mechanischen Stressreize der Bewegung. Auch auf sie antworten die Knochen, antworten deren Zellen, mit einer ganz spezifischen Anpassungsreaktion: Die Knochendichte steigt, beziehungsweise sie wird zumindest erhalten, weil das Gleichgewicht zwischen ständigem Auf- und Abbau wiederhergestellt wird.[322] Die Knochenstruktur verändert sich dann so, dass Brüchen besser vorgebeugt ist.[323] Und selbst wenn ein Knochen bricht, heilt die Bruchstelle so, dass er nun dort besonders resistent ist.

Bei Anhängern der meisten Kampfkünste ist »Knochenhärten« eines

21 GIFT UND STRESS FÜR VIELE FÄLLE

der wichtigsten Themen, davon kann man sich in einschlägigen Internetforen schnell überzeugen. Der wichtigste Ratschlag dort lautet nicht etwa, besonders viele Kalziumtabletten zu schlucken, sondern: »Immer feste druff!« Aber eben so dosiert, dass man nicht gleich eingegipst werden muss. Besonders beliebt ist es, mit den Unterarmen und Schienbeinen recht solide und gut befestigte Rundhölzer zu traktieren. Auf diese Weise strapaziertes Totholz kann natürlich seinerseits nicht mehr mit Anpassung reagieren. Lebendiges Holz könnte es aber durchaus. Das von Bäumen zum Beispiel, die oft dem Sturm ausgesetzt sind, ist messbar stabiler und flexibler als jenes aus einem Hain in ständiger Flaute.

Opium fürs Immunsystem

Bei Patienten mit Autoimmunerkrankungen wie etwa Multipler Sklerose (MS) findet man meist eine starke Beeinträchtigung des Abwehrarsenals gegen freie Radikale. Diese spielen nachgewiesenermaßen eine wichtige Rolle bei der für MS typischen entzündlichen Zerstörung jener Zellen, die die eigentlichen Nervenzellen isolieren.[324] Die Versuche, ihnen mit medikamentösen Antioxidantien zu helfen, haben bislang aber nicht die erhofften Erfolge gebracht. Zudem stellte sich auch hier heraus, dass ihre Rolle nicht so eindeutig die des Bösewichtes ist. Vom Enzym NADPH-Oxidase hergestellte Superoxid-Radikale etwa haben bei Autoimmunprozessen auch schon positive Wirkungen gezeigt.[325] Viel spricht also dafür, dass bei diesen Krankheiten vor allem die Fähigkeit der betroffenen Zellen, hormetisch zu reagieren, stark beeinträchtigt ist. Sie können dann offenbar zum Beispiel die Konzentration von freien Radikalen nicht mehr gut genug regulieren.

Bei Autoimmunerkrankungen ist ein fehlreguliertes Immunsystem die wichtigste Ursache – und auch Ursache der Probleme, die die Zellen letztlich mit freien Radikalen bekommen. Denn die werden vor allem von bestimmten Immunzellen ausgeschüttet, die damit eigentlich Bakterien bekämpfen sollen.

Interessanterweise ist einer der in den letzten Jahren am intensivsten diskutierten und klinisch bislang am besten untersuchten neuen Therapieansätze bei Autoimmunkrankheiten einer, bei dem ein althergebrachtes Medikament eingesetzt wird – allerdings in vielfach niedriger Dosis als sonst: Das Mittel Naltrexon ist für die Behandlung von Suchtkrankheiten zugelassen. Es *blockiert* im Gehirn Opiat-Rezeptoren. In niedrigen Dosen aber *stimuliert* es in typischer Hormesis-Manier die Produktion körpereigener Opiate – der sogenannten Endorphine und Enkephaline. Dies hat Schmerzlinderung, aber auch Entzündungshemmung zur Folge. In Studien zeigen sich in den wenigen bislang abgeschlossenen Untersuchungen deutliche Verbesserungen der Symptomatik bei den allermeisten Patienten.[326] Auch bei Morbus Crohn (eine Überreaktion des Immunsystems, aber wahrscheinlich keine echte Autoimmunkrankheit) gibt es Hinweise auf Wirksamkeit von Naltrexon.[327] Zusätzlich ist bekannt, das Opioide auch das Immunsystem beeinflussen. Es gibt Hinweise darauf, dass eine LDN-Therapie (LDN steht für *Low Dose Naltrexone*) auch das Gleichgewicht der Immunzellen in wünschenswerter Weise beeinflussen kann. Und man kann es sich sogar verschreiben lassen.[328]

Insgesamt gehen viele Erkrankungen des Nervensystems mit einer Störung der Fähigkeit einher, die Konzentration von freien Radikalen sinnvoll zu regulieren. Diese kommen in den Zellen dann oft in erhöhten und gefährlichen Dosen vor. Bei Alzheimer etwa können die Zellen oft kaum mehr Thioredoxin, einen wichtigen Radikalgegner und Nervenschutzfaktor, produzieren.[329]

Mach dich nackig

Auch rheumatische Leiden haben autoimmune Ursachen. Körpereigene Abwehrzellen greifen körpereigenes Gewebe an und lösen Gelenkentzündungen aus. Die Großmutter des Autors wusste genau, was dagegen am besten wirkt: Man muss sich einfach splitternackt ausziehen, sich eine Stelle suchen, wo die Brennnesseln sehr dicht stehen und sich dann darin wälzen. Brennen gegen Brennen also. Das erinnert an das Simile-Prinzip – auf das sich die Homöopathen berufen und das besagt, dass man Beschwerden am besten mit etwas behandelt, das bei Gesunden dieselben Beschwerden auslöst. Anders als in der Hochverdünnungshomöopathie, die dieses Prinzip gleich wieder ad absurdum führt, weil in Tröpfchen und Kügelchen praktisch kein Wirkstoff mehr vorhanden ist, brennen konzentrierte Brennnesseln durchaus ziemlich. Verantwortlich dafür, dass sie, egal ob mit jener FKK-Methode oder als Tee oder dergleichen eingenommen, oft tatsächlich Wirkung bei Rheuma zeigen, ist neben bestimmten Fettsäuren unter anderem ein Stoff namens Caffeoyläpfelsäure. Er wirkt antientzündlich – und er tut dies zumindest teilweise über zelluläre Stressantwort-Mechanismen. Das kann Rheumabeschwerden lindern helfen und ihnen auch vorbeugen.

Blaubeeren oder Blaumachen

Bei den UV-Strahlen und dem, was sie in der Haut auslösen, gibt es Befunde, aufgrund derer man eigentlich bei Tage gar nicht mehr aus dem Haus gehen dürfte. Denn selbst geringe Dosen – jene, die uns eine »gesunde«, attraktive Bräune auf unser größtes Organ zaubern – erzeugen schon messbare Schäden. Tatsächlich würde man ohne diese Schäden kein bisschen braun werden. Doch im Grunde ist Braunwerden ein wunderbares Beispiel für Hormesis und unterscheidet sich nicht fundamental von anderen allgemein als »gesund« anerkannten Prozessen wie Sport oder Brokkoli-Verzehr: Die UV-Strahlen setzen Stressreize. Wenn diese zellulär keine Schäden hinterlassen würden, könnten die Hautzellen sie nicht einmal wahrnehmen und natürlich auch nicht mit Abwehr- und Anpassungsreaktionen kontern.

Was diese Anpassungsreaktion von anderen unterscheidet, ist, dass sie äußerlich sichtbar wird: die Bildung von Melanin, eines Farbstoffes, der die vom Körper nun erwarteten zusätzlichen Sonnenstrahlen weniger schädlich macht, indem er einen Teil davon absorbiert. Mit Ausnahme der Fälle, in denen Menschen tatsächlich aufgrund einer angeborenen Erbgutveränderung besonders gefährdet sind, macht Sonnenstrahlung mit zunehmender Dosis auch nicht zunehmend krank. Im Gegenteil. Viele Krankheiten, etwa bestimmte Krebsarten, treten häufiger auf, je weniger UV-Strahlen Menschen abbekommen. Dies gilt bei Leuten, die einander in der Hautfarbe gleichen, sogar für Hautkrebs.[330] Und das muss nicht unbedingt nur, wie meist vermutet, am in der Haut bei Bestrahlung mit UV-B-Licht gebildeten Vitamin D liegen. Sondern auch die regelmäßigen milden Strahlenstress-Dosen könnten hier eine Rolle spielen – ähnlich wie es auch für radioaktive Strahlen aus guten Gründen vermutet wird. Wer sich allerdings ständig Sonnenbrände holt, dosiert zu hoch. Diese Reaktion der Haut ist ein sinnvolles Warnzeichen – und eines, das durch viele Sonnencremes und Solarienapparate ausgehebelt wird.

Natürlich spielt, wenn denn irgendetwas dran ist, dass Sport, Abhärtung und Ernährung einen Einfluss darauf haben, ob man sich einen grippalen Infekt, eine richtige Grippe, eine Mandelentzündung und dergleichen einfängt oder nicht, Hormesis auch bei Infektionskrankheiten eine Rolle. Die Anpassungsreaktionen, die Stressreize von Kälte bis hin zu Strahlung hier auslösen, sind wie in allen anderen Fällen vielfältig. Besonders wichtig ist aber natürlich, dass diese Reize ganz offensichtlich das Immunsystem in einer Weise stressen, die es besonders abwehrbereit macht.[331]

Eines fällt auch ohne eine weitere Fortsetzung der Beispielliste auf: Hormesis ist typisch überall dort, wo der Unterschied zwischen Gesundheit und Krankheit, zwischen Abwehrbereitschaft und Ausgeliefertsein bedingt ist durch den Lebensstil des modernen Menschen.

Dabei müssen Sofas nicht einmal auf den Sperrmüll. Auch hier kommt es auf die Dosis an. Wer sich nach einem intellektuell fordernden Tag und einer Stunde Sport am Abend für eine Stunde auf der Chaiselongue niederlässt und Körper und Geist eine Pause gönnt, tut sogar genau das Richtige.

TEIL VI

STRESS UND STRATEGIE

22 DIE REIZE DES LANGEN LEBENS

WER NOCH NICHT ABTRETEN WILL, MUSS TRETEN

Wenn jemand 100 oder 110 wird, ist das eher kein Zufall. Die Gene spielen sicher oft eine große Rolle, aber auch die Art und Weise, wie man lebt. Und Ruhestand oder gar Ruheliegen ist da eher nicht so zielführend.

Wer nicht religiös ist, aber geneigt, Dinge bis zum Schluss durchzudenken, kann an der menschlichen Existenz verzweifeln. Denn was für einen Sinn das hier alles haben soll, ganz zu schweigen von all der Ungerechtigkeit und Ungleichheit, ist nun wirklich schwer zu verstehen. Allein ist man mit solchen Gedanken nicht und durchaus in guter Gesellschaft. Denn noch keinem Philosophen oder sonstigem Denker ist dazu wirklich eine allgemeingültige, befriedigende und nicht auf unbewiesene höhere Mächte verweisende Antwort gelungen. Der 2015 hochbetagt verstorbene Philosoph Odo Marquard etwa sagte einmal in einem Interview: »Unser Leben ist kurz, (…) und grundsätzlich ist unser Leben zu kurz, (…) um die Sinnlosigkeit oder auch den Sinn des Lebens umfassend nachweisen zu können. Und das bedeutet, dass wir bei dem anknüpfen müssen, was da ist, und das ist unser Leben. Und das ist kurz.«[332]

Das ist ein Zirkelschluss und nicht sehr erbaulich. Aber man kann den Gedanken weiterspinnen und sagen: Den Sinn des Lebens zu ergründen ist vielleicht unmöglich. Aber weil das Leben selbst das Einzige ist, was wir haben, woran wir »anknüpfen« können, wie Marquard sagt, ist es zumindest nachvollziehbar, dass wir daran festhalten.

Dass wir versuchen, dieses kurze Leben so lang zu machen, wie es uns möglich ist. Vielleicht auch um mehr Zeit für die Suche nach dem Sinn zu haben. Oder zumindest, frei nach Martin Heidegger, uns in unserem Sein zunehmend verstehend zu diesem Sein zu verhalten.

Folgende Sinnfrage kann man sich auf diesem Wege der Erkenntnissuche unter anderem stellen: Warum können Menschen deutlich älter werden, als nötig wäre, um sich fortzupflanzen und Nachwuchs großzuziehen? Denn es muss eigentlich einen Sinn haben. Sonst hätte sich diese Eigenschaft, dieses Potenzial, in der Evolution nicht durchgesetzt. Dafür, dass Menschen auch dann, wenn sie kaum noch oder tatsächlich *gar nicht mehr in der Lage*[333] sind, sich selbst fortzupflanzen, weitere Jahrzehnte hienieden herumhängen können, gilt dasselbe. Und für den Wunsch der meisten Menschen, selbst wenn sie ihre biologische Funktion längst erfüllt haben sollten, möglichst nicht schon demnächst zu sterben, wahrscheinlich auch. Eine der sinnvollsten Erklärungen der menschlichen Langlebigkeit ist die sogenannte »Erfindung der Großmutter« – und des Großvaters. Denn die können sehr effektiv dabei helfen, ihre Kindeskinder großzuziehen, ihnen etwas beizubringen, deren Eltern zu entlasten. Das ergibt in der Theorie evolutionsbiologisch Sinn. Wer selbst Kinder und auch noch fitte Eltern hat, kann dies sicher bestätigen.

Die heilsame Dosis Enkel

Andere in diesem Buch bereits besprochene Phänomene helfen hier beim Verstehen. In Kapitel 15 geht es unter anderem darum, dass Fürsorge für andere – also tatsächlich soziales Sozialverhalten – ein wichtiger Faktor dabei ist, ob man gesund leben und damit auch gesund älter werden kann. Nicht umsonst beobachten junge Eltern regelmäßig, wie ihre eigenen Eltern oder Schwiegereltern im Umgang mit den Enkeln wieder aufblühen, ausgeglichener sind, weniger krank sogar, und weniger über alterstypische Beschwerden und Schmerzen klagen. Das gilt natürlich nur so lange die Großeltern den Umgang mit den Enkeln nicht als allzu stressig wahrnehmen[334] – ein typisches Dosis-Wirkungsphänomen.

Irgendwann müssen wir aber aus dem Weg. Und auch das hat seinen Sinn. Die Begründungen für all das sind natürlich eher in der Biologie zu suchen als bei den Philosophen. Aber Philosophen und Biologen liefern vielleicht gemeinsam die Erklärung, warum man das menschliche Streben nach Leben, längerem Leben nicht nur als fehlgeleiteten, ängstlichen, eitlen Egoismus sehen sollte.

In den letzten paar Jahren sind ganze Buchregale mit Titeln gefüllt worden, die sich mit Langlebigkeit, Anti-Aging, gesundem Altern und dergleichen beschäftigen. Das meiste davon kratzt jedoch nur an der Oberfläche, empfiehlt Antioxidantien und Yoga oder sucht nach Möglichkeiten, damit die Telomere[335] nicht so schnell kürzer werden. Um sich dem Thema wirklich sinnvoll zu nähern, ist es aber zunächst einmal *sinn*voll, sich den beiden genannten evolutionsbiologischen Fakten zu widmen.

Welche Mechanismen sind es also, die es uns erlauben, länger zu leben, als es für die Reproduktion nötig ist? Und welche Mechanismen sind es, die uns letztlich doch aus dem Weg räumen? Und, wenn man ein Interesse daran hat, recht alt zu werden, und das auch einigermaßen bei Gesundheit: Wie ist es möglich, die einen Mechanismen zu fördern, die anderen dagegen zu bremsen?

Der Begriff Anti-Aging ist eigentlich widersinnig. Denn das Wort bedeutet ja so viel wie »Vermeidung des Altwerdens«. Im Wortsinne können dies am besten Spezies wie Schwarze Witwe oder Lachs. Erstere vermeidet das Altwerden des Männchens dadurch, dass selbiges von der Dame verspeist wird. Letztere sterben nach der Eiablage, weil sie sich nach getaner, einmaliger Fortpflanzungsarbeit im heimischen Flussbett zur ewigen Ruhe betten. Bei beiden und bei unzähligen anderen Arten laufen genetisch bedingte biologische Programme ab, die für das Ableben sorgen – zum für den Nachwuchs optimalen Zeitpunkt und oft auf eine Weise, die dem Nachwuchs ziemlich direkt hilft.[336] Bei anderen Arten werden die Alten aus der Gruppe ausgestoßen, was sie zu leichter Beute macht und ihnen die Vorteile gemeinsamer Nahrungssuche nimmt. Wieder anderen Tieren fallen die Zähne aus und sie verhungern. Auch hier laufen wahrscheinlich biologische, in der Evolution entstandene Programme ab.

Seit 1835, als der belgische Universalgelehrte Adolphe Quetelet schrieb, »Menschen werden geboren, wachsen heran und sterben nach Gesetzen, die nie tiefgreifend erforscht wurden«,[337] hat sich zwar durchaus das ein oder andere getan. Man weiß etwas mehr über Leben und Sterben als damals. Aber bis zu einem »tiefgreifenden« Verständnis ist es noch ein weiter Weg.

Menschen sind nicht aus Plastik

Altern wurde lange Zeit schlicht als Folge biologischer Abnutzung und Schädigung angesehen. Viele Wissenschaftler vertreten diesen Standpunkt noch immer. Besonders beliebt ist es, akkumulierten Schäden durch freie Radikale die Schuld zu geben. Zwar ist es unstrittig, dass freie Radikale biologische Moleküle oxidieren und damit schädigen können. Aber den Körper eindimensional wie ein Stück Plastik zu sehen, dass durch Oxidationsprozesse mit der Zeit morsch wird, greift zu kurz. Und die Idee, mit Antioxidantien-Pillen den Körper in Schuss zu halten, wie es Antioxidantien bei einem Stück Plastik tatsächlich bewerkstelligen können,[338] ist ebenso widersinnig. Mittlerweile setzt sich langsam die Sichtweise durch, dass Altern zwar durchaus mit Abnutzung und Anhäufung von Schäden zu tun hat, aber auch mit von Reizen abhängigen Erhaltungs- und Reparaturmechanismen und deren Regulation. Das Altern wäre somit kein rein passiver Verfall, sondern Teil des aktiven, dynamischen Entwicklungsprozesses eines Menschen. Folglich müsste man das Altern im Kontext eines großen, teilweise in den Genen eingeschriebenen Lebensprogrammes sehen.[339]

Das wäre dann aber beeinflussbar, am ehesten natürlich, wenn man die kritischen Features dieses Programmes kennt. Dass alte Menschen weniger Immunzellen als junge produzieren, kann man sicher als eines davon interpretieren. Andere sind auch ohne Bluttest offensichtlich: So kommt greisen Personen nach und nach das Durstgefühl abhanden – was einer der schnellsten gewaltfreien Wege sein kann, die Tasse abzugeben. Weitere das Ableben mittelfristig fördernde Phänomene sind etwa, dass alte Menschen zunehmend zu entzündlichen Erkrankungen neigen, die ihrerseits wieder alle möglichen anderen Krankheiten von Krebs bis Gefäßleiden fördern und beschleunigen. Das alles wird begleitet von Schmerzen und dem Gefühl von Schwäche, mit der

Folge, dass man sich weniger bewegt. Die Empfindlichkeit gegenüber Hitze und Kälte nimmt zu. Der Appetit[340] auf genau jene Speisen, die als gesund gelten, nimmt dagegen ab. Oder die Nahrungsaufnahme dieser Speisen (beispielsweise frisches Gemüse, Obst, Nüsse) wird zunehmend beschwerlich.

Man könnte es also so interpretieren: Ab einem gewissen Alter, das je nach Individuum sehr unterschiedlich sein kann, scheint ein biologisches Programm abzulaufen, das das Ende des Menschen zum Ziel hat. Oder man kann, wenn einem die Idee eines Selbstabschaffungsprogrammes dann doch zu weit geht, sagen: Die Anpassungs- und Überlebensmechanismen funktionieren, wenn man älter wird, immer schlechter. Der Prozess und sein Ergebnis bleiben gleich: Insgesamt werden hormetische Mechanismen unterdrückt oder zumindest vernachlässigt, heruntergefahren, weniger rigoros betrieben. Wer sich nicht mehr viel bewegen kann oder aufgrund von Schmerzen oder Schwächegefühl nicht mehr bewegen will, dem werden essenzielle hormetische Möglichkeiten des zellulären Aufräumens und Reparierens genommen. Wer vieles nicht mehr isst, der oder die isst logischerweise auch viele *Hormetine,* also milden zellulären Stress auslösende Stoffe, nicht mehr. Wer Kälte und Hitze zu vermeiden sucht, dem fehlen auch diese Stressreize, die in der richtigen Dosis bis dahin das ganze Leben über viel Positives bewirkt haben.

Zudem werden im Alter Gene für Schutzenzyme wie Glutathion und Ubichinon – unter Gesundheitsfreunden besser bekannt als Coenzym Q10 – Schritt für Schritt abgeschaltet.

Es gibt noch unzählige weitere Faktoren, die sich ändern, wenn Menschen alt werden, und die ihrerseits dann das Altern beschleunigen. Eine typische Alterskrankheit etwa ist der Diabetes (siehe auch Kapitel 18) vom Typ 2 und seine Vorstufe, die Insulinresistenz. Hier schaffen es die Körperzellen nicht mehr wie zuvor, auf das Signal des Bauchspeicheldrüsen-Hormons Insulin zu reagieren. Das gibt ihnen eigentlich Bescheid, wenn es heißt, Zucker aus dem Blut aufzunehmen. Das tun sie dann aber nicht mehr ausreichend. Folge ist unter anderem, dass mehr Zucker im Blut bleibt, und das ist ungesund. Und das ist nicht alles. Wer auf Insulin nicht mehr gut reagieren kann, bei dem oder der sinken auch die Werte wichtiger Vermittler von Stressreizen und von Antistressmolekülen. So findet man bei Diabetikern zum Beispiel deutlich weniger Hitzeschockproteine. Das sind jene Moleküle, die man bei Tieren, die überdurchschnittlich lang leben, in besonders hoher Konzentration nachgewiesen hat.[341] Es sind die Moleküle, die nicht nur bei Hitzereizen dafür sorgen, dass die Proteinmaschinerie in der Zelle nicht kaputtgeht, sondern auch bei Kälte, Strahlung, Sauerstoffmangel, Radikal- und anderen Stressoren.

Das bedeutet schlicht: Der Körper ist nicht nur durch Zucker in Bedrängnis. Ihm kommt auch zunehmend die Fähigkeit abhanden, auf zellulären Stress zu reagieren, also eine adaptive Stressantwort abzuliefern. Man soll zwar aus Experimenten mit Mäusen, die spezielle Mutationen tragen, nicht blind auf die Situation beim Menschen schließen. Aber es ist schon interessant, dass die langlebigsten Mäusestämme sich dadurch auszeichnen, dass sie besonders insulinempfindlich sind.[342]

Und »Langlebigkeits-Hormesis« ist bei allen möglichen Tiergruppen und für die unterschiedlichsten Substanzen – von Pestiziden bis Schwermetallen – und andere Stressoren beobachtet worden.[343]

Strengt euch an

Es spricht vieles dafür, dass man jenes nur ansatzweise verstandene biologische Alterns-Programm – oder eben das Herunterfahren des Überlebensprogramms – zumindest bremsen kann. Dass man dafür sorgen kann, dass es später und langsamer abläuft. Letzteres muss nicht zwangsläufig mehr Lebensjahre bedeuten, aber mehr angenehme Jahre. Alternsforscher nennen das eine länger währende »Health-Span«, Gesundheitsspanne.

Jedenfalls gibt es in der Natur viele Beispiele dafür, dass es möglich ist, ein ziemlich festes Lebens- und Ablebensschema durch Umwelteinflüsse oder menschliche Manipulationen deutlich zu verschieben. Fadenwürmer etwa, mit denen Biologen so gerne experimentieren, weil sie jedes Gen und jede ihrer 959 Zellen kennen, leben normalerweise etwa zwei Wochen. Setzt man sie auf strenge Diät, verabreicht ihnen Stresssubstanzen oder manipuliert Stress-Gene, können sie bis zu fünfmal so alt werden.[344]

Honigbienen leben im Sommer nur ein paar Wochen. Diejenigen,

WER NOCH NICHT ABTRETEN WILL, MUSS TRETEN

die im Herbst schlüpfen, können aber den ganzen Winter überstehen und danach sogar noch die Äpfel bestäuben. Und dass das Programm auch beim Menschen manipulierbar ist, ist ja zumindest in die unerwünschte Richtung offensichtlich: So ziemlich jeder nicht aufgefressene, ein normales Fadenwurmleben lebende Fadenwurm wird die maximal möglichen zwei Wochen alt werden, ohne an Infarkten oder Diabetesfolgen zu sterben. Das Leben vieler Menschen dagegen verkürzt sich aus genau diesen Gründen. Für *Homo sapiens,* so wird zumindest immer von Alternsforschern berichtet, sollten aber doch eigentlich 100 oder sogar 120 Jahre den zehn Wurmtagen entsprechen. Die erreicht aber kaum jemand.

Aber vielleicht muss man die Natur, die ihre »Genug«-Signale meist schon deutlich eher versendet, nur austricksen. Einfach ist das nicht. Denn wenn die Idee von den biologischen Programmen stimmt, dann liegen die Dinge ja folgendermaßen: Als junger Mensch kann man sich ganz gut auf seine Instinkte verlassen. Schließlich ist man in der Jugend auf Überleben programmiert. Im Alter hieße das Programm dagegen »Abtreten«. Die Instinkte wären dann also darauf ausgerichtet, das Leben zu beenden. Das scheint ja, wie schon beschrieben, tatsächlich so zu sein: von weniger Durst über weniger Bewegungsdrang bis hin zu immer weniger Nahrungsaufnahme, aber vergleichsweise mehr Hunger auf Kohlenhydrate und weniger auf Fett[345] und Protein. Es sind allesamt gesundheitlich ungünstige Verhaltensweisen, die das Alter üblicherweise so mit sich bringt.

Die Tricks, der Natur, unserer eigenen menschlichen Natur, vorzumachen, dass unsere Zeit noch nicht abgelaufen ist, sind in der Theorie simpel, in der Praxis aber oft recht anstrengend. Das heißt: stressig.

Wie kann man dem eigenen Körper klarmachen, dass man noch nicht durch ist hier auf Erden? Sicher nicht dadurch, dass man sich auf dem Sofa dauerhaft in eine Lage begibt, die der im Sarge schon recht vergleichbar ist. Sicher nicht dadurch, dass man geistig dauerhaft runter- oder gar abschaltet. Auch wenn die Instinkte einem vielleicht genau das sagen wollen. Wer rumliegt, signalisiert seinem Körper, dass er nirgends mehr hinwill im Leben. Wer sich nicht mehr anstrengt, signalisiert, dass es nichts mehr gibt, wofür man sich anstrengen muss. Wer sich nicht um Enkel – oder andere bedürftige Menschen – kümmert, signalisiert der Biologie tief drinnen, dass auch die eigene soziale

Funktion als soziales Wesen Mensch obsolet geworden ist.[346] Wer die eigene Sexualität einschlafen lässt, signalisiert, dass er oder sie seine biologische Funktion auf Erden – die Weitergabe der Gene – für abgeschlossen erachtet. Dabei gibt es wenige Aktivitäten bei Tieren wie uns, bei denen so viele Stressfaktoren ausgeschüttet werden wie beim Sex, und das auch noch in meist stimmiger paracelsischer Dosis.

Stressoren, Herausforderungen, Anpassungszwänge, es sind die Umweltbedingungen, mit denen Lebewesen seit Anbeginn der Zeit zu tun haben. Die physiologischen Reaktionen darauf sind das, was Belebtes von Unbelebtem unterscheidet. Wer sie vermeidet, nähert sich dem Zustand des Unbelebten und geht eher früher als später auch in ihn über. Paradoxerweise ist der Weg dorthin oft gerade dann äußerst beschwerlich, wenn man versucht, mit Passivität dem Stress, den Schmerzen und der Anstrengung zu entfliehen.

Das mag alles ein wenig esoterisch klingen. Es ist aber echte Physiologie und Biochemie.

Pro-Youthing

Natürlich sollte man möglichst nicht erst warten, bis die das Abtreten fördernden Instinkte sich massiv bemerkbar machen. Denn einerseits fällt es einem dann um einiges leichter – weil es noch nicht so wehtut und weil die Kraft jener Instinkte noch nicht so stark ist. Andererseits verhindert man damit auch eine Akkumulation von Schädigungen, die bekanntermaßen – etwa bei Diabetes – lange ohne Symptome bleiben können.

Was genau kann man tun, wenn man ein bisschen mehr Zeit oder zumindest gesunde Zeit auf Erden will? Zeit, um über den Sinn oder die Sinnlosigkeit des Lebens zu sinnieren oder zumindest ein paar mehr Bücher über Philosophie und Biologie zu lesen? Natürlich ist eine definitive Antwort auf diese Frage derzeit mit gutem Gewissen kaum möglich, schlicht weil Docteur Quetelets Feststellung nach wie vor weitgehend gilt. Aber ein paar Maßnahmen, die man statt Anti-Aging vielleicht besser Pro-Aging oder Positive Aging oder Good Aging nennen sollte, erscheinen nach dem, was man heute schon weiß, durchaus logisch: Man muss wohl schlicht versuchen, das, was in den

Geweben passiert, so zu steuern, dass das Über- und Weiterlebensprogramm länger die Oberhand behält. Wer länger ein aktives, selbstbestimmtes Leben leben will, muss eben aktiv bleiben und selbst bestimmen. Er oder sie sollte sich bewegen, baden, in die Sonne gehen und in den Schnee, körperliche, mentale und soziale Herausforderungen suchen. Und für das alles sollte man versuchen, ein wahrhaft altersgerechtes Maß zu finden. Das ist idealerweise anstrengend und oft auch wider jene eigenen Instinkte. Es darf aber auch nicht so weit gehen, dass man Gefahr läuft, davon tot umzufallen. Langsam anfangen, langsam steigern, dabeibleiben.

In guten Therapie- und Reha-Einrichtungen hat sich inzwischen die Philosophie durchgesetzt, Leute möglichst schnell wieder zu mobilisieren, selbst nach Hüft- oder Schenkelhals-OPs. Grund dafür ist nicht nur, dass sich so Thrombosen und Dekubitus am besten vermeiden lassen, sondern auch Hormesis – auch wenn man das Wort auf keiner Webseite einer solchen Klinik finden wird. Die Bewegung vermittelt zellulären Stress, der Heilprozesse ankurbelt. Sie signalisiert dem Körper auch, dass es für dauerhaftes oder gar ewiges Liegen noch nicht an der Zeit ist. Die Beobachtung, dass alte Leute oft, nachdem eine an sich nicht lebensbedrohliche Krankheit oder Verletzung sie ans Bett gefesselt hat, massiv körperlich wie geistig abbauen, passt hier leider gut ins Bild.

Zu den Hormetinen, die über Stresssignale dem Körper vermitteln, dass es noch etwas zu tun gibt auf Erden, kommen all jene Substanzen, die, auch ohne dass man um den Block laufen oder ins Thermalwasser tauchen muss, hormetische Effekte haben. Man sollte Stoffwechselstress fördernde Nahrungsmittel zu sich nehmen. Auch hier gilt aber: klein anfangen und dann langsam steigern. Zum Beipiel kann man öfter mal Indisch essen gehen, oder selbst kochen.[347] Darin ist meist reichlich Curcumin enthalten, eines der vielseitigsten Hormetine überhaupt.[348] Und der Kohl-Stoff Sulforaphan bewirkt nicht nur Stressantworten mit Antikrebseffekt, sondern lässt über einen Stress-Pfad auch die im Alter typischerweise abfallende Anzahl der Immunzellen wieder steigen.[349] Das ist zumindest bei Mäusen nachgewiesen.

Und bei Menschen gibt es immer wieder jene Beispiele von Leuten, die in ihrem Leben reichlich Stressfaktoren ausgesetzt waren, aber alt wurden und im hohen Alter alles andere als einen Ruhestand verbrachten. Ein paar kommen in diesem Buch vor: der in jungen Jahren auf Tropenexpeditionen an seine Grenzen gegangene Evolutionsbiologe Ernst Mayr etwa, der bis nach seinem 100sten Geburtstag täglich spazieren ging, Vögel beobachtete und an Manuskripten schrieb. Der kettenrauchende und ebenfalls stets arbeitende Altbundeskanzler Helmut Schmidt. Der bis ins hohe Alter aktive und, wenn es um Literatur ging, auch gerne aufbrausende Kritiker Marcel Reich-Ranicki, der seine Jugend unter schwersten Entbehrungen verbrachte. Und man könnte die Liste der typischen Beispiele verlängern – um Ernst Jünger, Leni Riefenstahl, Artur Brauner, Oscar Niemeyer, Astrid Lindgren ...

Aber, das musste schon Orpheus erfahren, und auch Odo Marquard war sich sicher: »Das letzte Wort behält der Tod.« Dies sich immer wieder klarzumachen, ist nicht nur aus philosophischer Sicht sinnvoll. Der existenzielle Schauer, der jeden denkenden Menschen durchfährt, wenn er sich die eigene Endlichkeit einmal wieder wirklich bewusst macht, setzt auch ein paar Stress-Botenstoffe frei. Und die sind, wenn sie nicht chronisch ausgeschüttet werden, sehr, sehr lebensfördernd.

23 STRESS DEN VOLKSKRANKHEITEN

DAS TRIPLE IST MÖGLICH

Nicht gegen jedes Leiden ist paracelsisch dosierter Zellstress die optimale Strategie, sind Gifte die idealen Medikamente. Doch die am weitesten verbreiteten Krankheiten der Gegenwart geben durchweg gute Ziele für regelmäßige hormetische Attacken ab.

Es gibt Krankheiten, gegen die hilft wahrscheinlich auch kein Stress, weder als Vorbeugung noch als Therapie. Wer das Gen für Chorea Huntington geerbt hat, wird an diesem schrecklichen Leiden erkranken. Wer von beiden Eltern das Sichelzellanämie-Gen erbt, bekommt die Krankheit. Wer die entsprechende Genvariante hat, bekommt Mukoviszidose. Auch für bestimmte Formen von Demenz sind genetische und bislang nicht gut behandelbare Ursachen nachgewiesen.

Derzeit sind gut 7000 solche mehr oder weniger seltene genetisch bedingte Leiden beschrieben, und die Betroffenen brauchen dringend Hilfe. Die kann vor allem aus der molekulargenetischen Forschung kommen.

Es gibt Krankheiten, für die gilt zwar Ähnliches, aber in einer nicht ganz so ausgeprägten Form. Ein paar Tumorarten etwa haben eine sehr starke genetische Komponente. Sie bedeuten meist nicht, dass Träger der entsprechenden Erbgutvarianten mit hundertprozentiger Sicherheit erkranken, aber oft doch mit hoher Wahrscheinlichkeit. Die, derentwegen sich die Schauspielerin Angelina Jolie Brüste, Eierstöcke und Gebärmutter entfernen ließ, führt statistisch bei mehr als 80 Prozent der Frauen in genau diesen Organen zu einem gefährlichen Tumor.

Der Einfluss der Gene auf die Wahrscheinlichkeit, Krebs zu bekom-

23 STRESS DEN VOLKSKRANKHEITEN

men, wird immer dann in dramatischer Weise offensichtlich, wenn Zwillinge fast zeitgleich an einem identischen Tumor leiden. Die beiden ehemaligen deutschen Handball-Nationalspieler Uli und Michael Roth erkrankten 2009 beide an Prostatakrebs. Die österreichischen Tennisspielerinnen Daniela und Sandra Klemenschits bekamen Anfang 2007 zeitgleich die Diagnose der exakt gleichen Tumorart des Unterleibs. Daniela erlag gut ein Jahr später ihrer Krankheit, ihre Schwester kehrte nach erfolgreicher Behandlung auf den Tennisplatz zurück.

Wahrscheinlich können richtig genutzte Hormesis-Prozesse die Aussichten auf eine erfolgreiche Therapie oder gar Genesung (oder von vornehrein Vermeidung) bei solchen stark von der Veranlagung bestimmten Krankheiten durchaus verbessern. Die genannten Sportler jedenfalls haben wiederholt ihren Sport als wichtigen Faktor dabei angeführt.

Die Leiden aber, die gemeinhin als Volks- oder Zivilisationskrankheiten bezeichnet werden, sind durchweg hormesisanfällig. Während ein noch so gut dosierter Stressor oder auch ein ganzes Arsenal davon ein einzelnes in jeder einzelnen Zelle gleich kaputtes Gen nicht zur gesundenden Rück-Mutation wird bewegen können, sind jene Volkskrankheiten sehr, sehr empfänglich für prophylaktischen, lindernden und gar heilsamen Stress.

Wie das im Einzelfall aussehen kann – egal, ob es um Herzkranzgefäße, Blutzucker, Nerven und Psyche, Immunsystem oder krebsgefährdete Zellen geht –, steht alles in den vorangegangenen Kapiteln.

Zwei Arten von kaputt

Volkskrankheiten wie Diabetes, koronare Herzkrankheit, Krebs und auch Beschwerden des Alters unterscheiden sich ganz entscheidend von in Genen schicksalhaft kodierten Leiden: Ob und wann sie im Leben eines Menschen auftauchen, hängt von zahlreichen Faktoren ab. Viele unterschiedliche genetische und epigenetische gehören dazu, aber auch viele unterschiedliche vom Lebensstil und von der Umwelt bedingte. Vielleicht spielt auch der reine Zufall eine Rolle. Bei rein durch Erbfehler bedingten Krankheiten dagegen ist es ein einzelnes oder sind es sehr wenige Gene, die die Krankheit auslösen.

Der Unterschied zwischen diesen beiden Gruppen von Leiden ist also offensichtlich: Bei den einen geht mit der Zeit etwas kaputt, und das bringt dann irgendwann Symptome mit sich. Bei den anderen ist von Anfang an etwas kaputt, selbst wenn auch bei ihnen Symptome manchmal erst nach Jahren oder Jahrzehnten auftreten können. Bei den einen hat man selbst viel Einfluss darauf, ob, wann und in welchem Ausmaß jene Schäden auftreten und später Beschwerden bereiten, bei den anderen kaum.

Beide Krankheitskategorien haben jedoch auch eines gemein: Es gibt für manche der Schäden und Symptome inzwischen hilfreiche Therapien. Dazu gehören etwa Insulin oder Metformin für Diabetiker und Schleimlöser für Patienten mit Mukoviszidose. Für andere dagegen existieren kaum gute Behandlungsoptionen, manchmal – bei noch immer vielen der genetischen Leiden – auch praktisch gar keine.

Für die Volkskrankheiten allein aber gilt, dass man sie in sehr vielen Fällen wahrscheinlich bis ins Alter verhindern oder ihr Ausmaß und die Beschwerden zumindest stark reduzieren kann. Möglich ist das mit Medikamenten, aber vor allem durch einen Lebensstil, der dem der Vorfahren ähnelt. Es sollte ein Lebensstil sein, der eine Akkumulation von Schäden vermeidet oder verzögert, der Schäden sogar rückgängig machen kann – durch wohldosierte Stressreize und Gifte.

Natürlich spielen Gene auch bei den sogenannten Volkskrankheiten eine nicht zu unterschätzende Rolle – sehr viele Gene allerdings, und nicht einzelne. Und es sind auch keine kaputten Gene, sondern solche, mit denen die Menschheit seit Ewigkeiten gut zurechtgekommen ist. Wahrscheinlich waren genau diese Erbanlagen in jenen Ewigkeiten auch hilfreich – so lange, bis die »Zivilisation« kam.

Mehr und weniger

Die brachte einerseits eine stetig wachsende Lebenserwartung. Das ist logischerweise und unbestritten einer der Gründe, warum viele jener Krankheiten, die bei jungen Leuten auch gegenwärtig eher selten auftreten, nun zunahmen. Sie kam aber auch mit weniger Bewegung, mehr Essen, mehr Zucker und Stärke auf dem Teller. Und ganz allgemein kam sie mit einem weniger natürlichen, also weniger dem der

Vorfahren entsprechenden Lebensstil. Dadurch wurden auch jene Dosen Stress für die Zellen dieser Zivilisierten weniger als die, an die die Vorfahren gewöhnt waren. Und das Entscheidende ist: Jene Vorfahren konnten diese Stress- und Giftdosen nicht nur gut vertragen, sondern sie brauchten sie.

Die Zivilisation kam an unterschiedlichen Orten zu unterschiedlichen Zeiten, und sie erreichte unterschiedlich große Teile der Bevölkerung. Schon vor Jahrhunderten etwa galt in Europa die Zuckerkrankheit als typisches Leiden der nicht mehr ganz jugendlichen Wohlgenährten.

Natürlich ist nicht jede Volkskrankheit der Gegenwart in gleichem Maße von den genannten Faktoren bedingt. Autoimmunleiden etwa scheinen mehr mit übertriebener Hygiene, mit dem zivilisationsbedingten Verschwinden gewisser Darmbakterienstämme und mit Antibiotikabehandlungen[350] zu tun zu haben, Krebserkrankungen auch mit karzinogenen Stoffen, welche vor allem die Industrialisierung mit sich brachte.

Aber die Empfehlungen der medizinischen Fachgesellschaften, die sich um jede einzelne davon kümmern, sie haben inzwischen viel gemein: mehr Bewegung, weniger Zucker und Stärke, mehr »gesunde« Lebensmittel – das sind wohl die wichtigsten.[351] Ein ganz allgemein »anregendes« Leben zu führen, Spaß zu haben, auch davon steht dort oft etwas. Und auch von Sauna, Wassertreten oder Ähnlichem liest man in solchen Broschüren gelegentlich. Nur in absoluten Ausnahmefällen wird davon abgeraten.

All das setzt Menschen, menschliche Zellen, unter Stress. Normalerweise hat der aber ein Ausmaß, das die Zellen und damit der ganze Mensch nicht nur aushalten und dessen Auswirkungen abwehren können, sondern das hilft, auch zukünftigen, stärkeren Stress zu vertragen und bereits länger mitgeschleppte Schäden zu reparieren. Es ist das Hormesis-Triple, das der zelluläre Stress bewirkt: Akute Abwehr von Schadwirkungen, Vorbereitung auf zukünftige Herausforderungen und Entsorgung von Altlasten als Bonus.

Die Volkskrankheiten, man kann es so sagen, sind deutlich stressanfälliger als die Menschen, die von den Volkskrankheiten befallen werden.

Die Stressoren bewirken letztlich eines: Jene für Volkskrankheiten typischen multiplen Schäden entstehen nicht, oder sie entwickeln sich langsamer, oder sie werden gar repariert. Und je früher man beginnt, sich wohldosiert regelmäßig zu stressen, egal ob mit Tennis, Rotwein, Sauna oder welchen anderen einem mehr oder minder stressig vorkommenden zellulären Stressmachern auch immer, desto besser die Erfolgsaussichten.[352]

Der Zivilisationsmensch, ob er sich nun selbst gestresst fühlt oder nicht, muss also seine Zivilisationskrankheiten wohldosiert unter Stress setzen.

Es ist, im Prinzip und für die allermeisten, so einfach.

Das Hormesis-Triple ist ein Triple, das fast jeder gewinnen kann.

24 SCHÖNE FERIEN

VERSTRAHLT AM STRAND, VERGIFTET IM RESTAURANT UND GUT ERHOLT

In diesem Kapitel kommt eigentlich nichts Neues. Es ist sozusagen zur Erholung gedacht. So wie ein Urlaub. Obgleich man eines sagen muss: Noch nicht einmal in diesen schönsten und hoffentlich erholsamsten Wochen des Jahres hat man Ruhe vor all den Stressoren. Im Gegenteil.

Die schönsten drei Wochen des Jahres sind dafür da zu entspannen, aufzutanken, sich zu erholen. Idealerweise eine Detox-Kur. Wer sich diese Vorstellung bewahren möchte, sollte dieses Kapitel vielleicht besser überspringen.

Denn Urlaub ist, wenn er seinen Zweck erfüllt, voller Stress. Damit ist nicht das Packen gemeint, und auch nicht der nächste Streik von Lokführern oder Piloten, nicht der Stau auf der Autobahn und auch nicht das zeternde Kleinkind auf der Rückbank. Gemeint ist fast all das, was man im Urlaub wirklich gerne macht: am Strand liegen. Baden. Tennis spielen. Wandern. Bergsteigen. Die Küche eines fremden Landes kennenlernen. Und dessen Kultur. Und so weiter.

Wenn man ein bisschen weiter weg will und die Piloten gerade nicht streiken, beginnt der Stress schon, bevor man im Hotel eingecheckt hat – und das auch für Leute, die keine Flugangst haben. Zum Zeitpunkt, da der Pilot durchsagt, dass die Reiseflughöhe erreicht ist, ist längst auch etwas anderes in die Höhe gegangen: Die Strahlung hat sich vervielfacht. Wer will kann mal einen kleinen Geigerzähler mit ins Handgepäck nehmen und selbst messen. Die Strahlung ist ein

VERSTRAHLT AM STRAND, VERGIFTET IM RESTAURANT UND GUT ERHOLT

Stressfaktor, dessentwegen unter anderem freie Radikale in den Zellen gebildet und Erbgut und lebenswichtige Proteine geschädigt werden. Damit nicht genug. Die Luftqualität ist oft schlecht, nicht nur, weil die Luft meist extrem trocken ist. Oft ist auch fünf bis zehn Prozent weniger Sauerstoff in ihr enthalten als noch am Flughafen. Das kann zu zellulärem Sauerstoffmangelstress führen. Der meist niedrige Kabinendruck tut sein Übriges und stresst unter anderem die Wände der Blutgefäße, deren Zellen dann auch messbar[353] Stressfaktoren ausschütten. Kopfschmerzen sind bei vielen Flugreisenden ein typisches Symptom.[354]

Der Strand strahlt

Angekommen, hat man, wenn das Wetter gut ist und man sich für einen Strandurlaub entschieden hat, gleich am ersten Tag mit noch mehr Stress zu kämpfen. Es ist wärmer als daheim, am Strand wird man von oben von der Sonne und von unten vom erhitzten Sand mit Infrarot bestrahlt, das sogar ein bisschen ins Gewebe vordringen und es aufheizen kann. Hitzestress. Man kann davon ausgehen, dass die Konzentration der Hitzeschockproteine, die als Reaktion darauf gebildet werden, deutlich höher ist als daheim im klimatisierten Büro, wo man dem stressigen Brotjob nachgeht, von dem man sich doch eigentlich erholen wollte. Wer sich für Urlaub an Brasiliens Küste zwischen Rio und Bahia entscheidet, wird oft auch noch von radioaktivem Monazit-Sand bestrahlt. Von dem UV der Sonne ganz zu schweigen. Der kühlende Sprung ins Wasser bringt – genau: Abkühlung. Und damit Kältestress, zumindest solange das Wasser nicht deutlich mehr als 30 Grad hat.

Am Abend kommt man frisch verstrahlt und frisch geduscht am Buffet an und setzt den Plan, möglichst einheimische Kost zu probieren, konsequent um. Auf Bali wird es vielleicht Curry sein, voll mit Curcumin, das in den Geweben die verschiedensten Stresspfade beschreiten wird. In Spanien, Rumänien, Italien, Griechenland wird sich neben Essen voller Stressauslöser auch ein guter Rotwein finden, inklusive dessen chemischen Kampfstoffes Resveratrol und vieler anderer sekundärer Pflanzenstressstoffe. In Brasilien wird man vielleicht ein Acai-Sorbet zum Nachtisch probieren, oder eine frische Guave, beides voll mit Phytochemikalien, die in jeder Zelle, die von ihnen einigermaßen etwas abbekommt, Alarm auslösen.

Atemlos, Segelyacht

Wer am nächsten Tag deshalb der Gesundheit halber lieber am Fitnessprogramm teilnimmt oder mit dem Partner Tennis spielt, entkommt dadurch dem Stress nicht. Nach drei Sätzen ist man nicht nur per Infrarot, das der Hartplatz nach der Bestrahlung durch die Sonne zurückstrahlt, und die Sonne selbst aufgeheizt, sondern auch durch die körpereigene Zuckerverbrennung. Bei dieser entstehen zusätzlich auch Unmengen freier Radikale. Und wenn man schließlich außer Atem kommt, ist der Sauerstoffmangelstress längst schon in jeder Körperzelle angekommen. Dort wird dann der schon erwähnte Hypoxie-induzierte Faktor (HIF) produziert, eines der wichtigsten Stresssignalmoleküle. Er sorgt dafür, dass in den Zellen Proteine hergestellt werden, die sich um die Schäden kümmern.

Stattdessen in die Berge zu fahren ist auch keine Lösung. Je mehr Höhe, desto mehr Strahlung, sowohl aus den Tiefen des Kosmos als auch von der Sonne. Je höher, desto geringer der Luftdruck, desto geringer der Sauerstoffgehalt, desto höher auch oft der Ozonanteil in der Luft. Alles massive Stressoren. Vielleicht sollte man, um dem Stress zu entgehen, eine Höhlentour machen? Höhlen gibt es ja im Gebirge meist recht viele. Dort, im Bauch der Erde, wird man aber wahrscheinlich reichlich radioaktives und im Körper zu Polonium zerfallendes Radon einatmen. Also dann Segeln? Surfen? Paddeln? Alles eher ungeeignet, wenn man seine Zellen nicht stressen will.

Dann vielleicht Bildungsurlaub, Städtereisen? Beides ist auch keine Alternative, nicht nur, weil die Stadtluft meist ziemlich schadstoffschwanger ist, besonders wenn man zur Akropolis, zur Hagia Sophia oder in die Verbotene Stadt will. Die Bildung im Bildungsurlaub bildet selbst das Gift. Nachgewiesen ist jedenfalls, dass geistige Aktivität die Nervenzellen deutlich unter Stress setzt. Jeder Museumsbesuch, der seinen Namen auch wirklich verdient, geht auf diese Weise an und in die Nerven.

VERSTRAHLT AM STRAND, VERGIFTET IM RESTAURANT UND GUT ERHOLT

Am Ende bleibt nur die zehntägige Sauf- und Partytour auf Ibiza. Doch welche Stressoren die mit sich bringt, kann man sich denken.

Tut gar nicht weh

Urlaub ist voller Stressoren. Wenn es ein guter Urlaub ist, nimmt man das alles nicht als Stress wahr. Wenn es ein guter Urlaub ist und wenn der Sonnenbrand sich in Grenzen hält, wird das Endergebnis der Wirkungen all dieser Stressoren tatsächlich Erholung, Stärkung, Fitness heißen. Und das natürlich nicht nur wegen der Stressoren an sich, sondern auch, weil sie nicht so hoch dosiert waren, dass der Körper nicht hätte mit ihnen umgehen, auf sie reagieren, sich für den nächsten Stress besser wappnen können. Und natürlich auch, weil die Stressoren (außer vielleicht beim Ibiza-Exzess, den wohl aber auch kein Hormetiker mit gutem Gewissen empfehlen würde) nicht dauernd wirkten. Denn wenn der Urlaub ein guter Urlaub ist, dann wirken seine Stressoren natürlich anders als der Arbeitsstress zu Hause, der als solcher spürbar ist und den viele auch mit in den Feierabend nehmen.

Ein guter Urlaub dagegen hat Körper und Geist, Muskel-, Leber-, Hirn- und all den anderen Zellen Gelegenheit geboten, in Intervallen die uralten evolutionär entwickelten Anpassungsmechanismen durchzuziehen und am Ende gestärkt aus dem Abenteuer hervorzugehen. Weil Aktivität sich mit Ruhe und Schlaf abwechselte, Hitze mit Kühle, Rotwein mit Mineralwasser. Und, nicht zu unterschätzen, weil man sich lieb hatte.

Das alles hat dann auch Spaß gemacht. Denn die Stressoren wurden überhaupt nicht als unangenehm empfunden. Sonst hätte man sie ja gemieden, sie hätten nicht ihre im Endergebnis positiven Wirkungen entfalten können. Der Stress wird begleitet von Botenstoffen und Hormonen, die Wohlgefühl vermitteln, so stressig es innen auch vielleicht gerade zugehen mag.

Deswegen kann man Kollegen am letzten Arbeitstag vor den Ferien trotzdem nach wie vor »Gute Erholung!« wünschen. Denn »Stressigen Urlaub!« würden sie, so gut und ehrlich es gemeint wäre, wohl nicht verstehen.

25 WAS EUCH NÜTZT ...

MANCHMAL HILFT HORMESIS NUR DEN ANDEREN

Hormesis ist für Homo sapiens nicht immer günstig – etwa dann, wenn durch sie Pathogene, Schädlinge oder Tumorzellen stimuliert werden. Hormesis kann also gefährlich werden. Ein weiterer Grund, sie ernst zu nehmen.

Hormesis bedeutet, dass Substanzen und Stressoren, die sich in hohen Konzentrationen schädlich auf einen Organismus auswirken, sich in niedrigen positiv, stimulierend auswirken können. Das ist oft sehr vorteilhaft für Menschen, dann nämlich, wenn sich diese Wirkung an den eigenen normalen Körperzellen zeigt. Genau anders herum sieht es logischerweise aus, wenn sie sich an Organismen manifestiert, deren Wachstum aus menschlicher Sicht nun gar nicht vorteilhaft ist – Schädlingen zum Beispiel, oder Krankheitskeimen.

So gesehen nicht so gut

Oder Tumorzellen: Sogenannte Zelllinien, die ursprünglich aus Krebsgeschwüren entnommen wurden, gehören zu den wichtigsten Werkzeugen in medizinischen Forschungslaboren überhaupt. Sie haben den »Vorteil«, dass sie sich immer wieder teilen. Die weite Verbreitung dieser Zelllinien in der Forschung hat aber auch dazu geführt, dass Hormesis-Phänomene an ihnen untersucht wurden. Für zahlreiche solcher Zelllinien und zahlreiche Substanzen, mit denen sie behandelt wurden, sind hormetische Dosis-Wirkungszusammenhänge nachgewiesen.[355] Und es gibt auch Hinweise, dass dies nicht nur in der Petrischale, sondern auch in den Tumoren von Patienten geschieht, etwa für das bekannte Brustkrebsmittel Tamoxifen.[356] Was sie nicht umbringt, macht auch unsere Feinde stärker.

Solche Beispiele aus menschlicher Sicht »schädlicher« Hormesis sind ein weiterer Hinweis, wie weitverbreitet, vielleicht gar universell Hormesis tatsächlich ist. Sie zeigen vor allem, dass man jeweils sehr genau hinschauen muss. Denn hormetische Wirkungen zu verstehen und die entsprechenden Dosisbereiche zu identifizieren ist natürlich auch bei den aus menschlicher Perspektive unvorteilhaften hormetischen Vorgängen unabdingbar. Denn nur dann kann man mit ein wenig Aussicht auf Erfolg versuchen, genau diese unvorteilhaften Auswirkungen zu vermeiden.

Beispiel: Zu den frühesten Befunden der Existenz von Hormesis zählt, dass bestimmte Bakterien bei niedrigen Dosen eines Bakteriengiftes plötzlich sogar besser wuchsen. Das scheint auch auf heute verwendete Antibiotika zuzutreffen. Offenbar muss man bei einer schwerwiegenden bakteriellen Infektion damit rechnen, dass ein oral verabreichtes Antibiotikum das Bakterienwachstum erst einmal anregen kann. Denn die Konzentration im Blut und den betroffenen Geweben steigt nur langsam an. Das wäre dann vielleicht ein Grund, in solchen Fällen das Antibiotikum per Spritze oder Infusion zu verabreichen. Denn das geht deutlich schneller, und die Zeit, während der die Keime möglicherweise gefördert werden, wird minimiert.

Antibiotikum zu Probiotikum

Tatsächlich ist genau das in Krankenhäusern bei schweren Infektionen längst die Methode der Wahl. Sie ist es unter anderem deshalb, weil die Erfahrung zeigt, dass die Ergebnisse bei oraler Gabe oft schlechter sind.[357]

Solche Antibiotika-Hormesis sollte auch jeden Arzt und jeden Patienten noch einmal daran erinnern, wie wichtig es ist, die Mittel konsequent, in der vorgeschriebenen Dosierung und in den vorgeschriebenen Abständen einzunehmen. Denn vergisst man eine einzige Gabe, dann sinkt die Konzentration im Blut vielleicht schon so weit, dass aus dem Antibiotikum ein sehr unerfreuliches Probiotikum wird.

Und vielleicht hat der ein oder andere Pharmakonzern auf der Suche nach einem neuen Blockbuster-Mittel ja Lust, Substanzen zu erforschen, die die Wirkung von Antibiotika neutralisieren. Die könnte man dann zum Beispiel irgendwann routinemäßig am Ende einer Antibiotika-Kur geben, um Hormesis-Effekte bei abfallender Konzentration im Blut zu vermeiden. Ähnliches könnte sinnvoll sein für Patienten am Ende einer Chemotherapie-Runde, um die bekämpften Tumorzellen nicht letztlich doch noch zu fördern. Vielleicht kann man als Pharmakonzern hier sehr viel Geld verdienen.

Es ist sehr wahrscheinlich, dass zahlreiche weitere Medikamente und ganze Medikamentengruppen bei Dosisabfall krankheitsfördernd wirken können. Mittel, die das verhindern, würden also die Therapieaussichten verbessern. Zudem beruht die Wirkung vieler Arzneimittel ohnehin auf Hormesis. Dass auch sie unerwünschte Nebenwirkungen haben können, liegt auch daran, dass manche Gewebe und Organe auf eine Dosis, die anderswo hormetisch wirkt, bereits wie auf ein Gift reagieren. Auch hier könnte man nach Wegen suchen, diese Giftwirkung gezielt und organspezifisch zu neutralisieren.

Das Wissen um Hormesis-Effekte kann also auch helfen, sie dort, wo sie unerwünscht sind, zu vermeiden. Und das nicht nur in medizinischen Kontexten.

Auch viele Pflanzenschutzmittel – etwa das massiv in die Diskussion geratene, weltweit am häufigsten eingesetzte Breitband-Herbizid Glyphosat – haben nachgewiesene hormetische Dosis-Wirkungskurven.[358] Ähnliches gilt für Insektenvertilgungsmittel wie die chlororganischen Verbindungen oder Pyrethroide.[359] Wenn ein Pestizid in einem Gürtel um das besprühte Feld also den Schädling sogar fördert, stellt das den Sinn des Einsatzes des Mittels möglicherweise ganz infrage. Beobachtet worden ist das bereits.[360] Denn in jenem Gürtel hat die Konzentration so weit abgenommen, dass der Schädling sich – sogar ganz ohne Resistenzen bilden zu müssen – hier besonders gut vermehrt und sich über Hormesis-Effekte besser auf das Pestizid einstellt.

Büchse der Pandora

Das kann so weit gehen, dass der Landwirt letztlich keinen Nettonutzen vom Einsatz des Schädlingsbekämpfungsmittels hat und nach Alternativen suchen muss. Ein Mittel zu finden, das rund um das Feld die Hormesiswirkung des Pestizids so genau neutralisiert, dass es wirklich nur auf dem Feld wirkt, dürfte im Freiland illusorisch sein. Ein Mittel zu suchen, dass in den Pflanzen selbst hormetische Prozesse anregt, mit denen diese sich des Schädlings erwehren können, wäre vielleicht aussichtsreicher. Viele solcher Substanzen existieren bereits. In der Natur. Und sie werden auch seit Ewigkeiten von Landwirten genutzt, wenn sie etwa Wermutauszug, Schachtelhalmbrühe oder Brennnesseljauche auf ihre Felder geben. Natürlich bieten sich hier auch jenseits dieser Biobauern-Methoden für innovative Firmen phantastische Aussichten.

Ein Grund, dass es dieses Buch gibt, ist, zu mehr Forschung zum Thema Hormesis aufzurufen. Der Autor ist damit auf keinem der Gebiete, auf denen Hormesis eine wichtige Rolle spielt, allein. Der australische Wasser- und Landwirtschaftstoxikologe Ben Kefford zum Beispiel stellt zusammen mit Kollegen in einem Fachartikel die Frage, ob Hormesis in seinem Forschungsfeld eine »Büchse der Pandora« öffnen wird.[361]

Vielleicht ist es wirklich die Furcht vieler etablierter Forscher, das ganze Hormesis-Thema könnte eine solche Büchse sein. Als Pandora jenes Geschenk des Zeus, das sie eigentlich unter keinen Umständen aufmachen sollte, öffnete, waren nämlich all die bisherigen schönen Gewissheiten und Bequemlichkeiten passé. Stattdessen wurden alle Übel und Laster in die Welt entlassen. Für all die, die es sich mit schönen linearen Dosis-Wirkungszusammenhängen und einer klaren Unterscheidung zwischen Gut und Schlecht bequem eingerichtet haben – ob in Medizin, Toxikologie oder Umweltforschung –, würde sich tatsächlich einiges ändern. Vor allem würde einiges beschwerlicher werden. Denn die Welt wäre plötzlich komplexer. Geraden, auf denen man meint, jeden Punkt zu kennen, würden nicht nur durch seltsame und je nach den Umständen auch noch variierende Kurven abgelöst. Sondern man müsste dann auch in jedem Einzelfall herausfinden, wel-

25 WAS EUCH NÜTZT...

cher Bereich auf der jeweiligen Kurve aus wessen Perspektive erstrebenswert oder lieber zu vermeiden wäre. Man müsste auch mit der Tatsache klarkommen, dass die Gut- und Schlecht-Bereiche auf den Kurven relativ nah beieinanderliegen können, dass also etwa eine gewisse Dosis eines bestimmten Stoffes gesund, das Doppelte davon aber schon giftig sein kann.

Das ist für manche mit Sicherheit ein wahrer Alptraum.

Der Unterschied zwischen griechischer Mythologie und aufgeklärter Wissenschaft besteht allerdings darin, dass der Inhalt der Büchse, in Form von überprüfbaren Fakten, nicht erst dann real wird, wenn man sie öffnet.

Hoffnung

Wer also tatsächlich davor Angst hat, dass aus Pandoras Büchse die Erkenntnis der Hormesis entweicht, dem wird ein Vergleich mit griechischen Göttern, Halbgöttern und ihren Schöpfungen nicht gerecht. Angebrachter ist in diesem Fall jener mit dem Vogel Strauß, der, wenn es unangenehm wird, den Kopf in den Sand steckt.

Die Büchse ist ohnehin längst offen. Seit Anfang der 90er Jahre ist die Zahl der wissenschaftlichen Publikationen zu Hormesis stetig und exponentiell gestiegen, nicht nur in der biologischen Grundlagenforschung, in der Toxikologie und Medizin, sondern auch in der Agrarwissenschaft. Die beiden Stuttgarter Agrarökologen Regina Belz und Hans-Peter Piepho formulieren es dementsprechend deutlich: »Berichte über das Phänomen stimulierender Effekte eines Giftes in niedriger Dosis, kurz gesagt Hormesis, stapeln sich in vielen Bereichen der toxikologischen Wissenschaften, und Datensätze zu hormetischen Dosis-Wirkungszusammenhängen scheinen eher die Regel als die Ausnahme zu sein.«[362]

Es gab aber auch etwas Gutes, was aus jener mythischen Büchse letzten Endes noch in die Welt gelangte: die Hoffnung. Sie ist oft das Einzige, was das irdische Leben überhaupt erträglich macht. Die Möglichkeit, auch dank moderner Wissenschaft und Analytik, Hormesis besser zu verstehen, ist sehr real. Die Chancen, herauszufinden, wo sie in des Menschen Sinn und wo sie gegen ihn wirkt, ebenfalls. Die Aussichten, sie anzuwenden und zu nutzen, wo sie sinnvoll ist, und sie einzudämmen, wo sie schadet, sind so gut wie nie. All das gibt durchaus Anlass zur Hoffnung.

TEIL VII

GEOMETRIE UND PHILOSOPHIE

26 YIN UND YANG

IM DUALEN SYSTEM LEBEN HAT ALLES GUTE WIE SCHLECHTE SEITEN. DAS IST GUT SO

Alles hat seine guten wie schlechten Seiten. Und so ziemlich jeden Bösewicht kann man auch dazu bringen, sich nützlich zu machen. Während diese Binsenweisheiten im täglichen Leben oft versagen, gelten sie für Lebewesen an sich sehr universell – und das sogar jenseits der reinen Abhängigkeit von der Dosis.

Hormesis ist ein grundlegendes Prinzip des Lebens. Hormesis bedeutet, dass sehr viele Reize, Substanzen und Einflüsse, denen ein Lebewesen ausgesetzt sein kann, je nach Dosis und Dauer dieses Lebewesen sowohl *stimulieren*, aber es auch *inhibieren* können. Sie können ihm also beim Leben und Überleben helfen oder es krankmachen oder gar töten.

Aber Hormesis ist im Grunde nur Teil eines noch universelleren Prinzips. Man könnte es das Yin-Yang-Prinzip nennen, oder die Jekyll-und-Hyde-Regel. Es ist ein ganz genereller und nicht nur von der Dosis abhängiger Dualismus: Eigentlich alles, was im Leben eines Organismus passiert, jede chemische Reaktion, die abläuft, jede Sorte Molekül, die entsteht und vergeht, hat von außen betrachtet gute und schlechte Seiten. Erhaltende und zerstörerische. Und das ist nicht philosophisch gemeint, sondern sehr physiologisch.

Es gibt nichts Gutes

Vitamine und freie Radikale sind ein ideales Paar, um das zu verdeutlichen. In der hergebrachten Sicht sind die einen gut, die anderen schlecht. Dabei müssten sie beide, ganz ohne dass man sich auf die Quantenphysik berufen müsste, eigentlich in beiden Schubladen gleichzeitig liegen. Freie Radikale können biologische Moleküle schädigen: *schlecht*. Aber sie fungieren auch als wichtige Signalstoffe und können dazu beitragen, ein Lebewesen effektiv auf schlimmere Schadeinflüsse vorzubereiten: *gut*. Vitamine mit antioxidativer Eigenschaft können freie Radikale daran hindern, biologische Moleküle zu schädigen: *gut*. Sie können die freien Radikale aber auch daran hindern, ihre Funktionen als Signalüberträger und Aktivator der adaptiven Schutzreaktion wahrzunehmen: *schlecht*. Und beides kann gleichzeitig in ein und demselben Lebewesen stattfinden.

Ähnliches gilt für viele, viele andere Stoffe, etwa für das in dunklen Trauben enthaltene Resveratrol. Es bewirkt nicht nur je nach Dosis Gesundheitsförderndes wie auch Zerstörerisches, Unterstützung oder Hemmung von Tumorzellteilungen beispielsweise. Selbst in ein und derselben Dosis kann es in unterschiedlichen Geweben und Organen unterschiedliche, aus gesundheitlicher Perspektive sinnvolle wie auch potenziell gefährliche Prozesse anschieben. Zum Beispiel kann man aus den verfügbaren Ergebnissen von Experimenten ableiten, dass niedrige Konzentrationen einerseits das Herz schützen, dieselben niedrigen Konzentrationen aber andererseits Parasiten bei der Vermehrung helfen können.[363]

Lebensprozesse, Lebensmoleküle, sie können also selbst bei gleicher Dosis sowohl als Saulus als auch als Paulus agieren.

Und das tun sie ständig. Und normalerweise tun sie es in einem sinnvollen Gleichgewicht.

IM DUALEN SYSTEM LEBEN HAT ALLES GUTE WIE SCHLECHTE SEITEN

Mut zur Mutation

Tatsächlich ist dieses Yin-Yang-Prinzip sogar noch viel universeller. Beginnen wir bei dem für die Entwicklung höheren Lebens allerwichtigsten Vorgang, der Mutation. Jeder Mensch ist Ergebnis einer Unzahl von Mutationen. Diese sind in hunderten Millionen Jahren immer wieder, weitestgehend rein zufällig, passiert. Und sie wurden immer wieder neu gemischt und aussortiert. Und auch auf anderer Ebene sind Mutationen extrem hilfreich, etwa im menschlichen Immunsystem. Das wäre ohne eine wahre Hypermutationsfähigkeit gar nicht in der Lage, auf alle möglichen Krankheitserreger so effektiv zu reagieren, wie es dies täglich tut. Aber natürlich kann eine Mutation auch Folgendes bedeuten: Ein Fötus stirbt, weil ein wichtiges Gen nicht mehr abgelesen werden und der Organismus sich deshalb nicht normal entwickeln kann. Oder ein Virus, das bis dahin nur Geflügel befallen konnte, kann nun Menschen befallen und schwer krank machen, weil Mutationen zufällig die dafür nötige Funktion beisteuern. Oder eine Körperzelle verliert die Möglichkeit, ihre eigene Vervielfältigung zu kontrollieren, weil Mutationen die dafür nötigen Mechanismen blockieren. Damit wäre dann ein wichtiger Schritt auf dem Weg zur Entstehung eines Tumors getan.

Also: Mutationen sind gut. Mutationen sind schlecht.

Oder etwas ebenso Fundamentales: Oxidation. Gemeint ist hier nicht die, die bei der Verbrennung von Kohle, Gas, Öl und Holzscheiten dafür sorgt, dass wir es im Winter mollig warm haben, so fundamental man das auch finden mag. Oxidation ist auch die wichtigste Grundlage der Energiegewinnung aller höheren und sehr vieler vermeintlich niederer Lebensformen. Sauerstoff, ein Molekül mit Radikalcharakter, hilft hier, die in großen organischen Molekülen gespeicherte Energie für Zellen nutzbar zu machen. Denn die können, um sich warm und arbeitsfähig zu halten, ein Stück Zucker nicht einfach so verbrennen wie Heinz Rühmann und seine Kumpels in der *Feuerzangenbowle*. Ohne Oxidation mit Hilfe von Sauerstoff wären wir also nichts, oder zumindest nur ein paar erbärmlich gärende anaerobe Bakterien oder Tumorzellen, die aus einem Zuckermolekül nur ein Zwanzigstel der Energie herausholen können, die die Oxidation erbringen würde.

26 YIN UND YANG

Gleichzeitig ist Oxidation aber auch so ziemlich die größte Gefahr für jede Zelle. Sauerstoffradikale etwa, die häufigsten Vertreter der freien Radikale, entstehen gerade dann, wenn die Zelle Sauerstoff zur Energiegewinnung nutzt. Sie oxidieren ihrerseits so ziemlich alles, was sie nur angucken, wodurch wichtige Proteine unbrauchbar, Membranen löchrig, Erbmoleküle fehlerhaft werden.

Und schädliches Cholesterin ist nicht einfach das sogenannte »schlechte« Cholesterin namens LDL, sondern schädliches Cholesterin ist die oxidierte Form jenes LDL-Cholesterins.[364] Es ist eine Tragödie, wie die Welt über Jahrzehnte vor Cholesterin als solchem gewarnt wurde, ohne dass es dafür detaillierte Belege gegeben hätte. Das hat so gut wie niemandem geholfen, aber vielen geschadet. Erst 2015 wurde in den USA in den offiziellen Ernährungsempfehlungen die generelle Warnung vor Cholesterin gestrichen. Denn ob Cholesterin oxidiert wird oder nicht, hat weniger mit dem Cholesterin selbst zu tun. Es ist vielmehr vor allem von einem abhängig: ob es eben oxidiert wird oder nicht. Oxidiert wird es durch freie Radikale.

Eines der freien Radikale, die im Körper entstehen, ist Wasserstoffperoxid. Wer einmal erlebt hat, was das Zeug mit brünetten Haaren macht, wird sich kaum vorstellen wollen, wozu es in einer Hirn- oder Leberzelle fähig ist.

Ein Gift namens Sauerstoff

Sauerstoff ist zusammen mit seinen Abkömmlingen, von denen einer eben Wasserstoffperoxid heißt, von denen andere aber auch auf Namen wie *Superoxid-Radikal* oder *Hydroxyl-Radikal* hören, der Yin-Yang-Stoff schlechthin. Es gibt kaum etwas Giftigeres. Und es gibt kaum etwas Lebenswichtigeres.

Dass wir Sauerstoff normalerweise nicht als Gift, sondern als Lebenselixier ansehen, ist keine Errungenschaft der Meinungsfreiheit. Sondern es ist begründet durch all die evolutionären Prozesse, durch die es in Jahrmillarden möglich wurde, die wilde Bestie zu zähmen.

Der Sauerstoff ist der *Canis lupus* des Stoffwechsels. *Canis lupus* ist der Wolf – aber auch der Hund. Er ist das Tier, das dem Menschen ungezähmt die Lämmer und die Kinder wegfrisst, gezähmt und ge-

IM DUALEN SYSTEM LEBEN HAT ALLES GUTE WIE SCHLECHTE SEITEN

züchtet aber zum besten Freund wurde und nun Lämmer und Kinder beschützt.

Sauerstoff ist ein extrem aggressives Molekül. Er hat das Bestreben, sich mit allem zu verbinden, was ihm in den Weg kommt. Alles zu oxidieren. Welche Ausmaße dies annehmen kann, kann sich jeder vorstellen, der sich noch an die Knallgasreaktion aus dem Chemieunterricht erinnert. Es sind zerstörerische Urgewalten, die im Sauerstoff stecken. Die Energie, die bei Reaktionen mit Sauerstoff frei wird, ist aber natürlich auch das, was das höhere Leben unbedingt braucht, um überhaupt existieren zu können.

Denn Leben ist, das gehört zu seiner Definition, Homöostase. Neuerdings sagt man dazu gerne etwas treffender *Homöodynamik*. Es ist ein dynamischer Prozess der relativen, aber ständig nachzujustierenden Stabilität im Inneren des Lebewesens. So müssen etwa die Konzentrationen von Elektrolyten peinlich konstant gehalten und den momentanen Bedürfnissen angepasst werden. Bei Warmblütern ist die Körpertemperatur vielleicht das augenfälligste homöostatische Merkmal. Auch die Ausgewogenheit von Energieaufnahme und -verbrauch ist ein homöodynamischer Prozess. Die Energie, die für all das nötig ist, muss irgendwo herkommen.

Das Leben hat zwar – und das schon sehr früh – noch andere, sauerstofffreie Wege gefunden, an Energie heranzukommen und sie zu nutzen, etwa die schon erwähnte Gärung. Und Pflanzen und Algen holen sich ihre Energie aus dem Sonnenlicht. Doch auch sie müssen einerseits die Kohlenhydrate, die sie dabei als Energiespeichermoleküle aufbauen, mit Hilfe von Sauerstoff wieder abbauen, um diese Energie auch wirklich nutzen zu können. Zusätzlich müssen sie den Sauerstoff, der entsteht, wenn sie zwecks Kohlenhydratproduktion dem Kohlendioxid seinen Kohlenstoff entreißen, loswerden. Schaffen sie das nicht, etwa bei Wassermangel oder bei starker Sonnenstrahlung und starker Kälte gleichzeitig, gehen sie, oder zumindest ihre Blätter, an Sauerstoffradikalstress zugrunde.[365]

Tatsächlich wäre der aufgrund all der Photosynthese im Ozean ständig wachsende Sauerstoffgehalt im Wasser und in der Atmosphäre irgendwann Selbstmord für alles Leben gewesen, hätten sich in der Evolution nicht schon sehr früh Mechanismen entwickelt, die das giftige Element entschärft und nutzbar gemacht hätten.

26 YIN UND YANG

Schwerter zu Pflugscharen

Wir haben ein romantisches Bild von der Natur und den Lebensprozessen: Harmonie, Austausch, Geben und Nehmen, alles hat seinen Platz und seinen Sinn. Fast alles – vom Ammonium-Ion bis zum Zinkoxid-Molekül – wird irgendwo gebraucht und genutzt, ist lebensnotwendig. Im Grunde aber fanden jene Moleküle und Membranen, mit denen das Leben auf der Erde begann, nur Folgendes vor: lauter Zeug, das entweder lebensfeindlich und giftig war oder wirkungslos. Wirkungslos waren Edelgase wie Helium und Edelmetalle wie Gold. Hochgiftig waren etwa Kalzium, Sauerstoff, Eisen, Selen, Natrium, Zink und deren Ionen. Man könnte im Grunde fast das gesamte Periodensystem der Elemente hier aufzählen, und dazu noch eine Unzahl aus jenen Elementen zusammengesetzter Moleküle.

Zur Definition von »Leben« müsste also neben der energetischen und stofflichen Homöostase auch noch zählen, dass die dafür notwendigen Stoffe umgewidmet, sprich nutzbar gemacht werden.[366] Das ist bei sehr vielen Elementen geschehen: Kalzium, Sauerstoff, Eisen, Selen, Natrium, Zink und viele mehr.

Der Alternsforscher Suresh Rattan von der Aarhus Universitet in Dänemark sagt schlicht: »Die wichtigsten Dinge, die uns am Leben erhalten, sind gleichzeitig die Ursachen massiver Schädigungen.«

Und Jean-Jacques Rousseau war zwar kein Biologe oder Mediziner, was er in seinem »Gesellschaftsvertrag«[367] schrieb, trifft aber auch für diese Fächer zu: »Es gibt keinen Bösewicht, den man nicht zu irgendetwas tauglich machen könnte.«

Aber: Kalzium, Sauerstoff, Eisen, Selen, Natrium, Zink und all die anderen sind nach wie vor giftig. Bösewichte. Es gibt nur mittlerweile sehr effektive Mechanismen, mit dieser Giftigkeit fertigzuwerden und sie sogar zu nutzen. Yin und Yang, Jekyll und Hyde. Vom Saulus zum Paulus.

Nun könnte man sagen: Gut, war eben alles giftig auf der Ur-Erde. Musste das Ur-Leben halt was dagegen machen. Hat's gemacht. Bravo und danke.

Doch auch praktisch alles, was sich in der Evolution seither entwickelt hat an Genen und deren Produkten, an Signalmolekülen, Stoff-

IM DUALEN SYSTEM LEBEN HAT ALLES GUTE WIE SCHLECHTE SEITEN

wechselteilnehmern, alles was genutzt wird an chemischen, enzymatischen Reaktionen, hat diese zwei Seiten: Sehr viel von dem, was im Leben vom Einzeller bis hin zu *Homo sapiens* eine Rolle spielt, ist sowohl lebensfeindlich als auch lebenswichtig. Selbst der Energielieferant Zucker löst bei Wissenschaftlern Angstgefühle aus,[368] selbst die guten Omega-3-Fettsäuren können schädlich sein. Vitamine, die allseits empfohlen werden, etwa A und D,[369] sind in hohen Dosen hochproblematisch. Und dass die meisten anderen Vitamine in hohen Dosen bislang nur selten als gefährlich eingestuft worden sind, liegt allein daran, dass sie im Gegensatz zu D und A meist wasserlöslich sind, der menschliche Körper sie also gut entsorgen kann. Er macht damit letztlich nichts anderes, als die Dosis zu regulieren.

Hier sind wir also wieder zurück beim Dosis-Thema. Doch genaugenommen entscheidet die Dosis nicht einmal darüber, welche Wirkung eine Substanz oder ein anderer physiologischer Reiz *hat*. Sondern nur darüber, welche Wirkung *überwiegt*. Beispiel freie Radikale: Kommen sie in niedrigen Dosen vor, dann hinterlassen sie akut keine massiven Schäden, aber die Schäden häufen sich an, weil die Antioxidationsmechanismen zu wenig aktiviert sind. Es überwiegt also die Schadwirkung. In etwas höheren Dosen richten sie zunächst mehr Schäden an, doch die Schutz- und Reparaturreaktionen kommen voll auf Touren. Es überwiegt der Nutzen. Bei sehr hohen Konzentrationen sind die Schutzmechanismen möglicherweise sogar noch aktiver, aber sie sind trotzdem überfordert. Es überwiegt der Schaden.[370]

Und ihre anderen Aufgaben und Wirkungen, etwa als Signalmoleküle, übernehmen die freien Radikale dann durchweg ebenfalls, aber eben auch wieder mit unterschiedlichen Endergebnissen.

Bei freien Radikalen wird also eines besonders deutlich:
Ein und dieselbe Molekülsorte kann

- verschiedene Funktionen haben, die einen willkommen, die anderen unwillkommen: z. B. Zerstörer biologischer Strukturen, Signalmolekül, Auslöser von Schutzreaktionen,
- in verschiedenen Konzentrationen und unter verschiedenen Bedingungen maßgeblich zu willkommenen und unwillkommenen »Endergebnissen« beitragen: z. B. Zerstörung biologischer Strukturen, Schutz und Reparatur biologischer Strukturen,

– mit demselben Wirkmechanismus willkommene und unwillkommene Endergebnisse herbeiführen: z.B. Zerstörung biologischer Strukturen, etwa von Krankheitserregern oder Krebszellen einerseits und Zerstörung biologischer Strukturen von gesunden Körperzellen andererseits.

Der zuletzt genannte Punkt ist mindestens ebenso bedeutsam wie die beiden ersten: Bestimmte Abwehrzellen des Immunsystems machen zum Beispiel nichts anderes, als Erreger mit freien Radikalen zu vergiften. Dass freie Radikale gegen Bakterieninfektionen schützen können, ist in Tierversuchen ebenfalls nachgewiesen.[371] Und die allermeisten klassischen Chemotherapeutika gegen Krebs sind Stoffe, die zu einer massiven Bildung von freien Radikalen führen. Die sollen Krebszellen vernichten. Aber sie greifen als Nebenwirkung meist auch gesundes Gewebe stark an. Deshalb wird die langjährige Praxis, Patienten während der Chemotherapie Vitaminpräparate zu geben, inzwischen sehr, sehr kritisch gesehen. Denn die Antioxidantien schützen dann vor allem den Tumor vor der Wirkung des Medikaments. Einer der Gründe, warum bei Krebspatienten oft sehr niedrige Vitamin-C-Werte im Blut gemessen werden, ist schlicht der, dass der Tumor bei ihnen erfolgreich das Vitamin C aus dem Blut holt, um sich vor freien Radikalen und den von ihnen ausgelösten oxidativen Prozessen zu schützen. Patienten in so einem Fall zusätzlich Vitamin C einnehmen zu lassen hilft dann also vor allem dem Tumor.

Die Sache mit Vitamin C und Krebs wird sogar noch komplexer – aber wenn man sie versteht auch wieder deutlich erfreulicher –, wenn man weiter mit der Dosis nach oben geht. Das funktioniert nur, wenn Vitamin C per Infusion verabreicht wird, und löst dann Folgendes aus: Die Tumoren nehmen es weiterhin begierig auf, doch in ihnen wirkt es dann aufgrund der nun sehr hohen Konzentration nicht mehr anti-, sondern pro-oxidativ, also giftig wie ein Chemotherapeutikum. Denn nun wird dort massiv das erwähnte Haarbleichmittel namens Wasserstoffperoxid gebildet. Dazu kommen dann auch noch andere potenziell therapeutisch wünschenswerte Wirkungen.[372]

Molekulares Kanonenfutter

Eine Variante des Jekyll-und-Hyde-Dualismus ist bislang noch gar nicht erwähnt worden. Man könnte sie das Doppelgänger-Prinzip nennen, oder das physiologische Bauernopfer.

Freie Radikale greifen ja unter anderem Proteine an, machen sie unbrauchbar oder wandeln sie gar in für die Zelle gefährliche Formen um. Tatsächlich wird vermutet, dass sie zu bis zu 70 Prozent mit Proteinen reagieren und nur zu etwa 30 Prozent mit anderen Strukturen wie etwa DNA oder Membranfetten. Es wird jetzt niemanden mehr überraschen, dass zum zellulären Management von Radikalangriffen auch gehört, den Radikalen seitens der Zelle speziell dafür produzierte Proteine gleichsam zum Fraß vorzuwerfen. Damit wird aus einem Angriffsziel für freie Radikale eine Waffe gegen freie Radikale.

Ein Beispiel: Einer der wichtigsten körpereigenen Stoffe, die freie Radikale abfangen, heißt Thioredoxin. Dieses kleine Eiweiß mit nur etwa 100 Aminosäuren ist vergleichsweise sparsam herzustellen. Es ist aber Eiweiß genug, um die volle Aufmerksamkeit und Reaktionsbereitschaft von freien Radikalen auf sich zu ziehen. Und jedes freie Radikal, das ein Thioredoxin oxidiert, kann anderswo keinen Schaden mehr anrichten.

Es gibt weitere bekannte, vermutete und sicher auch noch völlig im Verborgenen ablaufende Beispiele für dieses biologische Yin und Yang, für physiologische Bauernopfer, für mephistophelische Moleküle. Offenbar hat im Leben, im biologischen System Leben, wirklich so ziemlich alles seine zwei Seiten. Normalerweise schafft es dieses System, die Münze je nach Lebenssituation richtig herumzudrehen. Sinnvoll und ohne großes Risiko unbeabsichtigter Konsequenzen hier nachhelfen kann man jedenfalls nur dann, wenn man das System auch wirklich versteht – und gegenüber der üblichen Schwarzweißmalerei skeptisch bleibt.

27 DIE INNERE KRAFT

HÜRDEN, SPRINTER, SCHMETTERLINGE UND MAGIEFREIE SELBSTHEILUNGEN

Hormesis ist im Grunde nie der Effekt irgendeiner Substanz oder Anwendung. Vielmehr ist sie der Effekt einer in jedem Organismus steckenden Kraft, sich selbst um sich selbst kümmern zu können, wenn man gefordert ist.

Das Wort klingt nach Esoterik: Selbstheilung. Und zu sagen, die *Kraft zur Selbstheilung*, sie *kommt von innen*, setzt noch einen oben drauf. Warum, liegt auf der Hand: Diese Kraft, und die Ergebnisse, die sie zeitigt, Besserung, echte Heilung, sie kommen einem seltsam vor, magisch, weil nur die Wirkung sichtbar ist, nicht aber die Ursache. Das alles erscheint zunächst einmal unergründlich.

Tatsächlich aber ist Selbstheilung die absolute Regel, und keine wundersame Ausnahme. Das geht von der Wunde, die sich auch ohne Salbe und Antibiotikabehandlung schließt, über den Schnupfen, der mit Medikamenten nach sieben Tagen und ohne nach einer Woche vorbei ist, bis hin zu dem seelischen Schock, ausgelöst durch Bosheit, Verlust, Abweisung, Unglück oder Ähnliches, von dem wir uns meist ganz ohne Psychopharmaka wieder erholen. Narben bleiben zwar zurück, aber auch ein Vorrat an Mitteln zur Abwehr.

Auch manche Arzneimittel sind gar keine Heilmittel. Sondern *Selbstheilungshilfsmittel*. Sie regen Prozesse an, zu denen der Körper eigentlich in und aus sich selbst heraus fähig ist. Und das meist dadurch, dass sie nicht etwa irgendeinen extra Treib- oder Schmierstoff für diese Prozesse liefern, sondern dadurch, dass sie einen zusätzlichen

HÜRDEN, SPRINTER, SCHMETTERLINGE, SELBSTHEILUNG

Stressreiz setzen, der seinerseits die körpereigenen Reparatur-, Wachstums-, Entsorgungs-, Anpassungs- und Heilungssysteme triggert. Beispiele bekannter Pharmaka, bei denen dies nachgewiesen ist, sind etwa das Antidepressivum Fluoxetin (Prozac) und das Diabetes-Medikament Metformin.

Genauso verhält es sich, wie in diesem Buch schon ausführlich beschrieben, auch mit allen möglichen Substanzen, die als »gesund« gelten, deren eigentliche Wirkung aber die eines Giftes, eines zellulären Stressmachers ist. Genauso verhält es sich auch mit anderen Reizen und Aktivitäten, die »gesund« genannt werden, von Sport über Sauna und Yoga bis hin zu den anspruchsvolleren und komplexeren Varianten dessen, was gerne Hirnjogging genannt wird.

All das soll hier nicht noch einmal wiederholt werden. Ein Hinweis allerdings ist wichtig: Weil letztendlich ein Großteil dessen, was über Krankheit und Gesundheit, Kraft und Schwäche, Freud und Leid entscheidet, von innen kommt, unterliegt es auch den Beschränkungen, die dort innen herrschen. Das ist so schlicht aufgrund biologischer Unvermeidlichkeiten. Und es ist unabhängig davon, durch welchen hormetisch wirkenden Stressreiz es auch immer ausgelöst sein mag.

Lebewesen steht, was die Ausprägung sämtlicher ihrer Merkmale angeht, immer eine gewisse Bandbreite zur Verfügung. Sie sind variabel. Das gilt vom Wirkungsgrad eines Mitochondriums über die Länge des kleinen Zehs bis zur Fähigkeit, Schachpartien zu gewinnen. Es ist diese Bandbreite, die gleichsam die Benutzeroberfläche für Anpassungsreaktionen darstellt. Extreme und auch noch blitzschnelle Veränderungen im Sinne von Hulk oder den Transformers sind dabei aber nicht drin. Eine Gurke wird mal etwas bitterer, mal etwas süßer, aber nie wie eine Banane schmecken. Ein Guavenbaum wird keine minus zehn Grad Frost überstehen. Ein weiblicher Königin-Alexandra-Vogelfalter wird, obgleich er der Tagschmetterling mit der größten Spannweite ist, doch nie 50 Zentimeter von Flügelende zu Flügelende messen. Ein Schimpanse wird, auch wenn man ihn mit Vitamin B und Ginseng-Blättern füttert und ihm zwölf Stunden am Tag Martin-Walser-Romane vom Band vorspielt (wenn das kein Stressreiz ist ...), niemals wirklich sprechen lernen. Ein Mann der Art *Homo sapiens* in ihrem gegenwärtigen Evolutionsstadium wird auch mit dem besten Training die 100 Meter nie in acht Sekunden laufen.

27 DIE INNERE KRAFT

Leicht zu übersehen und zu übergehen

Es gibt zwei wichtige Arten biologischer Variabilität innerhalb ein und derselben Spezies: Einerseits sind da die hauptsächlich durch minimale genetische Unterschiede bedingten kleinen und größeren physiologischen Unterschiede. Es sind jene, die die eine Hauskatze grau, die andere weiß erscheinen lassen. Es sind jene, die »Mieze Schindler« ihr unvergleichliches und »Mars« ihr nicht so überzeugendes Aroma verleihen (beides sind Erdbeersorten). Es sind jene, die einen Jamaikaner wie Usain Bolt eher zum Sprintstar vorbestimmen als einen Rheinländer wie Günter Netzer.

An den Genen selbst kann man (oder konnte man bis vor Kurzem) nichts machen. Um diese Art Variabilität geht es hier also auch nicht. Es geht um die zweite – die, auf die ein Mensch bewusst und gezielt Einfluss nehmen kann. Es ist die, mit der ein Gärtner, wenn er seine Erdbeeren etwa unter Wassermangelstress setzt, zwar kleinere, aber dafür viel aromatischere und mehr sekundäre Pflanzenstoffe enthaltende Früchte erntet. Es ist die, die über sehr viel Training Usain Bolt und nicht seinen Halbbruder Sadiki zum schnellsten Mann der Welt gemacht haben.

Der homöodynamische Raum
Von dem Alterns- und Hormesisforscher Suresh Rattan (Aarhus Universitet) stammt eine Modellvorstellung, nach der die Variationsbreite, die jedem Individuum zur Verfügung steht, einen *homeodynamic space* eröffnet.
Dieser *homöodynamische Raum* ist im Grunde eine Art Puffer-Kapazität, eine gewisse Bandbreite, in der der Organismus auf Störungen reagieren, bestehende Schädigungen beseitigen und neuen Schädigungen vorbeugen kann. Je größer diese Bandbreite, desto ausgeprägter können auch die Störungen sein, ohne nachhaltige Schäden zu hinterlassen. Der homöodynamische Raum umschreibt also genau den Bereich, in dem Störungen unschädlich sind und sogar hormetisch wirken können.
Im Alter oder bei bestimmten Krankheiten schrumpft in dieser Modell-

vorstellung der homöodynamische Raum zusammen. Bei einem darauf nicht trainierten 70-Jährigen ist die Wahrscheinlichkeit, dass er einen Sprung in eiskaltes Wasser unbeschadet übersteht, zum Beispiel mit Sicherheit geringer als bei einem 20-Jährigen. Störungen wirken sich dann also eher negativ aus. Über wiederholte Anregung durch Stressoren lässt sich Rattan zufolge das Schrumpfen des homöodynamischen Raumes aber mindestens bremsen, lässt dieser sich oft sogar wieder ausdehnen. Derselbe 70-Jährige würde also etwa langsam und vorsichtig mit dem Saunieren beginnen. Nach einer bestimmten Zeit würde man sich um ihn keine größeren Sorgen mehr machen müssen, wenn er sich wieder einmal dazu entschlossen hat, im Kaltwasserbottich unterzutauchen.

Hormesis ist also nur möglich innerhalb dieses Raumes, innerhalb dieser Kapazität. Aber hormetisch wirkende Reize können diesen Raum, diese Kapazität und ihre Grenzen auch selbst beeinflussen.

Ein gutes Beispiel ist die sogenannte Superkompensation im Sport (siehe Kapitel 14). Sie ist ein typisch hormetisches Phänomen. Hier folgt, sofern alles richtig gemacht wird, nach einem starken Trainingsreiz, welcher vorübergehend zu starker Ermüdung und de facto geringerer Leistungsfähigkeit führt, nicht nur die Wiederherstellung des ursprünglichen Leistungspotenzials. Das Leistungsvermögen ist danach sogar besser als zuvor. Die Grenze des homöodynamischen Raumes wurde also verschoben. Man nennt dies Trainingseffekt.

Beide Arten von Variabilität haben ihre oben schon erwähnten biologisch bedingten Grenzen. Die erste ist vor allem genetisch determiniert. Die letztgenannte dagegen kann man beeinflussen, denn sie kommt vor allem durch das Wirken von Hormesis zustande: Stressreize in nicht zu hoher Dosis, Anpassung, Kompensation, Superkompensation, mehr Stressreize, im Bestfall irgendwann Olympiasieger. Oder eben keine Stressreize, Bequemlichkeit, viel Brot und Bier und im schlimmsten Fall dann als Ergebnis ein fetter, prädiabetischer Jüngling auf dem Sofa.[373] Die Einflussmöglichkeiten, die man jenseits dessen hat, was die pure Gensequenz vorgibt, sind also beachtlich. Aber sie sind selbstverständlich ebenfalls begrenzt.

Das ist wahrscheinlich einer der Gründe, warum Hormesis, so universell sie auch auftreten mag, lange so schwer zu finden war und teilweise noch immer ist: Die durch sie ausgelösten Unterschiede sehen meist erst einmal nicht besonders dramatisch aus, jedenfalls nicht nach den für biologische Experimente üblichen, meist eher knapp bemessenen Zeitspannen. Beispielsweise würden, wenn Sadiki Bolt mit speziellem Sprinttraining beginnen würde und Wissenschaftler zwei Wochen lang mit der Stoppuhr an der Bahn stünden, diese am Ende vielleicht nur eine so geringe Verbesserung seiner 100-Meter-Zeit feststellen, dass diese statistisch auch reiner Zufall sein könnte. Ähnlich war und ist es bei vielen toxikologischen Experimenten: Die Ausreißer bei niedrigen oder mittleren Dosen waren, wenn sie denn überhaupt registriert wurden, keine scharfen, hohen Zacken. Sondern es waren zwar deutlich sichtbare, aber doch maximal mittelgebirgige Hügel im Graphen des Diagrammes. Und die wurden und werden auch heute noch gerne als vermeintliche Messfehler, Ausreißer und Zufälle übergangen.

Tatsächlich liegen die Effekte hormetischer Reize, also etwa die messbare Wachstumsanregung bei Pflanzen[374] oder Zellkulturen, normalerweise bei maximal 60 Prozent im Vergleich zum Kontrollexperiment ohne Stressreiz. Oft auch nur bei 30 Prozent. Diese 60-Prozent-Hürde hat ihre Ursachen. Denn Hormesis ist eben keine Magie. Was hier am Werk ist, ist vielmehr eine innere Kraft, die es ermöglicht, als Antwort auf Stressreize die eigene Variationsbreite auszureizen. Und die hat, trotz aller durchaus möglicher Ausweitung der homöodynamischen Zone (siehe Kasten) eben ihre Grenzen. Das gilt für Pflanzen, Zellen und sicher auch für Tiere und Menschen. Auch die beste Zelle kann sich nicht zwei Mal in zwei Minuten teilen, so wie auch Usain Bolt nicht in acht Sekunden 100 Meter laufen kann.

Plastizität

Die Variationsbreite, die einem Individuum zur Verfügung steht, wird im Fachdeutsch gerne *Plastizität* genannt. Das Wort erinnert an Plastilin, also Knetmasse, und tatsächlich hilft diese sprachliche Verwandtschaft, die Ursachen zu verstehen. Denn es geht schlicht um etwas, das einer verformbaren Masse vergleichbar ist. Man kann aber auch einen

Fußball nicht mehr als 100 Prozent verformen, selbst der Schussroboter von Adidas verbeult auf Maximalkraft das künstliche Leder mit 21 Zentimetern Durchmesser nur um sechs Zentimeter.[375] Das ist auch gut so, denn 100 Prozent Verformung würde Zerstörung bedeuten.

Ähnliche Plastizitäts-Limits regieren auch in der Biologie. Bei hormetisch agierenden Wirkstoffen scheinen jene 60 Prozent das maximal Mögliche zu sein. Sie werden auch nur dann erreicht, wenn man das Glück hat, mit der Dosis einen zumindest annähernd optimalen Punkt auf der Dosis-Wirkungskurve zu treffen. Das ist schwierig genug. Mittel wie Antibiotika, die im Idealfall radikal und hundertprozentig wirken, sind eher die Ausnahme. Bei entsprechender Dosis agieren diese auch ganz anders: Ihre Wirkung ist nicht hormetisch im menschlichen Organismus, sondern tödlich in einem anderen.[376] Aber viele andere Wirkstoffe, die die Pharmaindustrie und die natürliche Apotheke bereithalten, wirken hormetisch und damit in diesem begrenzten Rahmen.

Dafür ist die ausnutzbare Variationsbreite aber sehr real. Und sie kann den 60-Prozent-Unterschied zwischen 16,7 Sekunden, die ein untrainierter Mann gleichen Alters vielleicht für die 100 Meter brauchen wird, und Usain Bolts 9,58 ausmachen.

Und natürlich sagen die 60 Prozent, die ja immer nur auf einen einzelnen messbaren Parameter bezogen sind, gar nichts über die Gesamtwirkung auf den Organismus aus. Denn erstens können sich hormetische Effekte addieren, etwa aufgrund von körperlicher Anstrengung und Ernährungsfaktoren. Und zweitens können sie sich höchstwahrscheinlich innerhalb der komplexen biochemischen Signalkaskaden auch verstärken. Und selbst die unter der 60-Prozent-Hürde liegenden Reaktionen auf hormetische Stressoren sind sicher oft in der Lage, das physiologische Gleichgewicht von einem nicht gesundheitsförderlichen Status in Richtung Gesundheit zu verschieben. Und das kann man durchaus einen wunderbaren Effekt nennen, auch ganz ohne Magie.

28 KURVENDISKUSSIONEN

J, U, X, Y – UND BEGEHRTE PLÄTZE IM NADIR

Wer optimale, realistische, aber auch wirklich gesunde Gesundheitspolitik machen will, muss eines wissen: Wo liegt – im Durchschnitt der Bevölkerung oder noch besser für jeden einzelnen Bürger – das Optimum des Parameters, der beeinflusst werden soll? Und in vielen Fällen, und oft selbst beim reinsten Teufelszeug, findet sich dieser Idealpunkt eben nicht bei null.

Für Hormesis typisch sind ihre Kurven: die Kurven auf Papier oder Bildschirm in jenen Diagrammen, welche die Dosis eines Reizes oder einer Substanz gegen ihre Wirksamkeit und Wirkungsrichtung (positiv oder negativ aus Sicht des Organismus, um den es geht) darstellen. Sie sind wirkliche Kurven, und keine Geraden, wie die klassischen Theorien von Dosis-Wirkungszusammenhängen es eigentlich erwarten ließen. Je nachdem, was man konkret dort aufträgt, sehen sie aus wie ein umgekehrtes J oder U, oder wie ein J oder U (siehe Seite 91–93).

Ob J oder J-auf-dem-Kopf, U oder U-auf-dem-Kopf hängt allein davon ab, ob man für die Y-Achse erstrebenswerte oder ungünstige Parameter wählt – etwa Vitalität oder Sterblichkeit, Widerstandskraft gegen eine Krankheit oder Anfälligkeit für eine Krankheit. Beide sind natürlich immer die zwei Seiten derselben Medaille

Ein typisches umgekehrtes J oder U ergab sich etwa, als für ein 1970 veröffentlichtes Experiment zwei Forscher die Dosis von radioaktiver Strahlung gegen die Wurzellänge von Nelken auftrugen: Die Wurzellänge ist ein Maß für die Vitalität und Wachstumsfreudigkeit der Pflanze. Sie nahm in den Versuchen, beginnend mit dem Niveau der natürlichen Hintergrundstrahlung und dann langsam steigenden Strahlendosen zunächst zu. Sie erreichte ein Optimum (bei einem Wert von etwa 300 Röntgen, einer heute nicht mehr gebräuchlichen Maßeinheit für Strahlung) und fiel dann wieder auf den Ausgangswert (bei ca. 1000 Röntgen). Dann ging sie noch weiter zurück (bei 5000 Röntgen lag sie nur noch bei ca. zehn Prozent des Maximalwertes[377]).

Wie ein U oder J sieht eine Kurve fast immer dann aus, wenn man die Dosis irgendeiner lebenswichtigen Substanz, die der Körper nicht leicht ausscheiden[378] kann, gegen die Anfälligkeit des Organismus für eine oder mehrere Krankheiten aufträgt: Es beginnt bei null oder sehr niedrigen Dosen. Sobald diese zunehmen, sinkt die Anfälligkeit so lange, bis die optimale Dosis des Metalls, des Vitamins etc. erreicht ist. Mit höheren Dosen steigt sie dann wieder, bis sie irgendwann für alle Organismen tödlich ist, die das Pech haben, im Experiment eine derart hohe Menge verabreicht zu bekommen.

Solche Kurven beruhen oft auf hormetischen Stress-Anpassungsreaktionen. Aber sie können auch andere Ursachen haben. Beispielsweise kann ein Ion schlicht als Bestandteil von Enzymen wichtig sein. Bei Dosis null dieses Ions muss man deshalb mit verringerter Vitalität rechnen, eine gewisse Dosis ist optimal, weil sie für den Enzymbedarf ausreicht, eine höhere wirkt dann aber irgendwann wieder toxisch.

Solche J-förmigen Kurven finden sich aber auch anderswo, etwa in der politischen Wissenschaft. So kann man zum Beispiel die Stabilität eines Staatsgebildes gegen seine »Offenheit« auftragen. Letztere ist gekennzeichnet etwa durch den Grad der Demokratisierung, die Möglichkeit freier Meinungsäußerung, die Macht zivilgesellschaftlicher Institutionen, das Ausmaß an Einkommensgleichheit und die Möglichkeit freien Handels und Unternehmertums. Das J sieht dann so aus: Es beginnt bei sehr abgekapselten Staatsgebilden wie etwa Nordkorea, die recht stabil sind. Je »offener« Staaten aber werden, desto mehr sinkt zunächst deren Stabilität, bis hin zu Niedrigstwerten, wie sie im Jahre 2016 vielleicht für Somalia oder Niger gelten. Erst nach diesem traurigen Tal steigt die Stabilität von Staatsgebilden wieder an, über junge und wackelige Demokratien wie Sri Lanka und Halb-Diktaturen wie etwa Weißrussland bis hin zu sehr »offenen«, aber auch trotz der durch diese Offenheit bedingten gelegentlichen Anfälligkeit insgesamt sehr robusten Staatswesen wie etwa Norwegen.[379]

The Dose inside

Die J-Kurven allerdings tauchen auch noch anderswo in Studien über menschliche Gesellschaften auf: überall dort, wo es um menschliche Gesundheit geht. Jene etwa, die zu zeigen scheinen, dass null Alkohol offenbar doch nicht das Optimum ist, wenn es um die gesundheitlichen Aussichten insgesamt geht.[380] Doch die offensichtlichste J- oder U-Kurve ist die, die den Zusammenhang zwischen Kalorienaufnahme und Krankheit und Sterblichkeit zeigt. Ganz wenige Kalorien bedeuten Hunger und Hungertod, ein paar mehr immer noch Unterernährung und die daraus resultierenden Leiden. Noch einmal einige mehr sind gesundheitlich optimal. Doch wenn die Kalorienzahl weiter ansteigt, dreht die Kurve in Richtung Überernährung mit ihren typischen Begleiterscheinungen wie Diabetes oder Herzkreislaufleiden.

Solche Kurven finden sich sogar, wenn man »Dosen« von etwas in die Diagramme einträgt, die kein Mensch zu sich nimmt, sondern die schon in ihm stecken. Blutdruck zum Beispiel, Cholesterin-Konzentrationen im Blut und vieles mehr.

Oder Body-Mass-Index (BMI). Die »Dosis« Körperfett etwa,[381] die der BMI in Annäherung widerspiegeln soll, führt, wenn sie von niedrigen Werten unter 17 ansteigt, zunächst erst einmal zu deutlich verbesserten Gesundheitswerten: Sterblichkeitswahrscheinlichkeit, Infektions- und allgemeine Krankheitsanfälligkeit, all das sinkt zunächst. Es steigt jenseits eines BMI von deutlich über 30 dann aber wieder deutlich an, bis hin zu wirklich krankhaft fetter Adipositas mit all ihren unschönen Implikationen.

Bei diesen Gesundheits-J-Kurven spielen hormetische Mechanismen mit großer Wahrscheinlichkeit oft eine gewisse Rolle, etwa beim genannten Alkohol. Doch selbst wenn physiologische Hormesis hier keinerlei Bedeutung haben würde, so wären die Implikationen für die Praxis – von Gesundheitsempfehlungen bis hin zur Gesetzgebung – ähnlich. Und hier bietet sich in der menschlichen und politischen Realität auch eine Riesenchance. Beispiel Alkoholkonsum: Das Zeug kann in hohen Dosen sehr gefährlich sein, das räumen sogar die Produzenten ein, wenn sie etwa zum »Maßvoll genießen«[382] auffordern. Doch moderat, »maßvoll« konsumiert bietet das unbestrittene Gift

J, U, X, Y – UND BEGEHRTE PLÄTZE IM NADIR

namens Alkohol eben nicht nur hormetisch bedingte gesundheitliche Vorteile, sondern auch Genuss und Gewinn an Lebensqualität. Zudem zeigt allein die Tatsache, dass es seitens der Hersteller unterstützte »Maßvoll genießen«- und »Drink Responsibly«-Kampagnen gibt, dass diese oft bereit sind, sich zumindest an dem Versuch zu beteiligen, wirklich ungesunde Trinkerei einzudämmen. Sicher nicht bereit wären sie allerdings, sich für Abstinenz-für-alle-Aktionen zu engagieren oder neue Prohibitions-Gesetze zu unterstützen. Und für die Mehrheit der Bevölkerung des nichtislamischen Teils der Welt, die selbst gerne mal einen trinkt, dürfte das ebenfalls gelten.

Das Beispiel zeigt also eines: Nicht nur sind manche in hohen Dosen schädlichen Dinge in niedrigen unschädlich oder gar nützlich. Es ist auch meist viel, viel realistischer, in der Praxis darauf hinzuwirken, dass Konsumenten und Patienten sich in Richtung jener nicht so hohen Dosen orientieren, als »sicherheitshalber« zu versuchen, der Null-Dosis so nahe wie möglich zu kommen.

Nadirlich

Es ist also nicht nur besser, sondern auch viel besser erreichbar, nicht bei allem, was in hohen Dosen ungesund ist, die allerniedrigste Dosis anzustreben. Und das gilt nicht nur dort, wo es offensichtlich absurd ist, etwa bei Kalorien (ohne verhungert man), Fett (ohne fehlt ein essenzieller Nährstoff) oder Strahlung (ohne geht unter natürlichen Bedingungen gar nicht), sondern eben auch für Zucker, Marihuana, Salz, Schokolade, Medienkonsum und vieles mehr.

Die Mediziner und Gesundheitsforscher Dave Chokshi, Abdurahman El-Sayed und Nicholas Stine schrieben im Oktober 2015 im *Journal of the American Medical Association*, das Ziel jeder Gesundheitspolitik müsse sein, möglichst viele Leute im Nadir solcher Kurven unterzubringen.[383] »Nadir« ist ein Wort, das man nicht unbedingt kennen muss. Es bedeutet so viel wie *tiefster Punkt*,[384] oder realistischer: tiefster Bereich eines solchen Graphen in einem Diagramm. Das wäre zum Beispiel also die tägliche Dosis Alkohol (oder Strahlung oder Koffein oder Ausdauersport etc.), die in Studien mit der geringsten Krankheitsanfälligkeit einhergeht. Davon ausgehend könne man dann versuchen, zum Beispiel Subpopulationen, die aus sozialen, genetischen oder anderen Gründen möglicherweise doch mehr gefährdet sind, zu identifizieren und sie speziell zu beraten und zu behandeln. Dies wären also Leute, deren Kurven-Nadir weiter links an der X-Achse liegt. Bei Alkohol gilt das etwa für viele Asiaten. Aber für viele andere Substanzen, Reize und menschliche Subpopulationen ist es eben noch völlig unerforscht.

Am wichtigsten ist hier aber wohl eines: Dort, wo unter Wissenschaftlern keine Einigkeit herrscht und die schiere Existenz dieser Kurven oder die Verortung des Nadirs umstritten ist – in jüngster Zeit etwa bei der Frage, wie viel Kochsalz täglich optimal sei –, ist viel, viel mehr zielgerichtete Forschung nötig. Und das gilt natürlich vor allem für die spezielle toxikologische, biologische, medizinische Forschung an jenen in diesem Buch besprochenen Stressreizen und Substanzen, die solche nichtlinearen Dosis-Wirkungskurven hinterlassen. Wer hier das Optimum findet und es dann auch noch schafft, viele Leute dazu zu bringen, sich in Richtung ihres persönlichen Nadirs zu bewegen, kann sicher vielen Leuten mehr Gesundheit verschaffen.

Hormesis und hormonähnliche Substanzen
Es gibt bestimmte Moleküle, die ähnlich wirken wie Hormone. Hormone sind per se Stoffe, die in sehr kleinen Dosen mitunter große Wirkung entfalten können.
In Plastik, aber auch in ganz normalen Nahrungsmitteln wie etwa Sojaprodukten, sind solche hormonähnlichen Stoffe vorhanden.
Einerseits ist bei ihnen keine Panik angebracht, denn schließlich bedeutet ihre Eigenschaft ja nur, dass sie im Grunde natürliche biochemische Abläufe aktivieren oder unterbinden können, so wie es natürliche Hormone auch können.
Trotzdem überlässt man mit Sicherheit lieber dem eigenen fein eingestellten Hormonsystem die Steuerung, oder in manchen Fällen, etwa wenn die Schilddrüse nicht mehr mitspielt oder fehlende weibliche Hormone Beschwerden verursachen, dem Arzt.
Es spricht vieles dafür, dass diese hormonähnlichen Substanzen oft ebenfalls typisch hormetisch wirken. Allerdings reichen aus genannten Grün-

den oft schon sehr kleine Dosen aus, um den hormetischen Bereich zu verlassen, also ungewollte Wirkungen zu entfalten.

Anders als bei vielen anderen Substanzen und Reizen sollte, solange das Gegenteil nicht bewiesen ist, für diese Stoffe also durchaus die Regel gelten, ihre Konzentrationen in der Umwelt, im Essen, in Kosmetika etc. so weit wie möglich in die Nähe von null zu bekommen.

TEIL VIII

ESSENZ UND KONSEQUENZ

29 DIE PARACELSISCHE WENDE

DAS NEUE BILD DER WIRKLICHKEIT UND EIN GESCHENK IN SCHWIERIGEN ZEITEN

Nichts gegen Geradlinigkeit. Aber dort, wo es offensichtlich um die Kurve geht, ist sie unangebracht. Hormesis ist zu universell, zu wichtig, zu lebenswichtig sogar, als dass man sie weiter ignorieren könnte. Für viele der Herausforderungen der Gegenwart kann sie der Schlüssel sein. Es ist besser, man legt sich in ihre Kurven, statt weiter stur geradeaus zu fahren.

Es gibt eine ganze Reihe von Ereignissen im Leben eines Menschen, auf die man später möglicherweise als Wendepunkte, als Übergänge von der Kindheit in die Zeit des Erwachsenwerdens zurückblicken kann. Gewisse erste Gefühlsaufwallungen oder gar Küsse kommen ebenso infrage wie die erste bewusste Begegnung mit der Endlichkeit des Lebens. Und sicher vieles mehr.

Im Mathematikunterricht gibt es dieses Schlüssel-Ereignis auch. Irgendwann, gar nicht mal so spät in der Schullaufbahn, kommt der Moment, ab dem man sich nicht mehr auf Lineale, Zeichendreiecke und Zirkel verlassen kann. Eins und eins zusammenzählen reicht nicht mehr, Geraden und rechte Winkel zeichnen auch nicht. Es ist der Einzug der Funktionen, der Komplexität, des Abstrahieren-Müssens. Des Nichtlinearen. Der Kurven.

Wenn der profunde existentielle Schock angesichts einer Mathematik jenseits von Grundrechenarten und euklidischer Geometrie bei den meisten Schülern trotzdem ausbleibt oder sich höchstens beim Blick ins Zeugnis einstellt, dann hat das wahrscheinlich vor allem eine Ur-

29 DIE PARACELSISCHE WENDE

sache: Die Welt der Nichtlinearität ist eben keine kinderleichte mehr, und viele Menschen scheinen eine Neigung zu haben, sich dieser neuen Welt zu verweigern. Sie ist zwar alles andere als unbegreiflich. Schwerer zu verstehen jedoch ist sie schon.

Hier bekommen wir die Kurve zum vorhergehenden Kapitel: Was in der Welt um uns herum abläuft, aber auch in der Welt in uns drin, ist kurvenreich. Vergleichsweise selten geht es geradeaus, und dann oft auch nur für ein nicht allzu langes Teilstück der Strecke.

Trotzdem wollen wir – und das ist nicht einmal mehr kindlich naiv, sondern eher kindisch ignorant – von vielen dieser Kurven nichts wissen und tun so, als existierten sie nicht.

Dabei ist es logisch, was jemandem passiert, der auf einer kurvenreichen Strecke unterwegs ist, aber das Lenkrad so bedient, als ginge es immer geradeaus.

Sie mögen uns seltsam erscheinen, der Umgang mit ihnen kompliziert, der Ausgang der Beschäftigung mit ihnen ungewiss. Trotzdem müssen wir endlich bereit sein, die Existenz auch jener Kurven, die die menschliche Existenz im Austausch mit ihrer Umwelt, mit Reizen, Substanzen, Giften, Stressoren definieren, nicht nur zu akzeptieren. Sondern wir müssen sie willkommen heißen. Im Englischen gibt es dafür das schöne Wort »to embrace«, was mit dem deutschen »umarmen« nur unzureichend übersetzt ist.

Seid umarmt, Kurven

Wir müssen diese Kurven umarmen. Wir müssen uns in sie hineinlegen wie mit dem Motorrad in die Serpentine, wir müssen lernen, sie voll auszufahren.

Vieles, sehr vieles, wirkt je nach Dosis völlig unterschiedlich. Die Wirkung ist also auf einer Kurvenstrecke unterwegs. Wohl dem, der den Streckenverlauf kennt und sich nach ihm richtet.

Dem einfachen Weltbild vom gleichmäßigen Zunehmen ein und derselben Wirkung bei steigender Dosis widerspricht das natürlich. Liebgewonnenen einfachen Leitsätzen wie »Viel hilft viel«, oder »Gift bleibt Gift« widerspricht es ebenso.

Doch sich zu verweigern ist nichts anderes, als den Kopf in den Sand

DAS NEUE BILD DER WIRKLICHKEIT UND EIN GESCHENK

zu stecken. Es ist nichts anderes, als auf Grundschulniveau zu verharren und diese vermeintlich unberechenbaren Kurven auf dem Millimeterpapier zu verteufeln. Es ist eine Weigerung, erwachsen zu werden.

Die Standard-Modelle für Zusammenhänge von Dosis und Wirkung sind sehr »geradeaus«. Sie sind linear. Das eine hat irgendwo eine Schwelle, an der sich angeblich der Übergang von Wirkungslosigkeit zu Wirksamkeit vollzieht. Bei Giften ist das dann eben jener von Wirkungslosigkeit zu Giftigkeit. Das andere hat keine Schwelle, dort gilt also schon eine Minidosis als miniwirksam, aber vielleicht eben doch fatal. Es gilt für Karzinogene, inklusive ionisierender Strahlung. Maßgeblich beeinflusst wurde es durch den großen Genetiker und Entdecker der mutagenen Wirkung von radioaktiven Strahlen, Hermann Joseph Muller.[385] Er war der Mann, der als Erster behauptete, dass Strahlung auch in kleinsten Dosen schädlich ist.

Das Schwellenmodell wurde aber offenbar nie wirklich überprüft. Denn es wurden schlicht nie biologische Reaktionen auf alle möglichen Substanzen und Reize systematisch und engmaschig über den gesamten Dosisbereich – von null bis tödlich – gemessen. Das wäre allerdings nötig gewesen, um wirklich Vorhersagen für alle Dosisbereiche treffen und gesetzliche Regelungen darauf begründen zu können.[386] Und das von jener genetischen Eminenz namens Muller maßgeblich geprägte schwellenlose Karzinogen-Modell beruht historisch betrachtet tatsächlich nur auf Messungen bei zwei verschiedenen Dosen. Den Rest erledigte ein Lineal. Nicht wissenschaftliche Evidenz im Sinne vieler genauer und wiederholter Messungen an vielen Punkten war hier also Grundlage der Entscheidung, sondern eine wissenschaftliche Eminenz in Person Professor Mullers.

Attraktive Modelle

Die Standard-Modelle funktionieren für manches auch ganz gut. Etwa dann, wenn man nur einer Dosisspanne Aufmerksamkeit schenkt, in der es wirklich geradeaus geht. Nicht selten aber funktioniert es nicht so gut. Und »wissenschaftlich« muss dann nachgeholfen werden, indem man »Ausreißer«, die etwa eine Gerade zur Kurve machen könnten, ignoriert, »herausrechnet«, als Messfehler abtut. Weil eben nicht sein kann, was nicht sein darf.

Manchmal waren die Ergebnisse von Experimenten dann aber doch zu deutlich. Für die sogenannte Mega-Mouse-Study etwa wurden sage und schreibe 24 000 Nager »verbraucht«, allein um die erwartete lineare Beziehung zwischen der Dosis eines bekannten Karzinogens und Krebsentstehung nachzuweisen. Das Ergebnis allerdings sah anders aus: Jener Stoff namens 2-AAF (2-Acetylaminofluoren) schützte Mäuse in Dosen unterhalb von 50 ppm *(parts per million)* sogar vor den Tumoren und die Forscher schrieben denn auch von »signifikanter Evidenz, dass niedrige Dosen eines Karzinogens günstig« seien.[387]

Doch über die Studie wurde lieber ein Mantel des Schweigens gebreitet. Die Ergebnisse galten als potenziell gefährlich. Weil nicht sein konnte, was nicht sein durfte.

Dieses und all die anderen Beispiele aus diesem Buch zeigen, auf welche Irrwege die Kurvenverweigerung geführt hat: Denn jene Standard-Herangehensweise ist nicht nur meistens falsch. Durch lineare Dosis-Wirkungsstandards werden auch wichtige, relevante, oft auch für die Gesundheit oder gar gesamtgesellschaftlich, ökonomisch bedeutende Wirkungen schlicht ignoriert. Sie bleiben deshalb unerforscht und letztlich ungenutzt.

Allein, dass es die zwei verschiedenen Standards für Krebserreger einerseits und Nicht-Krebserreger andererseits überhaupt nebeneinander gibt, ist schon absurd. Denn es existiert keine einzige aufgrund solider wissenschaftlicher Erkenntnisse aufrechtzuerhaltende Rechtfertigung, bei allen möglichen Giften eine Schwelle für den Übergang von Harmlosigkeit zu Giftigkeit anzunehmen, bei krebserregenden aber nicht. Wenn man das einsieht, dann stellt sich natürlich die Frage, welches der Modelle dann am ehesten zum allgemeinen Standard taugt. Oder ob es vielleicht ein ganz anderes braucht. Der Streit darüber, oft höflich, gelegentlich auch aufbrausend, treibt viele Toxikologen inzwischen um.

Edward Calabrese und seine Kollegen haben in akribischer Arbeit[388] versucht, die Dosis-Wirkungsverläufe aller greifbaren und ausreichend untersuchten Substanzen zu dokumentieren und zu überprüfen. Sie haben getestet, ob sich darauf fußend auch Dosis-Wirkungsverläufe

voraussagen lassen. Folgt man ihnen und ihren Resultaten, dann müsste ein neues Modell zum Standard werden:
Das hormetische, das biphasische, das mit den Kurven anstatt der Geraden.

In ihm hat so ziemlich jede überhaupt irgendwie biologisch aktive Substanz zwei Wirkungsphasen (manchmal sogar mehr als zwei[389]). Sie wirkt auf lebende Zellen also letztlich auf mindestens zwei komplett gegensätzliche Weisen. Die sind normalerweise auf der einen Dosisseite stimulierend, hilfreich, Lebensprozesse, Abwehrmechanismen, Anpassungsvorgänge fördernd. Auf der anderen Dosisseite sind sie hemmend, Lebensprozesse ausbremsend, Gleichgewichte aushebelnd, toxisch. Ob Anregung oder Hemmung, Vitalisierung oder Giftigkeit erstrebenswert ist, ist vom Einzelfall abhängig. Bei einem Antibiotikum ist immer die Giftwirkung gewollt. Bei einem hormetischen Diabetesmedikament eher die Anregung.

An die Arbeit

Damit allerdings fängt die Arbeit erst an. Denn wenn man Hormesis nicht weiter ignorieren, sondern nutzen will, wenn man aber auch sicherstellen möchte, keinen Schaden anzurichten, dann muss man sehr genau hinschauen. Dann muss man sehr genaue Wissenschaft betreiben. Zum Beispiel: Bei Umweltgift A stellt sich heraus, dass es in niedrigen Dosen Schutzmechanismen gegen Krebs anregt. Bedeutet das dann, dass man für Umweltgift A den Grenzwert nach oben setzen oder es gar gezielt versprühen sollte? Die Antwort lautet: Es kommt darauf an. Wenn der »gesunde« Dosisbereich sehr weit entfernt vom giftigen ist – was einer langgezogenen, eher flachen Kurve entsprechen würde –, dann könnte sogar genau das sinnvoll und sicher sein. Wenn aber die günstigste Dosis schon ziemlich nah an der giftigen liegt, die Kurve also eher steil verläuft, sieht es anders aus. Dann wird es jenseits von Laborbedingungen, unter denen sich die Dosis sehr genau kontrollieren lässt, fast unmöglich sein, gesunde Dosen zu garantieren, giftige aber zu vermeiden. Ganz abgesehen davon, dass gesunde und nicht gesunde Dosen sich zusätzlich individuell unterscheiden können.

Ähnliches gilt natürlich für Medikamente. Viele wirken komplett oder zum Teil hormetisch, auch wenn gegenwärtig kaum ein Pharmazeut oder Arzt dieses Wort dafür gebrauchen würde. Bei ihnen sind die Risiken für Nebenwirkungen wahrscheinlich dann besonders groß, wenn der therapeutische Dosisbereich nah am toxischen liegt. Und viele Mediziner und Pharmazeuten sind überzeugt, dass so manches einst vielversprechende Medikament in größeren Studien letztlich aus vor allem einem Grunde versagte: Die Dosis stimmte bei vielen Probanden einfach nicht, schlicht, weil jedes Individuum eine individuell abgestimmte Dosis gebraucht hätte.

Erfolgreiche Medikation ist immer auch individualisierte, personalisierte Medizin. Das ist nicht banal. Denn dass es so ist, ist auch direkte Folge der hormetischen Dosis-Wirkungszusammenhänge. Wer als Arzt eine Dosis verabreicht, die auf der Wirkungskurve nicht in der Nähe des Optimums liegt, hilft dem Patienten nicht oder nicht viel. Das tun Ärzte allerdings, in allerbester Absicht, wahrscheinlich sehr häufig, weil sie eben eine Standarddosis wählen. Und wer eine Dosis verabreicht, die auf der – individuellen – Wirkungskurve schon den toxischen Bereich erreicht hat, schadet dem Patienten sogar. Auch das kommt wahrscheinlich nicht selten vor.

Natürlich gibt es auch alle möglichen Nebenwirkungen von Medikamenten, die andere Ursachen haben. Aber mit Treffern und Fehlschüssen auf den hormetischen Dosis-Wirkungskurven lassen sich durchaus viele Erfolge und Misserfolge medikamentöser Therapien erklären. Und viele Nebenwirkungen sind wahrscheinlich tatsächlich *Neben*-Wirkungen. Sie ergeben sich, weil für das betroffene Organ die Dosis auf jener Kurve deutlich *neben* der lag, die optimal gewesen wäre.[390]

All das bedeutet, dass es wirklich an der Zeit ist, umzudenken, nachzudenken über ein anderes Konzept, ein anderes, passenderes Modell der lebendigen Wirklichkeit.

Es geht dabei um eine Sicht auf das Leben und seinen Austausch mit Stoffen und Reizen aller Art, an der man sich besser orientieren kann als an der alten. Es geht um ein Bild des Lebens, der Gesundheit, der Umwelt, das zur Wirklichkeit besser passt als das bisherige.

Es geht um eine paracelsische Wende.

Es ist an der Zeit, diese Kurve zu kriegen.

Es kann dann in der Medizin und der Umweltforschung nicht mehr darum gehen, gute oder böse Substanzen zu identifizieren und daraufhin die einen zu verabreichen und die anderen zu verbieten oder zumindest möglichst niedrige Grenzwerte festzulegen. Denn es gibt – mit vergleichsweise wenigen Ausnahmen[391] vielleicht – eben kaum an sich gute oder schädliche Substanzen.

Es muss vielmehr darum gehen, für Stoffe und auch andere Reize wie etwa Strahlen, die jene zwei dosisabhängigen biologischen Eigenschaften haben, das Verhältnis von Nutzen zu Risiko zu finden. Kennt man es, dann kann man versuchen, das Optimum einigermaßen gut zu treffen. Ist das nicht praktikabel, weil die nützliche und die giftige Dosis sehr nah beieinander liegen, dann muss logischerweise die Vermeidung des Risikos Vorrang haben, auch wenn man sich dadurch vielleicht um den Nutzen bringt.

Dieses Konzept würde sowohl Wissenschaftlern und Medizinern als auch medizinischen und Umwelt-Regulationsbehörden eines in die Hand geben: die Möglichkeit, Risiken und Nutzen von Substanzen und auch Strahlen realistischer und detaillierter als bisher einzuschätzen. Daraus ergäbe sich auch die Chance, realistisch zu beurteilen, ob es möglich ist, den potenziellen Nutzen auch wirklich *zu nutzen* – oder ob man auf ihn lieber verzichtet.

Dafür wird man sich viele Stoffe in Experimenten noch einmal genau ansehen und sich vor allem den bisher nicht untersuchten Dosisbereichen widmen müssen.

Und man wird sich sehr genau überlegen müssen, wie man diese Experimente macht. Denn schon heute ist die toxikologische Bewertung all der Chemikalien, die es einerseits schon gibt und die andererseits ständig neu synthetisiert werden, extrem aufwendig und teuer. Und sie kostet eine Unzahl von Versuchstieren das Leben.

Edward Calabrese, Wortführer der Hormesisforscher weltweit, regt deshalb an, die bestehenden Datenbanken – also die Details, die man bei sehr vielen Substanzen durchaus schon kennt – als Matrizen, als Modellvorlagen zu nutzen. Bei anderen Substanzen könnte man damit seiner Ansicht nach deren Wirkungsverlauf im Niedrigdosisbereich sehr passabel vorhersagen. Sein Argument ist, dass sich diese Vorhersagekraft bereits bestätigt hat: Wenn man also die Datenbanken nutzt, für einen Stoff darauf beruhend eine Vorhersage macht und diese Vor-

29 DIE PARACELSISCHE WENDE

hersage dann experimentell überprüft, dann ist laut Calabrese die Trefferquote extrem hoch.

Wem ein solches Vorgehen trotzdem eher wie das eines Hasardeurs vorkommt, sollte sich zumindest über eines im Klaren sein: Mit den bisherigen Modellen wurde und wird genauso gearbeitet. Es werden, ohne überhaupt Messungen in den entsprechenden Dosisbereichen gemacht zu haben, Voraussagen getroffen, indem man schlicht die Messpunkte mit dem Null- oder dem Schwellenwert per Gerade verbindet. Zudem würde sich für den tatsächlich toxischen Bereich kaum etwas ändern, da hier ja mit der bisherigen Standardmethodik schon sehr viel gemessen worden ist. Und diese Daten würden natürlich weiterhin gelten.

Und mindestens eines kommt noch hinzu: Vieles wird auch etwas anders organisiert werden müssen. Denn zum Beispiel sind Behörden, die sich darum kümmern, Risiken zu bewerten, eben dafür da ... genau: Risiken zu bewerten. Nutzen zu bewerten gehört meist nicht in ihren Kompetenzbereich. Das ist nicht anders als bei den Toxikologen, denen es um Giftigkeit von Stoffen geht und kaum um die vielleicht gesundheitsförderlichen Eigenschaften derselben Stoffe in anderen Dosisbereichen. Auch hier wird sich also etwas ändern müssen.

Der Aufruf, der am Ende dieses Buches steht, ist ein auch in anderen Zusammenhängen oft gehörter.

Die paracelsische Wende, sie braucht: Gezielte Forschung. Mehr Forschung. Etwas andere Forschung.

Denn von jenem Punkt, an dem das universelle Phänomen der Hormesis auch universell verstanden ist und in vielen Bereichen anwendbar wird, ist die Wissenschaft weit entfernt. Und der Weg dorthin wird nicht nur kurvenreich, sondern eben auch weit und steinig werden.

Die Erforschung von Hormesis bietet jedoch riesige Möglichkeiten. Und die Gegenwart liefert auch einerseits verfeinerte Messverfahren, die es viel besser als früher ermöglichen, Effekte auch im Niedrigdosisbereich zu erfassen. Dazu kommen andererseits die neuen biochemischen und molekulargenetischen Methoden, die es viel leichter machen, den Mechanismen auf den Grund zu gehen.

Doch die Herausforderungen sind riesig.

Kuckuckseier inklusive

Das gilt für die Suche nach Präventionsmöglichkeiten und Therapien für weit verbreitete – und mit zunehmender allgemeiner Lebenserwartung sich noch weiter verbreitende – Leiden. Von Alzheimer über Krebs bis Zuckerkrankheit.

Es gilt für die Suche nach in einer industrialisierten Welt gesundheitlich unbedenklichen oder gar gesundheitsförderlichen Konzentrationen der verschiedensten menschengemachten oder vom Menschen zumindest ausgepusteten und ausgeschütteten Stoffe in der Umwelt.

Es gilt für die Suche nach Grenzwerten für alle möglichen Substanzen und auch Strahlungsarten, die sinnvoll sind – und nicht vollkommen übertrieben und deshalb volkswirtschaftlich schädlich und oft sogar ungesund.

Es gilt für die Suche nach einer Landwirtschaft, die nachhaltig sieben, neun oder auch zwölf Milliarden Menschen ernähren kann. Es gilt damit natürlich auch für die Suche nach Möglichkeiten, Nutzpflanzen und -tiere unter Bedingungen heranwachsen zu lassen, die diese so widerstandsfähig wie möglich gegen Krankheiten und Schädlinge machen. Es gilt auch für die Suche nach Möglichkeiten, diese dann effizient und schnell heranwachsen zu lassen. Es gilt für die Suche nach Möglichkeiten, sie auf Flächen und in Klimaten wachsen zu lassen, die sich bislang nicht dafür eignen. Es gilt für die Suche nach Möglichkeiten, wie sich während dieses Wachstums möglichst viele gesundheitsförderliche – und damit oft hormetisch oder xenohormetisch (siehe Kapitel 8) wirkende – Substanzen in ihnen anreichern. Es gilt für die Suche nach Möglichkeiten, wie während dieses Wachstums tatsächlich schädliche Substanzen möglichst effektiv bekämpft und abgebaut werden können.

Überall kann Hormesis der Schlüssel sein.

Allerdings wird auch, und das ist schon heute zum Teil der Fall, der ein oder andere Kuckuck seine Eier in fremde, zudem auch noch unfertige Nester legen. Schon jetzt etwa überspannen manche Vertreter der Atomlobby den Hormesis-Bogen, indem sie argumentieren, dass Atommüll ja kein Problem sei, man müsste ihn nur fein genug verteilen und damit verdünnen, und damit würde man sogar die ganze

Welt gesünder machen. Auch seitens von Agrarchemie-Firmen, die schon beginnen, mit Hormesis-Pauschalargumenten die möglichen Gefahren durch Glyphosat und dergleichen vom Tisch wischen zu wollen, ist das bislang nur ein evidenzfreier Versuch der Instrumentalisierung.

Vom Gift zum Geschenk

Ob Hormesis also ihr Potenzial wird entfalten können wird davon abhängen, ob sich hier ordentliche, unvoreingenommene, ergebnisoffene Forschung wird entwickeln können.

Es wird auch davon abhängen, ob es wirklich gewollt sein wird und gelingt, die Messmethoden im Niedrigdosisbereich weiter zu verfeinern, um hormetisch stimulierende Wirkungen auch zu finden.

Es wird auch davon abhängen, ob wir bereit sein werden, wenn die Daten es nahelegen, alte Überzeugungen, auch alte Ängste, sausen zu lassen. Werden wir uns also zum Beispiel dann durchringen, Gifte, die in geringen Dosen keine Gifte sind, sondern sich nach rigoroser Forschung sogar als günstig herausstellen, in gewissem Ausmaß in unserer Umwelt zu akzeptieren?

Hormesis, das Wissen darüber, die Möglichkeiten sie zu nutzen, all das ist eine Ressource, die der Menschheit zu einem Zeitpunkt, da alle möglichen Ressourcen knapp werden, geschenkt wird.

Hormesis ist ein Geschenk. Oder, um wegen der zum Thema passenden Doppeldeutigkeit den englischen Begriff zu benutzen: »a gift«.

Mit diesem Geschenk, mit dieser Mitgift der Evolution, muss man sorgsam umgehen. Es ist eine Ressource, die man nicht gedankenlos ausbeuten sollte.

Hormesis ist auch deshalb ein Geschenk, weil das Wissen um sie Ängste nehmen kann. Ängste vor den Folgen einer halben Stunde in einer verrauchten Kneipe, Ängste vor all dem Radon in Opas Keller in der Vulkaneifel, Ängste vor Nachbars knarzendem Stalldach aus Wellasbest, wenn der Wind ungünstig steht, Ängste vor freien Radikalen überall im Leib.

Sich dieser Ängste zu entledigen kann radikal befreiend sein. Und angesichts dessen, was über Hormesis schon bekannt ist, ist es sicher deutlich weniger irrational, als es jene Ängste zuvor waren.

Die paracelsische Wende kann jeder also zunächst einmal für sich selbst vollziehen.

Und wenn dieses Buch gar nichts bewirkt, außer dass der und die ein oder andere nun keinen solchen Riesenrespekt mehr vor jedem Molekül eines vermeintlichen »Schad«-Stoffes hat und keine Heidenpanik mehr vor jedem unvermeidlichen Röntgenstrahl, dann hat sich die Arbeit daran schon gelohnt.

Jetzt ist sie, und damit auch das Buch namens *Hormesis,* jedenfalls zu

Ende.

QUELLEN UND ERLÄUTERUNGEN

Im Folgenden sind Erläuterungen aufgeführt, zu denen auch zahlreiche Verweise auf wissenschaftliche Originalliteratur gehören. Diese enthalten nur dort einen Link, wo der Volltext zu der Zeit, als dieses Buch entstand, kostenfrei im Netz verfügbar war. Dass diese Links auch in Zukunft funktionieren und zum Originalartikel führen werden, ist natürlich nicht zu garantieren. Ansonsten ist in standardisierter Form jeweils die Quelle genannt. Kurzzusammenfassungen dieser Arbeiten sind im Netz meist verfügbar. Man findet sie problemlos, wenn man einige Wörter des Titels sowie einen Autorennamen in der Maske der Suchmaschine eingibt. Man kann auch direkt in einer Spezialdatenbank suchen, etwa: ncbi.nlm.nih.gov/pubmed. Ein Großteil dieser Originalliteratur ist in englischer Sprache verfasst.

Die Studien, auf die verwiesen wird, wurden teilweise im Labor an Zellkulturen, teilweise mit Versuchstieren, teilweise mit Menschen durchgeführt. Es ist unmöglich, bei jeder einzelnen Studie ausführlich darauf einzugehen, aus welchen Gründen sie als wie aussagekräftig gelten kann, zumal sich hier die Sichtweisen auch sehr unterscheiden. Der Autor versucht, im Text und in diesen Literaturverweisen trotzdem, wenn es besonders sinnvoll erscheint, entsprechende Hinweise zu geben, vor allem, wenn es darum geht, dass eine einzelne Studie nicht überinterpretiert werden darf. Und natürlich verweist er nur auf Studien, die ihm in ihrer Methodik solide genug erscheinen, obgleich Unterschiede in der Qualität der Arbeiten natürlich bestehen können.

Wie erwähnt basieren viele der im Buch diskutierten Aspekte auf Ergebnissen von Tierversuchen. Der Autor hält Tierversuche zur Aufklärung vieler wissenschaftlicher Fragestellungen bislang für unerlässlich und bei Einhaltung ethischer Standards für vertretbar. Natürlich muss das Ziel sein, Tierversuche zu reduzieren. Dafür eignen sich

QUELLEN UND ERLÄUTERUNGEN

unter anderem intelligente Versuche mit Zellkulturen. Und wer kritisiert, eine Studie sei »nur« mit Zellkulturen durchgeführt, urteilt einerseits pauschal und sollte sich die kritisierten Studien erst einmal im Detail ansehen. Andererseits ist jede Zellkulturstudie eine, für die keine Tiere »verwendet« werden müssen. Hier im Interesse von wissenschaftlicher Verlässlichkeit, aber auch im Interesse der Vermeidung von Tierleid die Balance und Verhältnismäßigkeit zu finden ist schwierig und kann leider nicht Thema dieses Buches sein.

1   Im Original gibt es den Satz von Nietzsche in mindestens zwei Versionen: »(...) was ihn nicht umbringt, macht ihn stärker.« Aus: Nietzsche, F. (1908) Ecce homo, Kapitel 3. Sowie: »Was mich nicht umbringt, macht mich stärker.« Aus: Nietzsche, F. (1888) Götzendämmerung, Kapitel 3.
2   Oeppen, J. und Vaupel, J. W. (2002) Demography. Broken limits to life expectancy. Science 296 (5570), 1029–31.
3   De Flora, S. et al. (2005) The epidemiological revolution of the 20th century. FASEB J 19 (8): 892–97.
4   slate.com/articles/health_and_science/science_of_longevity/2013/09/life_expectancy_history_public_health_and_medical_advances_that_lead_to.html?wpsrc=sh_all_dt_tw_top
5   Parsons PA (2003) From the stress theory of aging to energetic and evolutionary expectations for longevity. Biogerontology 4: 63–73.
6   Friebe, R. (2006) Nichtlineare Bananenflanken, FAS, 5.1.2006, faz.net/aktuell/sport/fussball-wm-2006/deutschland-und-die-wm/fussballwissenschaft-nichtlineare-bananenflanken-1305032.html
7   spiegel.de/gesundheit/ernaehrung/mythos-abhaerten-so-staerken-sie-das-immunsystem-a-926862.html
8   Brenner, I. K. M. et al. (1999) Immune changes in humans during cold exposure: effects of prior heating and exercise. J Appl Physiol 87(2): 699–710. jap.physiology.org/content/87/2/699
9   So wie die nach dem Grund, warum man eigentlich noch nicht tot ist, siehe Kapitel 1 dieses Buches.
10 World Health Organization (2006) Constitution of the World Health Organization – Basic Documents who.int/governance/eb/who_constitution_en.pdf
11 thelancet.com/journals/lancet/article/PIIS0140673609604566/fulltext?rss=yes
12 Georges Canguilhem (1943) Le normal et le pathologique. Medizinische Dissertation, Universität Strasbourg.

QUELLEN UND ERLÄUTERUNGEN

13 nytimes.com/2011/03/06/magazine/06murdock-t.html?pagewanted=all&_r=0
14 Mit Stand 2013 schätzte das Magazin *Forbes* sein Vermögen auf 2,4 Milliarden US-Dollar.
15 Wieland, C. M. (1768–71) Sudelbücher, B, Kapitel 3, Projekt Gutenberg, gutenberg.spiegel.de/buch/-6445/3
16 Siehe etwa: Agency for Toxic Substances and Diseases Registry (2003) Toxicological profile for selenium: atsdr.cdc.gov/toxprofiles/tp.asp?id=153& tid=28, sowie MacFarquar, J. K. et al. (2010) Acute selenium toxicity associated with a dietary supplement. Arch Intern Med. 170(3): 256–61, sowie: Yonemoto, J. et al. (1983) Toxic effects of sodium selenite on pregnant mice and modification of the effects by vitamin E or reduced glutathione. Teratology (3): 333–40, sowie: Della Guardia, L. et al. (2015) The risks of selfmade diets: the case of an amateur bodybuilder. J Int Soc Sports Nutr.; 12:16. jissn.com/content/12/1/16
17 Friebe, R. (2013) Das Omega-Mirakel. FAS, 18.8.2013, S. 53.
18 Die typische und auf Gesundheits- und Wissenschaftsseiten dann gerne populär verbreitete Reaktion – Nahrungsergänzungsmittel bringen nichts und machen sogar krank (beliebte Überschrift: »Die Vitamin-Lüge«) – ist in dieser Generalisierung dann mit Sicherheit auch wieder falsch. Denn ob und wie ein Nahrungsergänzungsmittel wirkt, hängt von vielem ab: was genau drin ist, in welcher Dosis, was sonst noch drin ist, über einen wie langen Zeitraum man es einnimmt, wie man sich sonst so ernährt, was für Medikamente man nimmt etc. einerseits. Und von dem einen sehr individuellen Menschen, der es nimmt, von dessen individueller Biologie, dessen individuellen Molekülen und eventuell dessen tatsächlicher individueller Krankheit andererseits.
19 Natürlich werden neben Überdosierung noch andere mögliche Gründe diskutiert: Sind Leute, die massiv Nahrungsergänzungsmittel nehmen, generell eher kränker? Oder pflegen sie generell eher einen ungesunden Lebensstil, dessen Folgen sie mit Pillen aus dem Drogeriemarkt bekämpfen wollen? Machen sie weniger Sport? Oder sind es Leute, die bei allem zur ungesunden Übertreibung neigen? Oder ist die Qualität der Pillen und Käpselchen und ihres Inhalts schlecht?
20 Experimente mit Fadenwürmern, den Standardversuchstieren der Alternsforschung, zeigen zum Beispiel, dass Aminosäuren in sehr kleinen, also hormetisch bezeichneten Dosen lebensverlängernd, in größeren aber lebensverkürzend sind: Edwards, C. et al. (2015) Mechanisms of amino acid-mediated lifespan extension in Caenorhabditis elegans, BMC Genetics 16:8 biomedcentral.com/content/pdf/s12863-015-0167-2.pdf
21 Cai, H. et al. (2015) Cancer chemoprevention: Evidence of a nonlinear dose response for the protective effects of resveratrol in humans and mice. Science Translational Medicine Vol. 7, Issue 298, pp. 298ra117.

QUELLEN UND ERLÄUTERUNGEN

22 Ob allermeistens oder immer, das kann man bislang natürlich nicht sagen, weil man dafür noch sehr, sehr viele Experimente machen müsste. Für die allermeisten Reize und Substanzen, die im täglichen Leben relevant sind, stimmt die Aussage allerdings sicher, das wird im weiteren Verlauf des Buches auch klar werden.

23 Mit Qualität ist hier nicht die »Güte« im Sinne von mehr oder weniger verunreinigt, mehr oder weniger frisch oder dergleichen gemeint. Das Wort wird hier in seinem eigentlichen Wortsinne gebraucht: Qualität ist die Summe der Eigenschaften eines bestimmten Stoffes oder von etwas anderem physikalisch Wirksamen, einer Strahlungsart etwa oder einer akustischen Wellenlänge etc.

24 spiegel.de/wirtschaft/soziales/ezb-chef-mario-draghi-notenbanker-stochern-im-nebel-a-1058352.html

25 Almond, C.S. et al. (2005) Hyponatremia among runners in the Boston Marathon. The New England Journal of Medicine 352 (15): 1550–6.

26 Dobzhansky, Theodosius (Nov. 1964) »Biology, Molecular and Organismic«, American Zoologist 4 (4): 443–452, people.ibest.uidaho.edu/~bree/courses/1_Dobzhansky_1964.pdf

27 McCay, C.M. et al. (1935) The effect of retarded growth upon the length of the life span and upon the ultimate body size. In: J Nutr 79, S.63–79. jn.nutrition.org/content/10/1/63.full.pdf

28 Mattison, J.A. et al. (2012) Impact of caloric restriction on health and survival in rhesus monkeys from the NIA study, Nature 489, 318–321. nature.com/nature/journal/v489/n7415/full/nature11432.html

29 Bei Rhesusaffen etwa, siehe vorherige Quellenangabe, bestätigte sich in der einen Studie die lebensverlängernde Wirkung, in der nächsten nicht. Doch Letzteres könnte auch daran gelegen haben, dass die Tiere nicht nur kalorienreduziert, sondern auch extrem artifiziell ernährt wurden, was sich vielleicht auf ihre Gesundheit ausgewirkt hat (so könnte zum Beispiel das Vorenthalten bestimmter Naturstoffe verhindert haben, dass hormetische Schutzmechanismen ablaufen können ...).

30 Redman, L.M., Martin, C.K., Williamson, D.A., Ravussin. E. (2008) Effect of caloric restriction in non-obese humans on physiological, psychological and behavioral outcomes. Physiol Behav 94: 643–648.

31 Harrison, D.E. und Archer, J.R. (1989) Natural selection for extended longevity from food restriction. Growth Dev. Aging. 53: 3.

32 Das Jackson Laboratory ist übrigens einer der am wenigsten bekannten, aber bedeutendsten Orte der Wissenschaftsgeschichte des 20. Jahrhunderts. Hier begann die gezielte Zucht von speziellen Mäusestämmen für Untersuchungen in Biologie, Medizin, Toxikologie und Pharmazie vor fast 100 Jahren. Noch heute werden von dort solche Mäuse in Forschungslabors in alle Welt geliefert. Die Einrichtung ist nicht nur aus Tierschutz-Sicht umstritten. Der Gründer und langjährige Chef, Clarence Little, war selbst eine hochkontroverse Persönlichkeit, unter anderem wegen seiner Befürwortung von

QUELLEN UND ERLÄUTERUNGEN

Eugenik und Euthanasie. Ein sehr gutes Buch dazu ist »Making Mice« von Karen Rader, Princeton University Press, 2004.

33 Das galt und gilt besonders für jene frühen aus nur einer oder ein paar Zellen bestehenden Vorfahren und ihre heutigen Vertreter. Deren evolutionäres Erbe wiegt aus zwei Gründen besonders schwer: Erstens wurden damals, ganz am Anfang, wichtige Weichen gestellt und damit die Richtung vorgegeben, in die alles Leben bis heute unterwegs ist. Zweitens dauerte jener »Anfang« sehr, sehr lang. Denn die längste Zeit war das Leben auf Erden einzellig und wenigzellig. Schon allein deshalb trägt auch der Mensch viel mehr Spuren aus jener Periode in seinem Erbgut als etwa aus der vergleichsweise kurzen Zeitspanne, seit seine und die Vorfahren der Schimpansen sich trennten.

34 Harrison und Archer wurden damals von dem noch heute in der Langlebigkeitsforschung mit führenden Harvard-Forscher Steven Austad kritisiert, der ähnlich wie lange vor ihm McCay argumentierte, dass die Lebensverlängerung und der Verzicht auf Reproduktion schlicht Folgen der prekären Verhältnisse seien und wahrscheinlich gar keinen evolutionären Vorteil hätten, sondern sogar eher einen Nachteil.

35 Wem Adjektive wie »wahrscheinlich« und »vermutlich« hier zu häufig auftauchen, für den gibt es wenig Trost und nur die Hoffnung, dass die Forschung in den nächsten Jahren so voranschreitet, dass man sie durch ein etwas mehr Sicherheit beschreibendes Adjektiv ersetzen kann. Tatsächlich ist nach wie vor unklar, inwiefern Tiere in der Wildnis (und wenn ja, welche) wirklich in relevantem Ausmaß auf den von Ressourcenknappheit ausgelösten Stress mit längerem Leben und in bessere Zeiten aufgeschobener Fortpflanzung reagieren. Und, wichtig: Inwiefern das für Menschen gilt, ist auch unklar. Das liegt einerseits daran, dass es sehr schwer ist, solches experimentell herauszufinden, andererseits aber auch daran, dass Forscher gerne streiten und immer wieder Argumente finden, warum die Ergebnisse aus den Labors ihrer Kollegen vielleicht gar nichts taugen. Das gilt ganz besonders für neue oder wiederentdeckte Phänomene, die an bisherigen Weisheiten rütteln oder sie gar umzuschmeißen oder auf den Kopf zu stellen drohen – alles was mit Hormesis zu tun hat zum Beispiel.

36 Das Gegenargument, dass wir immer reicher geworden sind, die Zahl der Geburten pro Mutter aber deutlich gesunken ist, ist zwar richtig. Die Faktoren, die dies bedingen, sind aber nachgewiesenermaßen eher soziologische und psychologische als biologische.

37 Wie immer gibt es auch hier das Gegenargument, dass die Alten ja aber auch eine Belastung sein können, etwa, wenn sie pflegebedürftig werden, und vielleicht sogar dann verhindern, dass etwa die sie pflegenden Söhne und Töchter überhaupt, oder ein weiteres Mal, Eltern werden. Und tatsächlich ist es so, dass vielleicht aufgrund des gesellschaftlich bedingten durchschnittlich sehr deutlichen Aufschubs des Gebäralters von Frauen dieser

QUELLEN UND ERLÄUTERUNGEN

Faktor immer bedeutungsvoller wird und zum Teil die niedrigen Geburtenraten der Gegenwart miterklärt, und den evolutionären Vorteil des Vorhandenseins von Omas und Opas ins Gegenteil verkehren könnte (zum Beispiel, wenn ein Paar mit 38 beginnen will, Kinder zu bekommen, zwei Elternteile aber durch Demenz und Schlaganfall plötzlich pflegebedürftig werden und das Thema Kinder deswegen weiter aufgeschoben, oder gar aufgegeben wird).

38 Hier könnte man einwenden, dass Menschen ja noch nicht so lange Gift irgendwo einleiten und dass das in der Evolution deshalb keine Rolle gespielt haben kann. Tatsächlich tun Menschen dies aber schon seit tausenden von Jahren. Wichtiger ist aber, dass es in Gewässern auch immer schon natürliche Giftquellen gab, von verwesenden Tieren bis hin zu aus Gestein ausgewaschenen Substanzen.

39 Parsons, P.A. (2001) The hormetic zone: an ecological and evolutionary perspective based upon habitat characteristics and fitness selection. Q Rev Biol 76: 459–467.

40 Friebe, R. (2010) Willkommen im Hain des ewigen Lebens, FAS, S. 52/55, 17.1.2010, faz.net/aktuell/wissen/natur/baeume-willkommen-im-hain-des-ewigen-lebens-1913509.html

41 Keimzellen oder Embryonen lassen sich zwar einfrieren, unter natürlichen Bedingungen jedoch funktioniert das kaum. Es sind spezielle Techniken und chemische Zusätze nötig.

42 Cooper, B. et al. (2003) A network of rice genes associated with stress response and seed development. Proc Natl Acad Sci USA 100: 4945–4950.

43 Lamming, D.W., Wood, J.G., Sinclair, D.A. (2004) Small molecules that regulate lifespan: evidence for xenohormesis. Mol Microbiol 53: 1003–1009. Bei Resveratrol ist besonders gut belegt, dass es über hormetische Mechanismen wirkt, etwa durch Forschungen aus dem Labor von David Sinclair in Harvard (siehe etwa diesen Artikel von Lamming und anderen). In nicht mit Pflanzenschutzmitteln behandeltem Spätburgunder und Malbec aus klimatisch und hydrologisch eher grenzwertigen Lagen finden sich die höchsten Resveratrolwerte. Wie viel Resveratrol ein Mensch regelmäßig aufnehmen müsste, um tatsächlich einen lebensverlängernden Effekt zu erreichen, ist umstritten und logischerweise experimentell nicht untersucht. Es gibt aber zum Glück ja auch noch andere Gründe, sich einen Malbec zu gönnen, und gemeint sind hier nicht nur die ebenfalls nachgewiesenen hormetischen Wirkungen geringer Dosen von Alkohol.

44 Friebe, R. (2007) Wie rot sind deine Blätter? Süddeutsche Zeitung Wissen, 19.9.2007. sueddeutsche.de/wissen/herbstlaub-wie-rot-sind-deine-blaetter-1.591035

45 Der Übersetzungsversuch stammt vom Autor. In der Originalübersetzung von H.G. Bronn von 1860 steht schlicht »eines Stückes Erde bewachsen mit ...«; im nächsten Versuch von J.V. Carus von 1884 steht »eine dicht bewachsene Uferstrecke«.

QUELLEN UND ERLÄUTERUNGEN

46 Simpson, S.J. und Raubenheimer, D. (2012) The Nature of Nutrition: A Unifying Framework from Animal Adaptation to Human Obesity. Princeton University Press.

47 Tatsache ist, dass auch Gorillas oder die ebenfalls gerne als immer gut im Futter stehende Extremveganer geltenden Pandas auch Kleingetier fressen, was ihnen bei der Versorgung mit wichtigen Makro- und Mikronährstoffen hilft. Tatsache ist aber auch, dass solche Tiergruppen sich eben in ihrer jüngeren Evolutionsgeschichte speziell an solche Ernährungsweisen angepasst haben, also etwa auch Substanzen, die verwandte Arten vielleicht von außen aufnehmen müssen, selbst produzieren können.

48 Tatsächlich haben etwa Jonathan Schisler von der University of North Carolina in Chapel Hill und seine Kollegen deutliche Unterschiede in der Aktivität von Genen des Kohlenhydratstoffwechsels gefunden, je nachdem, woher die Vorfahren ihrer Testpersonen stammten: Schisler, J. et al. (2009) Stable Patterns of Gene Expression Regulating Carbohydrate Metabolism Determined by Geographic Ancestry. PlosOne 9;4(12):e8183. (plosone.org/article/info%3Adoi%2F10.1371%2Fjournal.pone.0008183)

49 Ganten, D. et al. (2009) Die Steinzeit steckt uns in den Knochen, Piper Verlag.

50 »Schadet exzessives Joggen?«, FAZ 3.2.2015: faz.net/aktuell/wissen/medizin/ausdauersport-schadet-exzessives-joggen-mehr-als-es-nuetzt-13405285.html

51 Vincent, H.K. et al. (2007) Oxidative stress and potential interventions to reduce oxidative stress in overweight and obesity. Diabetes Obes Metab 9: 813–839.

52 Mattson, M. et al. (2010) Couch Potato: The Antithesis of Hormesis, in: Mattson, M., Calabrese E.: Hormesis A Revolution in Biology, Toxicology and Medicine. Springer, 139–151.

53 Arumugam, T.V. et al. (2006) Hormesis/preconditioning mechanisms, the nervous system and aging. Ageing Res Rev 5: 165–178.

54 Wang, J.Q. et al. (2007) Regulation of mitogen-activated protein kinases by glutamate receptors. J Neurochem 100: 1–11.

55 Lindstrom, H.A. et al. (2005) The relationships between television viewing in midlife and the development of Alzheimer's disease in a case-control study. Brain Cogn 58: 157–165.

56 In welche Kategorie man ein Hormetin jeweils einordnet, ist ein bisschen Ansichtssache. Freie Radikale etwa werden in der Zelle selbst gebildet. Aber es sind Chemikalien, man kann sie also sowohl als biologisch als auch als chemisch bezeichnen. Und körperliche Anstrengung führt zur Bildung freier Radikale. Auch sie, obgleich physikalisch, löst also letztlich die Bildung jener je nach Sichtweise chemischen oder biologischen Hormetine aus.

57 Dass er der Erste war, der diesen Namen gebrauchte, ist aber nicht sicher belegt. Auch nicht, dass er den Namen jenes »Zinken« vom Aussehen des Elementes im Schmelzofen ableitete, wo es als Zacken an den Wänden erhärtete.

QUELLEN UND ERLÄUTERUNGEN

58 Paracelsus (1538) Septem defensiones.
59 Henschler, D. (2006) The origin of hormesis: historical background and driving forces. Hum Exp Toxicol. 25(7): 347–51.
60 Schulz, H. (1887) Zur Lehre der Arzneimittelwirkung. Archiv für pathologische Anatomie und Physiologie und für klinische Medicin 108 (3) 423–445.
61 Calabrese, E. J. und Blain, R. (2005) The occurrence of hormetic dose responses in the toxicological literature, the hormesis database: an overview. Toxicol Appl Pharmacol. 202(3): 289–301.
62 Siehe z. B. Amanzio, M. und Benedetti, F. (1999) Neuropharmacological Dissection of Placebo Analgesia: Expectation-Activated Opioid Systems versus Conditioning-Activated Specific Subsystems. The Journal of Neuroscience 19(1): 484–494, jneurosci.org/lookup/pmid?view=long&pmid=9870976. Sowie: Friebe, R. (2010) Heilkraft aus dem Nichts. Zeit Wissen 4/2010 zeit.de/zeit-wissen/2010/04/Alternative-Medizin-Homoeopathie/komplettansicht
63 Natürlich gibt es auch Medikamente, die gar nicht über den Umweg einer Aktivierung einer Anpassungsreaktion wirken, sondern direkt. Bei genauerem Hinsehen allerdings sind diese möglicherweise sogar in der Unterzahl.
64 Copeland, E. B., Kahlenberg, L. (1899) The influence of the presence of pure metals upon plants. Wisconsin Academy of Sciences, Arts and Letters; 12: 454 ± 474. Man könnte hier natürlich einwenden, dass die Wurzeln vielleicht aus ganz anderen Gründen dicker geworden waren, durch Wassereinlagerung als Reaktion auf das Gift etwa. Spätere Experimente allerdings zeigten auch bei anderen Vitalprozessen eine Zunahme, Trockenmasse etwa, Druck im Leitungssystem der Pflanze, Atmung, Photosynthese. Tatsächlich entsprechen viele der frühen Experimente, wenig überraschend nicht unbedingt heutigen Studienstandards. Oft wurden vergleichsweise wenige Pflanzen pro Konzentration untersucht, was die statistische Auswertung unsicher macht, oder nur eine oder auch gar keine Pflanze als unbehandelte Kontrolle benutzt. Spätere Experimente allerdings hatten methodisch durchaus auch aus heutiger Sicht gute Qualität und kamen zu vergleichbaren Ergebnissen. Die ganz frühen Versuche werden hier aber absichtlich aufgeführt, da sie zwar vielleicht nicht die besten, aber die ersten und damit wegweisenden waren.
65 Sen, G. l. und Blau, H. M. (2006) A brief history of RNAi: the silence of the genes The FASEB Journal vol. 20 (9) 1293–1299. fasebj.org/content/20/9/1293.full
66 Mehr zu Pfeffer, der auch einer der ersten Matterhorn-Bezwinger war (obwohl sicher nicht der fünfte, wie es bei Wikipedia steht, denn schon Edward Whympers erste erfolgreiche Seilschaft bestand aus sieben Männern), hier: uni-kiel.de/anorg/lagaly/group/klausSchiver/Pfeffer.pdf
67 Stebbing, A. R. (1982) Hormesis – the stimulation of growth by low levels of inhibitors. Sci Total Environ. 22(3): 213–34.

QUELLEN UND ERLÄUTERUNGEN

68 Hueppe, F. (1896) Naturwissenschaftliche Einführung in die Bakteriologie. Kreidel Verlag, Wiesbaden.
69 Zu den ersten zählte: Hüne (1909) Die begünstigende Reizwirkung kleinster Mengen von Bakteriengiften auf die Bakterienvermehrung. Centralblatt fur Bakteriologie I. Abt. Orig. 48: 135.
70 Raulin, J. (1869) Etudies chimiques sur la vegetation. Annales des Sciences Naturelles, Botanique et Biologie Vegetale 11: 93–299.
71 Yerkes, R. M. und Dodson, J. D. (1908) The relation of strength of stimulus to rapidity of habit-formation. Journal of Comparative Neurology and Psychology, 18, 459–482. viriya.net/jabref/the_relation_of_strength_of_stimulus_to_rapidity_of_habit-formation.pdf
72 Calabrese, E. J. (2014) Brief history of hormesis and its terminology. In: Rattan, S. I. S. und LeBourg, E.: Hormesis in Health and Disease, CRC Press.
73 Alexander, L. T. (1950) Radioactive materials as plant stimulants – Field results. Agronomy Journal 42; 252–55.
74 dose-response.org/wp-content/uploads/2014/05/SouthamThesis1941.pdf
75 Chester M. Southam (1919–2002) war einer der wichtigsten Virologen und Krebsforscher der zweiten Hälfte des 20. Jahrhunderts, bekannt vor allem durch seine Forschungen zur Rolle von Viren bei der Krebsentstehung und zur Rolle des Immunsystems bei der Tumorabwehr. Er führte allerdings Menschenversuche durch, zum Teil mit Häftlingen, bei denen er ihnen unter anderem Krebszellen spritzte, ohne dass diese davon wussten. winstonsmith.net/cancerman.htm
76 Siehe z. B. Heinz, G. H. et al. (2012) Hormesis associated with a low dose of methylmercury injected into mallard eggs. Arch Environ Contam Toxicol. 62(1): 141–4 oder Helmke, K. J. und Aschner, M. (2010) Hormetic effect of methylmercury on Caenorhabditis elegans. Toxicol Appl Pharmacol. 248(2): 156–164. ncbi.nlm.nih.gov/pmc/articles/PMC2946503/
77 Caratero, A. et al. (1998) Effect of a continuous gamma irradiation at a very low dose on the life span of mice. Gerontology. 44(5): 272–6. Andere Experimente mit Mäusen zeigen keine höhere Lebenserwartung nach Bestrahlung, dort waren die Dosen allerdings deutlich höher als in dem hier zitierten Versuch.
78 Man muss sich in Erinnerung rufen, dass damals bei Lungenentzündungen noch keine Antibiotika zur Verfügung standen. Ironischerweise hat sich seither die Erkenntnis der fragwürdigen Begleiterscheinungen von Antibiotikatherapien durchaus durchgesetzt, die des positiven Effekts jener Strahlentherapien aber nicht.
79 Beschrieben in: Charisius, H. und Friebe, R. (2014) Bund fürs Leben – Warum Bakterien unsere Freunde sind. Hanser Verlag, München.
80 ncbi.nlm.nih.gov/pmc/articles/PMC2457465/pdf/brmedj06857-0010.pdf
81 Nicht einmal die niedrigdosierte Iod-Isotopentherapie bei Schilddrüsenerkrankungen ist dort gegenwärtig erwähnt.

QUELLEN UND ERLÄUTERUNGEN

82 nuklearmedizin.charite.de/patienten/ambulanz/therapie_bei_knochenschmerzen/
83 Zuvor waren einige Einzelberichte einer Untersuchungskommission erschienen, jedoch meist gedruckt in den in Taiwan noch immer benutzten traditionellen chinesischen Schriftzeichen und nicht in wissenschaftlichen Journalen veröffentlicht.
84 Chen, W. L. et al. (2004) Is Chronic Radiation an Effective Prophylaxis Against Cancer? Journal of the American Physicians and Surgeons 9 (1): 6–10. jpands.org/vol9no1/chen.pdf
85 Taiwan Department of Health. Annual health and vital statistics: 1983–2001.
86 Genaue Daten hierzu gibt es, etwa aufgrund wahrscheinlicher nicht in die Statistik eingegangener Abtreibungen, nicht.
87 Smith, G. B. et al. (2011) Exploring biological effects of low level radiation from the other side of background. Health Phys. 100(3): 263–265.
88 Day, T. K. et al. (2006) Extremely Low Priming Doses of X Radiation Induce an Adaptive Response for Chromosomal Inversions in pKZ1 Mouse Prostate. Radiation Research 166(5): 757–766.
89 Vaiserman, A. M. (2010) Radiation Hormesis: Historical Perspective and Implications for Low-Dose Cancer Risk Assessment. Dose Response. 8(2): 172–191. ncbi.nlm.nih.gov/pmc/articles/PMC2889502/
90 Wie die Daten aus Taiwan zeigen, scheint ionisierende Strahlung in nicht zu hohen Dosen positive Effekte bei Embryonen und bei der Vermeidung von Geburtsfehlern zu haben, im Kindesalter aufgenommene Dosen vergleichbarer Stärke dagegen könnten gewisse Krebsarten fördern, während Leute, die ihnen erst im Erwachsenenalter ausgesetzt werden, wieder gesundheitlich zu profitieren scheinen. Diese Komplexität der Verhältnisse ist typisch für das Leben an sich. Man muss sie akzeptieren und mit wissenschaftlichen Methoden dann zum Beispiel nach dem Dosisbereich suchen, der im Kindesalter nicht schadet, aber im Erwachsenenalter noch nützlich ist. Oder, noch weiter gedacht: Ab welchem Dosisbereich muss man Kinder vor solcher Strahlung schützen, und welchen Dosen sollte man auf der anderen Seite Erwachsene vielleicht gezielt, prophylaktisch und therapeutisch aussetzen?
91 Lantz, P. M. et al. (2013) Radon, Smoking, and Lung Cancer: The Need to Refocus Radon Control Policy Am J Public Health. 103(3): 443–447. ncbi.nlm.nih.gov/pmc/articles/PMC3673501/
92 Cohen, B. L. (1997) Lung cancer rate vs. mean radon level in U.S. counties of various characteristics. Health Physics 72(1): 114–9. Andere Forscher haben diese Daten Cohens erneut analysiert und finden, dass die Lungenkrebsraten in Counties, die überdurchschnittlich über Meereshöhe liegen, geringer sind. Sie schreiben den Antikrebs-Effekt den niedrigeren Sauerstoffkonzentrationen zu (ncbi.nlm.nih.gov/pubmed/13678279), plausibel ist

QUELLEN UND ERLÄUTERUNGEN

aber natürlich auch, die in höher gelegenen Gegenden verstärkte kosmische Strahlung als Erklärung heranzuziehen. Und natürlich wurde Cohen massiv kritisiert und es wurde versucht, ihn zu diskreditieren und seine Methodik infrage zu stellen, was allerdings nie überzeugend und klar gelang.

93 Bogen, K.T. und Cullen, J. (2002) Residential radon in U.S. counties vs. lung cancer in women who predominantly never smoked. Environ Geochem Health 24: 229–247.
94 U ist auch die Abkürzung für Uran, das wirtschaftlich bedeutendste Element mit radioaktiven Isotopen.
95 Fornalski, K.W. (2012) The Cancer Mortality in High Natural Radiation Areas in Poland. Dose Response 10(4): 541–561. ncbi.nlm.nih.gov/pmc/articles/PMC3526327/
96 Lehrer, S. und Rosenzweig, K.E. (2015) Lung cancer hormesis in high impact states where nuclear testing occurred. Clin Lung Cancer. 16(2): 152–155.
97 Cameron, J.R. (2002) Radiation increased the longevity of British radiologists. Br J Radiol. 75(895): 637–9. ncbi.nlm.nih.gov/pubmed/12145141
98 Zakeri, F. et al. (2010) Biological effects of low-dose ionizing radiation exposure on interventional cardiologists. Occup Med (Lond).; 60(6): 464–469. occmed.oxfordjournals.org/content/60/6/464.long
99 Russo, G.L. et al. (2012) Cellular adaptive response to chronic radiation exposure in interventional cardiologists. Eur Heart J. 33(3): 408–14. eurheartj.oxfordjournals.org/content/33/3/408.long
100 Ärzte, die regelmäßig solche Untersuchungen machten, trugen zwar Bleischürzen und Bleihandschuhe, Hals und Kopf waren den Strahlen aber voll ausgesetzt.
101 Dauer, L.T. et al. (2010) Review and evaluation of updated research on the health effects associated with low-dose ionising radiation. Radiat Prot Dosimetry 140 (2): 103–136.
102 Miller, A.B. et al. (1989) Mortality from breast cancer after irradiation during fluoroscopic examinations in patients being treated for tuberculosis. N Engl J med 321: 1285–89.
103 Brenner, D.J. (2014) What we know and what we don't know about cancer risks associated with radiation doses from radiological imaging. Br J Radiol. 87(1035): 20130629. ncbi.nlm.nih.gov/pmc/articles/PMC4064597/
104 Doss, M. (2014) Radiation doses from radiological imaging do not increase the risk of cancer. Br J Radiol. 87(1036): 20140085. ncbi.nlm.nih.gov/pmc/articles/PMC4067027/
105 wilhelm-busch.de/62_Zweiter_Streich.html#.VS0WqyjRrKM
106 Cheda, A. et al. (2004) Single low doses of X rays inhibit the development of experimental tumor metastases and trigger the activities of NK cells in mice. Radiat Res. 161(3): 335–40.

QUELLEN UND ERLÄUTERUNGEN

107 Bauer, G. (2007) Low dose radiation and intercellular induction of apoptosis: potential implications for the control of oncogenesis. Int J Radiat Biol. 83(11–12): 873–88. Sowie: Liu, S. Z. (2003) Nonlinear dose-response relationship in the immune system following exposure to ionizing radiation: mechanisms and implications. Nonlinearity Biol Toxicol Med. 1(1): 71–92.

108 Die Besonderheiten von Krebszellen und wie man diese mit einer unter anderem Hormesis-Prozesse stimulierenden Ernährung und Lebensweise ausnutzen kann, sind beschrieben in den beiden Büchern von Ulrike Kämmerer und ihren Kollegen: Krebszellen lieben Zucker, Systemed Verlag 2012 und Ketogene Ernährung bei Krebs, Systemed Verlag 2014.

109 Friebe, R. und Knoll, G. (2009) Evolutionäre Krebsmedizin: Kontrollieren statt besiegen. FAS, 8.6.2009, faz.net/aktuell/wissen/medizin/evolutionaere-krebsmedizin-kontrollieren-statt-besiegen-1652781.html

110 Liu, S. Z. (2006) Cancer control related to stimulation of immunity by low-dose radiation. Dose Response. 28;5(1): 39–47.

111 Farooque, A. et al. (2011) Low-dose radiation therapy of cancer: role of immune enhancement. Expert Rev Anticancer Ther. 11(5): 791–802.

112 Chaffey, J. T. et al (1976) Total body irradiation as treatment for lymphosarcoma. Int J Radiat Oncol Biol Phys.1(5–6): 399–405.

113 Yablokow, A. V. (2009) Chernobyl: Consequences of the Catastrophe for People and the Environment. Annals of the New York Academy of Sciences 1181.

114 Noshchenko, A. G. et al. (2010) Radiation-induced leukemia among children aged 0–5 years at the time of the Chernobyl accident. Int J Cancer. 127(2): 412–26.

115 Auch hier scheint den Autoren der Studie dieses Ergebnis so seltsam vorzukommen, dass sie es in ihrer Zusammenfassung gar nicht erwähnen: ncbi.nlm.nih.gov/pubmed/8178130

116 Luckey, T. D. (2008) Atomic Bomb Health Benefits. Dose Response 6(4): 369–382. ncbi.nlm.nih.gov/pmc/articles/PMC2592990/

117 Ob ein Airbus aus Blei überhaupt fliegen würde, ist unklar, denn einen solchen hat noch niemand gebaut.

118 Hier muss man der Korrektheit halber zusätzlich auch Folgendes sagen: Es kann durchaus sein, dass Strahlung niedriger Dosis jemanden krank macht, etwa Personen mit genetischen Defekten in den Reparaturmechanismen für biologische Moleküle. Bei ihnen sind diese Mechanismen aber auch ohne Strahlung beeinträchtigt und können auch aufgrund anderer Reize Erkrankungen auslösen. Solche Personen brauchen medizinische Hilfe und individuelle Beratung, wie sie am besten den für sie dann tatsächlich bestehenden Risiken durch niedrigdosierte Strahlung und andere Reize begegnen können, welche bei Gesunden dagegen Hormesiseffekte auslösen würden.

QUELLEN UND ERLÄUTERUNGEN

119 Zagórski, Z. P. und Kornacka, E. M. (2012) Ionizing Radiation: Friend or Foe of the Origins of Life? Orig Life Evol Biosph. 42(5): 503–505.
120 Wodarz, D. et al. (2014) Dynamics of cellular responses to radiation. PLoS Comput Biol. 10(4):e1003513. ncbi.nlm.nih.gov/pubmed/24722167
121 Postow, M. A. et al. (2012). Immunologic correlates of the abscopal effect in a patient with melanoma. N Engl J Med 366 (10): 925–31. nejm.org/doi/pdf/10.1056/NEJMoa1112824
122 Neumaier, T. et al. (2012) Evidence for formation of DNA repair centers and dose-response nonlinearity in human cells. Proc Natl Acad Sci U S A. 109(2): 443–8. pnas.org/content/109/2/443.long. Sowie: Pollycove, M. und Feinendegen, L. E. (2011) Low-dose radiotherapy of disease. Health Phys. 100(3): 322–4.
123 Wang, G. J. et al. (2008) Low-dose radiation and its clinical implications: diabetes. Hum Exp Toxicol. 27(2): 135–42.
124 Ibuki, Y. et al. (1998) Low-dose irradiation induces expression of heat shock protein 70 mRNA and thermo- and radio-resistance in myeloid leukemia cell line. Biol Pharm Bull. 21(5): 434–9.
125 Krueger, S. A. (2007) Role of apoptosis in low-dose hyper-radiosensitivity. Radiat Res. 167(3): 260–67.
126 Persönliche Auskunft Prof. Randolf Menzel, Sinnesphysiologe und Verhaltensbiologe, Freie Universität Berlin.
127 Computed Tomography and Radiation Exposure N Engl J Med 2008; 358:850–853 nejm.org/doi/full/10.1056/NEJMc073513
128 blogs.discovermagazine.com/crux/2015/04/06/small-radiation/#.VSUirSjRrKM
129 z. B. nighthawkminerals.com/
130 Siehe z. B. youtube.com/watch?v=l3df0xhLHKc
131 11freunde.de/interview/das-mertesacker-interview-im-wortlaut
132 Weil CNN dieses Bild nutzte, um die Nachricht vom Tode einer Frau in einer Kältekammer zu illustrieren, forderte Riberys Anwalt im November 2015 1,5 Millionen Dollar Schadenersatz von dem Sender.
133 amphibiaweb.org/declines/declines.html
134 Natürlich wirken sich diese Stressoren auch noch auf andere Gleichgewichtsprozesse aus, etwa den zwischen Oxidantien und Antioxidantien. Das ist wohl ein wichtiger Grund dafür, dass Hitze- und Kältereize nicht nur dazu anregen, die Temperatur wieder richtig einzustellen, sondern viele andere gesundheitsförderliche Konsequenzen zu haben scheinen.
135 Brenner, I. K. M. et al. (1999) Immune changes in humans during cold exposure: effects of prior heating and exercise. J Appl Physiol 87(2): 699–710. http://jap.physiology.org/content/87/2/699
136 Bleakley, C. et al. (2012) Cold-water immersion (cryotherapy) for preventing and treating muscle soreness after exercise. Cochrane Database Syst Rev.; 2:CD008262. Sowie: Mila-Kierzenkowska, C. (2015) Oxidative stress

in blood of healthy people after diving. J Sports Med Phys Fitness. 55(4): 352–60.
137 Vaile, J. et al. (2008) Effect of Hydrotherapy on Recovery from Fatigue. Int J Sports Med. 29(7): 539–44.
138 Mila-Kierzenkowska, C. (2009) Whole-body cryostimulation in kayaker women: a study of the effect of cryogenic temperatures on oxidative stress after the exercise. J Sports Med Phys Fitness. 49(2): 201–17.
139 Peake, J. M. et al. (2015) Modulating exercise-induced hormesis: Does less equal more? J Appl Physiol; 119(3): 172–89.
140 Kuennen, M. et al. (2011) Thermotolerance and heat acclimation may share a common mechanism in humans. Am J Physiol Regul Integr Comp Physiol. 301(2): R524–33.
141 Das gilt nicht unbedingt für Krebszellen. Die sind, unter anderem aufgrund ihres speziellen Stoffwechsels, für Hitzeschocks und zellulären Stress generell normalerweise sehr anfällig. Schon deshalb gilt »Hyperthermie«, durch die Tumoren gezielt – manchmal aber auch ganze Patienten – erwärmt werden, mittlerweile als wichtige Therapieform. Siehe: van der Zee, J. (2002) Heating the patient: a promising approach? Ann Oncol. 13(8): 1173–84, annonc.oxfordjournals.org/content/13/8/1173.long
142 Hooper, P. L. (1999) Hot-tub therapy for type 2 diabetes mellitus. N Engl J Med. 16;341(12): 924–5.
143 Gething, M. J. und Sambrook, J. (1992) Protein folding in the cell. Nature 355(6355): 33–45.
144 Bromberg, Z. et al. (2013) The Membrane-Associated Transient Receptor Potential Vanilloid Channel Is the Central Heat Shock Receptor Controlling the Cellular Heat Shock Response in Epithelial Cells. PLoS One.8(2): e57149. journals.plos.org/plosone/article?id=10.1371/journal.pone.0057149
145 Ohtsuka, Y. et al. (1996) Balneotherapy and platelet glutathione metabolism in type II diabetic patients. Int J Biometeorol. 39(3): 156–69.
146 Okada, M. (2004) Thermal treatment attenuates neointimal thickening with enhanced expression of heat-shock protein 72 and suppression of oxidative stress. Circulation 109(14): 1763–8. Sowie: Sapagnini, G. et al. (2014) Thermal hydrotherapy as adaptive stress response. In Rattan, S. I. S. und LeBourg, E.: Hormesis in Health and Disease, CRC Press, 153–65
147 Ohtsuka, Y. et al. (1994) Effect of thermal stress on glutathione metabolism in human erythrocytes. Eur J Appl Physiol Occup Physiol. 68(1): 87–91.
148 Take, H. (1996) Activation of circulating platelets by hyperthermal stress. Eur J Med Res. 1(12): 562–64.
149 Ikeda, Y. et al. (2001) Repeated thermal therapy upregulates arterial endothelial nitric oxide synthase expression in Syrian golden hamsters. Jpn Circ J. 65(5): 434–8. jstage.jst.go.jp/article/jcj/65/5/65_5_434/_pdf. Sowie:

QUELLEN UND ERLÄUTERUNGEN

Akasaki, Y. et al (2006) Repeated thermal therapy up-regulates endothelial nitric oxide synthase and augments angiogenesis in a mouse model of hindlimb ischemia. Circ J. 70(4): 463–70. jstage.jst.go.jp/article/circj/70/4/70_4_463/_pdf

150 Mila-Kierzenkowska, C. (2012) Effects of thermal stress on the activity of selected lysosomal enzymes in blood of experienced and novice winter swimmers. Scand J Clin Lab Invest. 72(8): 635–41.

151 Die Reaktionsträgheit von Edelgasen und Edelmetallen ist aber nicht absolut und universell. Silber etwa geht durchaus auch ein paar chemische Verbindungen ein, zum Beispiel bildet es Salze mit Halogenen wie Chlor oder Iod.

152 Murphy, M. P. (2009) How mitochondria produce reactive oxygen species. Biochem J 417: 1–13.

153 »Organe« steht in Anführungszeichen, weil Mitochondrien keine Organe im Sinne von Niere, Leber oder eben Lunge oder Kiemen oder Tracheeen sind. Korrekt nennt man Mitochondrien, genau so wie all die anderen speziellen – und mit speziellen Aufgaben versehenen – Zellteile wie etwa Golgi-Apparat, Lysosomen, Endoplasmatisches Retikulum etc., »Organellen«.

154 Balaban, R. S. et al. (2005) Mitochondria, Oxidants, and Aging. Cell 120: 483–495.

155 Gomez-Cabrera, M. C. (2008) Oral administration of vitamin C decreases muscle mitochondrial biogenesis and hampers training-induced adaptations in endurance performance. Am J Clin Nutr. 87(1): 142–9. Sowie: Gomez-Cabrera, M. C. et al. (2012) Antioxidant supplements in exercise: worse than useless? Am J Physiol Endocrinol Metab302(4): E476–77. ajpendo.physiology.org/content/302/4/E476.long

156 Ristow, M. et al. (2009) Antioxidants prevent health-promoting effects of physical exercise in humans. Proc Natl Acad Sci U S A. 106(21): 8665–70. pnas.org/content/106/21/8665.long

157 Davies, K. J., et al. (1982) Free radicals and tissue damage produced by exercise. Biochem Biophys Res Commun 107: 1198–1205.

158 Choi, W. S. et al. (2004) Phosphorylation of p38 MAPK induced by oxidative stress is linked to activation of both caspase-8 and -9-mediated apoptotic pathways in dopaminergic neurons. J Biol Chem 279: 20451–20460

159 Schmeisser, S. et al. (2013) Recent reassessment of the role of reactive oxygen species (ROS) Ernaehrungs Umschau international I 9/2013,162–67 ernaehrungs-umschau.de/fileadmin/Ernaehrungs-Umschau/pdfs/pdf_2013/09_13/EU09_2013_M510_M515_-_162e_167_engl.pdf

160 Pouyssegur, J. und Mechta-Grigoriou, F. (2006) Redox regulation of the hypoxia-inducible factor. Biol Chem 387: 1337–1346. (Hier könnte man zahlreiche weitere Studien aufführen.)

161 Hooper, P. L. et al. (2010)Xenohormesis: health benefits from an eon of

plant stress response evolution. Cell Stress Chaperones. 15(6): 761-70. ncbi.nlm.nih.gov/pmc/articles/PMC3024065/
162 Anson, R.M. et al. (2003) Intermittent fasting dissociates beneficial effects of dietary restriction on glucose metabolism and neuronal resistance to injury from calorie intake. Proc Natl Acad Sci U S A. 100(10): 6216-20.
163 Ristow, M. und Zarse, K. (2010) How increased oxidative stress promotes longevity and metabolic health: The concept of mitochondrial hormesis (mitohormesis). Exp Gerontol. 45(6): 410-8.
164 Tikoo, K. et al. (2007) Intermittent fasting prevents the progression of type I diabetic nephropathy in rats and changes the expression of Sir2 and p53. FEBS Lett. 581(5):1071-8. smj.sma.org.sg/5207/5207a4.pdf
165 Heilbronn, L.K. et al. (2006) Effect of 6-mo. calorie restriction on biomarkers of longevity, metabolic adaptation and oxidative stress in overweight subjects. JAMA. 295(13): 1539-1548. ncbi.nlm.nih.gov/pmc/articles/PMC2692623/
166 Lu, J. et al. (2011) Alternate day fasting impacts the brain insulin-signaling pathway of young adult male C57BL/6 mice. J Neurochem. 117(1): 154-63. ncbi.nlm.nih.gov/pmc/articles/PMC3055925/. Sowie: Halagappa, V.K. et al. (2007) Intermittent fasting and caloric restriction ameliorate age-related behavioral deficits in the triple-transgenic mouse model of Alzheimer's disease. Neurobiol Dis. 26(1): 212-20.
167 BDNF steht für Brain Derived Neuroprotective Factor, also etwa »Aus dem Gehirn stammender Nervenzellschutzfaktor«. Der Effekt ist beschrieben etwa in: Tajes, M. et al. (2010) Neuroprotective role of intermittent fasting in senescence-accelerated mice P8 (SAMP8). Exp Gerontol. 45(9): 702-10.
168 Dass Krebszellen – zumindest wahrscheinlich die allermeisten Varianten – weitaus schlechtere Möglichkeiten haben, auf Stress zu reagieren, liegt unter anderem daran, dass sie sich ihre Krebszelleneigenschaften damit erkaufen, eine ganze Reihe von Eigenschaften normaler Zellen abzuschalten. Siehe dazu: Kämmerer, U. et al.: Krebszellen lieben Zucker, Systemed Verlag 2012 und Kämmerer, U. et al.: Ketogene Ernährung bei Krebs, Systemed Verlag 2014.
169 Friebe, R. (2012) Ist Hunger die beste Krebsmedizin? FAS, 26.02.2012, S.59.
170 Longo, V.D. und Mattson, M.P. (2014) Fasting: Molecular Mechanisms and Clinical Applications. Cell Metab. 19(2): 181-192. ncbi.nlm.nih.gov/pmc/articles/PMC3946160/
171 McCay, C.M. und Crowell, M.F. (1934) Prolonging the Life Span. The Scientific Monthly Vol.39, No.5, S.405-414.
172 Cornaro, L. (1548) Discorsi della vita sobria. soilandhealth.org/02/0201hyglibcat/020105cornaro.html
173 Einzelbeispiele können aussagekräftig sein, sie beweisen aber für sich allein wissenschaftlich nichts. Das bedeutet aber natürlich auch nicht, dass das

QUELLEN UND ERLÄUTERUNGEN

Gegenteil von dem, was in diesem Einzelbeispiel berichtet wird, richtig ist. Es bedeutet nur, dass man, wenn man es wirklich wissen wollte, das Ganze deutlich systematischer erforschen müsste.

174 Lam, Y.Y. und Ravussin, E. (2014) Periodic Fasting and Hormesis. In: Rattan, S.I.S und LeBourg, E. (2014) Hormesis in Health and Disease, CRC Press.

175 Zare, A. et al. (2011) Effect of Ramadan fasting on serum heat shock protein 70 and serum lipid profile. Singapore Med J 52(7): 491–5.

176 Feizollahzadeh, S. (2014) Augmented plasma adiponectin after prolonged fasting during ramadan in men. Health Promot Perspect. 4(1): 77–81.

177 Wan Md Adnan, W.A. et al. (2014) The effects of intermittent fasting during the month of Ramadan in chronic haemodialysis patients in a tropical climate country. PLoS One. 9(12): e114262. journals.plos.org/plosone/article?id=10.1371/journal.pone.0114262

178 Lutherbibel (1912), 1. Brief des Paulus an Timotheus, Kapitel 4, Vers 8.

179 »... wenn er es überleben tut, dann wird er nachher interviewt«, so geht der Text weiter. Gesamter Liedtext hier: fendrich.at/musik/texte/e/es-lebe-der-sport/

180 Blech, J. (2010) Heilen mit Bewegung Fischer Taschenbuch Verlag, Frankfurt, 3. Auflage.

181 Siehe z.B.: Andreu, A.L. et al. (1999) Exercise Intolerance Due to Mutations in the Cytochrome b Gene of Mitochondrial DNA. N Engl J Med 341: 1037–1044.

182 Newton, R.U., Galvão, D.A. (2008) Exercise in prevention and management of cancer. Curr Treat Options Oncol. 9(2–3): 135–46 und Galvão, D.A., Newton, R.U. (2005) Review of exercise intervention studies in cancer patients. J Clin Oncol. 23(4): 899–909.

183 Pall, M.L. und Levine, S. (2015) Nrf2, a master regulator of detoxification and also antioxidant, anti-inflammatory and other cytoprotective mechanisms, is raised by health promoting factors. Sheng Li Xue Bao. 67(1): 1–18.

184 Li, Y. et al. (2008) TrkB regulates hippocampal neurogenesis and governs sensitivity to antidepressive treatment. Neuron 59: 399–412.

185 Wo, wann und von wem die Wendung von »Zu viel des Guten« geprägt wurde, ist kaum nachzuvollziehen. Vielleicht war es bei Shakespeare in »As you like it« (enotes.com/topics/as-you-like-it/etext). Dort spricht Rosalind zu Orlando von »Too much of a good thing«. Sie meint wahrscheinlich aber – so sind sich zumindest Shakespeare-Forscher sicher und die Umstände des Gespräches legen es nun wirklich auch nah -- weder zu viel Wein noch Blaubeeren oder Kämpfe gegen Charles, den Hofringer: Mit »good thing« ist vielmehr ursprünglich wahrscheinlich das männliche Geschlechtsteil gemeint. Als Umschreibung einer Dosis jenseits der hormetischen eignet sich dieses geflügelte Wort aber eben auch sehr – fast schon zu – gut.

186 Matsunaga, S. et al. (2007) Effects of high-intensity training and acute exercise on in vitro function of rat sarcoplasmic reticulum. Eur J Appl Physiol 99: 641–649. Sowie: Steinacker, J. M. et al. (2004) New aspects of the hormone and cytokine response to training. Eur J Appl Physiol 91: 382–391.
187 Rattan, S. I. S. und Demirovic, D. (2010) Hormesis Can and Does Work in Humans. Dose Response. 2010; 8(1): 58–63. ncbi.nlm.nih.gov/pmc/articles/PMC2836153/
188 Warren, G. L. et al. (2007) Voluntary run training but not estradiol deficiency alters the tibial bone-soleus muscle functional relationship in mice. Am J Physiol Regul Integr Comp Physiol 293: R2015–R2026.
189 Buehlmeyer, K. et al., Doering, F., Daniel, H., Kindermann, B., Schulz, T., Michna, H. (2008) Alteration of gene expression in rat colon mucosa after exercise. Ann Anat 190: 71–80.
190 Krüger, K. et al. (2008) Exercise-induced redistribution of T lymphocytes is regulated by adrenergic mechanisms. Brain Behav Immun 22: 324–338.
191 Shima, K. et al. (1997) Exercise training in Otsuka Long-Evans Tokushima Fatty rat, a model of spontaneous non-insulin-dependent diabetes mellitus: effects on the B-cell mass, insulin content and fibrosis in the pancreas. Diabetes Res Clin Pract 35: 11–19.
192 Chigurupati, S. et al. (2008) Lifelong running reduces oxidative stress and degenerative changes in the testes of mice. J Endocrinol 199: 333–341.
193 Concordet, J. P. und Ferry, A. (1993) Physiological programmed cell death in thymocytes is induced by physical stress (exercise). Am J Physiol 265: C626–629.
194 Radak, Z. et al. (2008) Systemic adaptation to oxidative challenge induced by regular exercise. Free Radic Biol Med. 44(2): 153–9.
195 Barbieri, E. et al. (2014) Mitohormesis in muscle cells: a morphological, molecular, and proteomic approach. Muscles Ligaments Tendons J. 2014 Feb 24;3(4): 254–66. ncbi.nlm.nih.gov/pmc/articles/PMC3940498/
196 Loenneke, J. P. et al. (2014) Blood flow restriction pressure recommendations: the hormesis hypothesis. Med Hypotheses. 2014 May;82(5): 623–6.
197 McDougall, C. (2010) Born to Run. Karl Blessing Verlag.
198 manager-magazin.de/politik/artikel/a-865214.html
199 Sapolsky, R. M. (1998) Warum Zebras keine Migräne kriegen. Piper Verlag.
200 Abbot, D. H. et al. (2002) Are subordinates always stressed? A comparative analysis of rank differences in cortisol levels among primates. Hormones and Behavior 43 67–82 citeseerx.ist.psu.edu/viewdoc/download?doi=10.1.1.211.2214&rep=rep1&type=pdf
201 Crum, A. J. et al. (2013) Rethinking stress: the role of mindsets in determining the stress response. J Pers Soc Psychol. 104(4): 716–33.
202 Jamieson, J. P. et al. (2012) Mind over Matter: Reappraising Arousal Im-

proves Cardiovascular and Cognitive Responses to Stress. J Exp Psychol Gen. 141(3): 417–422.
203 Keller, A. et al. (2012) Does the Perception That Stress Affects Health Matter? The Association With Health and Mortality. Health Psychology 31, 5, 677–684. ncbi.nlm.nih.gov/pmc/articles/PMC3374921/
204 Rapolienė, L. et al. (2015) The Reduction of Distress Using Therapeutic Geothermal Water Procedures in a Randomized Controlled Clinical Trial. Adv Prev Med.; 2015: 749417. ncbi.nlm.nih.gov/pmc/articles/PMC4383502/
205 Barbour, K. A. et al. (2007) Exercise as a treatment for depression and other psychiatric disorders: a review. J Cardiopulm Rehabil Prev. 27(6): 359–67.
206 Stark, M. (2014) Optimal Stress, Psychological Resilience and the Sandpile Model. In: Rattan, S. I. S. und LeBourg, E.: Hormesis in Health and Disease. CRC Press.
207 Der Slogan der Bank lautet in der englischen Version »A Passion to Perform«.
208 Liston, C. et al. (2009) Psychosocial stress reversibly disrupts prefrontal processing and attentional control. Proc Natl Acad Sci U S A. 106(3): 912–7. pnas.org/content/106/3/912.long
209 Yerkes, R. M. und Dodson, J. D. (1908) The relation of strength of stimulus to rapidity of habit-formation. Journal of Comparative Neurology and Psychology, 18, 459–482. viriya.net/jabref/the_relation_of_strength_of_stimulus_to_rapidity_of_habit-formation.pdf
210 Liu, X. (2014) Effects of fluoxetine on brain-derived neurotrophic factor serum concentration and cognition in patients with vascular dementia. Clin Interv Aging. 9: 411–419. ncbi.nlm.nih.gov/pmc/articles/PMC3956624/. Sowie: Martinowich, K. und Lu, B. (2008) Interaction between BDNF and serotonin: role in mood disorders. Neuropsychopharmacology. 2008 Jan;33(1): 73–83. Sowie: Li, Y. et al. (2008) TrkB regulates hippocampal neurogenesis and governs sensitivity to antidepressive treatment. Neuron 59: 399–412.
211 Bezprozvanny, I. und Mattson, M. P. (2008) Neuronal Calcium Mishandling and the Pathogenesis of Alzheimer's Disease. Trends Neurosci. 31(9): 454–63. ncbi.nlm.nih.gov/pmc/articles/PMC2566585/. Sowie: Przyklenk, K. (1999) Cellular mechanisms of infarct size reduction with ischemic preconditioning. Role of calcium? Ann N Y Acad Sci. 1999 ;874: 192–210.
212 Deisseroth, K. et al. (2004) Excitation-Neurogenesis Coupling in Adult Neural Stem/Progenitor Cells. Neuron 42 (4) 535–552. sciencedirect.com/science/article/pii/S0896627304002661
213 Johansson, B. B. und Ohlsson, A. L. (1996) Environment, social interaction, and physical activity as determinants of functional outcome after cerebral infarction in the rat. Exp Neurol. 39(2): 322–7.

QUELLEN UND ERLÄUTERUNGEN

214 Mattson, M.P. et al. (1995) Neurotrophic factors attenuate glutamate-induced accumulation of peroxides, elevation of intracellular Ca2+ concentration, and neurotoxicity and increase antioxidant enzyme activities in hippocampal neurons. J Neurochem 65: 1740–1751.
215 Wruck C.J. et al. (2007) Luteolin protects rat PC12 and C6 cells against MPP+ induced toxicity via an ERK dependent Keap1-Nrf2-ARE pathway. J Neural Transm Suppl. (72): 57–67.
216 Wakabayashi et al. (2003) Keap1-null mutation leads to postnatal lethality due to constitutive Nrf2 activation. Nat Genet. 35(3): 238–45.
217 Holm, B. et al. (1998) Cardiovascular change in elderly male breath-hold divers (Ama) and their socio-economical background at Chikura in Japan. Appl Human Sci. 17(5): 181–7. jstage.jst.go.jp/article/ahs/17/5/17_5_181/_pdf
218 Ostrowski, A. et al. (2012) The Role of Training in the Development of Adaptive Mechanisms in Freedivers J Hum Kinet. 32: 197–210. ncbi.nlm.nih.gov/pmc/articles/PMC3590872/
219 Theunisse, S. et al. (2013) Diving Hyperb Med. 2013 Jun;43(2): 63–6.
220 Demirovic, D. et al. (2014) Molecular Stress Response Pathways as the Basis of Hormesis. In: Rattan, S.I.S. und LeBourg, E. (2014) Hormesis in Health and Disease, 227–242. CRC Press.
221 Yoshida, H. (2007) ER stress and diseases. FEBS J. 2007 274(3): 630–58.
222 Salminen, A., Kaarniranta, K. (2010) ER stress and hormetic regulation of the aging process. Ageing Res Rev. 9(3): 211–7.
223 Narayanan, N.K. et al. (2009) Liposome encapsulation of curcumin and resveratrol in combination reduces prostate cancer incidence in PTEN knockout mice. Int J Cancer. 125(1): 1–8.
224 Calabrese, E.J. (2005) Hormetic dose-response relationships in immunology: occurrence, quantitative features of the dose response, mechanistic foundations, and clinical implications. Crit Rev Toxicol. 35(2–3): 89–295.
225 Faustman, D. und Davis, M. (2010) TNF receptor 2 pathway: drug target for autoimmune diseases. Nature revies drug Discovery 9, 482–493.
226 Chirumbolo, S. (2012) Possible role of NF-κB in hormesis during ageing. Biogerontology. 13(6): 637–46.
227 Ina, Y. und Sakai, K. (2004) Prolongation of Life Span Associated with Immunological Modification by Chronic Low-Dose-Rate Irradiation in MRL-lpr/lpr Mice. Radiation Research 161, 2, 168–173.
228 Rothkamm, K. und Löbrich, M. (2003) Evidence for a lack of DNA double-strand break repair in human cells exposed to very low x-ray doses. Proc Natl Acad Sci U S A. 100(9): 5057–62. pnas.org/content/100/9/5057.long
229 Calabrese, E.J. et al. (2011) Evidence for hormesis in mutagenicity dose-response relationships. Mutat Res. 726(2): 91–7.
230 Shuiloh, Y. (2003) ATM and related protein kinases: safeguarding genome integrity. Nat Rev Cancer. 3: 155–68.

QUELLEN UND ERLÄUTERUNGEN

231 Zou, L. und Elledge, S.J. (2003) Sensing DNA damage through ATRIP recognition of RPA-ssDNA complexes. Science. 300 (5625): 1542–8.
232 Eine gute Einführung in die Epigenetik bietet das Buch von Peter Spork »Der zweite Code: Epigenetik – oder Wie wir unser Erbgut steuern können«, Rowohlt Verlag 2009.
233 Bernal, A.J. et al (2009) Adaptive radiation-induced epigenetic alterations mitigated by antioxidants. FASEB J. 27(2): 665–71.fasebj.org/content/27/2/665.long
234 Ayyanath, M.M. et al. (2014) Gene expression during imidacloprid-induced hormesis in green peach aphid. Dose Response. 12(3): 480–97. ncbi.nlm.nih.gov/pmc/articles/PMC4146336/
235 cdn.intechopen.com/pdfs-wm/44734.pdf
236 Moskalew, A.A. et al. (2006) Effect of low-dose irradiation on the lifespan in various strains of Drosophila melanogaster. Genetika. 42(6): 773–82. (in russischer Sprache, englische Kurzzusammenfassung: ncbi.nlm.nih.gov/pubmed/16871782)
237 Fouillet, A. et al. (2012) ER stress inhibits neuronal death by promoting autophagy. Autophagy. 8(6): 915–26. ncbi.nlm.nih.gov/pmc/articles/pmid/22660271/. Sowie: Matus, S. et al. (2012) Hormesis. Protecting neurons against cellular stress in Parkinson disease. Autophagy. 8(6): 997–1001.
238 Chadwick, W. und Maudsley, S. (2014) The Devil Is in the Dose: Complexity of Receptor Systems and Responses. In: Rattan, S.I.S. und LeBourg, E. (2014) Hormesis in Health and Disease, 227–242. CRC Press.
239 Urban, J.D. et al. (2007) Functional selectivity and classical concepts of quantitative pharmacology. J Pharmacol Exp Ther 320: 1–13.
240 Die genauen zellulären Mechanismen bei Diabetes Typ 2 sind noch nicht aufgeklärt, aber obwohl hier weiter Insulin ins Blut abgegeben werden kann, gibt es doch Hinweise, dass auch hier die Funktion der in der Bauchspeicheldrüse für die Produktion und Speicherung des Hormons verantwortlichen Beta-Zellen gestört ist. Siehe etwa: Sheng, T., Yang, K. (2008) Adiponectin and its association with insulin resistance and type 2 diabetes. J Genet Genom 35(6): 321–326.
241 Nunn, A.V. et al. (2010) Inflammatory modulation of exercise salience: using hormesis to return to a healthy lifestyle. Nutr Metab (Lond). 7: 87. nutritionandmetabolism.com/content/7/1/87
242 Hooper, P.L. (1999) Hot-tub therapy for type 2 diabetes mellitus. N Engl J Med. 16;341(12): 924–5.
243 Kolb, H. und Eizirik, D.L. (2012) Resistance to type 2 diabetes mellitus: a matter of hormesis? Nature Reviews Endocrinology 8, 183–192.
244 Garagnani, P. et al. (2013) Centenarians as super-controls to assess the biological relevance of genetic risk factors for common age-related diseases: A proof of principle on type 2 diabetes. Aging (Albany NY); 5(5): 373–385. ncbi.nlm.nih.gov/pmc/articles/PMC3701112/. Sowie: Strub,

G. M. (2008) Recovery from stress is a function of age and telomere length. Cell Stress Chaperones. 13(4): 475–482. ncbi.nlm.nih.gov/pmc/articles/PMC2673929/
245 Sharma, K. (2015) Mitochondrial hormesis and diabetic complications. Diabetes. 64(3): 663–72.
246 Lund, S. et al. (1995) Contraction stimulates translocation of glucose transporter GLUT4 in skeletal muscle through a mechanism distinct from that of insulin. Proc Natl Acad Sci U S A. 1995 Jun 20;92(13): 5817–21. pnas.org/content/92/13/5817.long. Sowie: Hussey, S. E. et al. (2012) Exercise increases skeletal muscle GLUT4 gene expression in patients with type 2 diabetes. Diabetes Obes Metab. 14(8): 768–771.
247 Der Muskel kann auch Fette und sogenannte Ketonkörper verbrennen. Letztere sind Abkömmlinge von Fettmolekülen. Sie sind allerdings bei einer einigermaßen kohlenhydrathaltigen Ernährung im Blut gar nicht vorhanden. Wer sich allerdings extrem »Low-Carb« ernährt, nutzt tatsächlich vor allem sie als Energiequelle, denn dann stellt die Leber sie zur Verfügung.
248 Liu, Y. und Steinacker, J. M. (2001) Changes in skeletal muscle heat shock proteins: pathological significance. Front Biosci 6: D12–D25.
249 Sie können hier nicht ansatzweise alle beschrieben werden. Siehe dafür etwa: Hooper, P. L. et al. (2014) The importance of the cellular stress response in the pathogenesis and treatment of type 2 diabetes. Cell Stress Chaperones. 19(4): 447–464.
250 Nomura, T. et al. (2011) Suppressive Effects of Continuous Low-Dose-Rate γ Irradiation on Diabetic Nephropathy in Type II Diabetes Mellitus Model Mice. Radiation Research 176(3): 356–365.
251 Morino, S. et al. (2008) Mild Electrical Stimulation with Heat Shock Ameliorates Insulin Resistance via Enhanced Insulin Signaling. PLoS ONE. 3(12): e4068. ncbi.nlm.nih.gov/pmc/articles/PMC2603588/
252 Das gilt natürlich nicht uneingeschränkt. Denn jeder Wirkstoff hat auch das, was als Nebenwirkungen bezeichnet wird. Tatsächlich sind viele der typischen Nebenwirkungen von allen möglichen Medikamenten auf Stresseffekte, die eigentlich hormetisch wirken sollen, aber bei dem Patienten situationsbedingt oder aus genetischen oder anderen physiologischen Gründen zu stark ausfallen, zurückzuführen. Nebenwirkungen sind also oft gar keine anderen Wirkungen als die, die therapeutisch erwünscht sind, sondern es sind im Prinzip genau dieselben. Sie führen nur deshalb zu Problemen, weil die Dosis in diesem Fall oder für das von der »Nebenwirkung« betroffene Organsystem zu hoch ist.
253 Friebe, R. (2015) Süßes macht die Leber fett. Stern Gesund Leben 5/2015, 26–30.
254 Shaw, R. J. et al. (2005) The kinase LKB1 mediates glucose homeostasis in liver and therapeutic effects of metformin. Science 310: 1642–1646.
255 Bannister, C. A. et al. (2014) Can people with type 2 diabetes live longer

than those without? A comparison of mortality in people initiated with metformin or sulphonylurea monotherapy and matched, non-diabetic controls. Diabetes Obes Metab.16(11): 1165–73.
256 Li, J. et al. (2015) Anti-tumor effects of metformin in animal models of hepatocellular carcinoma: a systematic review and meta-analysis. PLoS One. 10(6):e0127967, ournals.plos.org/plosone/article?id=10.1371/journal. pone.0127967
257 El Messaoudi, S. et al. (2011) The cardioprotective effects of metformin. Curr Opin Lipidol. 22(6): 445–53.
258 Gupte, A.A. (2009) Lipoic acid increases heat shock protein expression and inhibits stress kinase activation to improve insulin signaling in skeletal muscle from high-fat-fed rats. J Appl Physiol 106(4): 1425–34.
259 Crul, T. et al. (2013) Hydroximic acid derivatives: pleiotropic hsp co-inducers restoring homeostasis and robustness. Curr Pharm Des. 19(3): 309–346.
260 Tobin, B.W. et al. (2002) Insulin secretion and sensitivity in space flight: diabetogenic effects. Nutrition. 18(10): 842–848.
261 Hooper, P.L. et al. (2014) The importance of the cellular stress response in the pathogenesis and treatment of type 2 diabetes. Cell Stress Chaperones. 19(4): 447–464.
262 zeit.de/news/2014-11/29/deutschland-helmut-schmidt-im-amt-annaeherndhundert-mal-bewusstlos-29024805
263 Reich-Ranicki, M. (1999) Mein Leben, DVA.
264 13 oder 14 Zigaretten, so schätzte Reich-Ranicki selbst, hatte er jahrelang täglich geraucht, bevor er mit 40 auf Anraten eines Arztes aufhörte. 40 ist übrigens eine Altersgrenze, die von Epidemiologen oft genannt wird: Wer bis zu diesem Alter mit dem Rauchen aufhört, so suggerieren die Daten, der oder die hat nach ein paar Jahren keine schlechteren Gesundheitsaussichten mehr als ein lebenslanger Nichtraucher. Seine Frau Teofila, genannt Tosia, dagegen rauchte bis ins hohe Alter viel, sie wurde 91, Reich-Ranicki blieb also notgedrungen Passivraucher.
265 Checkoway, H. et al. (2002) Am. J. Epidemiol. 155 (8): 732–738. (aje. oxfordjournals.org/content/155/8/732.full) Raucher bekommen zum Beispiel deutlich seltener Parkinson als gleichalte Nichtraucher. Auch Alzheimer kommt bei Rauchern nur halb so häufig vor wie bei gleichalten Nichtrauchern (Fratiglioni L1, Wang HX (2000) Smoking and Parkinson's and Alzheimer's disease: review of the epidemiological studies. Behav Brain Res. 113(1–2): 117–20). Aber natürlich erhöht sich durch Rauchen, vor allem starkes Rauchen von in Papier gehülltem und durch einen Filter zu noch kräftigerem Inhalieren anstiftendem Tabak, das Risiko für verschiedene Formen von Krebs. Aber, und darum geht es in diesem Buch: Es ist alles eine Frage der Dosis und der Häufigkeit und der Begleitfaktoren.
266 Kelly, T.L. et al. (1985) Smoking status at the time of acute myocardial infarction and subsequent prognosis. Am Heart Journal; 110: 535–541.

QUELLEN UND ERLÄUTERUNGEN

267 Eine berechtigte Frage lautet in diesem Kontext: Warum reduzieren sich dann im Durchschnitt bei Leuten, die mit dem Rauchen aufhören, einige Gesundheitsrisiken deutlich, etwa die Infarktwahrscheinlichkeit? Erklärungsmöglichkeiten dafür gibt es viele, sie werden zum Teil in diesem Kapitel erörtert. Eine ganz profane ist aber, dass Leute, die mit dem Rauchen aufhören, meist auch ganz generell und an ganz anderen Fronten beginnen, mehr für ihre Gesundheit zu tun, beim Essen etwa, oder bei der Bewegung. Sie ändern also auch etwas an all den anderen Faktoren, die eine Rolle spielen.

268 Ob diese Aromastoffe gesundheitlich gefährlich sein können, ist Gegenstand einer wissenschaftlichen Debatte und wird untersucht. Unwahrscheinlich ist es nicht.

269 Es ist wohl nötig, hier Folgendes klarzustellen: Der Autor dieses Buches ist weder Raucher noch dampft er E-Zigaretten, er hat keine Tabakfarm und auch keine Aktien von Philipp Morris oder ähnlichen Konzernen. Er bekommt auch kein Geld oder Zigarettenpäckchen von der Tabakindustrie, und er hält auch keine bezahlten Vorträge bei der Jahreshauptversammlung des Dampferclubs e.V. Will sagen: Er hat keine Interessenkonflikte, kann sich keinen Gewinn davon versprechen, das Rauchen oder Dampfen schönzureden, und ist nicht aufgrund der eigenen Gewohnheiten voreingenommen.

270 Jerry, J.M. et al. (2015) E-cigarettes: Safe to recommend to patients? Cleve Clin J Med. 82(8): 521–6.

271 Fagerström, K. (2012) Determinants of Tobacco Use and Renaming the FTND to the Fagerström Test for Cigarette Dependence. Nicotine Tob Res 14 (1): 75–78. ntr.oxfordjournals.org/content/14/1/75.short

272 Personen mit maximalen Risikofaktoren haben, wenn sie einen Infarkt bekommen, den ersten bereits im Durchschnitt mit 56 Jahren, während dieser Wert für Leute ohne Risikofaktoren bei 71 Jahren liegt. Diese Statistik bezieht wie beschrieben nur Personen ein, die tatsächlich einen Infarkt bekommen haben, sie bedeutet also beispielsweise nicht, dass jeder Topgesunde im Durchschnitt mit 71 einen Infarkt bekommt. Denn er oder sie bekommt ihn wahrscheinlich nie, wenn aber doch, dann ist die Gefahr, dass er sehr ernsthaft ausfällt, eben deutlich höher.

273 Persönliche Mitteilung.

274 Koerselman, J. et al. (2007) Coronary collateral circulation: the effects of smoking and alcohol. Atherosclerosis. 191(1): 191–8.

275 Lloyd-Jones, D.R. et al. (2009) Heart disease and stroke statistics – 2009 update. Circulation 119(3) 21–181.

276 Neumann, T. et al. (2009) Herzinsuffizienz. Häufigster Grund für Krankenhausaufenthalte – Medizinische und ökonomische Aspekte. Deutsches Ärzteblatt Int. 106(16): 269–75.

277 Schlaganfälle können auch etwa durch Gefäßrisse und Blutungen ausgelöst werden.

278 Murry, C. E. et al. (1986) Preconditioning with ischemia: a delay of lethal cell injury in ischemic myocardium. Circulation 74(5): 1124–36. circ.ahajournals.org/content/74/5/1124.long
279 Heusch, G. et al. (2015) Remote ischemic conditioning. J Am Coll Cardiol. 65(2): 177–95.
280 Simm, A. und Horstkorte, R. (2014) Cardiac Ischemic Preconditioning and the Ischemia/Reperfusion Injury. In: Rattan, S. i. S und LeBourg, E.: Hormesis in Health and Disease, CRC Press.
281 Juhaszova, M. et al. (2009) Role of glycogen synthase kinase-3beta in cardioprotection. Circ Res. 2009 Jun 5;104(11): 1240–52. circres.ahajournals.org/content/104/11/1240.long
282 Baines, C. P. et al. (1997) Oxygen radicals released during ischemic preconditioning contribute to cardioprotection in the rabbit myocardium. J Mol Cell Cardiol. (1): 207–16.
283 Rodrigo, R. et al. (2013) Molecular basis of cardioprotective effect of antioxidant vitamins in myocardial infarction. Biomed Res Int. 437613. hindawi.com/journals/bmri/2013/437613/. Sowie: Rodrigo, R. et al. (2013) Cardioprotection against ischaemia/reperfusion by vitamins C and E plus n-3 fatty acids: molecular mechanisms and potential clinical applications. Clin Sci (Lond).124(1): 1–15.
284 Canto, J. G. et al. (2011) Number of Coronary Heart Disease Risk Factors and Mortality in Patients With First Myocardial Infarction. JAMA. 306 (19): 2120–2127. jama.jamanetwork.com/article.aspx?articleid=1104631
285 Meybohm, P. et al. (2015) A Multicenter Trial of Remote Ischemic Preconditioning for Heart Surgery. N Engl J Med 373: 1397–1407. nejm.org/doi/full/10.1056/NEJMoa1413579#t=article.
286 Heusch, G. und Gersch, B. J. (2015) ERICCA and RIPHeart: two nails in the coffin for cardioprotection by remote ischemic conditioning? Probably not! Eur Heart J. Advance Access publiziert 27. Oktober 2015.
287 Guarracino, F. et al. (2006) Myocardial damage prevented by volatile anesthetics: a multicenter randomized controlled study. J Cardiothorac Vasc Anesth. 20(4): 477–83.
288 McCormack, K. J. und Chapleo, C. B. (1998) Opioid receptors and myocardial protection: do opioid agonists possess cardioprotective effects? Clin Drug Investig.15(5): 445–54.
289 Marmor, M. et al. (2004) Coronary artery disease and opioid use. Am J Cardiol. 93(10): 1295–97.
290 Heusch, G. (2012) Reduction of infarct size by ischaemic post-conditioning in humans: fact or fiction? Eur Heart J. 33(1): 13–15. eurheartj.oxfordjournals.org/content/33/1/13.long
291 etwa: Kottenberg, E. et al. (2012) Protection by remote ischemic preconditioning during coronary artery bypass graft surgery with isoflurane but not propofol – a clinical trial. Acta Anaesthesiol Scand. 56(1): 30–8.

QUELLEN UND ERLÄUTERUNGEN

292 Braunwald, E. und Kloner, R. A. (1985) Myocardial reperfusion: a double-edged sword? J Clin Invest. 76(5): 1713–19. jci.org/articles/view/112160
293 Javadov, S. und Karmazyn, M. (2007) Mitochondrial permeability transition pore opening as an endpoint to initiate cell death and as a putative target for cardioprotection. Cell Physiol Biochem. 20(1–4): 1–22.
294 Staat, P. et al. (2005) Postconditioning the human heart. Circulation 2005;112: 2143–2148.
295 Wang, G. et al. (2009) Effects of the number and interval of balloon inflations during primary PCI on the extent of myocardial injury in patients with STEMI: does postconditioning exist in real-world practice? J Invasive Cardiol 21: 451–455. Sowie: Darling, C. E. et al. (2007) ›Postconditioning‹ the human heart: multiple balloon inflations during primary angioplasty may confer cardioprotection. Basic Res Cardiol 102: 274–278.
296 Gill, R. et al. (2015) Remote ischemic preconditioning for myocardial protection: update on mechanisms and clinical relevance. Mol Cell Biochem. 402(1–2): 41–49.
297 Botker, H. E. et al. (2010) Prehospital remote ischaemic conditioning increases myocardial salvage in acute myocardial infarction. Lancet 375: 1090–1099.
298 Kato, H. et al. (1994) Induction of 27-kDa heat shock protein following cerebral ischemia in a rat model of ischemic tolerance. Brain Res. 634(2): 235–44.
299 Rücker, M. et al. (2006) Local heat shock priming promotes recanalization of thromboembolized microvasculature by upregulation of plasminogen activators. Arterioscler Thromb Vasc Biol.26(7):1632–29. atvb.ahajournals.org/content/26/7/1632.long
300 Ren, C. et al. (2008) Limb remote-preconditioning protects against focal ischemia in rats and contradicts the dogma of therapeutic time windows for preconditioning. Neuroscience. 151(4): 1099–103. ncbi.nlm.nih.gov/pmc/articles/PMC2696348/
301 Siehe etwa für eine populationsbasierte Studie: Aboa-Eboulé, C. et al. (2011) Influence of prior transient ischaemic attack on stroke prognosis. J Neurol Neurosurg Psychiatry. 2011 Sep;82(9): 993–1000. Es gibt aber auch Studien, die diesen Zusammenhang nicht finden. Bei diesen ist es aber möglich, dass deren Methodik dafür verantwortlich ist. Bei mehreren davon wurden nur Patienten, die längere Krankenhausaufenthalte absolvieren mussten, einbezogen. Dies bedeutet bereits eine Vorselektion zugunsten besonders schwerer Fälle und verfälscht das Ergebnis, da ja gerade jene Fälle, die von Anfang an weniger schwer waren (vielleicht aufgrund einer TIA) dadurch weitgehend wegfallen.
302 Siehe etwa: Deplanque, D. et al. (2006) Prior TIA, lipid-lowering drug use, and physical activity decrease ischemic stroke severity. Neurology. 67(8): 1403–10. Diese Vermutung wird allerdings ebenfalls kontrovers debattiert,

QUELLEN UND ERLÄUTERUNGEN

da alle möglichen anderen Faktoren eine Rolle spielen könnten, etwa Medikamente, die Patienten nach einer TIA unmittelbar verordnet bekommen haben.
303 Bejot, Y. und Garnier, P. (2014) Cerebral Ischemia. In: Rattan, S.I.S. und LeBourg, E.: Hormesis in Health and Disease, CRC Press.
304 Zhang, F. et al. (2011) Exercise preconditioning and brain ischemic tolerance. Neuroscience. 177: 170–6.
305 Dirnagl, U. et al. (2009) Preconditioning and tolerance against cerebral ischaemia from experimental strategies to clinical use. Lancet Neurol. 8(4): 398–412. ncbi.nlm.nih.gov/pmc/articles/PMC2668955/
306 blogs.bmj.com/bmj/2014/12/31/richard-smith-dying-of-cancer-is-the-best-death/
307 »Krebsvorsorge« bezeichnet Untersuchungen, bei denen beschwerdefreie Menschen sich auf Krebs testen lassen. Hier von »Vorsorge« gegen die Krankheit zu sprechen, ist also eigentlich absurd. Wer wirklich Vorsorge betreiben will, also Krebs oder zumindest Beschwerden und Tod durch Krebs verhindern möchte, hat andere Möglichkeiten, unter anderem eben Hormesis.
308 joshmitteldorf.scienceblog.com/2013/07/01/the-demographic-theory-of-aging/
309 Wissenschaftlich korrekter formuliert: Die Wahrscheinlichkeit, dass sie in diesen Konzentrationen Krebs auslösen, scheint sehr, sehr gering zu sein.
310 Lyriks.wikia.com/wiki/Joe_Jackson: Cancer.
311 Dieses Futter hat möglicherweise oft selbst krebsfördernde Eigenschaften. Das ist etwa der Fall, wenn es große Mengen Kohlenhydrate enthält.
312 Z.B.: Schoeny, R. (1996) Use of genetic toxicology data in U.S. EPA risk assessment: the mercury study report as an example. Environ Health Perspect.104 Suppl 3: 663–73. ncbi.nlm.nih.gov/pmc/articles/PMC1469637/
313 Das gilt zumindest für viele Karzinogene, die nicht direkt das Erbmaterial angreifen. Doch selbst bei denen gibt es durchaus Hinweise, dass dann hocheffektive Reparaturmechanismen die Schäden sogar mehr als ausgleichen können, siehe dazu etwa die Befunde im Kapitel zur Strahlungs-Hormesis. Zu den nicht erbmaterialschädigenden Karzinogenen siehe: Fukushima, S. et al. (2005) Hormesis and dose-response-mediated mechanisms in carcinogenesis: evidence for a threshold in carcinogenicity of non-genotoxic carcinogens. Carcinogenesis. 26(11): 1835–45, carcin.oxfordjournals.org/content/26/11/1835.full
314 McDonald, J.C. et al. (1993) Dust exposure and mortality in chrysotile mining, 1910–75. Br J Ind Med. 37(1): 11–24. ncbi.nlm.nih.gov/pmc/articles/PMC1061329/ Sowie: McDonald, J.C. (1980) Chrysotile fibre concentration and lung cancer mortality: a preliminary report. IARC Sci Publ. (30): 811–7.
315 Olsen, N.J. et al. (2011) Increasing incidence of malignant mesothelioma

after exposure to asbestos during home maintenance and renovation. Med J Aust. 195(5): 271–4.
316 Cox, L.A. (2011) Hormesis for Fine Particulate Matter (PM 2.5) Dose Response. 10(2): 209–218. ncbi.nlm.nih.gov/pmc/articles/PMC3375488/
317 Santagata, S. et al. (2012) Using the Heat-Shock Response to Discover Anticancer Compounds that Target Protein Homeostasis. ACS Chem Biol. 7(2): 340–9. ncbi.nlm.nih.gov/pmc/articles/PMC3291478/
318 Kämmerer, U. et al.: Krebszellen lieben Zucker, Systemed Verlag 2012 und Kämmerer, U. et al.: Ketogene Ernährung bei Krebs, Systemed Verlag 2014.
319 Solimini, N.L. et al. (2007) Non-oncogene addiction and the stress phenotype of cancer cells. Cell. 130:986–988. Sowie: Balch, W.E. et al. (2008) Adapting proteostasis for disease intervention. Science. 2008;319: 916–919.
320 Whitesell, L. und Lindquist, S.L. (2005) HSP90 and the chaperoning of cancer. Nat Rev Cancer. 5:761–772.
321 spiegel.de/gesundheit/diagnose/osteoporose-training-hilft-den-knochenschwund-zu-stoppen-a-973164.html
322 Cannon, W.B. (1932) The Wisdom of the Body. Verlag W.W. Norton. Cannon spricht bei allem Lebenden von einer »fluiden Matrix«, deren Gleichgewicht kein statischer Zustand ist, sondern durch eine Ausgewogenheit ständiger Auf- und Abbauprozesse hervorgerufen wird. Dieses Gleichgewicht kann sich deshalb auch verschieben, wenn Umwelteinflüsse dies erfordern (zum Beispiel dadurch, dass eine Zeit lang bei entsprechendem mechanischem Stress mehr Knochenzellen gebildet werden, bis sich dann ein neues Gleichgewicht einstellt).
323 Carter, D.R. et al. (1987) Trabecular bone density and loading history: Regulation of connective tissue biology by mechanical energy. Journal of Biomaechanics Volume 20(8) 785–787, 789–794. Sowie: Cheung, A.M.1, Giangregorio, L. (2012) Mechanical stimuli and bone health: what is the evidence? Curr Opin Rheumatol. 24(5): 561–6.
324 Van Horssen, J.M.E. et al. (2011) Radical changes in multiple sclerosis pathogenesis. Biochim Biophys Acta. 1812(2): 141–50. sciencedirect.com/science/article/pii/S0925443910001213
325 Hultqvist, M. et al. (2009) The protective role of ROS in autoimmune disease. Trends Immunol. 30(5): 201–8.
326 Gironi, M. et al. (2008) A pilot trial of low-dose naltrexone in primary progressive multiple sclerosis. Multiple Sclerosis 14, (8) 1076–1083.
327 Smith, J.P. et al. (2007) Low-dose naltrexone therapy improves active Crohn's disease. Am J Gastroenterol. 102(4): 820–828.
328 Ärzte können in Deutschland Naltrexon in Eigenverantwortung »off label«, also jenseits der ursprünglichen Indikation, auf Privatrezept verordnen. Tabletten sind nur in hohen Dosen von 50 mg pro Stück im Handel, bei LDN wird dagegen 1,5 bis 5 mg täglich eingenommen. Auf Anweisung

QUELLEN UND ERLÄUTERUNGEN

eines Arztes kann eine Apotheke gegen Entgelt aus den Original-Tabletten die gewünschten Dosen portionieren. Auch bei anderen Autoimmunerkrankungen wird LDN bereits »off label« eingesetzt, Studienergebnisse fehlen hier jedoch noch weitgehend. Das Pharmaunternehmen TNI BioTech führt klinische Tests mit LDN durch.

329 Patenaude, A. et al. (2005) Emerging roles of thioredoxin cycle enzymes in the central nervous system. Cell Mol Life Sci. 62(10): 1063–80.
330 Moan, J. et al. (2013) North-South gradients of melanomas and non-melanomas: A role of vitamin D? Dermatoendocrinol. 5(1): 186–91. tandfonline.com/doi/full/10.4161/derm.23791
331 Z. B. Davis, J. M. et al. (2004) Effects of moderate exercise and oat beta-glucan on innate immune function and susceptibility to respiratory infection. Am J Physiol Regul Integr Comp Physiol 286: R366–372 und Elphick G. F. et al. ((2003) B-1 cell (CD5+/CD11b+) numbers and nIgM levels are elevated in physically active vs. sedentary rats. J Appl Physiol 95: 199–206.
332 Aus einen Gespräch, das Ingeborg Breuer 2005 mit Odo Marquard geführt hat. Das Zitat ist im Sinne der besseren Lesbarkeit leicht abgeändert. deutschlandradiokultur.de/die-ganze-sendung-unruhe-ist-was-uns-bewegt.2162.de.html?dram:article_id=320029
333 Man könnte hier argumentieren, dass Männer ja durchaus zumindest potenziell bis ins hohe Alter in der Lage sein können, sich fortzupflanzen. Als hauptsächliche Erklärung für die Langlebigkeit des Menschen kommt dieses Argument aber kaum infrage, da Frauen ja im Durchschnitt noch einmal deutlich älter werden als Männer.
334 Sands, R. G. et al. (2005) Factors associated with the positive well-being of grandparents caring for their grandchildren. J Gerontol Soc Work. 2005; 45(4): 65–82.
335 Telomere sind die Enden der Chromosomen. Sie gelten gleichsam als biologische Lebenszifferblätter, weil sie normalerweise mit jeder Zellteilung etwas kürzer werden und irgendwann so kurz sind, dass Zellteilungen gar nicht mehr stattfinden, was dann mittelfristig den Tod bedeutet.
336 Das verspeiste Spinnenmännchen liefert Nahrungsenergie für die Eierproduktion. Selbst das Sterben der Lachse scheint einen solchen Sinn zu haben. Jedenfalls verändert die Biomasse und die Energie, die die sterbenden Lachse in und an den Bächen hinterlassen, die Ökosysteme nachhaltig, und zwar in einer Weise, die höchstwahrscheinlich dabei hilft, dass dort auch in Zukunft weiterhin Lachse ablaichen können. Wenn ein Mensch sich also wünscht, im eigenen Garten oder zumindest »in der Heimat« begraben zu werden, ist es durchaus nicht zu weit hergeholt, hierin einen ähnlichen Sinn zu erkennen.
337 Quetelet, M. A. (1835) Sur l'homme et le développement de ses facultés, ou essai de physique sociale). Paris: Bachelier. (Über den Menschen und die Entwicklung seiner Fähigkeiten. Deutsche Ausgabe von: V. A. Riecke, 1838.)

338 Hope, N. und Bellare, A. (2015) A comparison of the efficacy of various antioxidants on the oxidative stability of irradiated polyethylene. Clin Orthop Relat Res. 473(3): 936–41.
339 de Magalhães, J. P. (2012) Programmatic features of aging originating in development: aging mechanisms beyond molecular damage? FASEB J. 26(12): 4821–6. fasebj.org/content/26/12/4821.long
340 Hetherington, M. M. (1998) Taste and appetite regulation in the elderly. Proceedings of the Nutrition Society 57, 625–63. researchgate.net/profile/ Marion_Hetherington/publication/13195313_Taste_and_appetite_regulation_in_the_elderly/links/00b7d52caa908d894c000000.pdf
341 Yokoyama, K. et al. (2002) Extended longevity of Caenorhabditis elegans by knocking in extra copies of hsp70F, a homolog of mot-2 (mortalin)/ mthsp70/Grp75. FEBS Lett. 516(1–3): 53–57.
342 Brown-Borg, H. M. und Bartke, A. (2012) GH and IGF1: roles in energy metabolism of long-living GH mutant mice. J Gerontol A Biol Sci Med Sci. 67(6): 652–660. ncbi.nlm.nih.gov/pmc/articles/PMC3348496/. Und »Langlebigkeits-Hormesis« ist bei allen möglichen Tiergruppen und für die unterschiedlichsten Substanzen – von Pestiziden bis Schwermetallen – und andere Stressoren beobachtet worden: Neafsey, P. J. (1990) Longevity hormesis. A review. Mech. Ageing Dev. 51, 1–31.
343 Neafsey, P. J. (1990) Longevity hormesis. A review. Mech. Ageing Dev. 51, 1–31.
344 Chen, D. et al. (2013) Germline signaling mediates the synergistically prolonged longevity produced by double mutations in daf-2 and rsks-1 in C. elegans. Cell Rep.; 5(6): 1600–10.
345 Morley, J. E. (1997) Anorexia of aging: physiologic and psychologic. American Journal of Clinical Nutrition 66, 760–773.
346 Zur Funktion des Stress- und Sozial-Hormons Oxytocin siehe Kapitel 15. Ein schönes Einzelbeispiel, wie Fürsorge für andere das Leben zumindest nicht zu verkürzen scheint, ist Sir Nicholas Winton. Der Londoner rettete 1939 fast 700 jüdische Kinder aus Prag und Umgebung vor dem Konzentrationslager. Sein Leben lang engagierte er sich gemeinnützig. Und er machte keine großen Worte – so wenig Worte, dass seine Rettungsaktionen von 1939 erst viel später und nur rein zufällig öffentlich bekannt wurden. Leider ist er, nach einem langen Leben von 106 Jahren, im Juli 2015 verstorben.
347 Immer vorausgesetzt, man hat keine Krankheiten, Allergien oder Überempfindlichkeiten, die das verbieten.
348 Es gibt ein paar wenige Situationen, in denen man aber mit Kurkuma vorsichtig sein sollte. So gibt es zum Beispiel Befunde, die nahelegen, dass dieses Gewürz bereits vorhandene Lungentumoren zum Wachstum anregen kann. Allerdings überwiegen selbst bei dieser Krebsart die Hinweise, dass Kurkuma in den allermeisten Fällen eher schützend wirkt. Mehr zum

QUELLEN UND ERLÄUTERUNGEN

Thema: Devassy, J. G. (2015) Curcumin and cancer: barriers to obtaining a health claim. Nutr Rev. 73(3): 155–65.

349 Kim, H.-J. et al. (2008) Nrf2 activation by sulforaphane restores the age-related decrease of TH1 immunity: Role of dendritic cells. J Allergy Clin Immunol. 121(5): 1255-1261, ncbi.nlm.nih.gov/pmc/articles/PMC3897785/. Auch das typische Stressreaktionsmolekül NF-κB kann das im Alterungsprozess herunterfahrende Immunsystem wieder ankurbeln: Chirumbolo, S. (2012) Possible role of NF-κB in hormesis during ageing. Biogerontology. 13(6): 637–46.

350 Charisius, H. und Friebe, R. (2014) Bund fürs Leben – Warum Bakterien unsere Freunde sind. Hanser Verlag, München.

351 Bis vor Kurzem gehörte auch noch »weniger Fett« dazu. Das allerdings erweist sich zunehmend als Irrtum, was sicher mit daran liegt, dass die menschlichen Vorfahren, egal wie sie lebten, eigentlich nie »low fat« lebten (dagegen doch sehr häufig »low carb«).

352 Es gibt allerdings – wieder genetisch bedingte – Einschränkungen. Eine vergleichsweise kleine Gruppe Menschen etwa profitiert aufgrund ihrer Erbveranlagung kaum von Sport. Siehe z.B. Stephens, N. A. und Sparks, L. M. (2014): Resistance to the Beneficial Effects of Exercise in Type 2 Diabetes: Are Some Individuals Programmed to Fail? The Journal of Clinical Endocrinology & Metabolism 100(1) 43–52.

353 Diese Messungen stammen aus Druckkammern, in der Economy Class einer alten Iljuschin sind sie auch nicht so leicht durchzuführen.

354 Potasman, I. et al. (2008) Flight-associated headaches-prevalence and characteristics. Cephalalgia. 28(8): 863–7.

355 Calabrese, E. J. (2005) Cancer biology and hormesis: human tumor cell lines commonly display hormetic (biphasic) dose responses. Crit Rev Toxicol. 35(6): 463–582.

356 Brandes, I. J. (2005) Hormetic effects of hormones, antihormones, and antidepressants on cancer cell growth in culture: in vivo correlates. Crit Rev Toxicol. 35(6): 587–92.

357 Es gibt natürlich noch weitere Gründe für die intravenöse Gabe: Sie geht schlicht schneller, die im Blut erreichten End-Konzentrationen sind verlässlicher. Zudem wird ein venöser Zugang auch deshalb gelegt, weil dann die Gabe anderer Medikamente im Notfall erleichtert wird.

358 Duke S. et al. (2006) Hormesis: is it an important factor in herbicide use and allelopathy? Outlooks Pest Manag. 17: 29–33.

359 Cutle, G. C. (2013) Insects, Insecticides and Hormesis: Evidence and Considerations for Study. Dose Response. 11(2): 154–177. Sowie: Morse, J. G. und Zareh, N. (1991) Pesticide- Induced Hormoligosis of Citrus Thrips (Thysanoptera: Thripidae) fecundity. J Econ Entomol. 84: 1169–1174.

360 Morse, J. G. (1998) Agricultural implications of pesticide-induced hormesis of insects and mites. Hum Exp Toxicol. 17(5): 266–9.

QUELLEN UND ERLÄUTERUNGEN

361 Kefford, B.J. et al. (2008) Is the integration of hormesis and essentiality into ecotoxicology now opening Pandora's Box? Environ Pollut. 151(3): 516–23.

362 Belz, R.G. und Piepho, H.-P. (2012) Modeling Effective Dosages in Hormetic Dose-Response Studies. PLoS One. 2012; 7(3): e33432. journals.plos.org/plosone/article?id=10.1371/journal.pone.0033432

363 Calabrese, E.J. et al. (2010) Resveratrol commonly displays hormesis: occurrence and biomedical significance. Hum Exp Toxicol. 29(12): 980–1015.

364 Harrison D. et al. (2003) Role of oxidative stress in atherosclerosis. The American Journal of Cardiology 91: 7A–11A.

365 Solchen Stresssituationen können Pflanzen aber (siehe auch Kapitel 5) bis zu einem gewissen Grad etwas entgegensetzen: ihr Abwehrsystem gegen Oxidation und Strahlungsschäden. Siehe dazu: Friebe, R. (2007) Wie rot sind deine Blätter? Süddeutsche Zeitung Wissen, 19.9.2007. sueddeutsche.de/wissen/herbstlaub-wie-rot-sind-deine-blaetter-1.591035

366 Die geltende Definition von Leben beinhaltet sieben Grundprinzipien (en.wikipedia.org/wiki/Life), das Prinzip Umwidmung ist dort aber natürlich nicht aufgeführt.

367 textlog.de/rousseau_vertrag.html

368 »Sugar scares me« (Zucker macht mir Angst) sagte etwa der Krebsforscher Lewis Cantley vor ein paar Jahren dem Wissenschaftsautor Gary Taubes. Denn Zucker, Glukose, ist das fast alleinige Nahrungsmittel von Tumoren, während gesunde Körperzellen auch Fett oder aus Fett hergestellte Ketone zur Energiegewinnung nutzen können.

369 Vitamin D ist eigentlich ein Hormon, das normalerweise vom Körper mit Hilfe von Sonnenlicht selbst hergestellt wird, und kein Vitamin. Das allerdings ist bei dem Thema, um das es hier geht, nicht entscheidend. Die allermeisten Tiere können selbst Vitamin C herstellen, für sie ist Vitamin C also auch ein körpereigener Stoff und nach Definition kein Vitamin.

370 Natürlich gibt es noch – für das Thema dieses Buches auch durchaus wichtige – zusätzliche Varianten. Etwa die, dass von außen reichlich Antioxidantien hinzugegeben werden. Dann wäre vielleicht der direkte Schaden durch freie Radikale geringer, aber deren Wirkung als Signalmoleküle wäre stark geschwächt, zudem wäre die zelleigene Maschinerie zur Abwehr größerer Mengen freier Radikale vollkommen inaktiv und damit unvorbereitet, weil ja keine Antioxidantien selbst produziert werden müssen, wenn sie von außen kommen. Bei echter Radikal-Überbelastung dagegen könnte eine externe Verabreichung von Antioxidantien hilfreich sein. In Fällen sehr starker oxidativer Schädigungen, etwa bei bestimmten Vergiftungen, könnte also eine massive Antioxidantien-Therapie, beispielsweise durch venöse Injektion, sinnvoll sein. Universell sicher ist aber auch dies nicht, weil nicht klar ist, ob die Gabe von außen nicht auch in diesem Fall

QUELLEN UND ERLÄUTERUNGEN

eher die körpereigene Abwehr stärker ausbremsen könnte, als selbst wirksam zu sein.

371 Pizzolla, A. M. et al. (2012) Reactive oxygen species (...) protect mice from bacterial infections. J Immunol 188(10): 5003–11.

372 Ueataki, M. et al. (2015) Metabolomic alterations in human cancer cells by vitamin C-induced oxidative stress. Sci Rep. 2015; 5: 13896. ncbi.nlm.nih.gov/pmc/articles/PMC4563566/

373 Nur um Missverständnissen vorzubeugen: Das gilt nicht für Sadiki Bolt, der ist ein ziemlich guter Cricket-Spieler.

374 Calabrese, E. J. und Blain, R. B. (2009) Hormesis and plant biology. Environ Pollut. 157(1): 42–8.

375 Persönliche Mitteilung von Oliver Brüggen, Adidas-PR Europe.

376 Bei Bakterien selbst ist die Wirkungskurve von Antibiotika durchaus hormetisch. Geringe Dosen Tetracyclin etwa lassen E.-coli-Bakterien besonders gut wachsen. Was das für die Antibiotikatherapie bedeuten könnte, kann man sich ausmalen. Siehe auch: Migliore, L. et al. (2013) Low Doses of Tetracycline Trigger the E. coli Growth: A Case of Hormetic Response. Dose Response. 11(4): 565–572. ncbi.nlm.nih.gov/pmc/articles/PMC3834746/

377 Bors J. und Zimmer K. (1970) Effects of low doses of x-rays on rooting and yield of carnation. Stimulation News l 1: 16–21.

378 Die Tatsache, dass Lebewesen viele Substanzen sehr gut ausschciden können, ist der Hauptgrund dafür, dass manche Stoffe als komplett ungiftig gelten. Gerade diese sind dies aber ironischer auf zellulärer Ebene überhaupt nicht. Denn oft gerade weil sie im Grunde sehr, sehr giftig wirken können, haben Zellen und ganze Organismen in der Evolution solche effiziente Werkzeuge entwickelt, um sie loszuwerden. Prominente Beispiele sind etwa Kalzium und Wasser.

379 Bremmer, I. (2007) The J Curve: A New Way to Understand Why Nations Rise and Fall. Verlag Simon & Schuster.

380 Di Castelnuovo, A. et al. (2006) Alcohol dosing and total mortality in men and women. Arch Intern Med. 2006; 166(22): 2437–2445.

381 Anders als man vielleicht erwarten würde, hat die zuvor erwähnte Kaloriendosis zwar etwas mit der körpereigenen Fettdosis zu tun, aber der Zusammenhang ist ebenfalls weder eindeutig noch linear. Allein die alltägliche Beobachtung, dass manche Leute Riesenmengen essen können, ohne dick zu werden, ist Beleg genug dafür.

382 www.massvoll-geniessen.de

383 Chokshi, D. A. et al. (2015) J-Shaped Curves and Public Health. JAMA 314 (13) 1339–1340. jama.jamanetwork.com/article.aspx?articleid=2443580

384 Nadir kommt aus dem Arabischen und steht ursprünglich in der Astronomie und Astrologie für den Fußpunkt eines Gestirns o. Ä. im Gegensatz zu dessen Zenit.

QUELLEN UND ERLÄUTERUNGEN

385 Muller, H.J. (1930) Radiation and Genetics, American Naturalist 64 (692): 220–251. Sowie: Calabrese, E.J. (2011) Key studies used to support cancer rsik assessment questioned. Environmental and Molecular Mutagenesis 52: 595–606.

386 Calabrese, E.J. (2014) Hormesis and Risk Assessment. In: Rattan, S.I.S und LeBourg, E.: Hormesis in Health and Disease. CRC Press.

387 Bruce, R.D. et al. (1981) Re-examination of the ED01 study – adjusting for time on study. Fundamental and Applied Toxicology 1: 67–80.

388 Z.B. Calabrese, E.J. und Blain, R.B. (2011) The hormesis database: the occurrence of hormetic dose responses in the toxicological literature. Regul Toxicol Pharmacol. 61(1): 73–81. Sowie: Calabrese, E.J. et al. (2006) Hormesis outperforms threshold model in National Cancer Institute antitumor drug screening database. Toxicol Sci. 94(2): 368–78. toxsci.oxfordjournals.org/lookup/pmid?view=long&pmid=16950854. Sowie Calabrese, E.J. (2008) Hormesis predicts low-dose responses better than threshold models. Int J Toxicol. 27(5): 369–78. Sowie: Stanek, E.J. und Calabrese, E.J. (2010) Predicting low dose effects for chemicals in high through-put studies. Dose Response. 8(3): 301–16. ncbi.nlm.nih.gov/pmc/articles/PMC29 39688/

389 Mehr als zwei Wirkungsphasen hat etwa Aspirin: In niedrigen Dosen wirkt es der Bildung von Blut-Thromben entgegen. In mittleren Dosen wirkt es antientzündlich. In hohen Dosen wirkt es unter anderem blutungsfördernd und bringt den Säure-Basen-Haushalt ernsthaft aus dem Gleichgewicht. Diese Giftwirkung kann tödlich sein. Mehr als zwei Wirkungsphasen hat auch Vitamin C, siehe dazu Kapitel 26.

390 Natürlich sind solche »Neben«-Wirkungen oft auch darin begründet, dass die optimale Dosis für das Organsystem, welches behandelt werden soll (z.B. Nervensystem bei Schmerzen) für ein anderes Organsystem schon deutlich zu hoch sein kann (z.B. Darm oder Leber).

391 Ein solcher Stoff, der kaum je einen echten biologischen Nutzen zeigt, aber ab einer gewissen Dosis immer Schaden verursacht, könnte Aluminium sein. Doch selbst hier hat man bereits hormetische Effekte gefunden, siehe etwa: Barceló, J. und Poschenrieder, C. (2002) Fast root growth responses, root exudates, and internal detoxification as clues to the mechanisms of aluminium toxicity and resistance: a review. Environmental and Experimental Botany 48 (1) 75–92.

REGISTER

2-AAF (2-Acetylaminofluoren) 312
Aarhus Universitet 290, 296
Abscopal Effect 139
adaptive Stressreaktion 60, 77, 80, 132, 160, 171, 177, 180 ff., 186, 189, 225 f., 241, 262
Adrenalin 178, 185, 188
Alkohol 69, 75, 108, 233, 244, 302
Alpha-Glukane 218
Alpha-Liponsäure 228
Alternsforschung 262, 290, 296
Alzheimer 86, 191 f., 216, 224, 251, 317
Aminosäuren 38, 293
Ammoniak 171
Angioplastie 237, 239
Anpassungsfähigkeit 60 ff., 68, 74, 78, 89, 171, 176, 184, 186, 223, 226, 262
Anthocyane 67
Antibiotika 51, 270, 277, 299, 313
Antibiotika-Resistenz 51
Antioxidantien 87, 149, 155 ff., 159 f., 190, 207, 215, 227, 235, 245, 250, 259 f., 292
Apfel 39, 71
Archer, Jonathan 54 ff.
ARE (Antioxidant Response Element) 206, 208
Arsen 23, 39, 219
Aspirin 123, 136
Autophagosomen 216

Baby-Boom 57
Barthez, Fabien 27
Bauer, Georg 134
BDNF (Brain Derived Neurotrophic Factor) 85, 163, 169, 190 f., 240
Becquerel, Henri 123
Belz, Regina 280
Bickel, Adolf 123 f.
biphasische Dosis-Wirkungskurve 104 f., 107, 130, 189, 192, 201, 278, 299, 304, 313 f.
Birringer, Marc 159
Blattläuse 215
Blood Flow Restriction 173
Blumenkohl 38 f.
Body-Mass-Index (BMI) 302
Bolt, Sadiki 296, 298
Bolt, Usain 152, 296, 298 f.
Brauner, Artur 266
BRCA (Krebsgen) 243
Brennnessel 251
Brokkoli 26, 29, 37, 59, 76, 80 f., 151, 183, 193, 203, 207, 252
Brombeere 67
Brustkrebs 168, 277
Byers, Eben M. 124, 193

Caenorhabditis elegans 55
Caffeoyläpfelsäure 252
Calabrese, Edward 115, 312, 315
Canguilhem, Georges 32
Capsaicin 149
Carlos, Roberto 27 f., 45

354

REGISTER

Cäsium 136
CD8 212
Chaostheorie 27
Charité 123 f., 236
Chokshi, Dave 303
Cholesterin 58, 166, 288
Chorea Huntington 267
Cicero 193
Coenzym Q10. Siehe Glutathion u. Ubichinon
Copeland, Edwin 109
Cornaro, Luigi 165
Cortisol (Corticosteron) 179, 188
Couch Potato 80, 83 ff., 147, 168, 173, 194, 297
Crick, Francis 109
Crum, Alia 178
Curcumin/Curry-Gewürz 211, 244, 265, 273

Darwin, Charles 48, 52, 54, 59, 66, 75, 110
Demenz 267
Depression 169
Dhabhar, Firdaus 181
Diabetes 149, 168, 175, 223 ff., 261, 268, 295, 302, 313, 317
Dirnagl, Ulrich 236
Distress 175
Dobzhansky, Theodosius 49 f., 52, 54
Dodson, John D. 189
Dole Nutrition Institute 35
Dopamin 82
Dosis 99, 117, 122, 318
Dosis-Wirkungszusammenhang 43, 46, 102 ff., 106, 112, 115, 117, 200, 258, 277, 279 f., 300, 314
Doss, Mohan 140
Duke University 234

Eisbäder 146 f., 169
Eisbär 61

Eisen 290
Ellagsäure 67, 218
El-Sayed, Abdurahman 303
Entfernungs-Infarkt-Konditionierung (remote ischemic conditioning) 235
epigenetische Modifikation 205, 214 f., 248
Erbgutreparatur 205, 213, 217
Ernährungslehre 50 f.
Ertl, Georg 233
Ether 111
Eustress 175
Evolution 49 f., 52 ff., 59 ff., 68, 74, 82, 85, 89, 141, 145, 155 f., 161, 163, 166, 189, 200 f., 243, 258 f., 289 f., 318

Fadenwurm 55, 262
Fagerström, Kai 232
Feinendegen, Ludwig 142
Fendrich, Reinhard 167
Fette 51, 58, 71, 73, 85, 153, 247, 263
Fixx, Jim 174
Flavonoide 67
Fluoxetin (Prozac) 190, 295
Fox Chase Cancer Center 140
FOXOs 65
freie Radikale 85 ff., 140, 147, 149 f., 152 ff., 159, 162, 169, 171 f., 177, 195, 204 ff., 208, 210, 213, 217, 225, 235, 238, 245, 250 f., 260, 273 f., 286, 288, 291 ff., 318
Fruchtfliege 121, 216
Fukushima 133

Galen 98
Galvão, Daniel 168
Gammastrahlen 26, 39, 89, 121 f., 227 f.
Geißraute (Galega officinalis) 228
Genetik 50, 57, 59 f., 74, 142, 243, 257, 267

REGISTER

Genexpression 214
Geranylgeranylaceton 228
Gerst, Alexander 228
Gesundheit 30, 33, 87, 126, 170, 173, 225, 253, 299, 312
Gift 99, 117, 122, 310, 312, 318
Glückshormone 76, 82 f.
Glukose 247
GLUT-4 226
Glutamat 191, 217
Glutathion 155, 207, 246, 261
Glyphosat 278, 318
Gorilla 69
Götze, Mario 31
GPCR (G-Protein-gekoppelte Rezeptoren) 216

Haller, Helmut 32
Harrison, David 54 ff.
Harvard Medical School 183
Harvard University 179
Heat Shock Response (Hitzeschock-Antwort) 148
Hefezellen 101, 103, 111
Heidegger, Martin 258
Helium 153 f., 290
Henschler, Dietrich 102
Heusch, Gerd 235, 240
HIF (Hypoxie-induzierbarer Faktor) 208, 239, 241, 274
Hildegard von Bingen 193
Hiroshima 137
Hitzeschockproteine 140, 149 f., 166, 195, 210, 218, 225 f., 228, 240 f., 248, 262, 273
Hitzeschockreaktion 148, 205, 209 f., 218
Hohenheim, Theophrastus Bombastus von. Siehe Paracelsus
Homöodynamik 33, 172, 289
homöodynamischer Raum 172, 296, 298
Homöopathie 101, 103 ff., 111, 251

Homöostase 33, 201, 289 f.
Honigbiene 262
Hooper, Philip L. 229
Hormesis (Def.) 60, 87 f.
Hormesis-Triple 85, 116, 140, 204, 247, 270 f.
Hormetine 87 ff., 261, 265
Hormone 83, 275, 304
HRE (Hypoxia Response Element) 208
HSE (Hitzeschockelement) 210
HSFs (Hitzeschockfaktoren) 209
Hueppe, Ferdinand 107, 111, 114
Humoralpathologie 98
Hydroxamsäure 228
Hydroxyl-Radikal 288
Hypoxie 208

Imidacloprid 215
Immunsystemaktivierung 205, 211 f., 248
Industrialisierung 71, 270
Insulin 223 f., 226, 261, 269
Insulinresistenz 224, 229, 261
Interdisziplinarität 100
Intervall-Fasten 162 ff., 165
Ioannidis, John 243
Iod 136, 201
ionisierende Strahlung 89, 112 f., 122 f., 126, 129, 132, 135, 137, 140, 142 f., 193, 212, 216
Isothiozyanat 207

Jackson, Joe 243
Jackson Laboratory 54
Japan 137, 150
Johns Hopkins University 86
Jolie, Angelina 267
Jones, Tommy Lee 182
Journal of the American Medical Association 303
Jünger, Ernst 151, 266

REGISTER

Kahlenberg, Louis 109
Kalabarbohne 192 f.
Kalorien-Restriktion 53, 56 f., 71 f., 162
Kalzium 190 f., 290
Karzinogen 244, 311
Keap1 206
Kefford, Ben 279
Ketone 247
Keuler, Uli 151
Kneipp, Sebastian 145 f.
Knochen 249
Kobalt-60 125, 127 f.
Koch, Robert 109
Koffein 244
Kohlendioxid 27
Kohlenhydrate 51, 69, 71, 73, 171, 224, 247, 263, 289
Kollateralen 233 f.
Königin-Alexandra-Vogelfalter 295
Kraaijenhof, Henk 170
Krebs 51, 123 ff., 130, 132 ff., 136 f., 139, 142, 168, 175, 211, 228, 242 ff., 246, 260, 267 f., 292, 313, 317
Kryotherapie 147

Lachs 259
Lancet, The 32
Lane, William 124
Laubbaum 65
LD50 (Mittlere Letale Dosis) 108
Lebenserwartung 24, 55 f., 71, 73, 131, 156, 224, 228, 242, 269
Leukämie 134, 136 f., 142
Lichtenberg, Georg Christoph 35
Lindenberg, Udo 77, 156
Lindgren, Astrid 266
Lineares Schwellenmodell 40, 141
Linearität 26, 46
Linnaeus (Carl von Linné) 48
LNT (Linear No Threshold) 137

Longo, Valter 164 f.
Low-Carb-Diät 51
Lupine, Weiße (Lupinus albus) 109
Luteolin 206

Mann, Thomas 143
Marco Polo 143
Marquard, Odo 257
Mattson, Mark 86
Mäuse 38, 53, 56, 60, 121, 128, 142, 156, 163 ff., 172, 188, 215, 227, 240, 262, 265, 312
Mayr, Ernst 49, 266
McCay, Clive 53 f., 56
McGaugh, James 192
McGodigal, Kelly 180
Melanin 252
Mendel, Gregor 48, 59, 110
Mercurochrom. Siehe Quecksilber
Mertesacker, Per 144
Metformin 228, 269, 295
Methadon 236
Methusalem-Kiefer 63 ff.
Milchsäure 171
Mithridates VI. 79
Morbus Crohn 251
Morphium 236
mTor-Komplex 216
Mukoviszidose 267, 269
Muller, Hermann Joseph 311
Müller-Wohlfahrt, Hans-Wilhelm 152
Multiple Sklerose 250
Murdock, David H. 34 ff.
Murmeltier 63
Murry, Charles 234
Mutation 59 f., 143, 243, 262, 287

Nadir 303
NADPH-Oxidase 250
Nagasaki 137
Nahrungsmittel-Knappheit 75, 161 ff.

357

Naltrexon 251
Natrium 290
natürliche Selektion 54, 60 f.
Nebenniere (Glandula adrenalis) 188
Nelken 300
Neuro-Botenstoffe 83
Neuronen 187, 225
Newton, Robert 168
New York Academy of Sciences 136
New York Times 34
NF-κB 212
Nichtlinearität 27, 200, 309 f.
Niemeyer, Oscar 266
Niethammer, Anneliese 110
Nikotin 232 f., 235
Nitrit-Ionen 239
NRF-2 65, 169, 206
Nüsse 261

Omega-3-Fettsäuren 291
Onsen-Bäder 150
Opiat-Rezeptoren 251
Orpheus 266
Ottey, Merlene 170
Oxytocin 82, 185
Ozon 23, 274

4-Phenylbuttersäure 228
Pandora, Büchse der 279
Paracelsus 39, 97 ff., 117 f., 200
Paranuss 36
Parkinson, Morbus 216, 224
Pasteur, Louis 109
Peake, Jonathan 147
Petersilie 206
Petrinowich, Lewis 192
Pfeffer, Wilhelm F. P. 110
Pflanzenstoffe, sekundäre 35, 37, 72, 89, 160, 201, 206, 246, 273, 296
Pharmakologie 100 f., 116

Pharmazie 100 f.
Physostigmin 192 f.
Phytochemikalien 274
Piepho, Hans-Peter 280
Pilze 145, 211
Placebo-Effekt 106
Plasminogen-Aktivator 241
Plastizität 298 f.
Polonium 129, 274
Polyphenole 38
Post-Conditioning 237
Pottwal 62
Pro-Oxidantien. Siehe freie Radikale
Prostatakrebs 211
Proteine 51, 71, 73, 85, 87, 143, 149, 153, 157, 204 f., 209 ff., 214, 225, 263, 273, 288, 293
Proteinfehlbildungsreaktion 205, 210
Psyche 175 f., 180 f., 184 f., 219, 268
Psychotherapie 181 ff., 186

Quecksilber 117
Queensland University of Technology 147
Quercetin 39
Quetelet, Adolphe 259

Radak, Zsolt 168
Radcliffe, Paula 146
radioaktive Strahlung 122, 129, 140 f., 155, 216, 218, 253, 273, 300, 311
Radithor 124
Radium 129, 136, 193
Radium Girls 124
Radon 129 f., 134, 244, 274
Rattan, Suresh 290, 296
Ratten 53, 172, 191, 240
Raucher-Paradox 233
Reich-Ranicki, Marcel 231, 266
R.E.M. (Popgruppe) 42

REGISTER

Reperfusion Injury 238
Resveratrol 37f., 65, 211, 218, 273, 286
RET (Krebsgen) 243
Rezeptorplastizität 206, 216
Rheuma 251
Ribery, Franck 145
Riefenstahl, Leni 266
Ristow, Michael 157, 159
RNA-Interferenz 110
Robben, Arjen 144
Romero, Sergio 32
Röntgenstrahlung 122f., 132
Röntgen, Wilhelm 123
Rousseau, Jean-Jacques 290
Rühmann, Heinz 287

Sapolsky, Robert 178
Sarkozy, Nicolas 42
Sauerbruch, Ferdinand 109
Sauerstoffmangelstress 205, 207, 209f., 273f.
Sauerstoffradikale 75, 85, 164, 201, 288
Sauna 146, 148, 150
Schilddrüsenkrebs 136
Schimpanse 295
Schlaganfall 191, 224, 240f.
Schmeißer, Sebastian 159
Schmidt, Helmut 230, 266
Schoenfeld, Jonathan 243
Schulz, Hugo 101ff., 110f., 114f.
Schürrle, André 32
Schwarze Witwe 259
Selbstheilung 294
Selen 36f., 109, 201, 290
Selye, Hans 175
Semmelweis-Universität 168
Senfölglykosid 207
Serotonin 82, 191
Sichelzellanämie 267
Sirtuin/Sirtuin1 65, 218
Skorbut 157, 160

Southam, Chester 114f.
Sozialverhalten 258, 264
Sport 75, 81f., 86, 88, 118, 157f., 160, 167ff., 172f., 180, 194f., 200f., 203, 208, 225, 232, 241, 247f., 252, 268, 295
Stanford University 181
Stark, Martha 183
Steinzeit-Diät 51, 73
Stine, Nicholas 303
Strahlenschäden 52, 58
Streep, Meryl 182
Stressantwort-Gen 65, 204
Stressor 46, 81, 111f., 139, 148, 151, 160, 165, 169, 172f., 175f., 181, 183, 189f., 193, 200f., 203, 210, 212, 215, 245, 248f., 262, 264, 270, 274f., 299, 310
Stressreiz 60, 74, 78, 87f., 116, 146, 180, 182f., 185, 188, 202, 218, 225, 229, 253, 261, 269, 295, 297
Sulforaphan 29, 81, 207, 265
Superkompensation 170, 173, 186, 297
Superoxid-Radikale 155, 250, 288

Tabak 88, 129, 231
Taiwan 125, 127
Tamoxifen 277
Tannine 39
Telomere 225
Thioredoxin 251, 293
Thrombose 150
TIA (Transitorische Ischämische Attacke) 240f.
Tierversuche 53ff., 60, 86, 106, 117, 128, 164, 171f., 188, 191, 212, 227, 234, 236f., 240, 244
Townsend, Charles O. 111
Toxikologie 99, 101, 106, 116, 130, 279
Tschernobyl 136

359

REGISTER

Tubiana, Maurice 142
Tumoren 135, 139, 142, 164f., 215, 242, 247, 267, 277, 287, 292, 312
Tumor-Unterdrücker-Gen 51
Tunicamyzin 216

Ubichinon 261
Uniklinik Essen 240
Uniklinik Würzburg 233
Universität Greifswald 101
Universität Stuttgart 110
University of Colorado School of Medicine 229
University of Idaho 114
University of Wisconsin 109
Ural 137
Uran 130
Ur-Ozean 57, 68f.
Ursache-Wirkungszusammenhang 56
UV-Strahlen 69, 141, 252, 273

Variabilität 61f., 297
Veratrin 102, 104
Virchow, Rudolf 102f., 106, 114
Vitamin A 36, 291

Vitamin C 26, 67, 155ff., 159f., 206, 292
Vitamin D 36, 69, 252, 291
Vitamin E 159
Vitamine 286

Walinder, Gunnar 141
Wallace, Alfred Russel 49, 59
Warmblüter 121, 145, 148, 209, 289
Wasserstoffperoxid 163, 288, 292
Watson, James 109
Weltgesundheitsorganisation (WHO) 30ff., 233
Wismut 109, 130

Xenohormesis 90
Yale University 178
Yerkes-Dodson-Kurve 194
Yerkes, Robert M. 189

Zellmüllentsorgung 206, 215
Zink 99, 290
Zinkoxid 123
Zucker 154f., 226, 247, 261, 269, 287, 291
Zwillinge 268